F. Hoffmann, E. Hüllermeier (Hrsg.)

Proceedings 21. Workshop Computational Intelligence

Dortmund, 1. - 2. Dezember 2011

Schriftenreihe des

Instituts für Angewandte Informatik / Automatisierungstechnik

am Karlsruher Institut für Technologie

Band 40

Eine Übersicht über alle bisher in dieser Schriftenreihe erschienenen Bände
finden Sie am Ende des Buchs.

Proceedings
21. Workshop Computational Intelligence

Dortmund, 1. - 2. Dezember 2011

F. Hoffmann
E. Hüllermeier
(Hrsg.)

Impressum

Karlsruher Institut für Technologie (KIT)
KIT Scientific Publishing
Straße am Forum 2
D-76131 Karlsruhe
www.ksp.kit.edu

KIT – Universität des Landes Baden-Württemberg und nationales
Forschungszentrum in der Helmholtz-Gemeinschaft

KIT Scientific Publishing 2011
Print on Demand

ISSN: 1614-5267
ISBN: 978-3-86644-743-1

Inhaltsverzeichnis

Estimation of hidden driver properties based on the driving behavior

Pascal Held   **Rudolf Kruse**

Otto-von-Guericke University of Magdeburg
Faculty of Computer Science
Department of Knowledge Processing and Language Engineering
Universitätsplatz 2, D-39106 Magdeburg
Tel.: +49 391 67 18718
Fax: +49 391 67 12018
E-Mail: {pheld,kruse}@iws.cs.uni-magdeburg.de

Abstract

Given a better knowledge about the driver the car's driver assistance systems could be specifically adapted, potentially increasing the systems' acceptance. Our purpose is to estimate hidden driver properties underlying the driving behavior. We used a linear combination of different quantities as basis of the similarity calculation. With the aid of an evolutionary algorithm we determined these quantities as well as their weights. In a study with 26 subjects three hidden target properties were examined and estimated. We reached a correlation of approximately 0.7 between the predicted values and given measurements. In order to exclude overfitting of the model, an additional optimization was carried out using random values. In this case only a considerably smaller correlation of 0.36 could be achieved. As a consequence we observed that the basic assumption applies at least to the three examined target properties. We conclude that an estimation based on driving behavior is possible.

1   Introduction

In modern vehicles the incorporation of assistance systems is constantly increasing. Their goals are, among other things, to reduce accident consequences or completely avoid them altogether. To do so, the system activates the brake for example. The greatest challenge these systems face is the decision when to intervene. An early intervention can increase the efficiency of the system. This results, however, in drivers more frequently perceiving the activation as necessary. Given a better knowledge about the driver, the systems could be specifically adapted, potentially increasing the systems' acceptance. Such an estimation of the driver is the goal our work. The main idea how to estimate from given data is explained in Section 2. Our purpose is to estimate hidden driver properties underlying the driving behavior. This estimate is based on the assumption that drivers with similar properties behave similarly concerning certain quantities. To select which properties to use, we developed an evolutionary algorithm, which is described in Section 3. We tested our algorithm with different data sets in Section 4. The results obtained could be used to for example parameterize assistance systems. A similar approach was presented from Bauer et al. in [1].

2 Methods

2.1 Used Data

We used data from two different sources for our analysis. The first dataset we examined was recorded from a driving simulator, where 21 test persons passed both a city and a country road scenario. Additionally one target property was determined for every person. As a second source we used a field study with 26 test persons. Every journey was split into three parts, i.e. freeway, country road, city scenario. For every test person three target properties were determined [2].

While driving we collected different driving parameters every 100 ms. These parameters were distance to the vehicle driving ahead, acceleration, gas pedal value, velocity, v and cross acceleration.

The distance was detected with the help of a radar system. The other parameters were directly derived from the car's CAN bus. We transformed this distance into three measures, i.e. the absolute distance d_{abs} in meter, the time gap Δt in seconds, and the time to collision TTC in seconds. [3]

$$\Delta t = \frac{d_{abs}}{v_{own}} \tag{1}$$

$$TTC = \frac{d_{abs}}{v_{own} - v_{ahead}} \tag{2}$$

During the whole driving session we can distinguish the following situations: free driving (no car ahead), driving behind a car, free stopping (no car ahead), stopping behind a car, free start (no car ahead), starting behind a car and global behavior.

Stopping processes were detected by velocity analysis.

2.2 Generating Parameters

The question is how to generate features from collected data. One requirement is that there should be a cumulative evaluation of the previous driving session. We used statistical measures such as mean value, variance, and percentage above a given threshold. These are measures which are easy to update online. In our work we used about 40 different characteristic values from all possible combinations.

We normalized all values to the unit interval using the percentage rank method, where $f_{cum}(x_v)$ is the cumulative frequency of the value x_v or lower and N is the size of the sample size. [4]

$$PR_v = 100 \cdot \frac{f_{cum}(x_v)}{N} \tag{3}$$

This was necessary because we compared different parameters like velocity and acceleration. So for every feature we obtained a uniform distribution in the unit interval.

2.3 Estimating Target Values

To estimate the target values we used a case-based reasoning approach [5]. Comparing the features of the current driving session to the values in the reference data base allows us to compute the target value with a k-NN-algorithm with $k = 3$ as a weighted average, whereas the weights represent the similarity of the current driving sessions to the three most similar reference tracks.

The task is how to find similar reference tracks. We used a selection of some of the features by using a similarity measure based on the euclidean distance. But not every feature is equally significant. So, we weighted the different dimensions as well. To determine the selected features and their weights we used an evolutionary algorithm [6] which is presented in the next section.

3 Evolutionary Algorithm

We started with an initial population of 50 random candidate solutions. An exact description of these individuals follows in section 3.2. The following generations contain 10, including the three best, unchanged individuals from the previous generation, 20 individuals generated by mutation and 20 individuals generated by crossover. The algorithm terminates after 100 generations.

3.1 Representation of the Individuals

We represent the individuals as a vector of double values. Every field is related to the weight of one feature. We want a bijective mapping between individual and weights configuration. Therefore, we normalize all vectors so that the sum of all weights is 1. This was necessary to avoid unexpected results on crossover with equal individuals with a different scaling.

The value 0 of a field therefor indicates that this feature is not used.

3.2 Initial Population

For the initial population we generated 50 random individuals. The generation is based on a standard normal distributed random variable Z. Every field in the individual's vector is calculated in the following way.

$$\forall i \leq N, i \in \mathbb{N}: \quad g_i = \frac{1 + Z}{2} \tag{4}$$

Normally, the sum of all fields is not 1, so the generated vector must be normalized. Values lower than 0 will be set to 0.

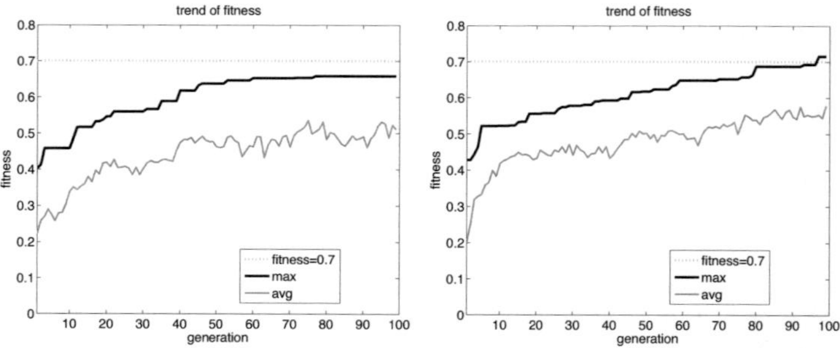

Figure 1: left: evolution of the fitness with standard roulette wheel method, right: using power law scaling with $k = 1.005$

3.3 Fitness Function

To assign a fitness value to the individuals we made an experiment with every single individual. We used the leave-one-out method [7] to estimate the target value based on the other reference tracks with the weights given by the individual. After this we calculated the Pearson correlation coefficient r between the estimated target value and the reference value. The goal is to maximize the correlation between the estimated and the given values.

To avoid overfitting we introduced a penalty term which punishes individuals that use many features. Altogether we derived the following fitness function

$$f = r \cdot \left(1 - \tfrac{1}{100}n\right),$$
(5)

where n is the number of features with a weight greater than 0.

3.4 Selection Method

To select random individuals we used the roulette wheel method [6]. Additionally the three best individuals where part of the next generation without any change, the so-called elitist strategy. This guarantees that the best individuals will not get lost during the optimization [8]. During the optimization there can be individuals with a fitness values less than 0. To prevent an inclusion of such individuals in the roulette wheel method, a minimal fitness of 0.01 was assigned to these individuals.

The left part of Figure 1 shows the evolution of the fitness with the standard roulette method. You can see an increasing fitness value during the first 50 steps of the optimization. Afterwords, only small improvements can be observed. This may be caused by the selective pressure becoming too low. To avoid this we tried different scaling methods for the fitness values, especially the power law scaling [9]

$$f^\star = f^k.$$
(6)

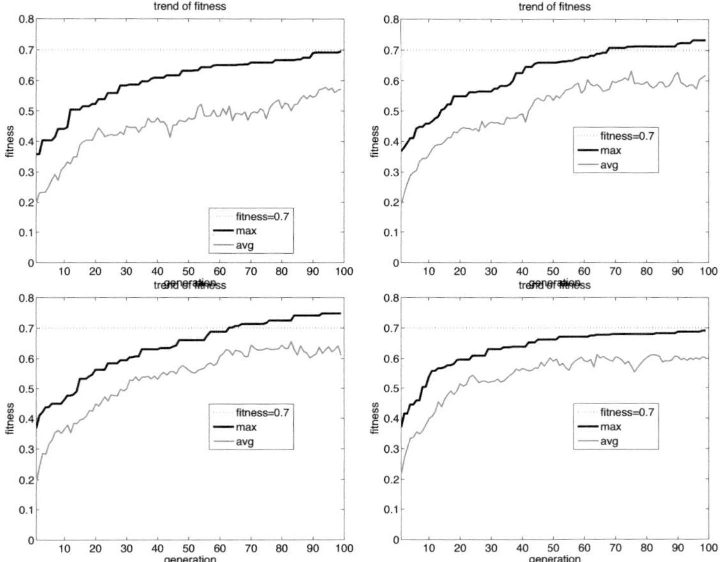

Figure 2: evolution of the fitness with different values of c (top left: $c = 2$, top right: $c = 3$, bottom left: $c = 4$, bottom right: $c = 5$)

A commonly used parameter is $k = 1.005$. The right part of Figure 1 shows the evolution of the fitness with the applied power law scaling with $k = 1.005$. It is easy to see that this method outperforms the standard roulette method in our case. In addition to a constant value for k it is possible to change this value over time. In our work we tried an approach based on the fitness of the best individual of the population

$$k = c * \max(f). \tag{7}$$

We tested different values of c. The results are presented in Figure 2. The best results were obtained when using $c = 3$ or $c = 4$. For higher values, e.g. $c \geq 5$, the influence of the fitness is too strong in the starting phase of the optimization. The optimization gets stuck in a local optimum and no further evaluation of the search space is performed. On the other hand, small values slow down the convergence of the population and do not lead to a significant improvement compared to standard power law method. In the following, we set $c = 3$ because this value allows a good evaluation of the search space and a good evolution of the population.

3.5 Genetic Operations

There are two types of genetic operations we used in our algorithm, i.e. mutation and crossover. As crossover operation we used the standard uniform crossover [10].

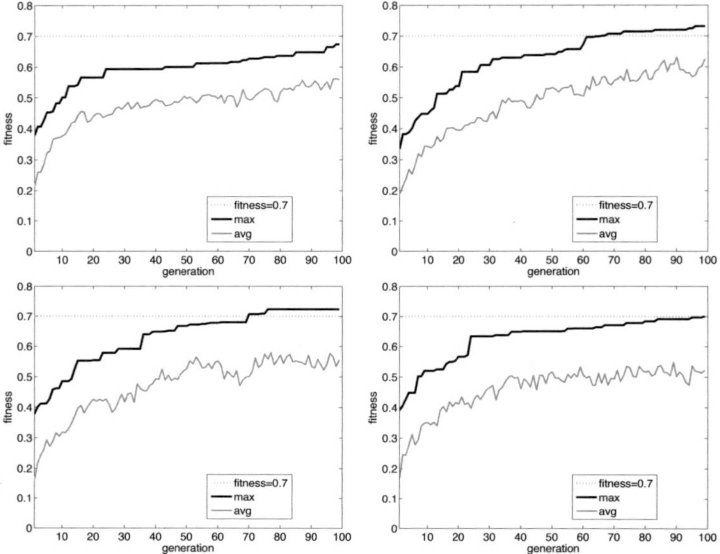

Figure 3: Evolution of the fitness with different k (top left $k = 0.1$, top right $k = 0.2$, bottom left $k = 0.3$, bottom right $k = 0.4$)

The other genetic operation we used is mutation. The aim of the mutation is to change some values of the individuals randomly to explore the search space in the neighborhood of existing individuals. To achieve this we add a standard normal distributed value X to the previous values g_i

$$g_i^\star = g_i + k \cdot X. \tag{8}$$

In Figure 3, we show the evolution of the fitness for different values of k. For $k = 0.1$, there is a slow increasing of the fitness. This could be due to attempts to reach local optima. For higher values, e.g. $k = 0.4$, there is a fast increasing of the value. This means good areas are found very quickly. But high mutation values prevent reaching the optima in these areas. It is therefore good to take values around $k = 0.2$ and $k = 0.3$. These values have similar evolutions of the fitness. We used $k = 0.2$ because local optima were easier reachable.

In Figure 4 we show the evolution of the fitness for different mutation probabilities p. The closer the average of the fitness is at the maximum, the less strong the search space is investigated. This happens because many individuals are near local optima. Premature convergence is an indication that a lot of individuals are stuck in local maxima.

For small values of $p \leq 2/n$, the search space is examined poorly. High values, e.g. $p = 6/n$, cause divergences of the individuals. Good values are reached in a random way, but they do not tend to really optimize the target function. Rather, individuals near new local optima are found. A higher mutation probability increases this effect.

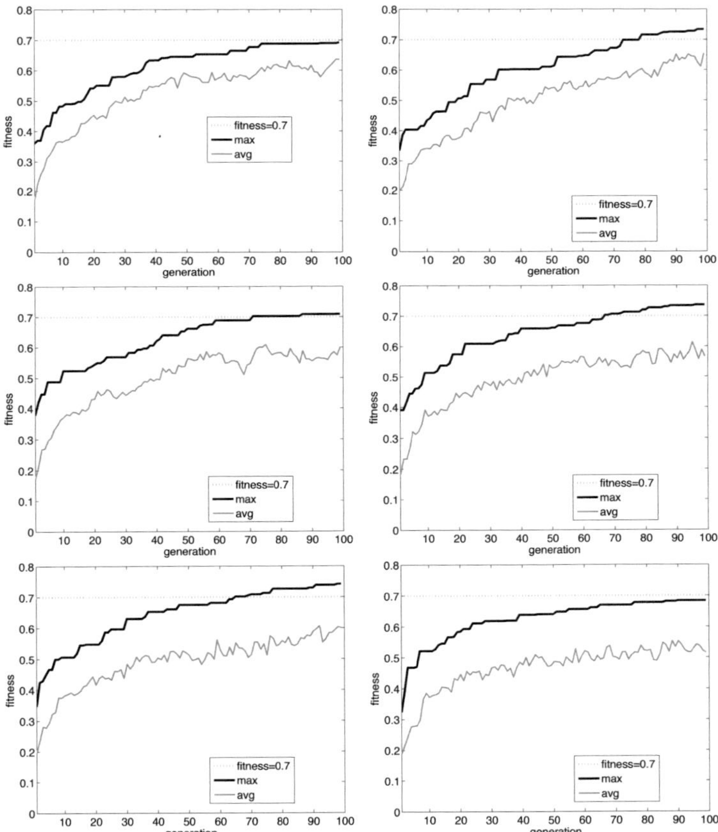

Figure 4: Evolution of the fitness with different mutation probability p (top left $p = 1/n$, top right $p = 2/n$, center left $p = 3/n$, center right $p = 4/n$, bottom left $p = 5/n$, bottom right $p = 6/n$)

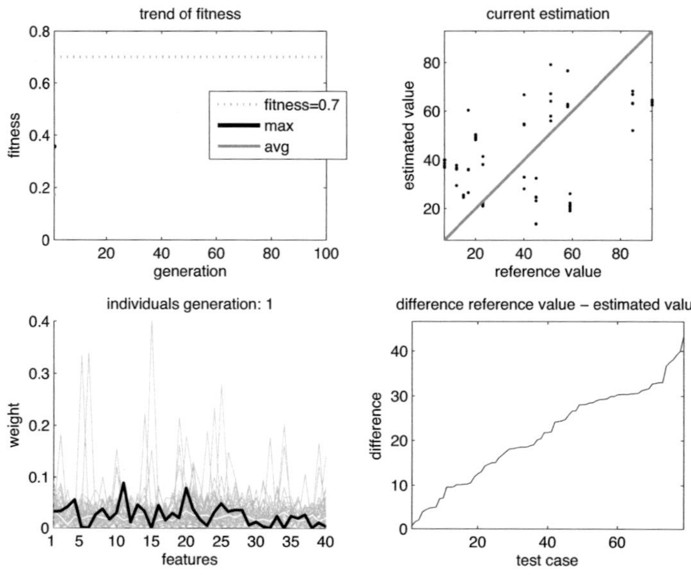

Figure 5: Generation 1 - simulation study

We used $p = {}^4\!/n$ as mutation probability as it perfoms significantly better in our case than $p = {}^1\!/n$, which is often used.

4   Results

We evaluated the algorithm with both the data of the simulation and the field study. We took snapshots of different timestamps during the driving sessions. In Figure 5 we show the start situation of the population with the simulation data. In the top left part of Figure 5 we can see the evolution of the fitness over time. In this figure the graph is nearly empty because we are in iteration 0. On the top right, we show the reference value and the estimated value for every single reference measure. This estimated value is based on the reference tracks of the other drivers. The gray line is the optimal fit line. In this iteration the estimation fits the reference tracks poorly. In later iterations there are more data points on the same place. To get a better feeling of the estimated points we calculated the difference of the reference and the estimated value. We ordered these values and plotted them in the bottom right subfigure. In the bottom left, we visualize the population itself. Every single gray line represents one individual. It is easy to see that there are many different configurations. The black line represents the best individual of the current iteration. In table 1 we give some links to online videos of the simulation. In these videos we present the whole evolution of all the experiments.

After 20 generations the estimation results are better. You can see this in Figure 6. This also results in increasing fitness values. The individuals are less scattered.

study	link	QR-code
simulation study	`http://youtu.be/Zm1Y_2wYM9M`	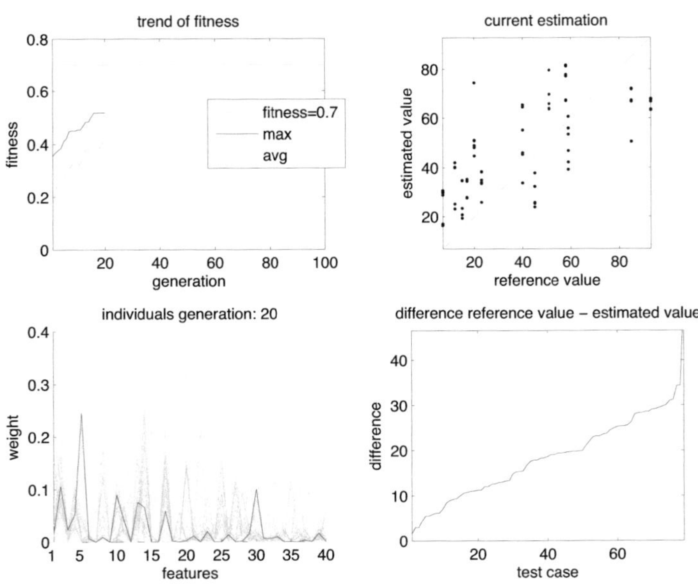
field study - value A	`http://youtu.be/fbLchwuCS_g`	
field study - value B	`http://youtu.be/ZvPaEwfpnRU`	
field study - value C	`http://youtu.be/uL-N5uszclM`	
random data	`http://youtu.be/cmemhKlvHV4`	

Table 1: links to online videos of the simulation

Figure 6: Generation 20 - simulation study

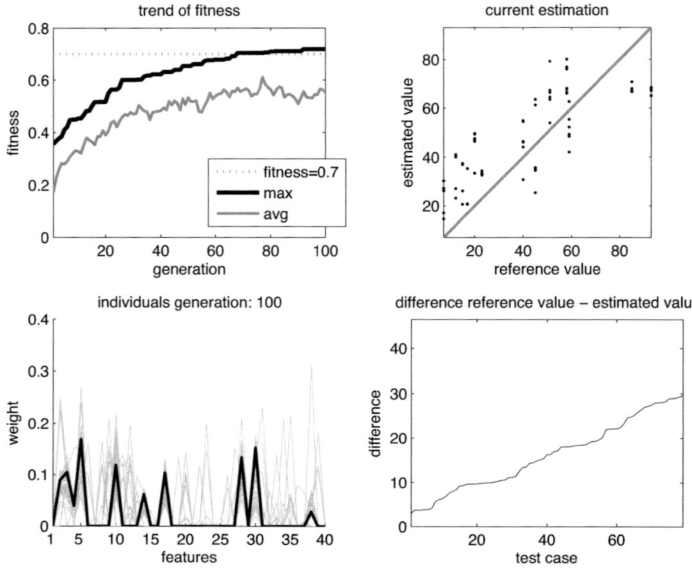

Figure 7: Generation 100 - simulation study

After 100 generations the algorithm terminates. The results are shown in Figure 7 and one can see that the estimation is much better. The individuals of the population are similar to each other, but not all individuals are near the best individual. So, the search space was still explored properly. We finished with a fitness of 0.72 and 10 selected features. If we leave out the penalty term for using too many features, the correlation will even rise to a value of 0.80:

$$correlation = \frac{fitness}{1 - \frac{\#features}{100}} = \frac{0.72}{1 - \frac{10}{100}} = 0.80. \tag{9}$$

In the field study we get similar results. In Figures 8 and 9 one will see the evolution of the fitness for the first target value. We finished with a fitness value of 0.62 and a feature set size of 13. This results in a correlation of 0.71. In Figures 10 and 11 we present the final states for both other target values. For the second target value we still achieved a fitness value of 0.49 with 12 selected features and for the third target value we computed a fitness value of 0.62 with 9 selected features. These results yield correlations of 0.56 and 0.67 respectively.

To verify that these results are not based on overfitting, we tested a target value based on random data. Every reference track was assigned to a uniformly distributed value between 0 and 100. In Figure 12 we show the results for this test. We got a fitness value of 0.3 with 16 selected features. This result yield a correlation of 0.36.

We tested the developed algorithm on different data sets. Good results were obtained on real target values. In contrast random target values resulted in poor results, which thus

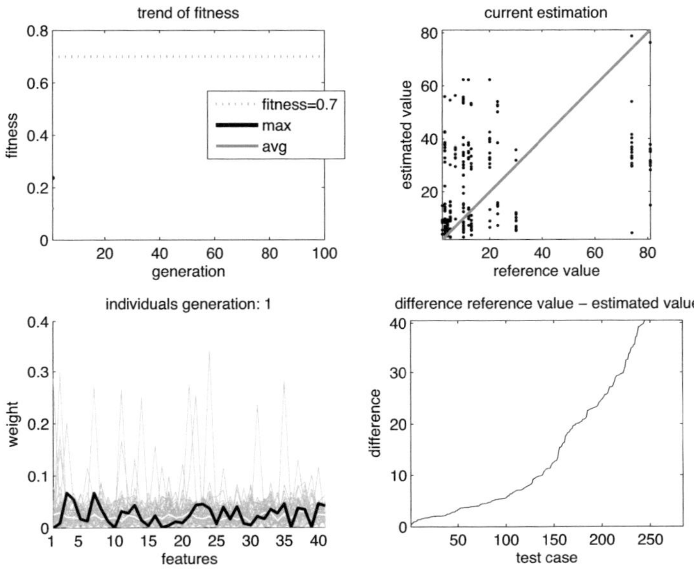

Figure 8: Generation 1 - field study target value A

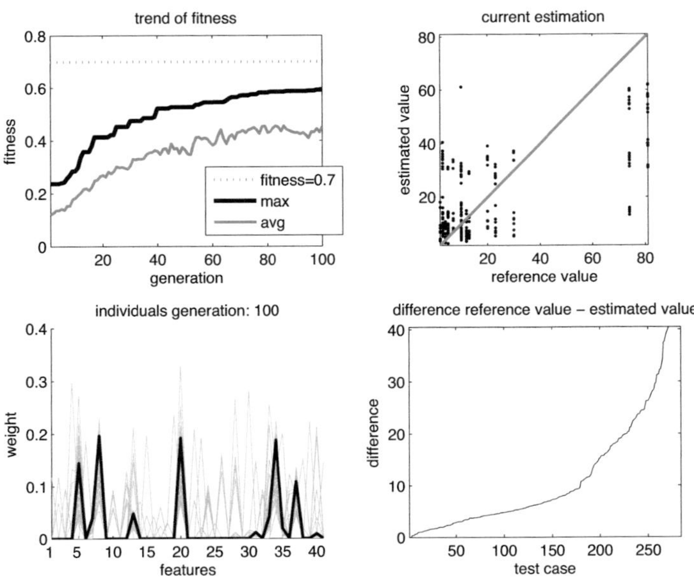

Figure 9: Generation 100 - field study target value A

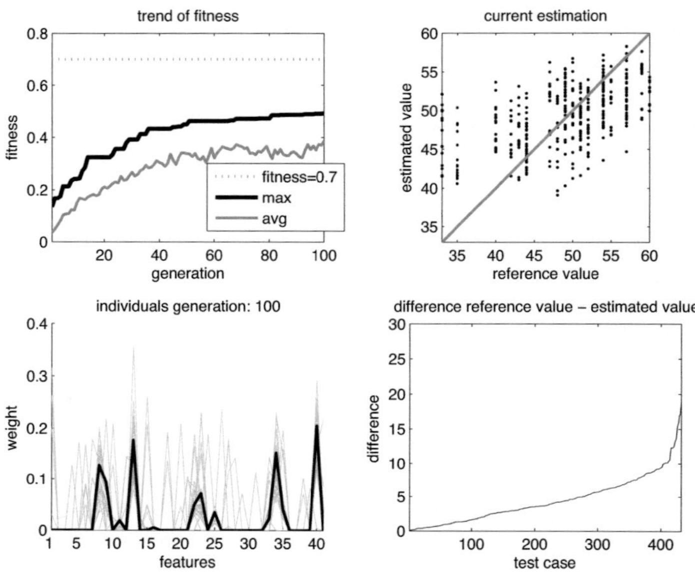

Figure 10: Generation 100 - field study target value B

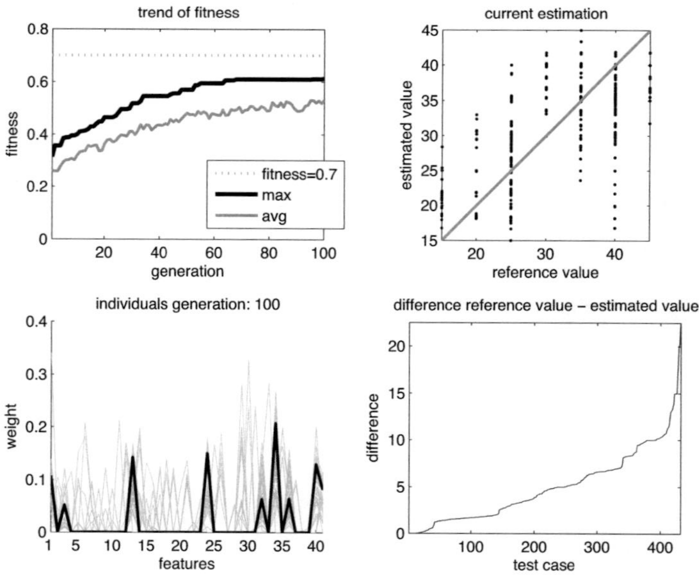

Figure 11: Generation 100 - field study target value C

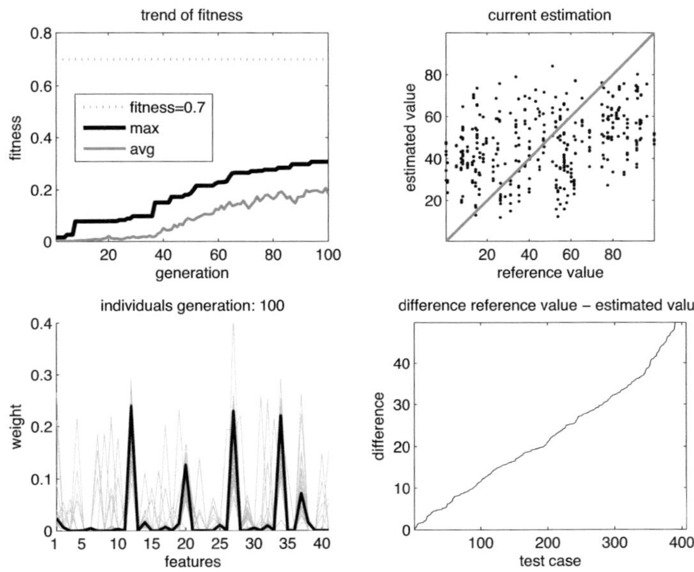

Figure 12: Generation 100 - random data set

study	max. fitness	#parameter	correlation
simulation study	0.72	10	0.8
field study - value A	0.62	13	0.71
field study - value B	0.49	12	0.56
field study - value C	0.62	9	0.67
random data	0.3	16	0.36

Table 2: results of the evaluation

exclude an overfitting of the algorithm to the given data. We give an overview of all results in Table 2. We conclude that target values which reflect in the driver's behavior are predictable with our algorithm.

5 Conclusion and Further Work

With our work we give an opportunity to estimate drivers' properties during driving. This evolutionary algorithm allows optimizing the estimation for different target values. This data could be used for parameterization of assistance systems in cars, so that maybe we can increase the driver's feeling and acceptance of the assistant systems. We conclude that an estimation based on driving behavior is possible.

Yet, to use these results in real world applications, there should be a larger reference database. This could not only increase the estimation quality but it could also allow experiments with other target values.

References

[1] Bauer, C.; Gonter, M.; Rojas, R.: Fahrerspezifische Analyse des Fahrverhaltens zur Parametrierung aktiver Sicherheitssysteme. In: *Sicherheit durch Fahrassistenz*, Nr. 4. München. 2010.

[2] Held, P.: *Schätzen verdeckter Fahrereigenschaften auf Basis des Fahrverhaltens*. Master thesis, Otto-von-Guericke-Universität Magdeburg. 2011.

[3] Winner, H.; Hakuli, S.; Wolf, G.: *Handbuch Fahrerassistenzsysteme: Grundlagen, Komponenten und Systeme für aktive Sicherheit und Komfort*. ATZ-MTZ Fachbuch. Vieweg + Teubner. ISBN 978-3-834-80287-3. 2009.

[4] Goldhammer, F.; Hartig, J.: Interpretation von Testresultaten und Testeichung. In: *Testtheorie und Fragebogenkonstruktion* (Moosbrugger, H.; Kelava, A., Hg.), Springer-Lehrbuch, S. 165–192. Springer Berlin Heidelberg. ISBN 978-3-540-71635-8. 2008.

[5] Aamodt, A.; Plaza, E.: Case-based reasoning: foundational issues, methodological variations, and system approaches. *AI Commun.* 7 (1994), S. 39–59.

[6] Kruse, R.; Borgelt, C.; Klawonn, F.; Moewes, C.; Ruš, G.; Steinbrecher, M.: *Computational Intelligence*. Vieweg+Teubner Verlag, Wiesbaden, Germany. ISBN 978-3-8348-1275-9. 2011.

[7] Hastie, T.; Tibshirani, R.; Friedman, J.: *The Elements of Statistical Learning*. Springer Series in Statistics. Springer, 2nd edition Aufl. ISBN 978-0-387-84857-0. 2009.

[8] Eiben, A.; Aarts, E.; Van Hee, K.: Global convergence of genetic algorithms: A markov chain analysis. In: *Parallel Problem Solving from Nature* (Schwefel, H.-P.; Männer, R., Hg.), Bd. 496 von *Lecture Notes in Computer Science*, S. 3–12. Springer Berlin / Heidelberg. ISBN 978-3-540-54148-6. URL `http://dx.doi.org/10.1007/BFb0029725`. 10.1007/BFb0029725. 1991.

[9] Gillies, A.: *Machine Learning Procedures for Generating Image Domain Feature Detectors*. Phd thesis, University of Michigan, Michigan. 1985.

[10] Syswerda, G.: Uniform Crossover in Genetic Algorithms. In: *ICGA*, S. 2–9. 1989.

Ansätze zur datengetriebenen Formulierung von Strukturhypothesen für dynamische Systeme

Christian Kühnert[1], Lutz Gröll[2], Michael Heizmann[1], Ralf Mikut[2]

[1]Fraunhofer IOSB, Fraunhoferstraße 1, D-76131, Germany
Email: {christian.kuehnert, michael.heizmann}@iosb.fraunhofer.de
[2]Karlsruher Institut für Technologie (KIT), Institut für Angewandte Informatik (IAI),
D-76021 Karlsruhe, P.O. Box 3640, Germany
Phone: (0721) 608-25731, Fax: (0721) 608-25702,
Email: {lutz.groell, ralf.mikut}@kit.edu

1 Einleitung

Ein wichtiger Teil der Systemtheorie beschäftigt sich mit der Modellierung und Identifikation dynamischer Systeme mit Anwendungen z. B. in der Systembiologie, Verfahrenstechnik oder für autonome Systeme. Modelle für diese Systeme sind durch Modellstruktur und Modellparameter charakterisiert. In der Regel wird eine Gütefunktion definiert, für die mit einer von vielen etablierten Methoden optimale Modellparameter bestimmt werden. Im Gegensatz hierzu basiert die Identifikation der Modellstruktur normalerweise auf dem Systemwissen eines Experten bzw. dem manuellen iterativen Prüfen und Verfeinern von Strukturhypothesen. Diese Vorgehensweise ist für komplexe Systeme und für Systeme, bei denen kaum Expertenwissen vorliegt, recht aufwändig. Deshalb ist ein automatisiertes Erkennen von Strukturen anhand von Messdaten erwünscht.

Vollautomatische Lösungen zur datengetriebenen Struktursuche (siehe Übersichten für nichtlineare Problemstellungen in [1, 2, 3]) basierend auf Zeitreihen aus Messdaten sind allerdings in der Praxis oftmals nicht nutzbar. Auftretende Probleme sind die Verletzung der rigiden Voraussetzungen zur Anwendbarkeit der Struktursucheverfahren, eine starke Variabilität des Systems (z. B. Zeitvarianz, komplizierte Nichtlinearitäten) sowie eine zu niedrige Qualität der Messdaten (z. B. wegen des Fehlens oder der Unterrepräsentation wesentlicher Arbeitspunkte und Dynamikbereiche). Bei solchen Systemen ist es allerdings möglich, anstelle der vollautomatisierten Lösung zum Erkennen der unterliegenden Struktur zumindest Strukturhypothesen zu generieren und bezüglich ihrer Prognosefähigkeit und Widerspruchsfreiheit anhand der Messdaten zu untersuchen. Das Ziel ist es hierbei, quantitative Aussagen zu möglichen Strukturen des zu identifizierenden Systems zu treffen und darauf aufbauend weitere Analysen durchzuführen. Mögliche Strukturhypothesen beinhalten beispielsweise paarweise (Un-)Abhängigkeiten der Prozessgrößen, Open- und Closed-loop-Strukturen, die Existenz dominanter Einflussgrößen oder kausale Abhängigkeiten.

Eine erste grundlegende Strukturinformation ist die Festlegung von Ein- und Ausgangsgrößen sowie von irrelevanten Größen des Systems und damit von Kausalitäten. Diese Festlegung bildet die Basis für alle folgenden Strukturhypothesen zur Systemordnung, zu Zeitverzögerungen und internen Strukturen sowie für die nachfolgenden Parameterschätzungen. Viele Verfahren, die interne Strukturen und Modellparameter bestimmen (wie z. B. Verfahren der Computational Intelligence wie Künstliche Neuronale Netze und Fuzzy-Systeme), setzen deshalb A-priori-Wissen über Ein- und Ausgangsgrößen voraus.

Beim Fehlen dieses A-priori-Wissens sind somit spezialisierte Verfahren für Kausalitätsuntersuchungen eine Möglichkeit, entsprechende Hypothesen aus Messdaten zu generieren.

Das Ziel dieses Beitrags besteht darin

- eine Übersicht über relevante Grundlagen und Methoden zu geben (Abschnitt 2), wobei insbesondere drei aus der Systemtheorie stammende Verfahren zur Untersuchung der Kausalität vorgestellt werden, und
- die Methoden anhand eines Benchmarks zu testen (Abschnitt 3), wobei bewusst auch Varianten unter Verletzung der Voraussetzung der Verfahren mit untersucht werden.

2 Grundlagen und Methoden

Im folgenden Abschnitt wird zunächst die hier verwendete Kausalitätsdefinition erläutert (Abschnitt 2.1). Diese Definition bildet die Basis für systemtheoretisch motivierte Verfahren: Kreuzkovarianzfunktionen (Abschnitt 2.2), Granger-Verfahren (Abschnitt 2.3) und n4sid (Abschnitt 2.4). Anschließend stellt Abschnitt 2.5 weitere existierende Verfahren, bisherige Anwendungen und Software vor.

2.1 Definition Kausalität und systemtheoretische Konsequenzen

Definition (kausales System): Ein zeitinvariantes System heißt kausal, wenn für alle Eingangssignale mit der Eigenschaft $u_1(t) \equiv u_2(t)$ für $t \leq t_1$ bei beliebigem t_1 die entsprechenden Ausgangssignale für $0 \leq t \leq t_1$ die Eigenschaft $y_1\{x_0, u_1(t)\} \equiv y_2\{x_0, u_2(t)\}$ haben (x_0: Anfangszustand). Systeme, die nicht kausal sind, werden auch akausal genannt.

Bei kausalen Systemen dürfen also die Werte der Eingangssignale in $t > t_1$ keinen Einfluss auf den Verlauf der Ausgangssignale bis t_1 haben. Außerdem ist ein System genau dann kausal, wenn die Impulsantwort für $t < 0$ Null ist.

Diese Kausalitätsdefinition hat eine Reihe systemtheoretischer Konsequenzen. Für alle statischen Abbildungen $f : \mathbb{R} \to \mathbb{R}$ liegt Kausalität vor, egal ob u oder y als Eingang betrachtet wird, da in beiden Fällen der Verlauf des jeweiligen Ausgangssignals nicht von zukünftigen Werten, sondern ausschließlich vom aktuellen Wert abhängt. Auch bei einem idealen Differenzierer oder Integrierer kann keine Ursache-Wirkungs-Beziehung allein aus den Daten abgeleitet werden. $y(t) = \frac{d}{dt}u(t)$ als auch $u(t) = \int_0^t y(\tau)d\tau$ sind gleichermaßen kausale Systeme, die den Daten genügen. Außerdem sind alle linearen zeitkontinuierlichen Systeme mit einem Ein- und einem Ausgang ohne Totzeitelemente kausal, weil $Y(s) = G(s)U(s)$ und $U(s) = G^{-1}(s)Y(s)$ gleichermaßen die Daten erklären ($U(s), Y(s)$: Laplace-transformierte Eingangs- und Ausgangssignale). Hier kann nur die Realisierbarkeit der Übertragungsfunktion $G(s)$ untersucht werden (Ordnung des Zählerpolynoms $\leq$ Ordnung des Nennerpolynoms), was aber zunächst keine Aussage bezüglich kausaler Eigenschaften beinhaltet.

Solche Schwierigkeiten, für einige Systeme sinnvolle physikalisch motivierte Festlegungen zu Ein- und Ausgangsgrößen zu treffen, führten in der Systemtheorie zur Einführung des Behavioral Approaches [4], der eine stärkere Orientierung an physikalischen Realitäten via bidirektionalen Schnittstellen und deren strukturierter Zusammenschaltung vorschlägt. Leider gibt es dazu bislang kaum Verfahren zur Identifikation aus Daten (außer in Arbeiten zu linearen Systemen [5]), weshalb dieser Ansatz hier nicht weiter verfolgt wird.

Eine andere Sichtweise auf den Begriff der Kausalität eröffnet das probabilistische Kausalprinzip. Dessen zentrale Idee ist, dass eine Ursache C die Wahrscheinlichkeit für das Auftreten des Effekts E erhöht. Somit kann C nur dann eine Ursache von E sein, wenn $P(E = 1|C = 1) > P(E = 1|C = 0)$ gilt. Pearl [6] weist allerdings darauf hin, dass ein Erhöhen der Wahrscheinlichkeit nicht durch reine Beobachtungen beschrieben werden kann, sondern nur durch eine externe Intervention. Deshalb führt er den do-Operator ein, der C von außen auf einen festen Wert zwingt. C hat somit einen kausalen Einfluss auf E, wenn $P(E = 1|\,\mathrm{do}(C = 1)) > P(E = 1|\,\mathrm{do}(C = 0))$ gilt.

2.2 Kausalitätsuntersuchungen mit Kreuzkovarianzfunktionen

Die Kreuzkovarianzfunktion (KKF) ist ein klassisches Maß für die Abhängigkeit zweier Zeitreihen. Sie bewertet die lineare Korrelation zweier Signale u und y mit einer diskreten Zeitverzögerung λ. Unter den Voraussetzungen, dass
- das Signal u eine Realisierung eines stationären, weißen Rauschprozesses ist und
- das u und y verbindende System linear und stabil ist,

kann aus einer kausalen KKF (Null für negative λ, ungleich Null für mindestens ein nichtnegatives λ) auf die Kausalität des Systems geschlossen werden. Eine Umkehr (Null für positive λ, ungleich Null für mindestens ein nichtpositives λ) steht für ein kausales System mit Eingang y (mit stationärem, weißen Rauschen für y) und Ausgang u. In der Praxis muss die Kreuzkovarianzfunktion $\hat{c}_{UY}[\lambda]$ meist aber aus einer einzigen Messung der Zeitreihen von $\{u[1], \ldots, u[N]\}$; $\{y[1], \ldots, y[N]\}$ mit N Abtastzeitpunkten geschätzt werden. Hierfür bietet sich für ergodische Prozesse (Mittelwert und Varianz für u und y sind stationär, Zeit- und Ensemblemittelung sind gleich) eine Schätzung über Zeitmittelung an:

$$\hat{c}_{UY}[\lambda] = \frac{1}{N} \sum_{k=1}^{N-\lambda} (u[k] - \hat{\mu}_U)(y[k + \lambda] - \hat{\mu}_Y) \qquad \lambda = 0, \ldots, N - 1 \tag{1}$$

mit

$$\hat{\mu}_U = \frac{1}{N} \sum_{k=1}^{N} u[k], \qquad \hat{\mu}_Y = \frac{1}{N} \sum_{k=1}^{N} y[k]. \tag{2}$$

Alternative Definitionen, die in (1) statt des Faktors $1/N$ den Faktor $1/(N - \lambda)$ oder $1/(N - \lambda - 1)$ bzw. für jedes λ separate Mittelwerte verwenden, weisen Artefakte (z. B. betragsgroße Werte, hohe Varianz) für betragsgroße λ auf. Dafür unterdrücken sie die Auswirkungen von Instationaritäten im Signal und Senken den Bias insbesondere für betragsgroße λ. In Abschnitt 3 wird untersucht, inwiefern Verletzungen der Bedingungen, welche in der Praxis immer der Fall sind, zu irreführenden Ergebnisse aus der Schätzung in (1) führen können.

Die KKF nach (1) ist in MATLAB und Gait-CAD mit der Funktion xcorr (Einstellung "biased") implementiert. Ferner werden zur vereinfachten Interpretation der Ergebnisse die Kreuzkovarianzfunktionen bezüglich der Varianz normiert.

2.3 Kausalitätsuntersuchungen mit dem Granger-Verfahren

Die ursprüngliche Idee der Granger-Kausalität stammt aus dem Bereich der Ökonometrie und wurde von Clive Granger [7] entwickelt. Hierbei wird angenommen, dass ein Signal u kausalen Einfluss auf ein zweites Signal y hat, wenn die Vergangenheitswerte von u und y einen zukünftigen Wert von y besser prognostizieren können als nur unter Verwendung vergangener Werte von y. Dies kann unter Berechnung von autoregressiven Modellen und mittels Out-of-sample-Tests überprüft werden [8]. Bei diesen Tests wird angenommen, dass $y[k]$ unbekannt ist und anhand von vorhergehenden Werten prädiziert wird. Wenn die Summe der Prädiktionsfehlerquadrate $|y[k] - \hat{y}[k]|^2$ unter zusätzlicher Verwendung von u signifikant geringer ist, beeinflusst u die Variable y Granger-kausal:

$$\varepsilon_1[k] = y[k] - \hat{y}_1[k] = y[k] - \hat{a}_{10} - \sum_{i=1}^{n} \hat{a}_{1i} y[k-i], \tag{3}$$

$$\varepsilon_2[k] = y[k] - \hat{y}_2[k] = y[k] - \hat{a}_{20} - \sum_{i=1}^{n} \hat{a}_{2i} y[k-i] - \sum_{i=1}^{n} \hat{b}_{2i} u[k-i] \tag{4}$$

mit geschätzten Parametern $\hat{a}_{1i}$, $\hat{a}_{2i}$, $\hat{b}_{2i}$ und der Ordnung n, welche über das AIC (Akaike-Informationskriterium, [9]) unter Vorgabe einer minimalen und einer maximalen Ordnung bestimmt wird. Wenn hierbei die Differenz

$$Q_{G,12} = \sum_{k=n+1}^{N} \varepsilon_1^2[k] - \sum_{k=n+1}^{N} \varepsilon_2^2[k] \tag{5}$$

signifikant größer Null ist, übt u kausalen Einfluss auf y aus. Für den Test auf einen direkten kausalen Einfluss von u auf y unter Kenntnis eines dritten Signals z wird das Modell durch

$$\varepsilon_3[k] = y[k] - \hat{y}_3[k] = y[k] - \hat{a}_{30} - \sum_{i=1}^{n} \hat{a}_{3i} y[k-i] - \sum_{i=1}^{n} \hat{b}_{3i} u[k-i] - \sum_{i=1}^{n} \hat{c}_{3i} z[k-i] \tag{6}$$

erweitert. Entsprechend wird die Differenz $Q_{G,23} = \sum_{k=n+1}^{N} \varepsilon_2^2[k] - \sum_{k=n+1}^{N} \varepsilon_3^2[k]$ ausgewertet. Dabei ist in der Praxis zu prüfen, inwieweit das Erweitern der Modelle um die Terme $\hat{b}_{20} u[k]$ bzw. $\hat{b}_{30} u[k]$, $\hat{c}_{30} z[k]$ für sprungfähige Systeme die Ergebnisse verbessert.

Die Auswertungen in Abschnitt 3 erfolgen mittels MATLAB und Gait-CAD unter Einbindung der GCCA-Toolbox [9].

2.4 Kausalitätsuntersuchungen mit dem n4sid-Verfahren

Das n4sid-Verfahren (Numerical algorithms for subspace state space system identification) [10] gehört zur Klasse der sogenannten Unterraum-Verfahren. Der Algorithmus bestimmt in einem ersten Schritt eine Zustandsfolge durch Projektion der Ein-Ausgangs-Daten. Anhand der Singulärwerte, die ein Maß für die Dimension des Raumes sind, in dem die Zustandstrajektorien liegen, wird die Systemordnung bestimmt. Mit Hilfe des auf diese Dimension reduzierten Zustandsraums werden die Systemmatrizen geschätzt. Hierbei können diverse Optionen etwa zum Garantieren der Stabilität integriert werden. Bei der Anwendung für Kausalitätsuntersuchungen muss zunächst eine hypothetische Zuordnung von Ein- und Ausgangsgrößen erfolgen, die dann über die Prognosefehler der geschätzten Modelle überprüfbar ist. In MATLAB/Gait-CAD wird die Funktion "n4sid" der MAT-LAB System Identification Toolbox in der Option automatischer Ordnungssuche verwendet. Damit werden Totzeiten automatisch mit abgedeckt.

2.5 Übersicht über weitere existierende Verfahren, Anwendungen und Software

Die in den Abschnitten 2.2 bis 2.4 vorgestellten Verfahren beruhen auf linearen Modellansätzen. Nichtlinearitäten können nur extern durch statische nichtlineare Transformationen der Zeitreihen berücksichtigt werden. Das schränkt die Erweiterbarkeit auf die Klasse der Wiener- und Hammerstein-Modelle (Reihenschaltungen einer statischen Nichtlinearität und eines linearen zeitinvarianten dynamischen Systems) ein. Allerdings müssen "passende" statische Nichtlinearitäten vorgegeben werden, wobei auch bei Fehlen der exakten Nichtlinearitäten u. U. vereinfachte Zusammenhänge erkannt werden (z. B. Erkennung der Kausalität bei statischen kubischen Termen am Systemausgang durch lineare Schätzer). Die numerische Gutartigkeit und die numerische Effizienz der Verfahren bleibt bei den statischen nichtlinearen Erweiterungen im Wesentlichen erhalten.

Außerdem gibt es eine Reihe weiterer Zugänge, die in parametrische und nichtparametrische Zugänge eingeteilt werden. Parametrische Verfahren schätzen wie das Granger-Verfahren oder n4sid die Parameter für ein Modell aus einer vorgegebenen Modellklasse. Beispiele sind Verfahren wie LOLIMOT und CART, die mit Hilfe einer baumbasierten Heuristik Bereiche mit großen Modellfehlern sukzessive in separate Teilmodelle mit linearer Modellstruktur aufteilen [11, 12, 13]. Diese Heuristik bewirkt letztlich eine Strukturierung, weil bestimmte Eingangsgrößen nicht zur Aufteilung der Bereiche verwendet werden. Ähnlich funktioniert die Identifikation von Fuzzy-Regressionsmodellen über Takagi-Sugeno-Modelle. Hierbei wird meist im Raum der Ein- und Ausgangsgrößen geclustert und für jedes der Cluster ein einfaches lokal gültiges lineares Modell angelernt (siehe z. B. [14, 15]). Genetische Algorithmen (siehe z. B. [16, 17, 18]) kodieren zunächst unterschiedliche Varianten der Modellstruktur und die zugehörigen Parameter. Die Bewertung basiert auf der Übereinstimmung mit Daten anhand von Prognosefehlern oder ähnlichen Maßen sowie Straffunktionen für zu hohe Komplexität. Problematisch ist hier insbesondere der sich ergebende große Suchraum, der die Konvergenz gegen gute Lösungen erschwert.

Eine weitere Möglichkeit zum Erkennen kausaler Abhängigkeiten bieten Bayes-Netze (siehe z. B. [19], [20]). Hierbei handelt es sich um gerichtete azyklische Graphen, bei denen die Knoten Zufallsvariablen und die Kanten jeweils bedingte Abhängigkeiten zwischen den Variablen darstellen. Jeder Knoten des Netzes wird durch eine bedingte Wahrscheinlichkeitsverteilung beschrieben, wobei die Werte der Zeitreihen in der Regel diskretisiert werden. Werden die bedingten Wahrscheinlichkeitsverteilungen der einzelnen Knoten miteinander multipliziert, so entsteht die gemeinsame Wahrscheinlichkeitsverteilung des azyklischen Graphen. Durch den Einsatz von Suchverfahren (siehe z. B. [21, 22]) lässt sich die wahrscheinlichste Struktur des Graphen bestimmen. Die gefundenen Kanten können als Kausalitätsrichtungen interpretiert werden.

Für viele der genannten Verfahren existieren verschiedene Software-Pakete, die das Testen von Strukturhypothesen unterstützen, siehe z. B.

- Granger Causal Connectivity Analysis (GCCA)[1] (Algorithmen für das Testen der Granger-Kausalität im Zeit- und Frequenzbereich; MATLAB-basiert, open source, Beschreibung siehe [9]),

- System Identification Toolbox (kommerzielle MATLAB-Toolbox, ARMAX-Modelle, Unterraummethoden wie "n4sid", Implementierung der Algorithmen aus [23]),

- Tstool[2] (Softwarepaket für die nichtlineare Zeitreihenanalyse inkl. der Rekonstruktion von Totzeiten, Lyapunov-Exponenten, fraktalen Dimensionen, Informationstheoretische Maße, Surrogate data tests, Nearest-Neighbor-Verfahren, Return times, Poincaré-Schnitt; MATLAB-basiert, open source, Beschreibung siehe [2]),

- TISEAN[3] (stand-alone, open source, [24]),

- Eureqa[4] (stand-alone, open source, [2]),

- PottersWheel[5] (Struktursuche und Parameteridentifikation für die Systembiologie und Chemie; MATLAB-basiert, frei für Forschung und Lehre, Beschreibung siehe [25]) und

- Bayes Net Toolbox[6] (Erstellen von dynamischen und statischen Bayes-Netzen, MATLAB-basiert, open-source, Beschreibung unter [20]).

Andere Toolboxen sind stärker auf einzelne Anwendungen konzentriert, wie z. B. EEGLAB[7] für die Analyse von elektroenzephalographischen Daten (EEG), oder enthalten lediglich einzelne Verfahren wie nichtlineare Abhängigkeitsmaße[8] [26]. Außerdem existieren zahlreiche Data-Mining-Verfahren und -Tools (siehe Übersichten in [27, 28]), die aber eher auf die Mustererkennung in Einzelmerkmalen und Zeitreihen zielen.

Praktische Anwendungen der Struktursuche beschränken sich bislang meist auf relativ einfache Benchmarks mit bekanntem Verhalten und wenigen Ein- und Ausgangsgrößen oder auf ausgewählte Aspekte aus größeren Anwendungsbereichen mit unbekannter Struktur, wie z. B. für die Modellierung eines Pendels [2, 29], eines Hydraulikventils [30], Biotechnologische Prozesse [16, 17], Chemische Prozesse [31], Fragestellungen in der Systembiologie [29, 32, 33, 34], Ökologie [29] und Epilepsie-Simulation in der Schwangerschaft [35]. Eine Übersicht über verschiedene Benchmarkdatensätze für die Struktur- und Parameteridentifikation von biologisch motivierten (meist nichtlinearen Systemen) aus Zeitreihen findet sich in [36][9]. Einige Arbeiten versuchen, verschiedene Struktursucheverfahren anhand solcher Benchmarks zu vergleichen, siehe z. B. [34] für einen Vergleich von Granger-Kausalität und Dynamischen Bayes-Netzen und [36] für eine Auflistung bester bislang gefundener Ergebnisse für verschiedene Benchmarks verbunden mit den jeweiligen Verfahren.

3 Anwendung auf Testsystem

Da die vorgestellten Verfahren jeweils unterschiedliche Voraussetzungen bezüglich der System- und Signalstruktur annehmen, wird zur Untersuchung ein System verwendet,

---

[1] http://www.informatics.sussex.ac.uk/users/anils

[2] http://www.physik3.gwdg.de/tstool/

[3] http://www.mpipks-dresden.mpg.de/~tisean/Tisean_3.0.1/index.html

[4] http://creativemachines.cornell.edu/eureqa_download

[5] http://www.potterswheel.de

[6] http://www.cs.ubc.ca/ murphyk/Software/BNT/bnt.html

[7] http://sccn.ucsd.edu/eeglab/

[8] http://www.vis.caltech.edu/~rodri/software.htm

[9] http://www.odeidentification.org

welches mit für die Verfahren nicht-idealen Eingangssignalen angeregt und bezüglich seiner Systemstruktur verändert wird. Das Ziel ist zu untersuchen, welche der drei vorgestellten Verfahren bei den jeweiligen Eingangssignalen und Systemstrukturen verlässliche Kausalhypothesen generieren.

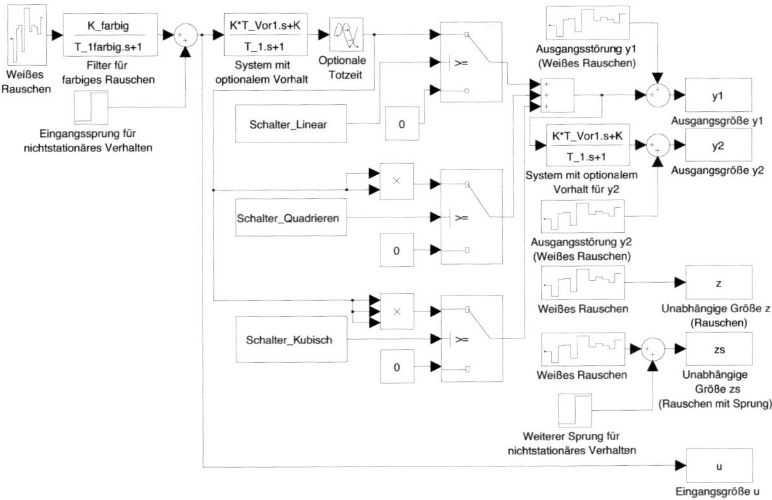

Abbildung 1: Simulink-Modell des Testsystems

Das verwendete System gemäß Abb. 1 wird in Simulink simuliert. In der Basiskonfiguration besteht es aus einem PT1-System ($K = 10, T_1 = 1$) mit der in allen Varianten gültigen Abtastzeit für die Zeitreihen $T_A = 0.3$. Am Eingang wirkt weißes Rauschen (Leistung 0.1, Abtastzeit für das weiße Rauschen $T_{AWR} = 0.1$); dem Ausgang y_1 wird weißes Rauschen überlagert (Leistung 0.01, $T_{AWR} = 0.1$). Ein zweiter Ausgang y_2 schließt sich an y_1 an und verwendet ein weiteres PT1-System mit den gleichen Parametern wie das erste. Auch diesem Eingang wird weißes Rauschen überlagert (Leistung 0.01, $T_{AWR} = 0.1$). Außerdem existieren zwei nicht mit den anderen Größen verbundene separate Quellen mit weißem Rauschen z und z_s (Leistung 0.1, Abtastzeit für das weiße Rauschen T_{AWR} = 0.1), wobei auf z_s zusätzlich zum Zeitpunkt $t = 250$ ein Sprung mit der Amplitude $z_{s,Sprung} = 10$ additiv aufgeschaltet wird.

Im Folgenden werden mehrere Varianten untersucht:
a. Basiskonfiguration,
b. zusätzliche Totzeit $T_{Tot} = 1$ ($T_{Tot} = 0$ in allen anderem Varianten),
c. farbiges Eingangsrauschen durch ein zusätzliches Tiefpassfilter 1. Ordnung ($K_{farbig} = 1, T_{1farbig} = 5$; $T_{1farbig} = 0$ in allen anderen Varianten),
d. überlagerter Eingangssprung der Amplitude $u_{Sprung} = 10$ nach $t = 500$, um ein nichtstationäres Verhalten zu erzielen ($u_{Sprung} = 0$ in allen anderem Varianten),
e. zusätzlicher Vorhalt 1. Ordnung für beide PT1-Systeme ($T_{Vor1} = 5$; $T_{Vor1} = 0$ in allen anderen Varianten) zum Erzeugen eines sprungfähigen Verhaltens,

f. Quadrierer vor y_1 zur Erzeugung eines nichtlinearen Verhaltens,

g. Kubierer vor y_1 zur Erzeugung eines nichtlinearen Verhaltens und

h. Quadrierer + Kubierer vor y_1 zur Erzeugung eines nichtlinearen Verhaltens.

Alle folgenden Auswertungen wurden mit der MATLAB-Toolbox Gait-CAD [37] unter Verwendung der GCCA-Toolbox [9] durchgeführt.

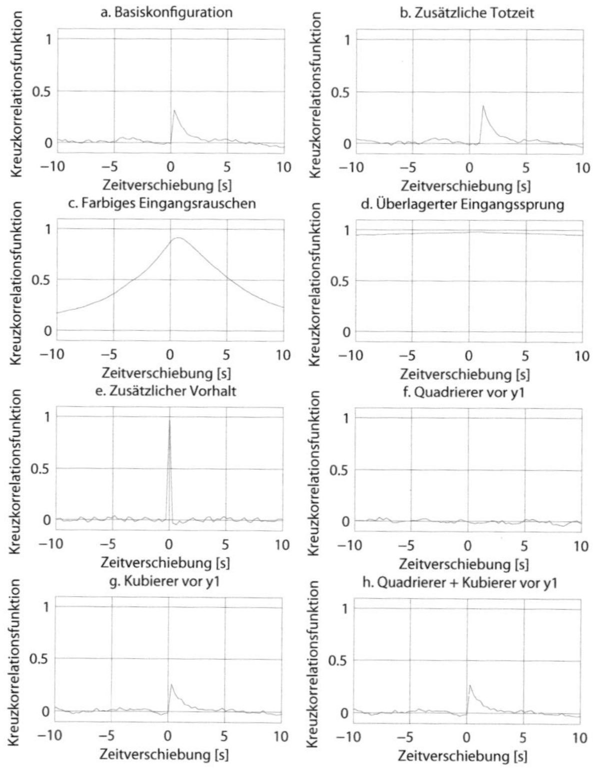

Abbildung 2: Normalisierte Kreuzkovarianzfunktionen zwischen u und y_1 für die Varianten a. bis h.

Die gemäß (1) geschätzten und normalisierten Kreuzkovarianzfunktionen zeigt Abb. 2. Systemtheoretisch ist die Kreuzkovarianzfunktion im Fall weißen Eingangsrauschens proportional zur Gewichtsfunktion (je nach Normierung). Dieser Sachverhalt ist in den Varianten a. und b. gut zu erkennen, weshalb die Richtung der Kausalität direkt ablesbar ist. In Variante c. überträgt sich das stark autokorrelierte farbige Eingangsrauschen auf den Ausgang, so dass die systembedingte Verschiebung in der KKF nur schwer erkennbar ist. Bei

Variante d. verursacht der Sprung hohe KKF-Werte in beide Richtungen der Zeitverschiebung, die Kausalität ist praktisch nicht erkennbar. Das Verhalten bei den Varianten c. und d. zeigt, dass das Erkennen von Kausalitäten in Messdaten mittels KKF bei Verletzung der vorausgesetzten Signal- und Systemstrukturen schnell zu irreführenden Ergebnissen führen kann. In Variante e. dominiert der direkte Durchgriff des sprungfähigen Systems. In Variante f. scheitert die lineare KKF verfahrensbedingt an der für sie nicht erkennbaren Nichtlinearität. In den Varianten g. und h. profitiert sie von der Tatsache, dass lineare und kubische Funktionen miteinander korrelieren und so zumindest die richtige Kausalitätsrichtung erkannt wird, obwohl es sich um ein nichtlineares System handelt.

Das Erkennen quadratischer Nichtlinearitäten setzt A-priori-Wissen voraus, indem die Zeitreihe $u^2[k]$ als zusätzliche Zeitreihe berechnet wird. Bei der Berechnung der Kreuzkovarianzfunktion zwischen u^2 und y_1 kann nun in der Variante f. der lineare Zusammenhang zwischen u^2 und y_1 erkannt werden, während umgekehrt der nichtlineare Zusammenhang zwischen u^2 und y_1 in der Basiskonfiguration unentdeckt bleibt (Abb. 3).

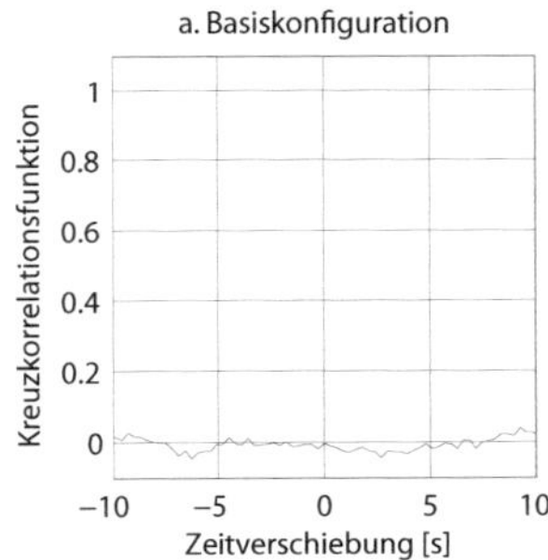

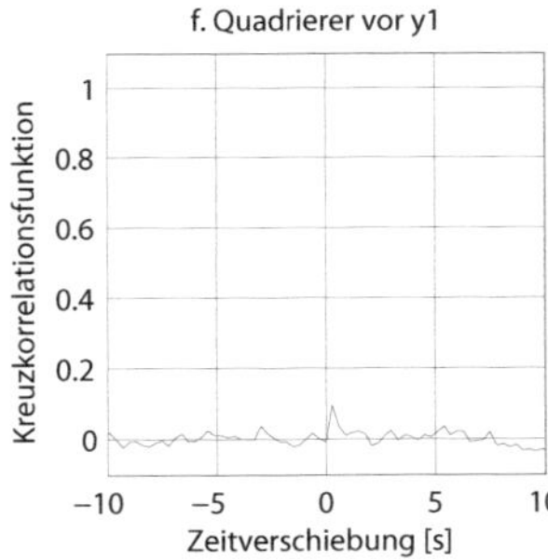

Abbildung 3: Normalisierte Kreuzkovarianzfunktionen zwischen u^2 und y_1 für die Varianten a. und f.

Die Ergebnisse der Kausalitätsuntersuchungen mit dem Granger-Verfahren zeigt Abb. 4. Zunächst werden mögliche Paare von Ein- und Ausgangsgrößen als Single-Input-Single-Output-Systeme (SISO) untersucht. Die Kausalitätsdiagramme enthalten auf der x-Achse potenzielle Eingangs-, auf der y-Achse potenzielle Ausgangsgrößen. Dunkel eingefärbte Felder kennzeichnen die Relevanz der Kausalitätsrichtung gemessen durch $Q_{G,12}$ in (5). Für die maximale Systemordnung wurde ein Wert von $n_{max} = 12$ gewählt. Die Simulationsuntersuchungen zeigen, dass zu große Werte für die maximale Systemordnung (ab ca. 20) numerische Probleme und ein Nichterkennen kausaler Zusammenhänge bewirken. In allen Varianten mit linearen Systemen (a.-e.) zeigt das Granger-Verfahren seine Leistungsfähigkeit, indem es die richtige Kausalitätsrichtung erkennt. Für das nichtlineare System (f.) ist das Verfahren aufgrund der linearen Struktur in den Gleichungen (3) und (4) nicht geeignet. Allerdings wird der Zusammenhang zur quadrierten Zeitreihe u^2 sicher erkannt. Für g. und h. wird wie in der Kreuzkovarianzanalyse der kubische Term erfolgreich durch einen linearen approximiert, so dass zumindest die Kausalitätsrichtung erkannt wird.

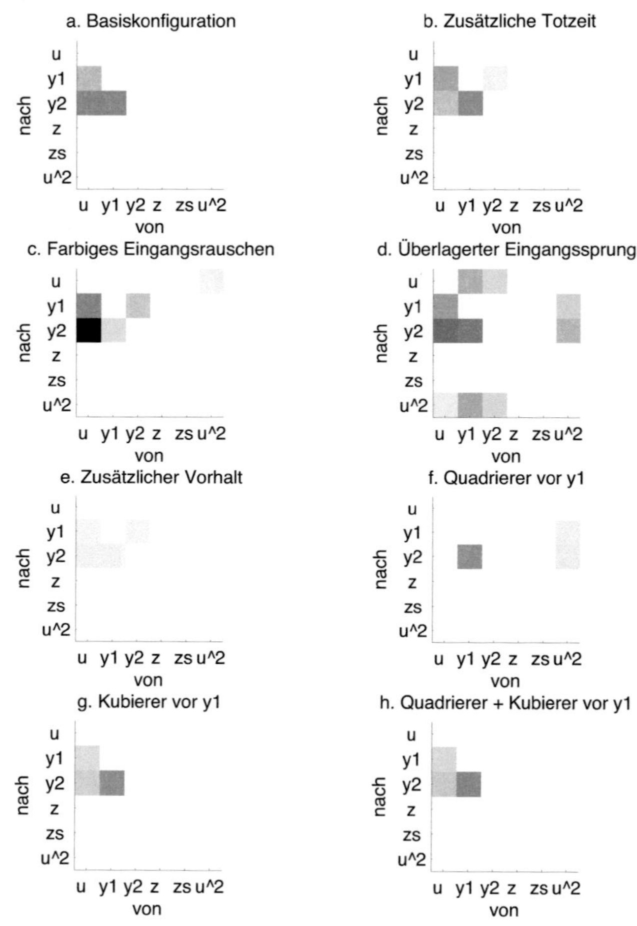

Abbildung 4: Granger-Verfahren (SISO-Systeme) für die Varianten a. bis h.

Die Unterschiede zur Untersuchung kompletter Multiple-Input-Multiple-Output-Systeme (MIMO) mit dem Granger-Verfahren zeigt Abb. 5. Dabei werden parallel alle Größen auf die Eignung als Ein- und Ausgangsgrößen untersucht, wobei Redundanzen berücksichtigt werden. Zunächst bleibt festzuhalten, dass in allen Fällen nicht erkannt wird, dass u nur indirekten Einfluss auf y_2 über y_1 besitzt. Dies lässt sich dadurch begründen, dass das Testsystem keine additiven Störungen zwischen Eingang und Ausgang besitzt und somit keine bedingten Abhängigkeiten erkannt werden können. Des Weiteren wird in allen Fällen erkannt, dass die zwei Rauschquellen z, z_s weder Eingangs- noch Ausgangsgrößen des Systems darstellen. Im Vergleich zum SISO-System ist besonders Fall d. interessant, da die dort falsch erkannten Einflüsse herausgerechnet werden. In Fall e. werden allerdings die im SISO-System noch schwach erkannten Einflüsse als nicht mehr signifikant festgestellt.

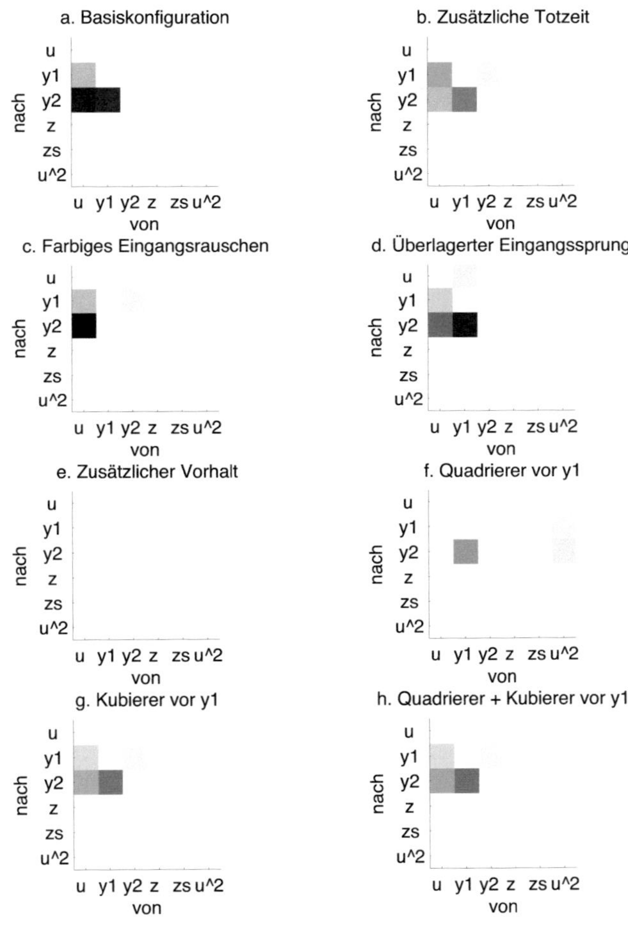

Abbildung 5: Granger-Verfahren (MIMO-Systeme) für die Varianten a. bis h.

Die Ergebnisse der Kausalitätsuntersuchungen mit dem n4sid-Verfahren ohne die Ausgangsgröße y_2 zeigt Abb. 6. Die Kausalitätsdiagramme enthalten auf der x-Achse potenzielle Ausgangsgrößen, die y-Achse zeigt die prozentuale Verbesserung einer Einschrittprognose mit allen anderen Größen als Eingangsgrößen gegenüber einer Schätzung mit einem rein autoregressiven Modell (3). n4sid erkennt die Ausgangsgröße y_1 in den Varianten a.-d., g.-h. In der Variante e. liefert wegen der starken autokorrelativen Kopplung von y_1 kein weiterer Eingang eine relevante Verbesserung, weswegen der Ausgang nicht

erkannt wird. Für das nichtlineare System (f.) ist das Verfahren aufgrund der angenomme-
nen linearen Zustandsraumstruktur ungeeignet. Wenn die zweite Ausgangsgröße y_2 mit
aufgenommen wird (nicht bildlich dargestellt), erkennt n4sid wegen der starken Kopplung zwischen y_1 und y_2 in den Varianten a., b., d., f.-h. nur noch y_2 als Ausgangsgröße.
In der Variante e. wird kein Ausgang, in der Variante c. werden y_1 und y_2 als relevante
Ausgänge erkannt.

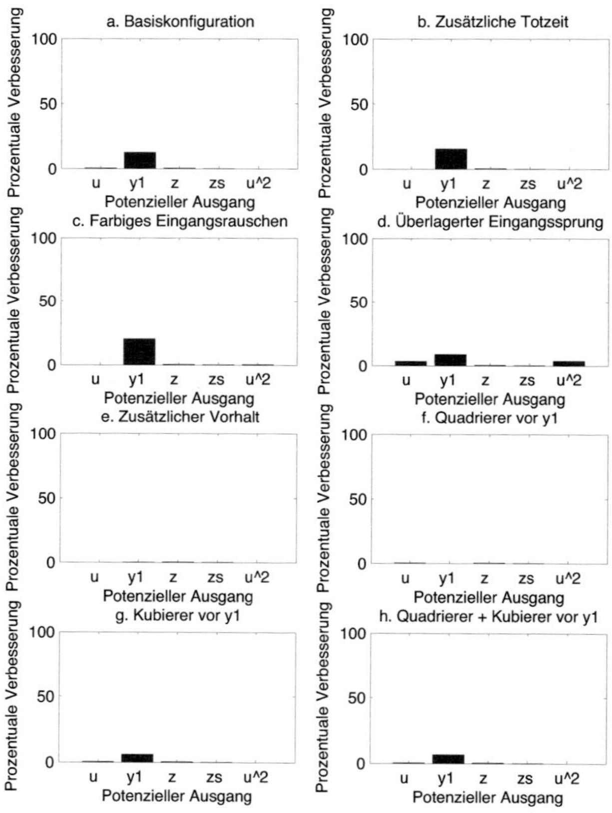

Abbildung 6: n4sid-Verfahren für die Varianten a. bis h. ohne y_2

Tabelle 1 fast die Ergebnisse des vorherigen Abschnitts zusammen. Bei dem verwendeten Simulink-Modell können alle drei untersuchten Verfahren kausale Abhängigkeiten in
der Basiskonfiguration, bei vorhandenem Kubierer und bei vorhandenen Totzeiten erkennen. Zudem zeigen alle Verfahren Probleme bei zusätzlichem Vorhalteglied und bei quadratischer Nichtlinearität. Im Vergleich der Verfahren untereinander zeigt sich, dass die
Granger-Kausalität gegenüber KKF und n4sid robuster gegenüber nicht idealen Voraussetzungen ist. Trotz überlagertem Eingangssprung wird von der Granger-Kausalität als
einziges die richtige Kausalrichtung erkannt, im Vergleich zu n4sid ist es noch bedingt

möglich einen zusätzlichen Vorhalt zu erkennen. Die KKF zeigt bei der Verletzung der erwarteten Signal- und Systemannahmen die meisten Probleme, da in den meisten Fällen der kausale Einfluss entweder kaum oder gar nicht mehr aus den Daten ablesbar ist. Der Vorteil der KKF liegt aber darin, dass sie ein einfach zu interpretierendes Ergebnis liefert. Bei der Granger-Kausalität und bei n4sid müssen hingegen Prognosefehler berechnet und ausgewertet werden.

Tabelle 1: Möglichkeiten zum eindeutigen Erkennen kausaler Abhängigkeiten in dynamischen Systemen am Beispiel des Benchmarks. $\checkmark$: gute Erkennung, ($\checkmark$): bedingt taugliche Erkennung, -: keine Erkennung, (*): Erkennung bei zusätzlichen A-priori-Informationen, hier: Wissen über mögliche statische Nichtlinearitäten

	KKF	Granger-Kausalität	n4sid
Basiskonfiguration	$\checkmark$	$\checkmark$	$\checkmark$
Zusätzliche Totzeit	$\checkmark$	$\checkmark$	$\checkmark$
Farbiges Eingangsrauschen	($\checkmark$)	$\checkmark$	$\checkmark$
Überlagerter Eingangssprung	($\checkmark$)	$\checkmark$	($\checkmark$)
Zusätzlicher Vorhalt	($\checkmark$)	($\checkmark$)	-
Quadrierer vor y_1	- (*)	- (*)	-
Kubierer vor y_1	$\checkmark$	$\checkmark$	$\checkmark$
Quadrierer + Kubierer vor y_1	$\checkmark$	$\checkmark$	$\checkmark$

Tabelle 2 vergleicht die Verfahren bezüglich der zulässigen Systemklassen und der generierten Ergebnisse. Bei der KKF ist insbesondere die fehlende Ordnungsschätzung sowie die aufwändige Visualisierung und Behandlung von Mehrgrößensystemen problematisch. Hier zeigen sich die Vorteile des n4sid-Verfahrens, das beide Aufgaben direkt integriert.

Tabelle 2: Vergleich der zulässigen Systemklassen und der generierten Ergebnisse, $\checkmark$: ja, ($\checkmark$): bedingt möglich, -: nein

	KKF	Granger-Kausalität	n4sid
Lineare Systeme	$\checkmark$	$\checkmark$	$\checkmark$
Wiener-und Hammerstein-Systeme	($\checkmark$)	($\checkmark$)	($\checkmark$)
Integrierte Ordnungsschätzung	-	($\checkmark$) (mit AIC)	$\checkmark$
Umgang mit Mehrgrößensystemen	-	($\checkmark$)	$\checkmark$
Schätzung Totzeit	$\checkmark$	($\checkmark$) (indirekt)	$\checkmark$ (indirekt)
Einfache Parametrierung	$\checkmark$	($\checkmark$)	$\checkmark$

4 Zusammenfassung und Ausblick

Der vorliegende Beitrag gibt eine Übersicht über Verfahren zur Bestimmung von kausalen Zusammenhängen aus Messdaten und konzentriert sich dabei insbesondere auf Methoden aus der Systemtheorie. Als beispielhafte Verfahren wurden die Kreuzkovarianzfunktion (KKF), das Granger-Verfahren und das n4sid-Verfahren ausgewählt und an einem PT1-basierten System mit verschiedenen Eingangssignalen und ausgewählten (nichtlinearen)

Modifikationen evaluiert. Somit wird untersucht, inwieweit kausale Abhängigkeiten in Messdaten auch dann erkannt werden, wenn die rigiden Anforderung an die einzelnen Struktursucheverfahren verletzt werden. Bei der KKF lässt sich zusammenfassend sagen, dass sie lediglich im optimalen Fall und bei Systemen mit Totzeit einwandfrei funktioniert. Die Granger-Kausalität erweist sich als robuster gegenüber einer niedrigen Messdatenqualität. Beim n4sid-Verfahren ist problematisch, dass die Kausalitätsinformationen wieder mit nachfolgenden Bewertungsmaßen für die entworfenen Modelle extrahiert werden müssen, wodurch Informationen verlorengehen.

Dennoch bleibt eine Reihe offener Fragen. Ein erster Fragenkomplex betrifft die Eignung weiterer Verfahren wie z. B. Dynamischer Bayes-Netze. Hier ist zu untersuchen, ob und in welchen Fällen die Vorteile aus der direkten Erkennung nichtlinearer Zusammenhänge gegenüber den Nachteilen durch die Informationsverluste wegen der notwendigen Diskretisierung überwiegen. Ein zweiter Fragenkomplex betrifft die Einflüsse von Langzeittrends, kleinen Datensätzen (z. B. wegen teurer Datenerfassung oder aktiven Experimenten), anderen Nichtlinearitäten, Systemen mit vielen Größen, periodischen Eingangssignalen, dominanten Einflussgrößen, Closed-loop-Strukturen, zeitvariantem Systemverhalten, unentdeckten Aliasing-Effekten usw. Hier ist zwar kaum mit generell gültigen Aussagen zu rechnen, Hinweise für die Eignung einzelner Verfahren haben aber das Potenzial, die Arbeit in der Praxis zu erleichtern. Des Weiteren ist bisher ungeklärt, inwiefern die einzelnen Verfahren bei der Struktursuche vom Nutzer unterstützt werden können (z. B. anhand von A-priori-Wissen oder aktiver Exploration) und wie der Nutzer wiederum Rückmeldung durch eine geeignete Visualisierung erhalten kann.

Literatur

[1] Hong, X.; Mitchell, R.; Chen, S.; Harris, C.; Li, K.; Irwin, G.: Model Selection Approaches for Non-linear System Identification: A Review. *International Journal of Systems Science* 39 (2008) 10, S. 925–946.

[2] Schmidt, M.; Lipson, H.: Distilling Free-form Natural Laws from Experimental Data. *Science* 324 (2009) 5923, S. 81–85.

[3] Pereda, E.; Quiroga, R.; Bhattacharya, J.: Nonlinear Multivariate Analysis of Neurophysiological Signals. *Progress in Neurobiology* 77 (2005) 1-2, S. 1–37.

[4] Willems, J.: The Behavioral Approach to Open and Interconnected Systems. *IEEE Control Systems Magazine* 1066 (2007) 033X/07.

[5] Markovsky, I.; Willems, J.; Rapisarda, P.; De Moor, B.: Algorithms for Deterministic Balanced Subspace Identification. *Automatica* 41 (2005) 5, S. 755–766.

[6] Pearl, J.: Causal Inference in Statistics: An Overview. *Statistics Surveys* 3 (2009), S. 96–146.

[7] Granger, C.: Investigating Causal Relations by Econometric Models and Cross-spectral Methods. *Econometrica* 37 (1969) 1, S. 424–438.

[8] Friedman, N.; Koller, D.: Multivariate Out-of-Sample Tests for Granger Causality. *Computational Statistic and Data Analysis* 51 (2007), S. 3319–3329.

[9] Seth, A.: A MATLAB Toolbox for Granger Causal Connectivity Analysis. *Journal of Neuroscience Methods* 186 (2010) 2, S. 262–273.

[10] Van Overschee, P.; De Moor, B.: N4SID: Subspace Algorithms for the Identification of Combined Deterministic-stochastic Systems. *Automatica* 30 (1994), S. 75–93.

[11] Nelles, O.; Fischer, M.: Local Linear Model Trees (LOLIMOT) for Nonlinear System Identification of a Cooling Blast. In: *Proc., 4th European Congress on Intelligent Techniques and Soft Computing EUFIT'96*, S. 1187–1191. Aachen. 1996.

[12] Nelles, O.; Hecker, O.; Isermann, R.: Automatische Strukturselektion für Fuzzy-Modelle zur Identifikation nichtlinearer, dynamischer Prozesse. *at - Automatisierungstechnik* 46(6) (1998), S. 302–311.

[13] Breiman, L.; Friedman, J. H.; Olshen, R. A.; Stone, C. J.: *Classification and Regression Trees*. Belmont, CA: Wadsworth. 1984.

[14] Angelov, P.; Filev, D.: An Approach to Online Identification of Takagi-Sugeno Fuzzy Models. *IEEE Transactions on Systems, Man, and Cybernetics, Part B: Cybernetics* 34 (2004) 1, S. 484–498.

[15] Kroll, A.: Zur Modellierung unstetiger sowie heterogener nichtlinearer Systeme mittels Takagi-Sugeno-Systemen. In: *Proc. 20. Workshop Computational Intelligence, Bommerholz*, S. 64–79. KIT Scientific Publishing. 2010.

[16] Marenbach, P.; Bettenhausen, K. D.; Cuno, B.: Selbstorganisierende Generierung strukturierter Prozeßmodelle. *at - Automatisierungstechnik* 43 (1995) 6, S. 277–288.

[17] Marenbach, P.; Bettenhausen, K. D.; Freyer, S.: Signal Path Oriented Approach for Generation of Dynamic Process Modes. In: *Proc., 1st Conference on Genetic Programming (GP-96)*. The MIT Press. 1996.

[18] Gray, G.; Murray-Smith, D.; Li, Y.; Sharman, K.; Weinbrenner, T.: Nonlinear Model Structure Identification using Genetic Programming. *Control Engineering Practice* 6 (1998) 11, S. 1341–1352.

[19] Mihajlovic, V.; Petkovic, M.: Dynamic Bayesian Networks: A State of the Art. URL `http://doc.utwente.nl/36632/`. DMW-project. 2001.

[20] Murphy, K. P.: The Bayes Net Toolbox for MATLAB. *Computing Science and Statistics* 33 (2001), S. 2001.

[21] Tsamardinos, I.: The Min-max Hill-climbing Bayesian Network Learning Algorithm. *Machine Learning Journal* (2006).

[22] Chickering, D.: Learning Equivalence Classes of Bayesian-Network Structures. *Journal of Machine Learning Research 2* (2002), S. 445–498.

[23] Ljung, L.: *System Identification - Theory for the User*. Prentice Hall. 1999.

[24] Hegger, R.; Kantz, H.; Schreiber, T.: Practical Implementation of Nonlinear Time Series Methods: The TISEAN Package. *Chaos* 9 (1999), S. 413–435.

[25] Maiwald, T.; Timmer, J.: Dynamical Modeling and Multi-experiment Fitting with PottersWheel. *Bioinformatics* 24 (2008) 18, S. 2037–2043.

[26] Quian Quiroga, R.; Kraskov, A.; Kreuz, T.; Grassberger, P.: Performance of Different Synchronization Measures in Real Data: A Case Study on Electroencephalographic Signals. *Physical Review E* 65 (2002) 4, S. 041903.

[27] Mikut, R.: *Data Mining in der Medizin und Medizintechnik*. Universitätsverlag Karlsruhe. 2008.

[28] Mikut, R.; Reischl, M.: Data Mining Tools. *Wiley Interdisciplinary Reviews: Data Mining and Knowledge Discovery* 1 (5) (2011), S. 431 – 443.

[29] Bongard, J.; Lipson, H.: Automated Reverse Engineering of Nonlinear Dynamical Systems. *Proceedings of the National Academy of Sciences* 104 (2007) 24, S. 9943.

[30] Braun, J.; Krettek, J.; Hoffmann, F.; Bertram, T.; Lausch, H.; Schoppel, G.: Struktur- und Parameteridentifikation mit Evolutionären Algorithmen. *at - Automatisierungstechnik* 59 (2011) 6, S. 340–352.

[31] Menold, P.; Allgöwer, F.; Pearson, R.: Nonlinear Structure Identification of Chemical Processes. *Computers & Chemical Engineering* 21 (1997), S. S137–S142.

[32] Chou, I.; et al.: Recent Developments in Parameter Estimation and Structure Identification of Biochemical and Genomic Systems. *Mathematical Biosciences* 219 (2009) 2, S. 57–83.

[33] Sima, C.; Hua, J.; Jung, S.: Inference of Gene Regulatory Networks using Time-series Data: A Survey. *Current Genomics* 10 (2009) 6, S. 416–429.

[34] Zou, C.; Feng, J.: Granger Causality vs. Dynamic Bayesian Network Inference: A Comparative Study. *BMC Bioinformatics* 10 (2009) 122, S. 1–17.

[35] Beligiannis, G.; Skarlas, L.; Likothanassis, S.; Perdikouri, K.: Nonlinear Model Structure Identification of Complex Biomedical Data using a Genetic-programming-based Technique. *IEEE Transactions on Instrumentation and Measurement* 54 (2005) 6, S. 2184–2190.

[36] Gennemark, P.; Wedelin, D.: Benchmarks for Identification of Ordinary Differential Equations from Time Series Data. *Bioinformatics* 25 (2009) 6, S. 780.

[37] Mikut, R.; Burmeister, O.; Braun, S.; Reischl, M.: The Open Source Matlab Toolbox Gait-CAD and its Application to Bioelectric Signal Processing. In: *Proc., DGBMT-Workshop Biosignalverarbeitung, Potsdam*, S. 109–111. 2008.

Self Learning Anomaly Detection for Embedded Safety Critical Systems

Falk Langer, Karsten Bertulies

Fraunhofer-Einrichtung für Systeme der Kommunikationstechnik ESK
Hansastr. 32, 80686 München
E-Mail:{falk.langer, karsten.bertulies}@esk.fraunhofer.de

Abstract

Especially in embedded systems like in the automotive domain, the amount of distributed functionality of safety critical software is increasing faster than the test engineers are able to manage. In this paper we address the problem how to ensure the correct functioning of a piece of software if specification is weak, incomplete or wrong. Such problems with specifications are not expected in the development process of safety critical systems. But these problems did occur in reality, mostly for new innovative functionality with a high grade of dependencies with other features. These circumstances are a big problem for detecting errors in system tests and for building diagnostic models for error detection at system runtime. The basic idea is the investigation on methods for using the huge amount of testing effort and the resulting test traces as basis for system diagnosis. It is discussed how a self learning diagnosis can be implemented efficiently based on a dependency model which is inferred from test cases. The inferred model is represented as a deterministic finite automaton and learned with an adapted Angluin learner.

1 Introduction

Today embedded systems becoming networked. This means not only that an embedded systems is connected to the Internet, it means that several components are connected and interact together as a distributed system. This paper addresses the problem of testing and diagnosing such distributed or networked functionality. For testing and diagnosing it is important to know the correct behavior of the system and to know the correlating system properties for validating the system behavior.

Currently these problems are mainly addressed within single software applications, let's say on module level (see [1]). On system level modules interact with each other the correctness of interaction must be ensured. Even if all modules work correct in comparison to their individual specifications, a system could fail. There is some work in progress for diagnosing discrete event based systems (DES) and in model based diagnosis (MBD) for distributed functions. The common problem is the need for an accurate description of dependency (dependency model) for the observable signals. This model must be provided by some experts or can be extracted from specification.

In this paper the focus is not on diagnosis but on error detection. Error detection is the first step when diagnosing a system and also needs some description of the expected behavior of the system to enable observance. This observation provides the information if the system is running correctly. In the following a system is meant as aggregation of several modules communicating with each other. A module is understood as a (software) function which can only be observed at its interfaces (black box). A system state thereby is the combination of several depended module states.

Subsequently the focus of this paper is on the observation of a system behavior or system states by analyzing network traces from positive classified test runs like described in [13]. The dependency model for the observation is represented with an automaton. But in difference to MBD this automaton is inferred from observed network traces. The automaton is generated without any knowledge about the underlying system and it's specification but it should detect differences in the behavior of the observed system in comparison to the behavior within the test runs. The behavior within the test runs is called the normal behavior. The inferred automaton then detects anomalies in relation to test runs.

In the next section a description of the system intended to observe and to learn is given. Then a short view on the proposed methodology discusses the restrictions of anomaly detection with observed test data. In section 4 an adaption of the Angluin learner is proposed and evaluated for the given problem. Section 5 shows a first application of the proposed Learner to a real world problem and discusses some problems and possible solutions for applying the algorithm shown in section 4.

2   System Description

For applying an anomaly detection it is important to have an idea about the system which should be observed. The description and observation of the behavior of an event based distributed system is not a trivial task. In contrast to a monolithic software module it is not possible to measure some variables and thus deriving a rating of the correct behavior. For rating a system it is necessary to be clear about its state and the observability of the system state. The state of a distributed system can not directly expressed e.g within a variable. The state of a system results from the combination of the states of the modules. But the states of modules can not directly observed. Since the states of a module depends on the interaction with other modules it is assumed that the state of a system results from observable communication sequences.

2.1   Basic Definition

We suppose that the communication behavior of a system could be expressed with a deterministic finite automaton *DFA*. This assumption is made especially in the area of protocol testing technologies [4]. Because the communication of a distributed system must be founded on the usage of some kind of data exchange protocol, at least this kind of behavior is expressible within a DFA. But not only the data exchange should be expressible with a DFA. The control flow of such systems is mostly specified or programmed with some kind of automata or sequence charts. So it is obviously to suppose that the observed system can be expressed with some kind of automata which represents a set of symbol sequences (language). In general *DFA* can be described as:

$$A = (S, s_0, \Sigma, T) \tag{1}$$

- S a finite set of states

- $s_0 \in S$ a start state (also called initial state)

- Σ a finite set of symbols called the input alphabet

- $T : S \times \Sigma \to S$ a transition function

- $F \subseteq Q$ a set of accept states $F \in S$

Σ^* is the set of all finite strings of Σ, a language is any $L \subset \Sigma^*$.

For an anomaly detection the DFA is used as an accaptor. Therefore it is not possible to define any accept states F, because in a network trace the identification of single words of Σ^* is not possible without any knowledge of the system. For running A in accepting mode the transition function T need to be used. The transition function from a state defines the accepted symbol to get to one of the next states. If the observed symbol is not specified by T the observed symbol stream representing language L is rejected.

Using DFA for describing a system's behavior leads to some limitations about the representable behavior e.g. no recursive programs can be described within a DFA. The next chapters discuss the problem how to learn such automata A from a stream of symbols and apply the results to usage within an anomaly detection..

3 Using Test Data for Anomaly Detection

The main assumption for the proposed anomaly detection is that the probability of executing a faulty software behavior grows if software system is in an untested execution status. If an execution status of a software system was not observed within the test cases, it should not be observed during normal operation of the system. For this reason it would be helpful to monitor if the system stays in a tested execution status [13]. An untested execution status is a status which was not observed in the positive classified test. The problem is to describe tested execution states and to detect a deviation. The naive method to do this is to store all test sequences and compare them with the running system. In [1] similar approaches with this background on module level are studied. In [1], the module was instrumented and some screeners which store possible module states are analyzed. Because the execution state of the here described system is not directly observable a DFA A shall be used to describe execution states. If one knows the correct automaton A^* representing the system, it is easy to extract execution states from the system's output. But A^* is not known in the case of the assumption that the system is a black box. The only thing that is observable is the output of the transmission function T while A^* is running in a endless loop. The observable output is a stream of symbols Δ ($\Delta = \Sigma_1...\Sigma_n \in \Sigma^*$ and with τ as the total amount of symbols recorded in the the trace).

If one can learn a A_1^* which accepts the observed symbol stream generated by A^* within normal operation, A_1^* should represent the executed and observable behavior of A^*. If $A_1^* = A^*$ the system was completely reproduced by the learner. This would be the case if (i) The system can be completely represented by a DFA and (ii) all possible system states are represented in the observed symbol stream. Since the amount of possible system states increases enormously with the number of interacting modules, typically on an exponential scale $A_1^* = A^*$ is not realistic. But nevertheless A_1^* can represent some dependencies between observed symbols.

The proposed anomaly detection mechanism consists of a learner which infers an automaton A from positive classified network traces. In a second step, the automaton A is used for evaluating the system behavior by running in an acceptance mode. If the automaton did not accept the live data stream an anomaly is detected.

4 L*-Algorithm

For learning DFA's the Angluin learner (L^*) [2] seems to be a good choice. There are several applications of L^*, published in the last few years. It was shown that L^* always learns a minimal DFA [15]. [9, 5, 6] showing well established applications of L^* for learning the behavior of event based systems.

L^* needs two queries to learn a automata A_1^*. A membership query and an equivalence query. A membership query answers the question if w is in $L(A^*)$ ($w \subset \Sigma^*$). An equivalence query answers the question if A_1^* recognizes the language L ($L(A_1^*) = L(A^*)$). If $L(A_1^*) \neq L(A^*)$ the equivalence query returns a counter example. A counter example is a string which can be generated by A^* but is not accepted by A_1^* or vice versa.

The applicability of L^* strongly depends on the implementation of these two queries. The implementation depends on the representation of A^*. Since A^* is not known the implementation of the equivalence query is called oracle. The membership query often called teacher. The implementation of the membership query in the proposed case is very simple by searching for a symbol sequence in the observed stream (searching for a substring).

4.1 An Oracle for Learning from Observation Data

Usaly the Angluin learner is an active learner. This means that it interacts with the system to infer. This is mostly whats the oracle doing in some way. In the use case for the proposed anomaly detection it is not possible to interact with the system for learning. The introduced problem is to evaluate some kind of trace data of an observed systems. In other words the only available base for the oracle is a stream of symbols Δ. The difficulty is that the stream contains no boundaries of sequences w. In comparison to a normal language this is like a text without spaces and dots.

As a consequence from the fact that word boundaries within a continuous stream Δ are unknown, the oracle must go step by step through the symbol stream like a sliding window. The length of this window is the length of the symbol sequence w. This length is minimally 2 and maximal the amount of symbols in the stream τ. The oracle must start with the minimal word length and run until the maximum word length is reached. If the length is 1 the automaton consists only of one state and has one transition for every symbol leading to it self. This is the most generic automaton accepting all symbols in every constellation. If a single word consists of τ symbols (complete stream) the learned automaton is a simple circle with one input and one output transition per state and τ transitions (see Fig. 1). This automaton will accept only the exact same trace of the system.

The oracle obviously must test all strings of length 2 to τ generatable by A_1^* if they occur in Δ or vice versa if Δ contains strings from length 2 to τ which are not accepted by A_1^*.

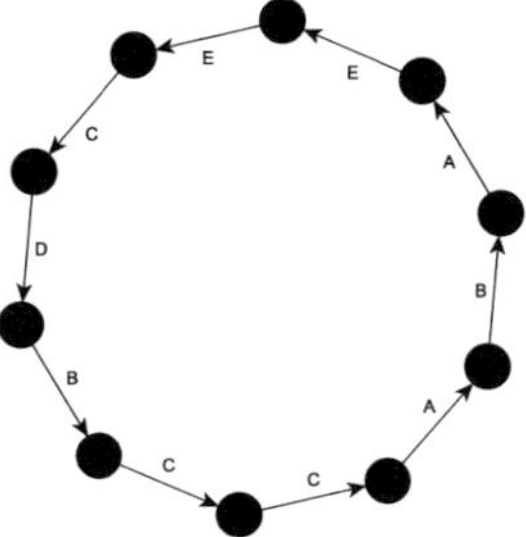

Figure 1: Simplest automaton with one transition per state

This would lead to $O(e^\tau)$ membership queries were in normal cases $\tau > 100$. For overcoming this problem one has to take care of the maximum length of w (*maxtestlength*) which has to be tested within Δ.

What happens if one choses *maxtestlength* to small? The learned autmoaton A_1^* will ignore some long time dependencies cf. Fig. 2 and 3. The calculation of *maxtestlength* therefore needs to depend on the complexity of A^*. The *maxtestlength* is in that case the maximum length of w for a membership query to distinguish between two automata.

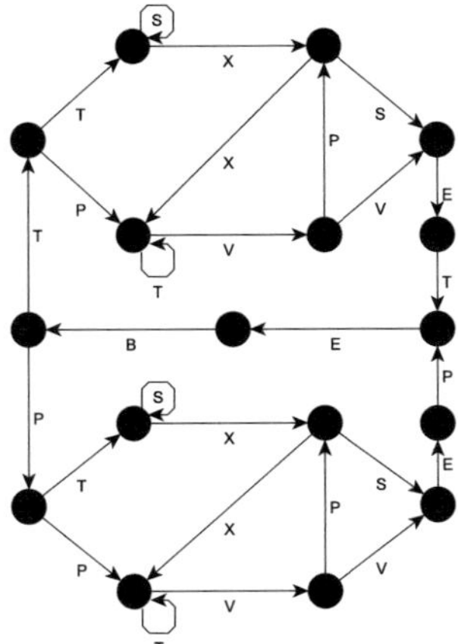

Figure 2: A correctly inferred automaton with long time dependency

So we start to increment *maxtestlength* at each test run and stop if with the increasing of *maxtestlength* as soon as no more counter examples are found. This approach does not work with an automaton like it is depicted in Fig. 2. This is due to the fact that there would exist long phases without finding a counterexample although there would be new

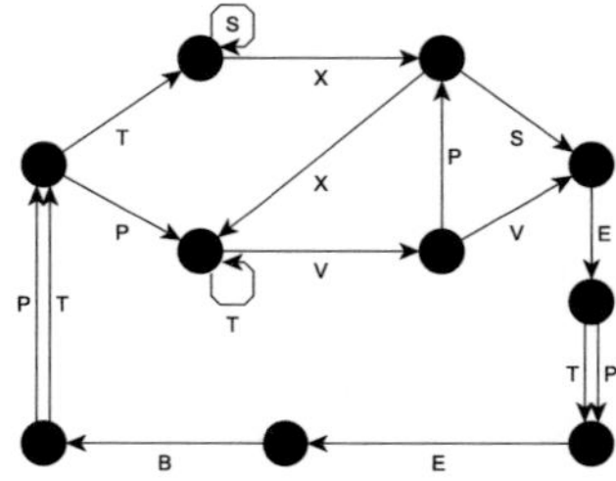

Figure 3: Learned automaton did not include long time dependency

ones after several increments.

We propose a statistical solution for this problem. The $maxtestlength$ depends on the complexity of A^*. If A^* is more complex, more different words w with the same length belonging to $L(A^*)$exist. It is necessary to observe all possible words with $maxtestlength$ from A^* to build an A_1^* with long time dependency near $maxtestlength$. With respect to this we try to declare the probability that all w with length $maxtestlength$ are within Δ.

This task is similar to the stochastic problem of rolling a n side dice m times, asking for the probability of rolling each side at least once. The number of dice sides n equates the number of possible test strings with length $maxtestlenlength$ and m equates the number of test-strings (with this length) in the data stream. The probability of finding all test-strings in the data stream (rolling each dice side at least once) is then given by 2.

$$P(n,m) = \sum_{i=0}^{n}(-1)^i\binom{n}{i}\left(1 - \frac{i}{n}\right)^m \tag{2}$$

$$P(n,m) > 1 - \delta \tag{3}$$

In order to apply the criterion 3, n and m have to be estimated. The number of possible test strings n with length $maxtestlength$ can be estimated by the cardinality of the alphabet (size of Σ) to the power of $maxtestlength$. However this is a quite rough estimation since any complex automata accepts only a much smaller amount of strings. A much better estimate is the average number of possible decisions per state to the power of $maxtestlength$ times the number of states. The average number of possible decisions can be calculated by the number of transitions divided by the number of states. In fact, the correct number n of possible test strings can be extracted from the machine but using the average number of decisions per state is more practical since the exact calculation is computationally much more complex and the exact value would neither improve the quality nor the performance of criterion 3. To be on certain, the average number of possible decisions might be rounded to the next higher integer. The number of test strings (m) within the data stream with length $streamlen$ is estimated to be the number of possible sub-strings of length $maxtestlength$.

$$m = streamlen - maxtestlen + 1 \tag{4}$$

In any practical application $streamlen >> maxtestlength > 1$ and thus $m = streamlen$ would be a suitable estimate as well.

$$n \approx \text{number of states} \left\lceil \frac{\text{number of transitions}}{\text{number of states}} \right\rceil^{maxtestlength} \tag{5}$$

Unfortunately equation 2 is not easy to implement on a normal computer since the binom $\binom{n}{i}$ becomes a very large number and the $\left(1 - \frac{i}{n}\right)^m$ therm becomes very small. The exponent m easily reaches very high values (the data stream may consist of more than hundred thousand symbols).

Therefor a simple approximation for $P(n, m)$ has to be used. This approximation should return a probability lower than 2 in order to make sure that δ is the maximum probability of a *false reject*. As approximation the complementary event of not finding a certain test string of length $maxtestlength$, times the number of test strings of that length may be used. This approximation predicts always a lower probability as the exact calculation since the calculation of not finding a certain test string, multiplied with the number of tested strings and then getting the complementary event disregards the possibility of not finding more than one test string. Therefore the approximation is quite good if the probability of finding all test-strings within the stream is high. It although can be seen as the first two summands from the correct formula 3 ($i = 0$ and $i = 1$).

$$P(n, m) \approx 1 - n \left(\frac{n-1}{n}\right)^m \leq P(n, m) \tag{6}$$

It is important to note that the approximation (6) as well as the exact formula (2) assume that all possible test strings have the same probability. This is not necessarily true but in case one relaxes this assumption to an arbitrary probability for each test string the resulting probability of an *false reject* becomes arbitrary as well.

The approximation 6 and the condition 3 are used in the the presented implementation of the L^* algorithm as a stop criterion for the equivalence query. If condition 3 is reached and no counter example with current $maxtestlength$ are found, the equivalence query answers the question $A^* = A_1^*$ with *true*.

4.2   Learning Results

In general, the created graph will consist of three subgraphs: the desired automaton, a subgraph graph with no final state (collecting all not accepted strings) and a tree-like subgraph containing the start state with branches leading to states of the other two subgraphs. The last tree-like subgraph is optional in the case that the start state is not part of the desired automaton. This tree-like graph leads to states form the desired graph via paths creating strings which uniquely identify the state from the desired automaton.

Figure 4 shows the result after learning a Reber-grammar(RG) [14] with the proposed L^* method, the solid nodes are states from the desired state machine, the not solid nodes represent the initializing subgraph which exhibits a tree-like structure. A path in this subgraph from its start node to a node from the Reber-grammar represents a input string which uniquely identifies this state.

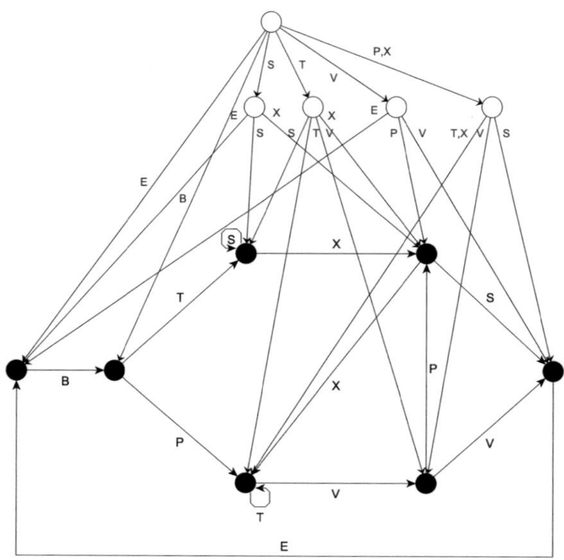

Figure 4: Learned Reber-grammar (solid nodes) including the initializing tree structure (un-solid nodes)

4.3 Evaluation

For a first evaluation of the proposed algorithm a standard grammar for language learning the reber grammar (RG) [14] with its extension to embedded RG (ERG)[7] and continuous embedded reber grammars (CERG)[8] Fig.2 are used.

The CERG addresses the long term problematic and the problematic of continuous streams since it can be interpreted as a DFA and defining all states as accept states. Whereas RG naturally fitting to the standard sequence learning problem with the focus of short term dependencies (for example $B \to P \Rightarrow T \vee V$), ERG are an expansion to RG to address the problems of long term dependencies. (consider $B \to P \Rightarrow B$ or $B \to P \Rightarrow T \vee V$ which depends on the position in the stream)[11].

When using CERG for producing the symbol stream Δ the automaton A^* is known. This is very helpfully for evaluating the proposed oracle because we can exactly answer the question if $A^* = A_1^*$.

4.4 Data Stream Length Variations

In order to test the algorithms, performance dependency on the data stream length, different data streams were tested using the same automata. As automaton the CERG was used. The algorithm, as suggested above, tests all generateable strings up to a certain length. Since the number of generateable strings grows exponentially with this maximum test-example length ($maxtestlength$), the performance of the algorithm should be exponential in $maxtestlen$.

Table 1: Learning embedded Reber grammar with different data stream sizes using the L^* algorithm

stream length	number of counterexamples	max. test-string length	learning time [sec]
1 000	12	5	0.7
5 000	12	5	0.6
50 000	13	7	5.9
200 000	13	9	22.7
1 000 000	13	11	114.0
2 000 000	13	12	239.0
9 800 000	15	14	1456.8
21 700 000	15	16	5297.6

On the other hand the data stream length has to increase exponentially for being able to test strings up to $maxtestlength$. Therefore the algorithm's performance should be linear in the data stream length.

Table 1 shows the experimental results. With a data stream length of 1000. No correct machine besides the minimal canonical one could been inferred. For a length of 5000 the machine shown in Fig.3 was created. One can see that the longtime dependency in the CERG (Fig.2) could not been recognized correctly but the inferred accepting all possible strings created from the CERG. For all longer data streams the correct CERG was learned. The learning time increased linear with the data stream length like it was assumed [15].

4.5 Test with Random Automata

In order to identify cases where no correct machines are inferred random state machines with varying number of states transitions and number of symbols are created. This machines are then used to create data streams which are used as input for the learning algorithm. The learned DFAs are inferred using different long data streams Δ.

Before the performance in form of execution time is evaluated, some first tests showed that not from all test data streams a correct DFA can be inferred. Therefore as a first step it is investigated under what circumstances no correct DFA can be inferred.

It has been proven by Angluin [2] that his algorithm always produces a correct output. And the proposed modified version cancels execution only if certain needed queries can't be performed with satisfying probability. Therefore, all test runs with no learned automata should result from insufficient amount of available data or with other words the used data stream is to short to infer the correct automata.

In Fig. 5 the number of states is drawn vs. the number of transitions per state. State machines with states from 10 to 100 were investigated, the number of transitions is either equal, twice or three times the number of states. In the experiments DFAs with up to 50 distinguishable symbols (Σ) where used. The different subgraphs show the development when the data stream length is decreased. At a length of 10 million symbols all tested parameter combinations resulted in a correct DFA. The simplest DFA which consists of one transitions per state requires only a view symbols of data stream. Even for only thousand symbols, in all tested cases a correct DFA could be inferred.

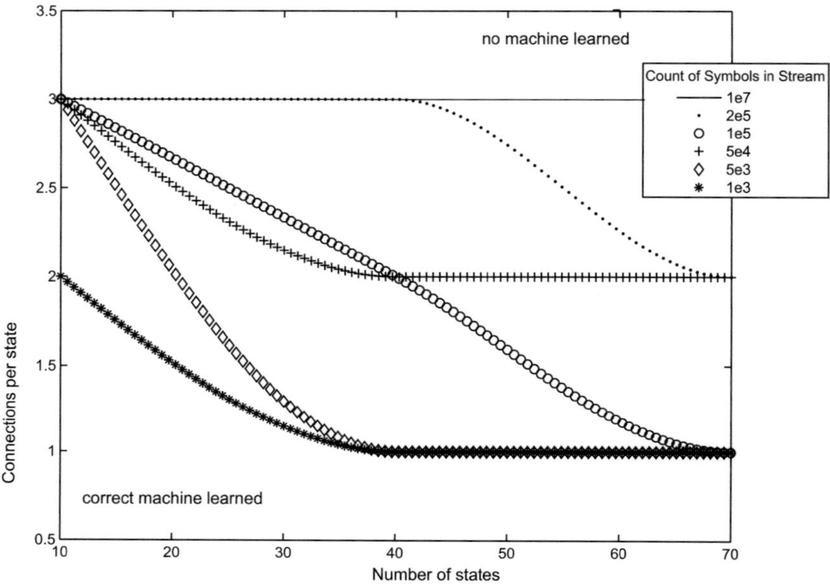

Figure 5: Learnability of discrete FSM with different state count, transitions count and data stream length combinations

In the created test cases the original system to learn is known and the correctness of a solution can be measured by comparing the learned DFA with the original one.

The question to be answered is how long a data stream should be to infer a machine A^* with a certain complexity. As a measurement of complexity the number of states, transition and distinguishable symbols Σ are investigated. As a result it can be stated out that automata with about 70 states can be inferred correctly with an amount of $\tau = 10^6$ symbols. Correct means that the inferred automaton A_1^* is exactly the same as the underlying executed automaton A^*. In real world this estimation does not really need to be fulfilled. The learned automata shall provide the represented behavior in Δ. It is expected that there are differences between the executed automaton and the representation in Δ because not all states of A^* are executed in the test runs. With the provided test results it should be possible to make some assumptions about the accuracy of A_1^* in relation to A^* if A^* is unknown.

5   Application to Real Data

As positive results were observed during the abstract evaluation of the learning methodology,we try to apply the proposed learner to real world problems. For this purpose the network traffic produced within a real car was used. Therefore we recorded the CAN traffic of the powertrain network from our electric vehicle prototype [12]. The trace was recorded during a test drive with about 1 hour length.

From the recorded trace appr. 40 signals were selected for the learning evaluation. The selection was manually done by using only signals which seem to be some kind of status information. Signals with continuous signals representing e.g. measurement variables like wheel speed were explicitly not selected. At a next step the selected signals are prepared by generating symbols Σ for the different signal values. A symbol represents a unique combination of signal name and signal value. For example the signal of the driving direction selector generates three symbols (one for forward, one for backwards and one for neutral). This results in a alphabet size of 85 symbols with a data steam length of Δ with $m = 401660$ symbols.

5.1 First Run

The main difference to the abstract evaluation above is that the correct automaton A^* is unknown and the length of Δ could not be enlarged easily. The first run of the learner with the $maxtestlength$ of 2 returns an automaton shown in Fig. 6. It takes 48 minutes to infer the shown automaton with 123 states and 1023 transitions. Unfortunately the probability for finding all system states with $maxtestlength = 3$ within this trace tends to be zero and the learner stopped its execution.

For the evaluation of with random generated automata we assume that in a hand written automaton the count of transitions per state is normally not larger than three. It was shown in Fig. 5 that one could learn automata with 50-60 states correctly when using the amount of 400000 symbols. For the selected real data it was not expected to learn a correct machine. The learned automaton Fig. 6 has approximately 8.5 transitions per state. In cooperation to hand written automata this is much more complex than it was estimated to find.

A $maxtestlength$ of 2 is not really a satisfying result. Some further investigations are needed to get a more restrictive automaton from the given test data.

5.2 Dealing with Fuzziness for Anomaly Detection

The assumption of the Angluin learner for a satisfied run is that $A^* = A_1^*$. As mentioned at the test runs with real data this assumption his hard to fit with limited Δ length and complex automata.

The nature of an anomaly detection can relax a bit from the hard equivalence assumption. For the evaluation and validation of a learned automaton it is necessary to define a metric which provides a possibility of saying if it is "good" and maybe even "how good" it is. Anomaly detection can be seen as a kind of classification. Were as the properties of false accept (f_a) and false reject (f_r) are one indicator for judging about the quality of the anomaly detection.

For applying anomaly detection f_a is the rate of how many errors are not detected by the anomaly detection and f_r is the rate of how many "blind" errors are detected (a blind

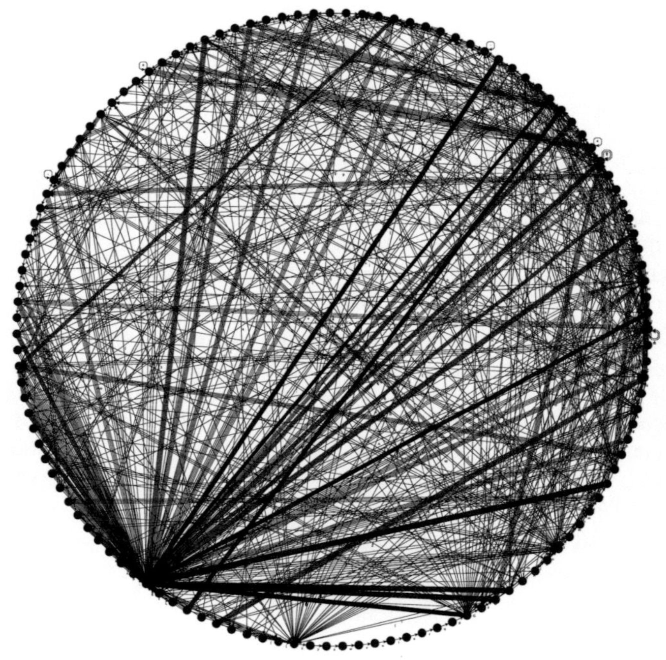

Figure 6: With $maxtestlength$ = 2,alphabet size of 85 symbols and m = 401660 an automaton with 123 states and 1023 transitions was learned

error is a detected error even when the system works correctly). If $f_a = 0$ and $f_r = 0$ then $A^* = A_1^*$. The weighting of f_a and f_r depends on the viewpoint of the user. For a safety critical system f_a should be small but for a reliable system f_r should be small [3, 10].

The equivalence query of the oracle returns two different kind of counter examples reducing either f_a or f_r. The counterexample for reducing f_a is the case if a producible string of A_1^* is not accepted by A^* ($w \notin L(A^*)$). In the proposed application this means $w \notin \Delta$ and is called negative counterexample. For reducing f_r a so called positive counterexample is provided by the equivalence query. A positive counterexample is if a producible string w of A^* is not accepted by A_1^* ($w \notin L(A_1^*)$). For the detection of positive counter examples Δ is walked through step by step and all w with $maxtestlength$ of Δ are tested regarding acceptance by A_1^*.

False-accepts are considered acceptable since consequences resulting from them might be less harmful because an anomaly detection which recognizes an anomaly with certainty is more helpful than a process detecting anomalies which don't exist.

For that reason we propose to finish the positive counterexamples at first. This leads to a faster shrinking of f_r and for a given $maxtestlength$, $f_r = 0$ could be reached faster and within in acceptable time. The next step is the growing of $maxtestlength$ by ignoring negative counter examples.

With this modifications it is possible to reach the goal of $f_r = 0$ even with a longer $maxtestlength$ but with the consequence that no exact judgment can be stated regarding the learned automaton. Since the computing time in the test runs was the limiting factor a property for evaluating the learned automata must be found. Since f_r is zero, the probability of f_a ($p(f_a)$) would be a good choice for evaluating A_1^*. The straight-forward-method to calculate probability f_a is to find all the negative counterexamples and compare it with the total amount of words in Δ.

$$p(f_a) = \frac{f_a}{\Sigma(w \in \Delta)} \tag{7}$$

Since searching for counter examples needs relatively less computing time in relation of adding a counterexample to the observation table and building a closed and consistent table [15] the calculation of $p(f_a)$ is an acceptable overhead.

With this solution it is possible to give a rating about the quality of a learned automaton at the running learning process. It is now possible to stop the learning process either at a maximum $p(f_a)$, when a maximum $maxtestlength$ is reached, or if it is assumed that the machine is correct($P(n,m) < 1 - \delta$).

6   Conclusion

In this paper the application of the Angluin learner for anomaly detection in networked systems was discussed. First the system which has to be inferred was specified. For applying the Angluin learner the question of how to calculate the equivalence query $L(A_1^*) = L(A^*)$ was discussed. The solution was evaluated with the learning of the continuous embedded reber grammar and some randomly generated automata.

In the second part the learning algorithm was tested on a real network trace recorded on the powertrain of an electric vehicle. The complexity of the automata inferred at this real world problem was larger than expected. Because of this the assumption of building a correct automaton was discarded. The adaption proposes the calculation of the false accept rate of the inferred automaton to evaluate the computing results.

It is shown that it is possible to learn automata from a network trace to use them for anomaly detection. It was also shown that the limitation for the proposed solution are resulting from the quality and quantity of the trace data Δ and the available computing power.

The application to the real world problem shows that automata represented within Δ are more complex as automata created from programmers to describe the behavior of the system. This possibly results from the fact that not all signals selected from the trace are correlated with each other. In a future work the possibility to separate or classify the symbols from a trace, need to be investigated. This should lead to a reduced complexity of the learned automata.

References

[1] Rui Abreu, Alberto González, Peter Zoeteweij, and Arjan J. C. Gemund. Using fault screeners for software error detection. In *Maciaszek, González-Pérez et al. (Hg.) 2010 – Evaluation of Novel Approaches*, volume 69, pages 60–74. 2010.

[2] D. Angluin. Learning regular sets from queries and counterexamples. *Information and Computation*, 75(2):87–106, 1987.

[3] A Avizienis, J C Laprie, B Randell, and Brian Randell. Fundamental concepts of dependability. *TECHNICAL REPORT SERIESUNIVERSITY OF NEWCASTLE UPON TYNE COMPUTING SCIENCE*, 1145(010028):7–12, 2001.

[4] Therese Berg, Olga Grinchtein, Bengt Jonsson, Martin Leucker, Harald Raffelt, and Bernhard Steffen. On the correspondence between conformance testing and regular inference. In *of Lecture Notes in Computer Science*, pages 175–189. Springer, 2005.

[5] Benedikt Bollig, Peter Habermehl, Carsten Kern, and Martin Leucker. Angluin-style learning of NFA. In *21st International Joint Conference on Artifical Intelligence (IJCAI'09)*, July 2009.

[6] Benedikt Bollig, Joost-Pieter Katoen, Carsten Kern, and Martin Leucker. Learning communicating automata from MSCs. *IEEE Transactions on Software Engineering (TSE)*, 36(3):390–408, May/June 2010.

[7] Axel Cleeremans, David Servan-Schreiber, and James L. McClelland. Finite state automata and simple recurrent networks. *Neural Comput.*, 1(3):372–381, 1989.

[8] Felix A. Gers, Jürgen A. Schmidhuber, and Fred A. Cummins. Learning to forget: Continual prediction with LSTM. *Neural Comput.*, 12(10):2451–2471, 2000.

[9] Olga Grinchtein, Bengt Jonsson, and Martin Leucker. Learning of event-recording automata. *Theoretical Computer Science*, 411(47):4029–4054, October 2010.

[10] Peter Ladkin. Correctness in system engineering, 1997.

[11] Falk Langer, Dirk Eilers, and Rudi Knorr. Fault detection in discrete event based distributed systems by forecasting message sequences with neural networks. In Bärbel Mertsching, Marcus Hund, and Zaheer Aziz, editors, *KI 2009: Advances in Artificial Intelligence*, volume 5803 of *Lecture Notes in Computer Science*, pages 411–418. Springer Berlin / Heidelberg, 2009.

[12] Falk Langer and Patrick Heinrich. Forschungsschwerpunkt elektromobiliät, 2011. Available online at `http://www.esk.fraunhofer.de/de/projekte/fsem.html`.

[13] Falk Langer and Christian Prehofer. Anomaly detection in embedded safety critical software. 2011.

[14] A. S. Reber. Implicit learning of artificial grammars. *Journal of Verbal Learning & Verbal Behavior. Vol*, 6(6):855–863, 1967.

[15] Therese Berg, Bengt Jonsson, Martin Leucker, and Mayank Saksena. Insights to angluin's learning, 2003.

Zur Fuzzy-Clusterungs-basierten Identifikation eines Verbrennungsmotorkennfelds: Methodenvergleich und Parametrierungsstrategie

Alexander Schrodt und Andreas Kroll

Mess- und Regelungstechnik, Universität Kassel
Mönchebergstraße 7, 34125 Kassel
Tel.: (0561) 804 - 2849
Fax: (0561) 804 - 2847
E-Mail: alexander.schrodt@mrt.uni-kassel.de

Zusammenfassung

Die Identifikation mittels Fuzzy-Clusterungsverfahren stellt eine schnelle Möglichkeit dar, um nichtlineare Modelle aus Messdaten zu generieren. Im vorliegenden Beitrag wird anhand einer nichtlinearen Verbrennungsmotorkennlinie das Verhalten verschiedener Verfahren und unterschiedlicher Parametersätze untersucht und mittels Informationskriterien bewertet. Aus den Ergebnissen dieser Untersuchungen werden Empfehlungen für die Wahl der Entwurfsparameter bei Fuzzy-Clusterung zur Systemidentifikation herausgearbeitet.

1 Einleitung

Für eine präzise Modellerstellung ist es unerlässlich, die Auswirkungen des Entwurfsverfahrens auf das entstehende Modell genau zu kennen, da das Ergebnis i. d. R. entscheidend durch vom Benutzer festzulegende Entwurfsparameter beeinflusst wird. Dabei sind clusterungsbasierte Identifikationsverfahren (unter anderem [1, 2]) mit Takagi-Sugeno-Fuzzy-Modellen (TS) unter anderem wegen ihrer flexiblen Einsatzmöglichkeiten als universelle Approximatoren von stetigen Systemen [3] von besonderem Interesse. Zudem können die lokalen Teilmodelle bei geeigneter Parameterwahl auch als lokale Linearisierungen interpretiert werden [4, 5].

Die relevanten Entwurfsparameter sind der Unschärfeparameter m, die Clusteranzahl c und die Formmatrix A der Abstandsnorm. Diese haben entscheidenden Einfluss auf die Güte des resultierenden Modells. Das Verhalten des Identifikationsergebnisses auf Variation dieser Parameter wird in der vorliegenden Arbeit untersucht.

Während der Parameter c weitgehend die Parameterzahl bestimmt und mit höheren Werten tendenziell auch die Prädiktionsgüte erhöht, gibt es über den Unschärfeparameter m keine so offensichtlichen Annahmen. In der Literatur wird meist ein Wert von $m = 2$ [2, 4] angenommen. Untersuchungen zur Wahl von m wurden dabei hauptsächlich für reine Clusterungs- [6] oder Mustererkennungsaufgaben [7] vorgenommen. Zur Auswirkung der Unschärfe auf Systemidentifikation gibt es nur wenige Untersuchungen. Unter anderem gibt [8] für die Identifikation dynamischer Systeme eine Empfehlung von $m \approx 1{,}2$. Die aufgeführten Standardwerte werden im Rahmen dieser Arbeit untersucht und ggf. neue Empfehlungen ausgesprochen.

Der Artikel geht im Anschluss an die Einleitung zunächst auf die Grundlagen von TS-Modellbildung, Fuzzy-Clusterung und Informationskriterien ein (Kapitel 2). Die Fallstudie zu den Prüfstandsdaten befindet sich in Kapitel 3 und ist unterteilt in Prüfstandsbeschreibung (Kapitel 3.1), Bewertungskriterien (Kapitel 3.2), Parameterstudie (Kapitel 3.3) und eine abschließende Diskussion (Kapitel 3.4). Abgeschlossen wird der Beitrag durch eine Zusammenfassung in Kapitel 4.

2 Grundlagen

2.1 Takagi-Sugeno-Fuzzy-Modelle

Für die Fuzzy-Modellbildung werden unscharfe Regeln verwendet, die lokal affine Teilmodelle zu einem nichtlinearen Gesamtmodell überlagern. Dabei haben die Teilmodelle die Form

$$\text{WENN } X \text{ IST } X_i, \text{DANN} \quad \hat{y}_i = \boldsymbol{\theta}_{i,1}^T \boldsymbol{x} + \boldsymbol{\theta}_{i,0}^T \mathbf{1}, \tag{1}$$

wobei $\boldsymbol{\theta}_{i,0}$ den affinen Teilterm und $\mathbf{1}$ einen Spaltenvektor mit Einsen beschreibt. Diese lokalen Teilmodelle werden nun unscharf durch Gewichtung mittels Fuzzy-Basis-Funktionen (FBF) $\Phi_i(\boldsymbol{x})$ überlagert, so dass für das Gesamtmodell gilt:

$$\hat{y} = \sum_{i=1}^{c} \Phi_i(\boldsymbol{x}) \cdot \hat{y}_i = \sum_{i=1}^{c} \Phi_i(\boldsymbol{x}) \cdot \left(\boldsymbol{\theta}_{i,1}^T \boldsymbol{x} + \boldsymbol{\theta}_{i,0}^T \mathbf{1} \right). \tag{2}$$

Dabei ist die FBF definiert über

$$\Phi_i(\boldsymbol{x}) := \frac{\mu_i(\boldsymbol{x})}{\sum_{j=1}^{c} \mu_j(\boldsymbol{x})} \quad \forall \, i \in \{1, 2, \ldots, c\}, \tag{3}$$

wobei c die Anzahl der Regeln und μ_i die Zugehörigkeit des aktuellen Arguments $\boldsymbol{x}$ zur Regel i. Somit ist die Summe der Zugehörigkeiten eines Arguments $\boldsymbol{x}$ zu allen Teilmodellen an jeder Stelle gleich eins.

Die Parameter $\boldsymbol{\theta}_{i,1}$ und $\boldsymbol{\theta}_{i,0}$ werden lokal mittels des gewichteten Least-Squares-Verfahren geschätzt nach

$$\boldsymbol{\theta}_i := [\boldsymbol{\theta}_{1,i}; \boldsymbol{\theta}_{0,i}]^T = \left(\boldsymbol{Z}_{est}^T \boldsymbol{\Phi}_i \boldsymbol{Z}_{est} \right)^{-1} \boldsymbol{Z}_{est}^T \boldsymbol{\Phi}_i \boldsymbol{Y}. \tag{4}$$

Dabei wird die Regressionsmatrix $\boldsymbol{Z}_{est} = [\boldsymbol{Z} \, \mathbf{1}]$ aus dem Datensatz $\boldsymbol{Z} = [\boldsymbol{z}_1, \boldsymbol{z}_2, \ldots, \boldsymbol{z}_N]^T$ mit $\boldsymbol{Z} \in \mathbb{R}^{N \times n_K}$ mit den einzelnen Messdaten als Spaltenvektoren $\boldsymbol{z}_i$ gebildet, an die eine Spalte mit Einsen angehängt wird. Es ist n_K die Anzahl der Dimensionen eines Datenpunktes $\boldsymbol{z}_i$ und N die Anzahl der Messpunkte. $\boldsymbol{Y}$ sind die zugehörigen Messwerte des Systemausgangs (für den vorliegenden Fall ein Spaltenvektor). Die Zugehörigkeiten der einzelnen Messdaten zum i-ten Cluster sind in der Diagonalmatrix $\boldsymbol{\Phi}_i$ aufgeführt:

$$\boldsymbol{\Phi}_i := \begin{bmatrix} w_{i,1} & 0 & \cdots & 0 \\ 0 & w_{i,2} & \cdots & 0 \\ \vdots & 0 & \ddots & \vdots \\ 0 & 0 & \cdots & w_{i,N} \end{bmatrix}, \tag{5}$$

wobei $w_{i,k}$ als beliebige Gewichtung gewählt werden kann. Im Folgenden wird für diese Gewichte die FBF $w_{i,k} = \phi_{i,k}$ gewählt. Alternativ könnten beispielsweise auch „binäre" Gewichte ($w_{i,k} \in \{0; 1\}$) verwendet werden.

2.2 Fuzzy-Clusterung

Grundsätzlich wird durch ein Clusterungsverfahren versucht, ein Abstandsmaß J zu minimieren. Dieses ist i.d.R. abhängig von der Summe der quadrierten Abstände der Datenpunkte zu den Clusterzentren. J ist somit allgemein gegeben (vgl. [1]) als Funktion

$$J(\boldsymbol{Z}, \boldsymbol{U}, \boldsymbol{V}, \boldsymbol{A}) = \sum_{i=1}^{c} \sum_{k=1}^{N} (\mu_{i,k})^m \, D_{i,k\boldsymbol{A}_i}^2 , \tag{6}$$

wobei c die Clusteranzahl und $\mu_{i,k}$ die Zugehörigkeit des Datenpunktes k zum Cluster i ist. $\boldsymbol{V} = [\boldsymbol{v}_1, \boldsymbol{v}_2, \ldots, \boldsymbol{v}_c] \in \mathbb{R}^{n \times c}$ beschreibt die Clusterprototypen $\boldsymbol{v}_i$, welche die Dimension n besitzen. Der Unschärfeparameter ist $m \in \mathbb{R}_{1+}$ sowie $D_{i,k\boldsymbol{A}_i}^2$ der quadratische Abstand des Datenpunktes $\boldsymbol{z}_k$ zum Clusterprototypen $\boldsymbol{v}_i$.

Der quadratische Abstand $D_{i,k,\boldsymbol{A}_i}^2$ berechnet sich aus der Abstandsmatrix $\boldsymbol{A}_i$ und der Matrix $\boldsymbol{U} = [\mu_{i,k}] \in \mathbb{R}^{c \times N}$. Es gilt, wie bereits bei den FBF der TS-Modelle,

$$\mu_{i,k} \in [0, 1] \; \forall \, i, k; \quad \sum_{i=1}^{c} \mu_{i,k} = 1 \; \forall \, k; \quad 0 \leq \sum_{k=1}^{N} \mu_{i,k} < N \; \forall \, i. \tag{7}$$

Zur Berechnung der Zugehörigkeiten $\mu_{i,k}$ wird hier die probabilistische Funktion

$$\mu_{i,k} = \left(\sum_{j=1}^{c} \left(D_{i,k\boldsymbol{A}_i} / D_{j,k\boldsymbol{A}_j} \right)^{\frac{2}{m-1}} \right)^{-1} , \; 1 \leq i \leq c, 1 \leq k \leq N \tag{8}$$

verwendet, weshalb für diese Arbeit $\mu_{i,k} = \phi_{i,k}$ gilt. Der Abstand $D_{i,k\boldsymbol{A}_i}$ wird dabei wieder mit der Abstandsmatrix $\boldsymbol{A}_i$ berechnet über

$$D_{i,k\boldsymbol{A}_i}^2 = (\boldsymbol{z}_k - \boldsymbol{v}_i)^T \boldsymbol{A}_i (\boldsymbol{z}_k - \boldsymbol{v}_i) , \; 1 \leq i \leq c, 1 \leq k \leq N. \tag{9}$$

Dabei ist bei Wahl der Euklid'schen Abstandsnorm für die gewöhnliche Fuzzy-c-Means-Clusterung (FCM, [4]) die Normmatrix $\boldsymbol{A}_i = \boldsymbol{I} \; \forall \, i$. Für eine Clusterung mittels Gustafson-Kessel-Algorithmus (GK, [9]) wird sie zu

$$\boldsymbol{A}_i := (\det(\boldsymbol{F}_i))^{1/n} \, \boldsymbol{F}_i^{-1} \tag{10}$$

gewählt, wobei $\boldsymbol{F}_i$ die Fuzzy-Kovarianzmatrix des i-ten Clusters ist mit

$$\boldsymbol{F}_i := \frac{\sum_{k=1}^{N} (\mu_{i,k})^m (\boldsymbol{z}_k - \boldsymbol{v}_i)(\boldsymbol{z}_k - \boldsymbol{v}_i)^T}{\sum_{k=1}^{N} (\mu_{i,k})^m} . \tag{11}$$

2.3 Informationskriterien

TS-Modelle können mit endlicher Parameterzahl eine optimale Prädiktionsgüte erreichen. Die Modellkomplexität kann dabei dann aber sehr groß werden. Aus diesem Grund ist eine Abwägung zwischen Prädiktionsgüte und Komplexität sinnvoll. Als Maß zur Bewertung von Modellen können dabei Informationskriterien (IK) eingesetzt werden, die eine solche Abwägung vornehmen. Es handelt sich dabei um Funktionen, die eine bessere Prädiktionsgüte eines Modells belohnen (Wert des IK sinkt) und gleichzeitig eine höhere Parameteranzahl bestrafen (Wert des IK steigt).

Alle IK bewerten dabei die Anzahl der geschätzten Modellparameter N_θ nach der Menge der zur Verfügung stehenden Messdaten N unter Verwendung statistischer Methoden. Je nach IK gibt es noch einen Designparameter $\rho \in \mathbb{R}^+$, für den im Weiteren der Standardwert $\rho = 2$ angenommen wird [1]. Über diesen Parameter lässt sich anpassen, wie stark die Anzahl der geschätzten Modellparameter bestraft wird. Übliche IKs sind „Akaike's Information Criterion" (AIC), „Bayesian Information Criterion" (BIC) und „Khinchin's Law of Iterated Logarithm Criterion" (LILC), vgl. [4]:

$$J_{\mathrm{AIC}} = N_\theta \ln\left(I\left(\boldsymbol{\theta}\right)\right) + \rho \cdot N \tag{12}$$

$$J_{\mathrm{BIC}} = N_\theta \ln\left(I\left(\boldsymbol{\theta}\right)\right) + \ln\left(N_\theta\right) N \tag{13}$$

$$J_{\mathrm{LILC}} = N_\theta \ln\left(I\left(\boldsymbol{\theta}\right)\right) + 2\rho \ln\left(\ln\left(N_\theta\right)\right) N, \tag{14}$$

wobei in allen Gleichungen die Verlustfunktion $I\left(\boldsymbol{\theta}\right)$ angegeben wird als

$$I\left(\boldsymbol{\theta}\right) := \frac{1}{N} \sum_{i=1}^{N} e^2(i) \quad \mathrm{mit} \quad e(i) = \|\boldsymbol{y}(i) - \hat{\boldsymbol{y}}(i)\| . \tag{15}$$

Als vorteilhaft, da nicht von einem Entwurfsparameter ρ abhängig, erscheint hierbei das BIC. Die in der Fallstudie getroffenen Angaben zu den IK beziehen sich daher auf das BIC, soweit nicht anders angegeben.

3 Fallstudie Verbrennungsmotorkennlinie

3.1 Prüfstand

Die Messdaten, welche für die Systemidentifikation verwendet wurden, stammen von einem Verbrennungsmotorprüfstand des Fachgebiets für Fahrzeugsysteme (FSG) der Universität Kassel.

Auf dem Prüstand wird das Verbrennungs- und Abgasverhalten eines Audi Sechszylinder-Ottomotors mit der Bezeichnung „V6-3,2-l-4V-FSI" gemessen. Die genauen technischen

Daten des Motors sind in [10] gegeben. An dem Prüfstand kommt als Last eine 220 kW-Asynchronmaschine mit 400 Nm Drehmoment zum Einsatz. Hochleistungs-Abgasanalysatoren mit einer maximalen zeitlichen Auflösung von 30 ms messen die Zusammensetzung der Verbrennungsabgase und untersuchen dabei unter anderem die Konzentration von Stickoxiden (NO_x). Außerdem können die Innendrücke jedes Zylinders während des gesamten Betriebs über dem Kurbelwellenwinkel mit einer Winkelauflösung von $1\,^\circ$ gemessen werden. Das entspricht bei 5000 U/min beispielsweise einer Auflösung von 30 kHz. Der Aufbau des Prüfstands ist in Bild 1 zu sehen.

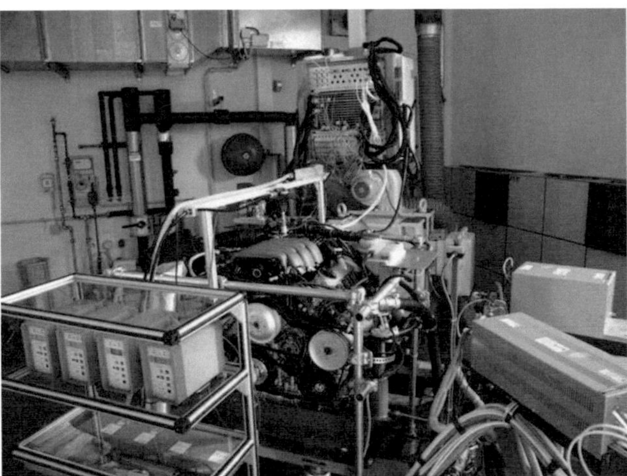

Bild 1: Motorprüfstand der Universität Kassel mit Hochleistungs-Abgasanalysatoren

Im Falle der untersuchten Messdaten handelt es sich um einen Datensatz, bestehend aus $N = 689$ Datenpunkten mit jeweils drei Eingangs- (u_1 bis u_3) und einem Ausgangswert (y). Sie beschreiben den Luftmassenfluss (y) in Abhängigkeit von Saugrohrdruck (u_1), Drehzahl (u_2) und Drosselklappenöffnung (u_3). Im weiteren Verlauf werden die in Bild 2 dargestellten Daten in normierter Form mit $u_{i,min,norm} = 0$ und $u_{i,max,norm} = 1$ mit $i = 1, 2, 3$ verwendet. Dafür werden alle Ein- und Ausgangsgrößen separat normiert mittels der Vorschrift

$$u_{norm} = \left(u - u_{min,norm}\right) \frac{u_{max,norm} - u_{min,norm}}{u_{max} - u_{min}} + u_{min,norm}. \tag{16}$$

Tabelle 1 fasst die unnormierten Maximal- und Minimalwerte zusammen.

Größe	u_{max}		u_{min}	
Luftmassenfluss	282,6562	$^{kg}/_{h}$	8,3672	$^{kg}/_{h}$
Saugrohrdruck	0,996	bar	0,0354	bar
Drehzahl	5000,7	$^{U}/_{min}$	999,2171	$^{U}/_{min}$
Drosselklappenöffnung	99,7539	%	0	%

Tabelle 1: Normierungsfaktoren der Motorprüfstandsmessdaten

3.2 Bewertungskriterien

Bewertet werden die Modelle mittels des mittleren absoluten Fehlers

$$E_{mean} = \frac{1}{N} \sum_{i=1}^{N} \|\boldsymbol{y}_i - \hat{\boldsymbol{y}}_i\| , \tag{17}$$

des maximalen Betragsfehlers

$$E_{max} = \max \|\boldsymbol{y} - \hat{\boldsymbol{y}}\| \tag{18}$$

und mittels des Informationskriteriums BIC, das indirekt mit dem mittleren quadratischen Fehler

$$E_{MSE} = \frac{1}{N} \sum_{i=1}^{N} \|\boldsymbol{y}_i - \hat{\boldsymbol{y}}_i\|^2 \tag{19}$$

arbeitet (siehe Kapitel 2.3). Dabei wird an dieser Stelle jeweils die Euklid'sche Abstandsnorm $\|\cdot\| = \|\cdot\|_2$ verwendet.

3.3 Parameterstudie

Ziel der Untersuchung an realen Messdaten ist es, zu analysieren, inwieweit sich Aussagen über den in der Literatur oft verwendeten Standardwert $m = 2$ treffen lassen. Außerdem soll untersucht werden, welche Methoden zum erzielen optimaler Modellergebnisse angewendet werden können. Dafür wurden die Messdaten nach dem normieren zu gleichen Teilen in einen Trainings- und einen Testdatensatz aufgeteilt. Die Untersuchungen erfolgten zunächst an den Trainingsdaten und wurden am Testdatensatz verifiziert. Die Parameter wurden dabei wie folgt variiert und die Auswirkungen auf die Prädiktionsgüte untersucht:

$$c \in \{2; 3; 4; \ldots; 15\}$$
$$m \in \{1,1; 1,2; 1,3; 1,5; 2,0; 2,3; 2,6; 3,0\}$$

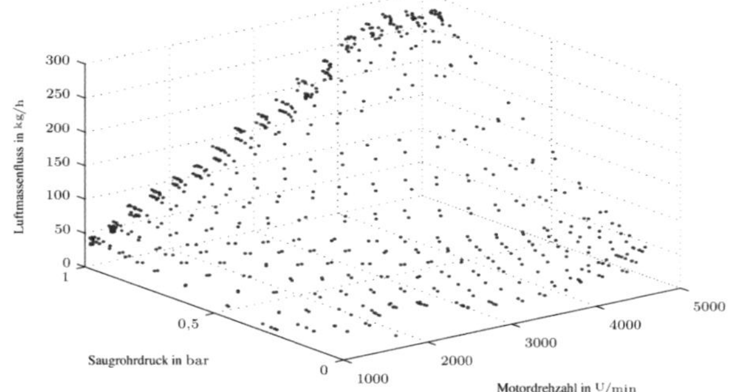

(a) Luftmassenfluss über Saugrohrdruck und Motordrehzahl

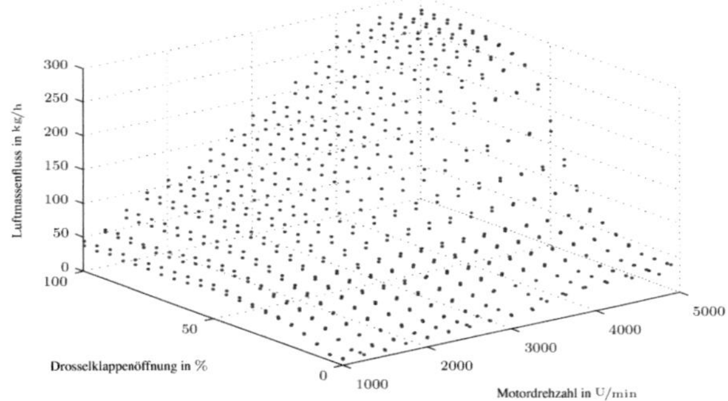

(b) Luftmassenfluss über Drosselklappenöffnung und Motordrehzahl

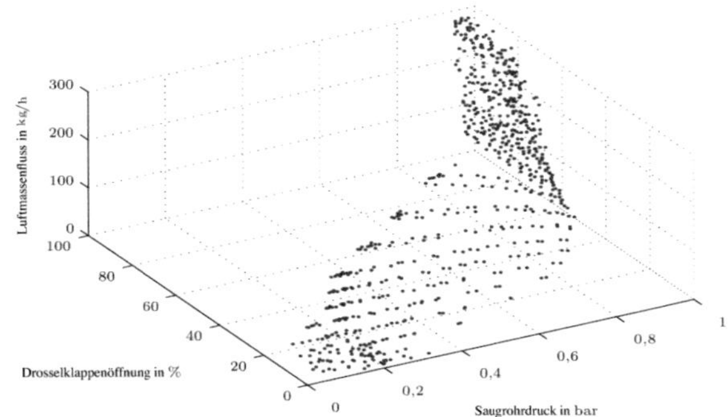

(c) Luftmassenfluss über Drosselklappenöffnung und Saugrohrdruck

Bild 2: Plots der Messdaten des Motorprüfstands

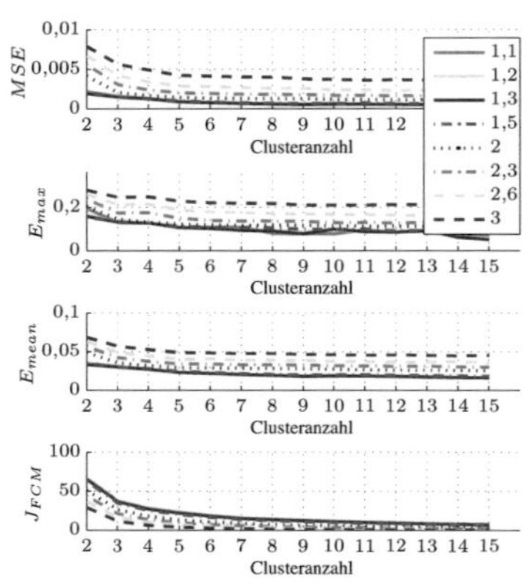 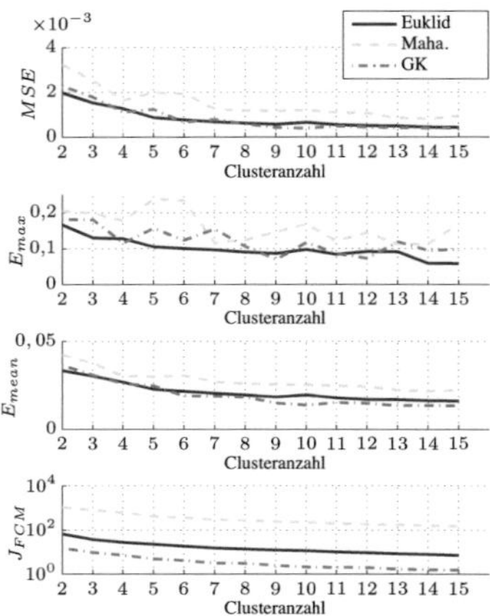

(a) Vergleich der Fehlerverläufe für ein variiertes m bei FCM mit Euklid'scher Abstandsnorm

(b) Vergleich der Fehlerverläufe für die drei Abstandsnormen (FCM Euklid, Mahalanobis; GK), $m = 1,2$

Bild 3: Trainingsfehlerverläufe der Modelle aus den Motordaten

Für die Abstandsnormen werden der FCM mit Euklid'scher- und Mahalanobis-Norm sowie der GK-Algorithmus untersucht. Die Schätzung der Parameter erfolgt zunächst, soweit nicht anders angegeben, für gute Interpretierbarkeit lokal.

Eine a priori Aussage über die Wahl einer optimalen Abstandsnorm zur clusterbasierten Modellbildung ist zunächst schwierig. Zu erwarten ist, dass komplexere Abstandsnormen, wie vom GK-Algorithmus verwendet, bessere Prädiktionsgüten erlauben als einfache, da durch eine frei wählbare Abstandsmatrix A_i mehr Freiheitsgrade zur Verfügung stehen. Jedoch kann mittels der Betrachtung der Parameteranzahl und der Informationskriterien a posteriori leichter eine Aussage über die optimalen Parameter getroffen werden. Dazu werden die Informationskriterien entsprechend für alle Abstandsnormen berechnet und die jeweiligen Minima betrachtet. Eine Gegenüberstellung des BIC für die drei Abstandsnormen ist in Bild 4 zu sehen.

Es ist zu erkennen, dass für GK laut BIC die empfohlene Clusteranzahl (für $m = 1,2$) $c_{\mathrm{BIC}_{opt}} = 6$, für Mahalanobis-Norm $c_{\mathrm{BIC}_{opt}} = 4$ und für Euklid'schen Abstand $c_{\mathrm{BIC}_{opt}} = 9$ ist. Die Modelle kämen also mit relativ wenigen Parametern aus, wobei das Modell mit der Mahalanobis-Norm für die vom IK empfohlenen Clusteranzahlen die wenigsten Parameter benötigt. Die Modellgüte ist jedoch bei Verwendung der Mahalanobis-Norm und $c = 4$ nicht besonders gut ($E_{max} = 0,18$ und $E_{mean} = 0,03$). Für Euklid'schen Abstand und $c = 9$ ergäbe sich ein Modell mit $E_{max} = 0,087$ und $E_{mean} = 0,019$. Der GK-Algorithmus mit $c = 6$ schlägt sich an dieser Stelle ebenfalls besser als das vom IK empfohlene Modell mit Mahalanobis-Norm. Er liefert hier die Werte $E_{max} = 0,124$ und $E_{mean} = 0,019$.

Je nach gewünschter Modellgüte kann aber auch eine noch höhere Clusteranzahl besse-

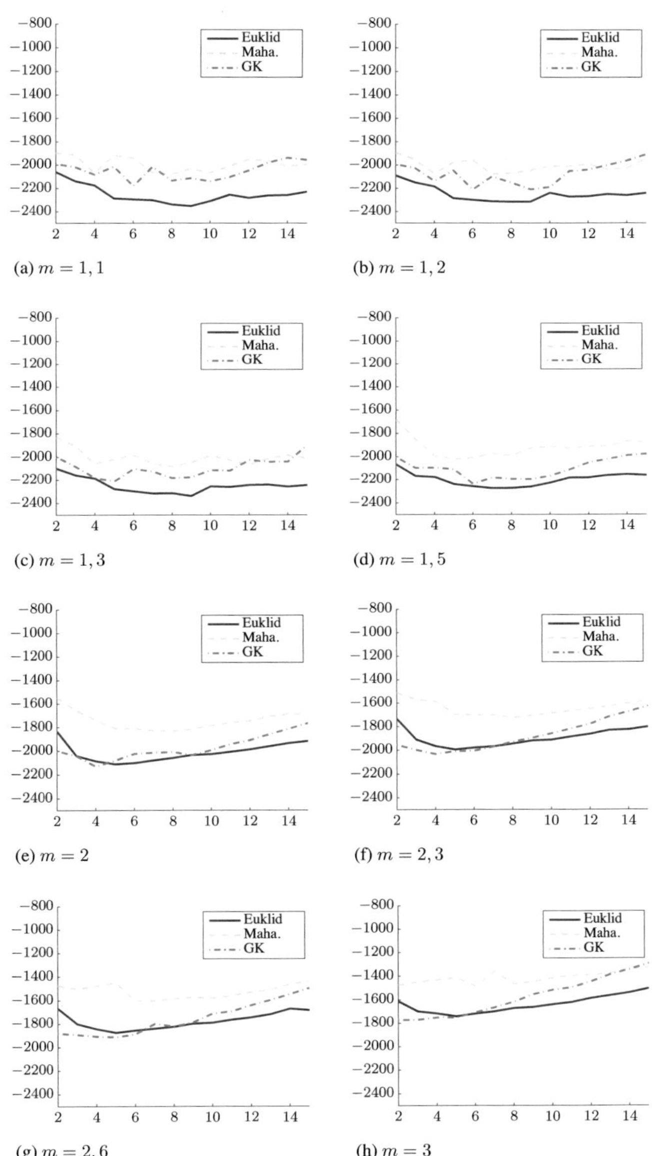

Bild 4: Übersicht des BICs des Motormodells für verschiedene Werte von m und FCM mit Euklid'scher Abstandsnorm, Mahalanobis-Norm und GK-Algorithmus

Clusterverfahren	c	m	E_{max}	E_{mean}	Parameteranzahl N_θ
FCM (Euklid)	5	1,2	0,105	0,023	35
FCM (Euklid)	6	1,2	0,100	0,022	42
FCM (Euklid)	9	1,1	0,077	0,018	63
FCM (Euklid)	9	1,2	0,087	0,019	63
FCM (Mahalanobis)	4	1,2	0,180	0,030	37
FCM (Mahalanobis)	6	1,2	0,233	0,031	51
FCM (Mahalanobis)	7	1,2	0,116	0,027	58
FCM (Mahalanobis)	8	1,2	0,124	0,025	65
FCM (Mahalanobis)	8	1,3	0,105	0,026	65
FCM (Mahalanobis)	11	1,3	0,113	0,025	86
GK-Algorithmus	4	1,2	0,115	0,026	64
GK-Algorithmus	6	1,2	0,124	0,019	96
GK-Algorithmus	6	1,5	0,130	0,019	96
GK-Algorithmus	9	1,2	0,070	0,015	144

Tabelle 2: Übersicht über die Modellgüten von Motormodellen mit ausgewählten Parameter-kombinationen

re Prädiktionsgüten liefern, wobei dann, wegen der geringen Parameteranzahl, wohl die Euklid'sche Abstandsnorm die optimale Wahl darstellen würde. Diese Entscheidung legen auch die Graphen in Bild 4 nahe, da der Wert des Informationskriteriums BIC J_{BIC} für eine Clusterung mit Euklid'scher Abstandsnorm absolut den kleinsten Wert annimmt. Die jeweils kleinsten Werte sind hierbei $J_{\mathrm{BIC,Euklid}} = -2352{,}5$ für $m = 1{,}1$ und $c = 9$, $J_{\mathrm{BIC,Maha}} = -2081{,}1$ für $m = 1{,}3$ und $c = 8$ und $J_{\mathrm{BIC,GK}} = -2237{,}5$ für $m = 1{,}5$ und $c = 6$. Eine Übersicht über die Güten der in diesem Kapitel diskutierten Modelle ist in Tabelle 2 zu sehen.

Um zu Prüfen, inwieweit die Verfahren die ihnen gegebenen Freiheitsgrade nutzen können, kann eine Betrachtung von Modellen mit (annähernd) gleicher Parameterzahl sinnvoll sein. Diese Modelle haben dann die gleiche Komplexität. Es ist zu vermuten, dass Verfahren mit mehr Freiheitsgraden bessere Modelle erzeugen. Dazu werden ein Modell mit FCM und Euklid'scher Abstandsnorm ($c = 9, m = 1{,}2, N_\theta = 63$), ein Modell mit FCM und Mahalanobis-Norm ($c = 8, m = 1{,}2, N_\theta = 65$) und ein mittels GK-Algorithmus erstelltes Modell ($c = 4, m = 1{,}2, N_\theta = 64$) miteinander verglichen. Das beste Modell ist das mit Euklid'scher Abstandsnorm ($E_{max} = 0{,}087, E_{mean} = 0{,}019$). Der FCM mit Mahalanobis-Norm ist knapp besser ($E_{max} = 0{,}124, E_{mean} = 0{,}025$) als das per GK erstellte Modell ($E_{max} = 0{,}115, E_{mean} = 0{,}026$). Zwar hat das GK-Modell einen Parameter weniger, als das mit Mahalanobis-Norm, jedoch hätte man wegen der Freiheitsgrade des Algorithmus von einem besseren Abschneiden des GK-Modells ausgehen können. Das Modell mit Euklid'scher Abstandsnorm hat hier sogar bei geringster Parameterzahl die beste Prädiktionsgüte.

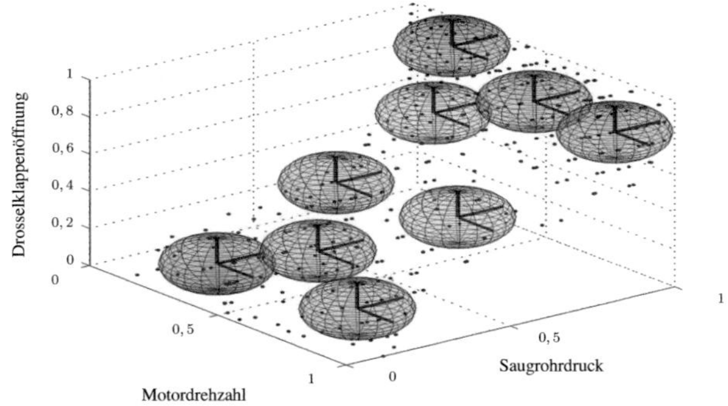

(a) FCM mit Euklid'scher Abstandsnorm

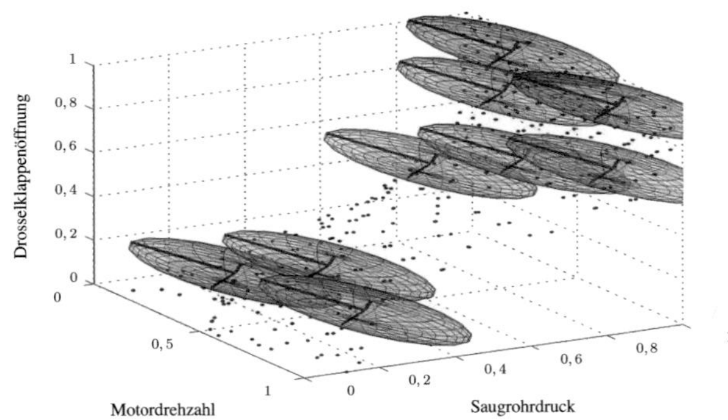

(b) FCM mit Mahalanobis-Norm

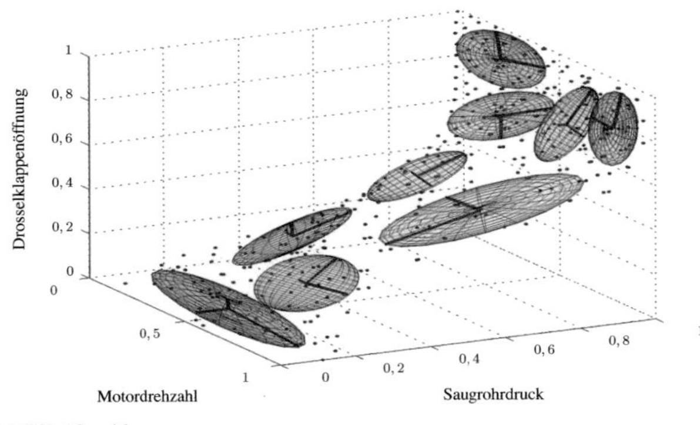

(c) GK-Algorithmus

Bild 5: Vergleich der Lagen der Isonormalflächen-Ellipsen im Eingangsraum, $m = 1, 2, c = 9$

Weiterhin können die Modelle auf die Lage der Cluster an Hand der Lage der Isonormalel-lipsen hin untersucht werden, beispielhaft für $c = 9$ und $m = 1{,}2$ dargestellt in Bild 5. Es werden hier nur die Eingangsgrößen dargestellt, die Ausgangsgröße ist nicht zu sehen. Es ist zu sehen, dass der GK-Algorithmus den Eingangsraum mit Abstand am plausibelsten abdeckt. Ebenfalls ist zu erkennen, dass der GK-Algorithmus starken Gebrauch von den ihm eigenen Optimierungsmöglichkeiten macht. So liegen nahezu alle Ellipsoide unter-schiedlich im Raum und die Eigenvektoren unterscheiden sich deutlich. Dennoch ist die Modellgüte mit GK nicht bedeutend besser als mit den einfacheren Abstandsnormen. Mit Mahalanobis-Norm liegen die Abstandsnorm-Ellipsen sogar äußerst unintuitiv. Dadurch erklärt sich auch der schlechte Wert für die Clusterungszielfunktion (siehe Bild 3b).

Die bisher besprochenen Ergebnisse gelten nur für eine lokale Schätzung der Parameter. Die Untersuchungen zeigten jedoch, dass auch für eine globale Schätzung Ähnliches gilt. Die Prädiktionsgüte für größere m verbesserte sich zwar gegenüber der lokalen Schät-zung, jedoch sind auch bei globaler Schätzung die Modelle für Werte von $1{,}2 \leq m \leq 1{,}5$ die besseren.

3.4 Diskussion

Die vorliegenden Ergebnisse zur Variation der Parameter führen zu dem Schluss, dass für die Fuzzy-TS-Modellidentifikation mittels Clusterung für den Unschärfeparameter m kleine Werte bessere Ergebnisse liefern. Die Fallstudie belegt an einem Praxisbeispiel, dass eine Wahl von $1{,}2 \leq m \leq 1{,}5$ zu den besten Ergebnissen führt und unterstützt damit die Empfehlung $m \approx 1{,}2$ aus [8]. Dies wurde zusätzlich über eine Bewertung mittels In-formationskriterien belegt. Außerdem lassen sich die so erzeugten lokalen Modelle auch als lokale Linearisierungen interpretieren, was für eine weiterführende Verwendung der Modelle – z. B. zur Reglersynthese – Vorteile bietet.

Weiterhin wird deutlich, dass die Freiheitsgrade einer komplexeren Abstandsnorm im vor-liegenden Fall nicht ausschlaggebend für eine bessere Modellgüte sind. Bereits beim FCM mit Euklid'scher Abstandsnorm ($A_i = I \, \forall \, i$) ergeben sich ähnlich gute Modelle. Bezieht man die Parameterzahl mit ein (beispielsweise mittels IK), so werden weitere Vorteile der Euklid'schen Abstandsnorm deutlich. Der BIC identifiziert als insgesamt bestes Modell (kleinster Wert von J_{BIC}) das mit FCM und Euklid'scher Abstandsnorm bei $c = 9$. Somit ist im vorliegenden Fall – bei gleicher Parameterzahl – ein Modell mit mehr Clusterzen-tren und einer weniger komplexen Abstandsnorm zu bevorzugen.

Zudem ergibt sich bei größeren Werten für m trotz erhöhter Freiheitsgrade für eine globale Parameterschätzung das gleiche Bild. Kleinere Werte erzeugen – wie auch bei der lokalen Schätzung – die besten Ergebnisse.

4 Zusammenfassung und Ausblick

In der vorliegenden Arbeit wurden Parameterstudien zur Wahl der Entwurfsparameter m, c und A_i am Beispiel realer Messdaten eines Verbrennungsmotorprüfstands durchgeführt. Ziel war zum einen die Überprüfung von vorhandenen Empfehlungen der Literatur für die Wahl der Unschärfe. Zum anderen sollten die Auswirkung der Wahl unterschiedlicher Abstandsnormmatrizen A_i auf die Prädiktionsgüte untersucht werden.

Das Ergebnis der Untersuchung an den vorliegenden Messdaten ist, dass die oft präfe-
rierte Wahl von $m = 2$ für die Unschärfe nicht die besten Ergebnisse liefert. Für die
vorliegenden Messdaten empfehlen sich kleinere Werte von $1,2 \leq m \leq 1,5$.

Bei der Wahl der Abstandsmatrizen $\boldsymbol{A}_i$ ist festzuhalten, dass bereits mit einer einfachen
Euklid'schen Abstandsnorm sehr gute Modelle erzeugt werden konnten. Eine Wahl von
komplexeren Verfahren – wie etwa dem ebenfalls untersuchten GK-Algorithmus – brachte
im vorliegenden Fall keine signifikante Verbesserung.

Der Entwurfsparameter ρ der IKs wurde in die durchgeführten Untersuchungen nicht eingebunden. Zukünftige Untersuchungen können auf eine optimale Wahl dieses Parameters
eingehen. Außerdem soll untersucht werden, wie sich Clusterungsverfahren zur Identifikation von dynamischen TS-Modellen einsetzen lassen, wenn die resultierenden Modelle
optimal für den Entwurf eines nichtlinearen Reglerkennfelds ausgelegt sein sollen.

Danksagung

Die Autoren danken Herrn Dr.-Ing. M. Ayeb vom Fachbereich 16, Fachgebiet Fahrzeugsysteme (FSG) der Universität Kassel für die zur Verfügung gestellten Messdaten des
Prüfstandes.

Literatur

[1] Babuška, R.: *Fuzzy Cluster Modeling for Control.* Dordrecht: Kluwer Academic
Publishers Group. 1998.

[2] Abonyi, J.; Feil, B.: *Cluster Analysis for Data Mining and System Identification.*
Birkhäuser. 2007.

[3] Wang, L.-X.; Mendel, J.: Fuzzy Basis Functions, Universal Approximation, and Or-
thogonal Least-Squares Learning. *IEEE Transactions on Neural Networks* 3 (1992)
5, S. 807–814.

[4] Nelles, O.: *Nonlinear System Identification: From Classical Approaches to Neural
Networks and Fuzzy Models.* Berlin: Springer, 1. Aufl. 2000.

[5] Johansen, T. A.; Shorten, R.; Murray-Smith, R.: On the Interpretation and Identification of Dynamic Takagi-Sugeno Fuzzy Models. *IEEE Transactions on Fuzzy
Systems* 8 (2000) 3, S. 297–313.

[6] Gao, X.; Li, J.; Xie, W.: Parameter Optimization in FCM Clustering Algorithms.
In: *5th International Conference on Signal Processing Proceedings*, Bd. 3, S.
1457–1461. URL http://dx.doi.org/10.1109/ICOSP.2000.893376.
2000.

[7] Hwang, C.; Rhee, F. C.: Uncertain Fuzzy Clustering: Interval Type-2 Fuzzy Approach to C-Means. *IEEE Transactions on Fuzzy Systems* 15 (2007) 1, S. 107–120.
URL http://dx.doi.org/10.1109/TFUZZ.2006.889763.

[8] Kroll, A.: Identification of Functional Fuzzy Models Using Multidimensional Reference Fuzzy Sets. *Fuzzy Sets and Systems* 80 (1996) 2, S. 149–158. URL `http://dx.doi.org/10.1016/0165-0114(95)00140-9`.

[9] Gustafson, D. E.; Kessel, W. C.: Fuzzy Clustering with a Fuzzy Covariance Matrix. In: *IEEE Conference on Decision and Control including the 17th Symposium on Adaptive Processes*, Bd. 17, S. 761–766. 1978.

[10] Eiser, A.; Fitzen, M.; Gessler, J.; Heiduk, T.; Mendle, J.; Pelzer, A.: Die neuen V6-Ottomotoren. *ATZ MTZ extra* (2004), S. 94–105.

Multikriterielle Optimierungsverfahren für Pickup-and-Delivery-Probleme

Jens Walkenhorst, Torsten Bertram

Lehrstuhl für Regelungssystemtechnik, Technische Universität Dortmund
Otto-Hahn-Str. 4, 44221 Dortmund
Tel.: (0231) 755-2745
Fax: (0231) 755-2752
E-Mail: jens.walkenhorst@tu-dortmund.de

1 Einleitung und Problembeschreibung

Der Transport von Gütern und Waren spielt in einer immer stärker vernetzten und zunehmend globalisierten Welt eine immer größere Rolle [1]. Am Beispiel der Organisation der Fahrzeuglogistik eines Automobilaufbereiters wird in diesem Beitrag gezeigt, wie Verfahren der Computational-Intelligence geeignet sind, die Energie- und Kosteneffizienz in der Logistik zu erhöhen. Grundlegendes Problem des Automobilaufbereiters ist es, Kraftfahrzeuge zwischen verschiedenen Standorten von Automobilniederlassungen zu transportieren, da der Verkauf, die Aufbereitung sowie die Kundenbetreuung und Verkaufsnachsorge[1] für diese Fahrzeuge von aus einzelnen Standorten zusammengeschlossenen Niederlassungen organisiert wird. Der Transport der Fahrzeuge zwischen den Niederlassungsstandorten erfolgt mit Hilfe von Fahrzeugtransportern mit unterschiedlicher Kapazität. Die Transporter beginnen ihre täglichen Touren an unterschiedlichen Standorten mit komplett freier Ladefläche. Eine Tour besteht aus einer Reihe von Aufladungen und Abladungen[2] von Fahrzeugen an unterschiedlichen Standorten. Unter Berücksichtigung der Öffnungszeiten der Automobilniederlassungen und von Lenkzeiten, der mit nur einem Fahrer besetzten Transportfahrzeuge, ergeben sich so eine Reihe von Tagestouren. Für diese durch eine Vielzahl von Rand- und Nebenbedingungen eingeschränkten Touren existieren diverse (zum Teil konfliktäre) Gütekriterien[3] zur Bewertung, deren gleichzeitige Nutzung angestrebt wird. Für technische Problemstellungen dieser Art haben sich naturinspirierte Verfahen, wie die multikriteriellen evolutionären Algorithmen als erfolgreiche Lösungsverfahren erwiesen, so dass ihr Einsatz für Transportprobleme vielversprechend ist.

Die hier beschriebene Problematik lässt sich zurückführen auf das in [2] beschriebene „Pickup-and-Delivery-Problem" (PDP), welches im Folgenden mathematisch definiert und auf die Anwendung der Optimierung der Fahrzeuglogistik hin angepasst wird:

N kennzeichnet die Menge der Transportaufträge. Für jeden einzelnen Auftrag $i \in N$ ist eine Ladungsgröße $q_i \in \mathbb{N}$ angegeben, welche von einer Menge von Aufladepunkten N_i^+ zu einer Menge von Endladepunkten N_i^- transportiert werden muss. Da in diesem

---

[1]Wartungen und Inspektionen

[2]Die für jedes zu transportierende Fahrzeug paarweise auftretenden Operationen des Auf- und Abladens stellen jeweils einen (Transport)-Auftrag dar.

[3]Als Gütekriterien können transporterspezifische Eigenschaften wie die Gesamttourlänge (in km) oder aber auftragsspezifische Eigenschaften wie die durchschnittliche Bearbeitungs- beziehungsweise Auslieferungszeit auftreten.

Beitrag nur der Transport unteilbarer Objekte betrachtet wird, ist i^+ das einzige Element aus N_i^+ und i^- das einzige Element aus N_i^-. Die Vereinigung aller Aufladepunkte $N^+ := \cup_{i \in N} N_i^+$ mit allen Endladepunkten $N^- := \cup_{i \in N} N_i^-$ führt zur Menge der beteiligten Punkte $V := N^+ \cup N^-$, im konkreten Fall der Menge der anzufahrenden Niederlassungsstandorte. Weiterhin kennzeichnet M die Menge der Transportmittel, wobei jedes einzelne $k \in M$ eine Ladekapazität $Q_k \in \mathbb{N}$, einen Startpunkt k^+ und einen Endpunkt k^- besitzt. Zur Vereinfachung wird zunächst von nur einem einzigen Transportfahrzeug für die Durchführung der Transporte ausgegangen, sodass $|M| = 1$ ist.

$M^+ := \{k^+ | k \in M\}$ ist definiert als die Menge der Startpunkte und $M^- := \{k^- | k \in M\}$ als Menge der Endpunkte der Transportmittel, deren Zusammenfassung $W := M^+ \cup M^-$ ist. Für einen einzelnen Transporter k wird k^+ als Startdepot und k^- als Enddepot bezeichnet. Für die zwischen allen beteiligten Punkten $\forall i, j \in V \cup W$ liegenden Strecken definiert d_{ij}^k die Distanz, t_{ij}^k die Fahrzeit und c_{ij}^k die Kosten, die für das Transportmittel k einkalkuliert werden. Bei homogener Transporterflotte entfällt der Index k und in der konkreten Anwendung die Betrachtung der Kosten.

Die Variable $z_i^k \in \{0, 1\}$ mit $i \in N, k \in M$ gibt für jeden Transportauftrag $i \in N$ an, ob dieser mit dem Transportmittel $k \in M$ bearbeitet wird ($z_i^k = 1$) oder nicht ($z_i^k = 0$) und die Variable x_{ij}^k mit $(i, j) \in (V \times V) \cup \{(k^+, j) | j \in V\} \cup \{(j, k^-) | j \in V\}, k \in M$ ob das Transportmittel k vom Punkt i zum Punkt j fährt ($x_{ij}^k = 1$) oder nicht ($x_{ij}^k = 0$). $y_i \in \mathbb{N}$ mit $i \in V \cup W$ steht für das Ladungsgewicht des Transportmittels, welches Punkt i erreicht.

Als Nebenbedingungen treten auf:

$$
\begin{aligned}
\sum_{k \in M} z_i^k &= 1 & &\forall i \in N & &(1) \\
\sum_{j \in V \cup W} x_{lj}^k = \sum_{j \in V \cup W} x_{jl}^k &= z_i^k & &\forall i \in N, l \in N_i^+ \cup N_i^-, k \in M & &(2) \\
\sum_{j \in V \cup \{k^-\}} x_{k^+ j}^k &= 1 & &\forall k \in M & &(3) \\
\sum_{i \in V \cup \{k^+\}} x_{ik^-}^k &= 1 & &\forall k \in M & &(4) \\
y_{k^+} &= 0 & &\forall k \in M & &(5) \\
y_l &\leq \sum_{k \in M} Q_k z_i^k & &\forall i \in N, l \in N_i^+ \cup N_i^- & &(6) \\
x_{ij}^k = 1 &\Rightarrow y_i + q_i = y_j & &\forall i, j \in V \cup W, k \in M & &(7)
\end{aligned}
$$

Hierbei stellt (1) sicher, dass jeder Transportauftrag **genau** einem Transportfahrzeug zugeordnet wird, (2), dass vom Fahrzeug k nur Orte besucht werden, die in der Fahrzeug-Transportauftragszuordnung z_i^k des Fahrzeugs enthalten sind und (3) sowie (4), dass jedes Transportmittel korrekt startet und endet. (5) legt fest, dass alle Transportmittel leer starten, (6) stellt sicher, dass die Ladung am Aufladepunkt l vom der Ladung zugeordneten Transportmittel eingeladen werden kann und (7) sagt aus, dass die Ladung, welche von i nach j transportiert werden soll, in i eingeladen wird.

Als skalare Zielfunktionen von einkriteriellen Optimierungen sind unterschiedliche Maße wie

$$
\begin{aligned}
&\min \sum_{k \in M} \sum_{(i,j) \in (V \cup W) \times (V \cup W)} d_{ij}^k \cdot x_{ij}^k && \text{Minimierung der Gesamtfahrstrecke} \\
&\min \sum_{k \in M} \sum_{(i,j) \in (V \cup W) \times (V \cup W)} t_{ij}^k \cdot x_{ij}^k && \text{Minimierung der Gesamtfahrzeit} \\
&\min \sum_{k \in M} \sum_{(i,j) \in (V \cup W) \times (V \cup W)} c_{ij}^k \cdot x_{ij}^k && \text{Minimierung der Gesamtkosten}
\end{aligned}
$$

oder gewichtete Kombinationen aus diesen

$$\min \sum_{k \in M} \sum_{(i,j) \in (V \cup W) \times (V \cup W)} \alpha \cdot d_{ij}^k \cdot x_{ij}^k + \beta \cdot d_{ij}^k \cdot x_{ij}^k + \gamma \cdot d_{ij}^k \cdot x_{ij}^k$$

möglich.

Da zusätzlich für jeden einzelnen Transportauftrag ein Zeitfenster beginnend bei dessen frühester Verfügbarkeit und endend bei dessen spätester Bereitstellung eingehalten werden muss, ergeben sich in der klassischen Definition wie auch in [3] zusätzliche Nebenbedingungen, die die Problemklasse der „Pickup-and-Delivery-Probleme mit Zeitfenstern" (PDPTW) beschreiben. So gilt für jeden beteiligten Standort $i \in V \cup W$ ein Zeitfenster $[e_i, l_i]$ das dessen Öffnungszeit angibt. Abweichend hierzu gilt für die konkrete Problemstellung das Zeitfenster für jeden einzelnen Transportauftrag $i \in N$ und nicht für die Standorte $i \in V \cup W$. Darüber hinaus besitzt das Transportfahrzeug ein tägliches Zeitfenster $[e_*, l_*]$, welches zur Einhaltung der täglichen Lenkzeiten genutzt werden soll. Für jede einzelne Pickup- und Delivery-Operation der Transportaufträge $i \in V$ bezeichnet nun A_i die Ankunftszeit und D_i die Abfahrtszeit am Standort, wobei $D_i = \max\{A_i, e_i\}$ gilt, sodass der Standort erst verlassen werden kann, wenn der Transportauftrag beziehungsweise das zu transportierende Kraftfahrzeug bereit ist.

2 Darstellung der Problemkodierung

Evolutionäre Lösungsverfahren wie der in diesem Beitrag genutzte genetische Algorithmus verbindet die Gemeinsamkeit, dass generationsweise versucht wird eine Population von Lösungen mit Hilfe der evolutionsbiologischen Verfahren der Rekombination und Mutation schrittweise zu verbessern. Damit diese Verfahren angewendet werden können, ist eine Kodierung der Lösungen unumgänglich. In der konkreten Anwendung der Transportoptimierung bieten sich prinzipiell unterschiedliche Möglichkeiten an, Lösungen beziehungsweise zu fahrende Touren in einen Parametervektor zu kodieren. Hierbei muss sichergestellt werden, dass jede theoretisch durchführbare Tour in der Kodierung abgebildet werden kann. In Bild 1 sind zwei Möglichkeiten angegeben.

Index:	1	2	3	4	5	...	2n-1	2n
Parameter:	4	3	9	1	8	...	6	7
Standort-Nr:	2	5	5	5	1	...	2	5

(a) Einfaches Auftreten der Auftragsnummer

Index:	1	2	3	4	5	...	2n-1	2n
Parameter:	4+	3+	4-	1+	3-	...	1-	2-
Standort-Nr:	2	5	5	5	1	...	2	5

(b) Doppeltes Auftreten der Auftragsnummer

Bild 1: Beispiele zur Kodierung des Parametervektors

Jedes zu transportierende Fahrzeug muss an **genau** einem Standort eingeladen und an **genau** einem Standort ausgeladen werden, was zusammen einen (Transport-)Auftrag ergibt. Für n Aufträge resultiert daraus, dass die Länge des Parametervektors genau $2n$ beträgt. Die erste, in Abbildung 1(a) angegebene Parameterkodierung enthält als Parameterwerte genau eine Permutation der Werte 1 bis $2n$, wobei für $x_i \in \mathbb{N}$ mit $x_i \in [1 \ldots n]$ jeweils die Belade- bzw. Pickup-Operation des Auftrags mit der Nummer x_i und für $x_i \in [n+1 \ldots 2n]$ die Entlade- bzw. Delivery-Operation des Auftrags mit der Numnmer $x_i - n$ ausgeführt wird. In der zweiten, in Bild 1(b) angegebenen, Parameterkodierung tritt jeder einzelne über seine Auftragsnummer identifizierte Auftrag **genau** 2 Mal auf. Das erste Vorkommen steht jeweils für die Auflade- bzw. Pickup-Operation, das zweite

Vorkommen für die Entlade- bzw. Delivery-Operation[4]. In der jeweils dritten Spalte ist die sich aus der Parameterkodierung ergebende Reihenfolge der Standorte dargestellt.

Die erste Kodierung besitzt den Vorteil, dass sowohl die Initialisierung gültiger Lösungen, als auch die Umsetzung von Rekombinations- und Mutationsoperatoren einfacher zu realisieren sind. Ein wesentlicher Nachteil ergibt sich bei dieser Form der Kodierung jedoch, wenn dynamische Effekte wie zusätzliche oder entfallende Transportaufträge auftreten, oder wenn mehrere Touren jeweils mit einer Submenge an Transportaufträgen durchgeführt werden sollen. Lösungen lassen sich dann nicht mehr darstellen. Im Gegensatz hierzu bietet die zweite Kodierung direkt die Möglichkeit dynamische Effekte ohne Anpassung der Struktur einzubeziehen. Nachteile ergeben sich lediglich in der in diesem Fall umfangreicheren Umsetzung der Lösungsinitialisierung, Rekombination und Mutation. Die durch die zweite Kodierungsform darstellbaren Lösungen werden in diesem Beitrag im Folgenden als PDP-Permutationen bezeichnet.

3 Komplexität der Problemklasse PDP

Satz: Die Anzahl unterscheidbarer PDP-Permutationen $A(n)$ für n Aufträge ($n \in \mathbb{N}_+$) beträgt genau $\frac{(2n)!}{2^n}$.

Beweis durch vollständige Induktion:

Induktionsanfang: ($n = 1$)
Die Reihenfolge $[1, 1]$ ist die einzig mögliche Bepackung. $\frac{(2 \cdot 1)!}{2^1} = \frac{2!}{2} = 1$ ist wahr.

Induktionsvorraussetzung:
$A(n)$ gelte für n Aufträge. Für $n + 1$ muss gezeigt werden, dass $A(n + 1) = \frac{(2(n+1))!}{2^{n+1}}$ gilt.

Induktionsschritt:
Sind n Aufträge bereits in ihrer Reihenfolge festgelegt, so ergeben sich für einen weiteren Auftrag $2n + 2$ Möglichkeiten seinen Pickup- und $2n + 1$ Möglichkeiten seinen Delivery-Zeitpunkt festzulegen. Da eine Vertauschung der Pickup- und Delivery-Reihenfolge nicht unterscheidbar ist, ergeben sich so $\frac{1}{2} \cdot (2n + 2) \cdot (2n + 1)$ Möglichkeiten den neuen Auftrag eindeutig einzusortieren.

$$
\begin{aligned}
A(n + 1) &= \frac{(2(n + 1))!}{2^{n+1}} = \frac{(2n + 2)!}{2 \cdot 2^n} = \frac{(2n + 2) \cdot (2n + 1) \cdot 2n \cdot \ldots \cdot 2 \cdot 1}{2 \cdot 2^n} \\
&= \frac{(2n + 2) \cdot (2n + 1)}{2} \cdot \frac{(2n)!}{2^n} = \frac{1}{2} \cdot (2n + 2) \cdot (2n + 1) \cdot A(n)
\end{aligned}
$$

$\Rightarrow$ Induktionsschritt auf $\frac{1}{2} \cdot (2n + 2) \cdot (2n + 1)$ anwendbar! $\qquad\qquad$ $\square$

$A(n) = \frac{(2n)!}{2^n}$ lässt sich alternativ auch in Produktdarstellung aufschreiben:

$$
\begin{aligned}
\frac{(2n)!}{2^n} &= n! \cdot \frac{(2n)!}{2^n \cdot n!} = n! \cdot \frac{1 \cdot 2 \cdot 3 \cdot 4 \cdot \ldots \cdot (2n - 2) \cdot (2n - 1) \cdot 2n}{2 \quad \cdot 4 \cdot \ldots \cdot 2(n - 1) \qquad \cdot 2n} \\
&= n! \cdot 1 \cdot 3 \cdot 5 \cdot \ldots \cdot (2n - 1) = n! \cdot \prod_{i=1}^{n} (2i - 1) = \prod_{i=1}^{n} i(2i - 1).
\end{aligned}
$$

---

[4]Die Pickup-Operationen sind durch ein graues Pluszeichen und die Delivery-Operationen durch ein graues Minuszeichen gekennzeichnet, welche selbst nicht Teil der Kodierung sind.

Insgesamt ergibt sich eine Eingabekomplexität der Größenordnung $\mathcal{O}(n!)$. Ein Ausprobieren aller möglichen Kombinationen ist so nicht sinnvoll, da die Möglichkeitenanzahl *faktoriell* und damit überexponentiell wächst. Systematische Lösungsverfahren stoßen aus diesem Grund schnell an ihre Grenzen, so dass sich der Einsatz randomisierter metaheuristischer Verfahren, zu denen die genetischen Algorithmen zählen, anbietet.

4 Initialisierung und genetische Operatoren

Die Initialisierung der Elternpopulation der ersten Generation stellt ein nicht unwesentliches Problem für genetische Algorithmen da. Gerade wenn Randbedingungen eingehalten werden müssen, ist es oft schwierig überhaupt gültige Lösungen zu finden.

Die implementierte Initialisierungsfunktion soll sicherstellen, dass die zufällige Auswahl von Startlösungen gleichverteilt aus der Menge der möglichen Lösungen erfolgt. Hierzu wird in einem ersten Schritt eine Permutation über den ersten $2n$ natürlichen Zahlen erstellt. In einem weiteren Schritt wird für alle $x_i \in [n+1 \ldots 2n]$ jeweils der Wert n von diesen abgezogen. Um die Erweiterung auf Pickup-and-Delivery-Probleme mit mehreren Transportfahrzeugen sicher zu stellen, ist es in einem abschließenden Schritt möglich, die PDP-Permutation mit der Grundmenge $[1 \ldots n]$ auf eine frei wählbare Grundmenge abzubilden.

4.1 Operatoren zur Rekombination

Als Rekombinationsoperatoren wurden Operatoren ausgewählt, welche sich bereits für Traveling-Salesperson-Probleme (TSP) als erfolgreich erwiesen haben [4].

Order Crossover (OX) Beim OX-Operator erben die Nachkommen genau die Gene aus dem Rekombinationsbereich eines der Elternteile, wobei die Positionen der Gene beibehalten werden. Die restlichen freien Gene werden vom anderen Elternteil in der Reihenfolge ihres Auftretens, wie in Abbildung Bild 2 gezeigt, in dessen Chromosom geerbt. Die grau hinterlegten im Nachkommen bereits vorhandenen Gene werden hierbei weggelassen und die Ersetzung erfolgt von links nach rechts beginnend hinter dem bereits übernommenen Chromosomenstück.

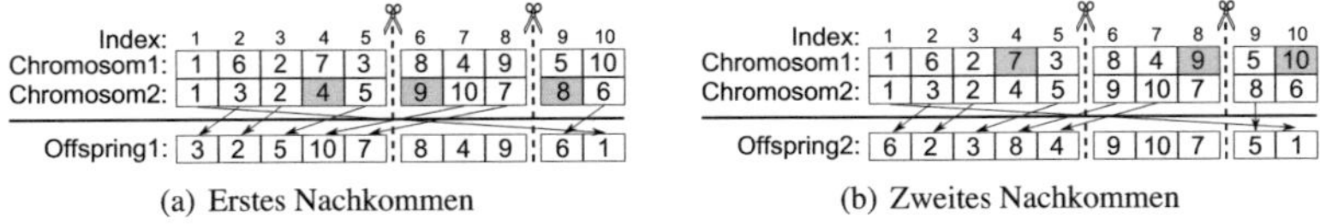

Bild 2: Beispiel zur Anwendung des OX-Operators für TSP

Der OX-Operator hat damit die Eigenschaft, dass die Nachkommen von einem Elternteil die absolute Position einiger Gene (denjenigen im Rekombinationsbereich) und vom anderen die relative Position der Gene erben.

Erweitert auf PDP-Permutationen ergibt sich die Änderung, dass die verbleibenden Gene nach dem Erben der Gene des Rekombinationsbereiches nur dann in den Nachkommen übernommen werden, wenn diese noch nicht zweimal in diesem vorhanden sind. Wie in Bild 3 dargestellt, bleibt auch hier die relative Position der Gene erhalten.

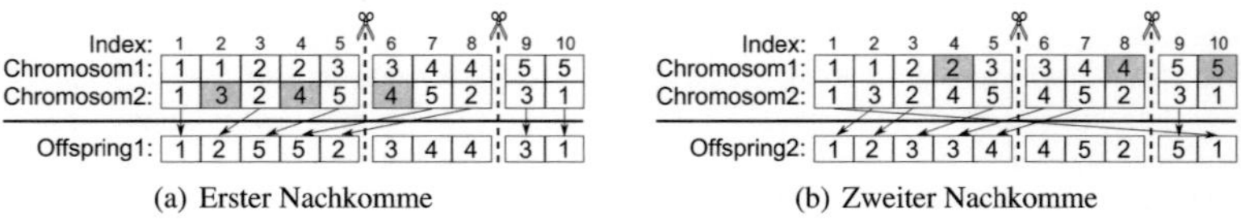

(a) Erster Nachkomme   (b) Zweiter Nachkomme

Bild 3: Beispiel zur Anwendung des OX-Operators für PDP und PDPTW

Partially Mapped Crossover (PMX) Beim PMX-Operator, wie beispielhaft in Bild 4 dargestellt, handelt es sich um einen Operator welcher einen bestimmten Chromosomenbereich eines der Eltern komplett übernimmt und den Rest des Chromosomes des Nachkommen mit den Genen des anderen Elternteiles mit möglichst unveränderter Position auffüllt.

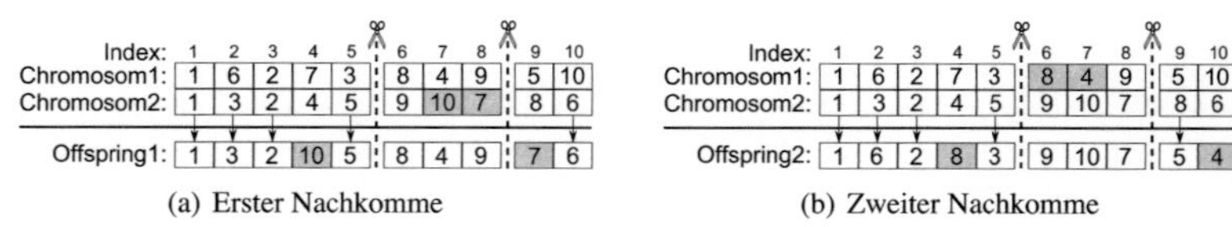

(a) Erster Nachkomme   (b) Zweiter Nachkomme

Bild 4: Beispiel zur Anwendung des PMX-Operators für TSP

Bei diesem Auffüllen sind teilweise Reparaturmechanismen nötig, um zu vermeiden, dass das Chromosom des Kindes doppelte Gene enthält und es sich damit bei seinem Chromosom nicht mehr um eine Permutation der Gene handelt. Hierzu werden zuerst die in Bild 4 grau hinterlegten Gene bestimmt, die von den Genen des Rekombinationsbereiches verdrängt werden.[5] Anschließend werden diese an diejenigen Positionen im Nachkommen eingesetzt, an denen die verdrängenden Gene im zweiten Elternteil liegen. Handelt es sich bei der so ermittelten Position immer noch um eine Position an der ein verdrängtes Gen liegt, so wird mit diesem rekursiv fortgesetzt, bis ein freier Locus gefunden wurde (siehe dazu das Gen 7). Analog wird in Bild 5 das Rekombinationsverfahren für PDP und PDPTW dargestellt.

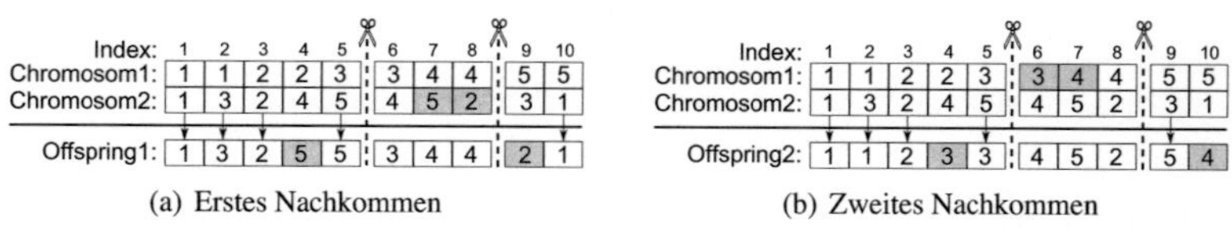

(a) Erstes Nachkommen   (b) Zweites Nachkommen

Bild 5: Beispiel zur Anwendung des PMX-Operators für PDP und PDPTW

Merge Crossover (MX) Die Rekombinationsoperatoren *Order Crossover* und *Partially Mapped Crossover* rekombinieren ihre Gene ohne globale Information über die Nebenbedingungen der Zeitfenster für die Transportaufträge.

Soll dieses Wissen in die Rekombination mit einfließen, können Operatoren wie in [5] beschrieben verwendet werden. Das sogenannte *Merge Crossover* benötigt hierzu eine globale Sortierung der Pickup- und Delivery-Operationen gemäß ihrer Zeitfenster, wie in Bild 6 gezeigt. Innerhalb der Rekombination werden nun von links nach rechts jeweils die Gene der Eltern paarweise verglichen und bei Übereinstimmung direkt in den Nachkommen übernommen.

---

[5]In Bild 4(a) sind dies die Gene an Position 7 und 8.

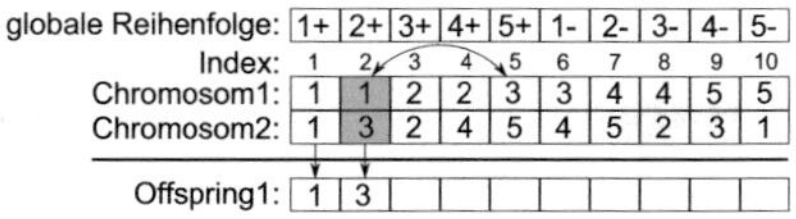

Bild 6: Anwendung des MX-Operators für PDPTW

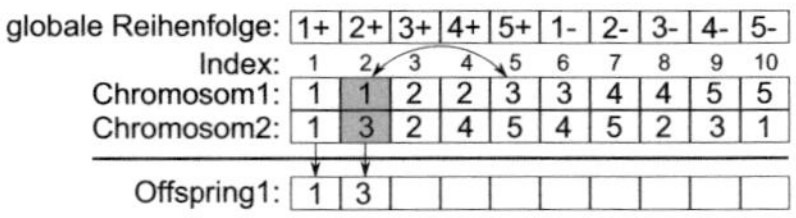

Bild 7: Verdrängung von Genen

Andernfalls wird dasjenige Gen bevorzugt, welches einen früheren globalen Bearbeitungszeitpunkt besitzt. Um ein Degenerieren des ersten Elternteiles zu verhindern, muss nun das verdrängte Gen mit Wert 1 mit dem verdrängenden Gen mit Wert 3 getauscht werden.

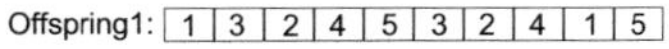

Bild 8: Ergebniss der Rekombination

Da das *Merge Crossover* nur einen Nachkommen erzeugen kann, innerhalb des verwendeten evolutionären Algorithmus aber zwei Nachkommen erwartet werden, wird ein zweites Nachkommen als zufällige Kopie eines der Eltern erstellt.

4.2 Operatoren zur Mutation

Als Operatoren für die Mutation wurde ein bereits für Traveling-Salesperson-Probleme (TSP) erfolgreich eingesetzter Operator genutzt und es wurde eine zweiter Operator auf Grundlage von Taskverschiebungen entworfen.

Paarweiser Kantenaustausch (2Opt) Eine in der Literatur weit verbreitete Mutationsvariante ist die k-Opt-Mutation, wobei der Parameter $k \geq 2$ die Anzahl der Schnittstellen angibt. Wie in Bild 9 für $k = 2$ dargestellt, werden die Gene zwischen den Schnittstellen jeweils in umgekehrter Reihenfolge wieder eingefügt.

Dies hat zur Konsequenz, dass genau k Kanten verändert werden.

Verschieben von Einzeltask (TS) Eine weitere Möglichkeit bietet die Verschiebung eines Auftrags für TSP beziehungsweise eines Pickup- oder Delivery-Zeitpunktes für einen Auftrag für PDP und PDPTW wie in Bild 10 gezeigt.

Für die Anwendung auf PDP und PDPTW wird jeweils entweder eine Pickup- oder eine Delivery-Operation verschoben und nicht ein kompletter Tasks. Dieses Vorgehen wurde gewählt, um möglichst kleine Mutationen zu ermöglichen.

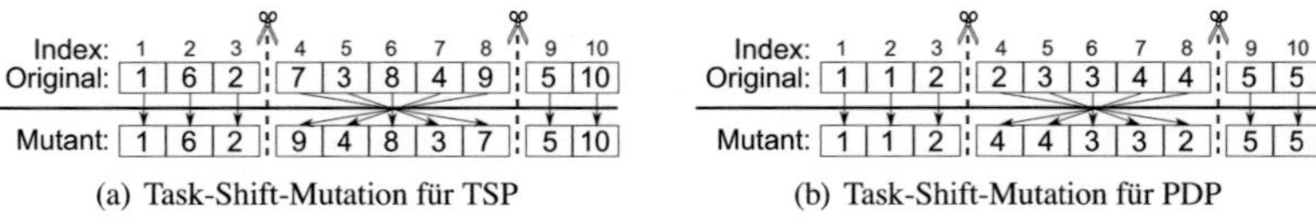

(a) Task-Shift-Mutation für TSP   (b) Task-Shift-Mutation für PDP

Bild 9: Beispiel zur Anwendung der 2-Opt-Mutation

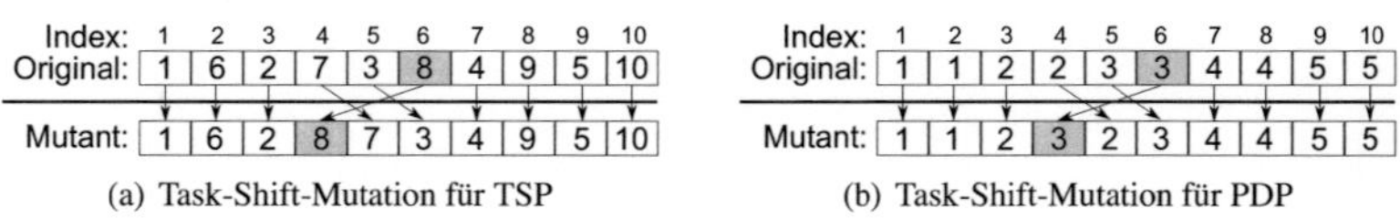

(a) Task-Shift-Mutation für TSP   (b) Task-Shift-Mutation für PDP

Bild 10: Beispiel zur Anwendung der Task-Shift-Mutation

5 Fitnessauswertung und Toursimulation

Für die multikriterielle Bewertung der Individuen muss eine Fitnessauswertungsfunktion existieren, welche den Erfüllungsgrad beziehungsweise die Fitness der einzelnen Gütekriterien ermittlet. Da es sich bei der Auswertung der Individuen um die Auswertung einer kompletten Tour handelt, ist eine detaillierte Simulation unumgänglich. Hierbei sind jeweils für den Tourschritt von $p(i)$ nach $p(i + 1)$ folgende Zeiten relevant:

- Transporter-Fahrzeit: Zeit die der Transporter für die Bewältigung der Fahrstrecke benötigt $(t_{p(i),p(i+1)})$.

- Lenkzeitbeschränkung-Wartezeit: Ist die Dauer der Fahrstrecke $t_{p(i),p(i+1)}$ zwischen den aufeinanderfolgenden Standorten $p(i)$ und $p(i + 1)$ größer als die am aktuellen Tag noch verfügbare Lenkzeit $(t + t_{p(i),p(i+1)} > l_*)$, so muss bis zum Beginn des Lenkzeitfensters des Folgetages gewartet werden $(t = e_*)$. Dabei besitzen l_* und e_* in der realisierten Implementierung jeweils für jeden Tag die gleichen Werte.

- Auftragsverfügbarkeit-Wartezeit: Liegt der aktuelle Zeitpunkt t bei der Durchführung einer Pickup-Operation noch vor dem Beginn des Zeitfensters des Transportauftrages $(t < e_i)$, so gibt diese Zeit die Länge der Wartezeit $e_i - t$ an die der Transporter warten muss bis der Transportauftrag verfügbar ist und das Aufladen erfolgen kann.

- Ladezeit: Zeitspanne die vom Transporter an den Standorten benötigt wird, um Fahrzeuge aufzunehmen beziehungsweise abzuladen. Erreicht ein Transporter einen neuen Standort, so beträgt diese Zeitspanne 20 Minuten. In allen anderen Fällen 15 Minuten, wobei es irrelevant ist, ob Fahrzeuge auf- beziehungsweise abgeladen werden. Die resultierende Differenz von 5 Minuten werden pro Standort für die Vor- und Nachbereitung der Transporterbeladung einkalkuliert.

Die Summe aller vier Zeiten an allen angefahrenen Standorten ergibt die Gesamtzeit, die der Transporter eingesetzt wird.

Bild 11 gibt die wesentlichen Aspekte der Simulation als Ablaufdiagram an. In die Simulation fließen eine Reihe von Randbedingungen ein. Zum einen besitzt der Transporter ein tägliches Zeitfenster, in welchem er Operationen (Beladungen, Bewältigung von Fahrstrecken, ...) durchführen kann, zum anderen besitzt jeder Transportauftrag ein Zeitfenster für seine Bearbeitung. Vor Beginn dieses Zeitfensters ist es nicht möglich einen Transportauftrag aufzunehmen (Pickup). Die Auswertung eines Parameters des an die Fitnessauswertung übergebenen Parametervektors besitzt die folgenden Bearbeitungsschritte:

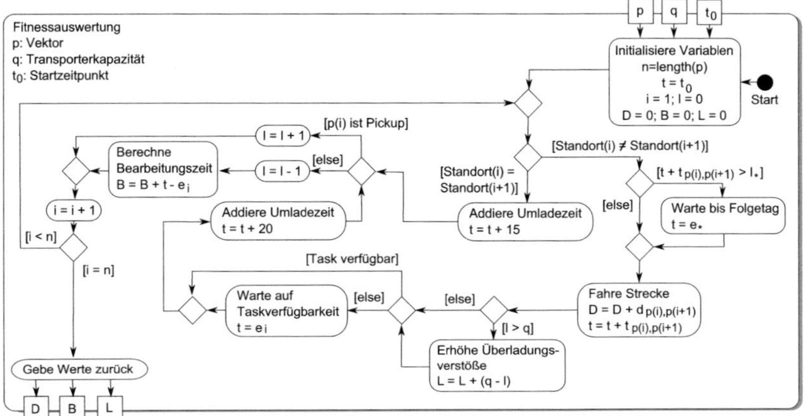

Bild 11: prinzipieller Ablauf der Fitnessauswertung

1. Sind die Standorte der aufeinanderfolgenden Parameter unterschiedlich, dann erfolgt eine Überprüfung ob das Transportfahrzeug die Fahrstrecke am aktuellen Tag noch in seinem Zeitfenser (Lenkzeitbeschränkung) durchführen kann. Ist dies nicht der Fall, so muss die *Lenkzeitbeschränkung-Wartezeit* erhöht werden. Diese beträgt die Differenz zwischen dem Zeitpunkt an dem der Transporter am Folgetag wieder verfügbar ist und dem aktuellen Zeitpunkt.

2. Die Fahrstrecke zwischen den Standorten der momentan betrachteten aufeinanderfolgenden Parameter wird ausgewertet, was impliziert, dass die Gesamtfahrstrecke D genauso wie die *Transporter-Fahrzeit* erhöht wird.

3. Darüber hinaus wird überprüft, ob ein Kapazitätsverstoß und damit eine Überladung des Transporters stattgefunden hat und dies in der Anzahl der Überladungsverstöße L protokolliert.

4. Angekommen am Standort wird nun zuerst überprüft, ob das im Parameter kodierte Fahrzeug bereits verfügbar ist. Ist dies nicht der Fall, so muss gewartet und die *Auftragsverfügbarkeit-Wartezeit* erhöht werden.

5. Abhängig davon ob ein neuer Standort angefahren wurde wird nun die *Ladezeit* erhöht.

6. Abschließend wird für jede Delivery-Operation die Bearbeitungszeit berechnet.

Für die Fitnessbewertung werden der Parametervektor p, die Transporterkapazität q und der Startzeitpunkt t_0 benötigt. Als Ausgaben der Toursimulation werden die für die multikriterielle Bewertung benötigten Fitnesswerte der einzelnen Kriterien zurückgegeben. Diese sind: die Gesamtstrecke der Tour D, die Gesamtbearbeitungszeit B und die Anzahl der Überladungsverstöße L.

6 Ergebnisse

6.1 Datengrundlage von Testproblemen

Für die Untersuchung der Nutzbarkeit unterschiedlicher Rekombinations- und Mutationsoperatoren wurden verschiedene Testdatensätze verwendet. Für die Untersuchung der Anwendbarkeit auf Traveling-Salesman-Probleme wurde ein Datensatz der 80 größten Städte Deutschlands verwendet und für die Betrachtung von Pickup- und Delivery-Problemen mit Zeitfenstern wurde ein vom Automobilaufbereiter freigegebener Datensatz verwendet, welcher alle Transportaufträge des Niederlassungsverbundes BMW Nordrhein-Westfalen für den Zeitraum einer Woche enthält.

6.2 Vergleich der Operatoren für TSP und PDPTW

Zum Vergleich der Konvergenz und Approximationsgüte der Paretofront wurden für jede Kombination aus Rekombinations- und Mutationsoperatoren jeweils zehn evolutionäre Läufe durchgeführt und deren Ergebnisse gemittelt, um Rauschen in der Auswertung zu vermeiden. Jeder einzelne Lauf besteht hierbei aus jeweils tausend Generationen bei einer Anzahl von zwanzig Eltern und hundert Nachkommen. Darüber hinaus wird, wie bei der Nutzung des *NSGA II Algorithmus* [6] üblich, ein Elitearchiv der besten Individuen genutzt. Ergebnisse der gemittelten Individuengüte aufgetragen über die Anzahl an Fitnessauswertungen finden sich in Bild 12.

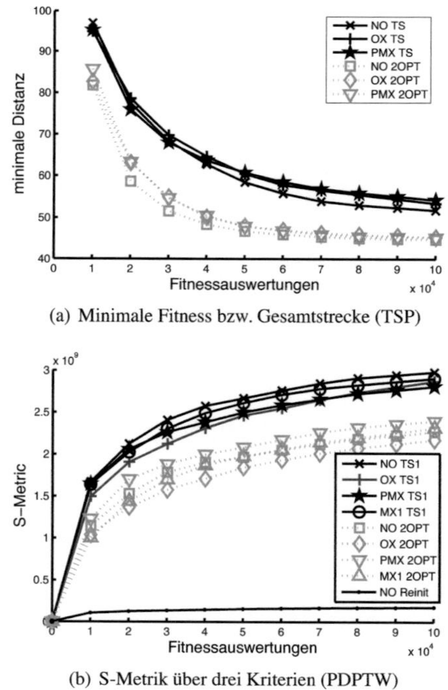

(a) Minimale Fitness bzw. Gesamtstrecke (TSP)

(b) S-Metrik über drei Kriterien (PDPTW)

Bild 12: Vergleich der Rekombinations- und Mutationsoperatoren für TSP und PDPTW

Die Graphen haben hierbei folgende Bedeutung:

- **NO TS**: Keine Rekombination und *Verschieben von Einzeltask*

- **OX TS**: *Order Crossover* und *Verschieben von Einzeltask*

- **PMX TS**: *Partially Mapped Crossover* und *Verschieben von Einzeltask*

- **MX TS**: *Merge Crossover* und *Verschieben von Einzeltask* (nur für PDPTW)

- **NO 2OPT**: Keine Rekombination und *Paarweiser Kantenaustausch*

- **OX 2OPT**: *Order Crossover* und *Paarweiser Kantenaustausch*

- **PMX 2OPT**: *Partially Mapped Crossover* und *Paarweiser Kantenaustausch*

- **MX 2OPT**: *Merge Crossover* und *Paarweiser Kantenaustausch* (nur für PDPTW)

Da es sich bei dem einzigen Kriterium für die Optimierung eines Traveling-Salesperson-Problems um die minimale Gesamtdistanz handelt, zeigt Bild 12(a), das diejenigen Operatorkombinationen erfolgreicher sind, welche den *Paarweisen Kantenaustausch* (2Opt) Mutationsoperator verwenden (grau gestrichelte Graphen). Im Kontrast dazu stehen die Optimierungsergebnisse für Pickup-and-Delivery-Probleme mit Zeitfenstern bei denen durch die gleichzeitige Optimierung der drei Kriterien Gesamtfahrstrecke, durchschnittliche Auftragsdurchlaufzeit und Anzahl Überladungs-verstöße, die Maximierung der S-Metrik, also dem dominierenden Hypervolumen im Kriterien-raum [7], angestrebt wird. In Bild 12(b) zeigt sich, dass diejenigen Operatorkombinationen er-folgreicher sind, die das *Verschieben von Einzeltasks* als Mutationsoperator anwenden (schwarze durchgezogene Graphen). Die Rekombinationsoperatoren spielen für die Approximationsgüte der Paretofront und der Konvergenz der Optimierung eine eher untergeordnete Rolle. Die Ergebnis-se belegen gar, dass die Verwendung von Rekombinationsoperatoren eher kritisch ist. Dies liegt höchstwahrscheinlich darin begründet, dass alle drei verwendeten Rekombinationsoperatoren gra-vierende Änderungen in der Parameterreihenfolge der Individuen hervorrufen. Darüber hinaus zeigt der Graph des Optimierungsverfahrens mit der Bezeichnung NO-Reinit, bei welchem in je-der Generation eine neue zufällige Startpopulation erstellt wird, dass eine Zufallssuche für die Lösung von PDPTW-Problemen (die eine triviale Größe überschreiten) ungeeignet ist. Die Strate-gie einer Zufallssuche steht in starkem Konflikt mit der bereits berechneten Problemkomplexität von $\mathcal{O}(n!)$ für n Transportaufträge.

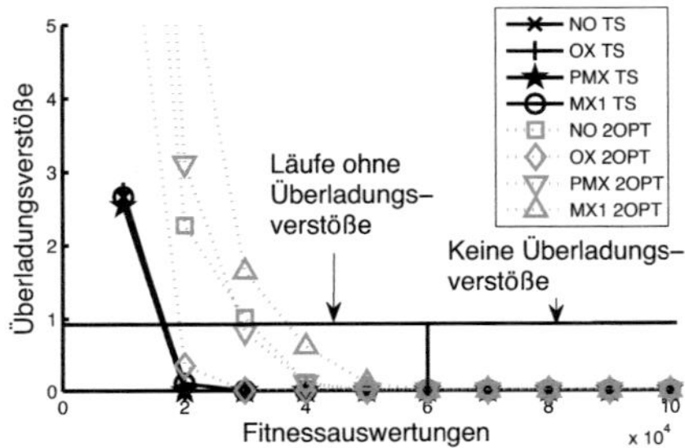

Bild 13: Optimierung der harten Nebenbedingungen

Insgesamt ist damit die Nutzung eines multikriteriellen genetischen Algorithmus zur Lösung von PDPTW sinnvoll, es muss jedoch für die ordnungsgemäße Funktion des genetischen Algorithmus sichergestellt werden, dass ordnungsgemäß mit der abgeschwächten Nebenbedingung der maximalen Transporterkapazität umgegangen wird. Es dürfen nur solche Lösungen gültig sein, die im Kriterium der Überladungsverstöße einen Wert von Null aufweisen. Kombinationen von Rekombinations- und Mutationsoperatoren, denen es nicht gelingt Lösungen ohne Überladungsverstöße zu erzeugen, sind für die Lösung realer Transportprobleme unbrauchbar. Bild 13 zeigt, dass für alle Kombinationen von Rekombinations- und Mutationsoperatoren gültige Lösungen mit Null Überladungsverstößen berechnet werden. Schon nach wenigen Generationen sinkt die duchschnittliche Anzahl an Überladungsverstößen für alle Operatorkombinationen unter Null, sodass zumindest einer der unabhängigen Läufe die Nebenbedingungen erfüllt. Nach ca. 500 Generationen ist die Nebenbedingung für alle Operatorkombinationen und alle Läufe erfüllt.

6.3 Multikriterielle Optimierung in der konkreten Anwendung

Bei der konkreten Anwendung des multikriteriellen Genetischen Algorithmus auf den Datensatz der Fahrzeuglogistik des Automobilaufbereiters zeigen sich diverse Vorteile.

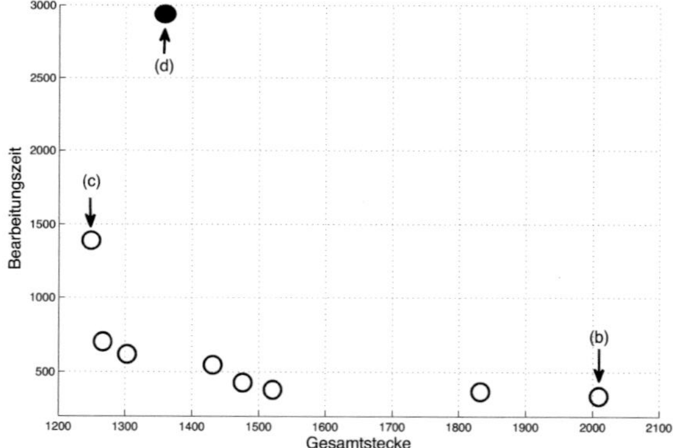

Bild 14: Pareto Front

Bild 14 setzt zwei unterschiedliche Individuen (b) und (c) der Paretofront zueinander und zur real gefahrenen Tour (d), die manuell erstellt wurde, in Beziehung.

Das Ergebnis der Toursimulationen ist hierbei in Bild 15 bis Bild 17 graphisch veranschaulicht, wobei in der x-y-Ebene die geographische Position der anzufahrenden Standorte und in Richtung der z-Achse die Gesamtzeit aufgetragen ist.

Die Pareto-Front als Ergebnis der Optimierung enthält hierbei nur diejenigen pareto-optimalen Individuen, die im Kriterium der Überladungsverstöße den Wert Null besitzen, sodass sich eine zweidimensionale Darstellung ergibt. Auf der x-Achse ist die vom Transporter zu fahrende Gesamtfahrstrecke und auf der y-Achse die durchschnittliche Bearbeitungszeit[6] aufgetragen.

---

[6]Die Bearbeitungszeit eines Auftrages ist die Zeitspanne zwischen desen frühester Verfügbarkeit und seiner Auslieferung (Delivery).

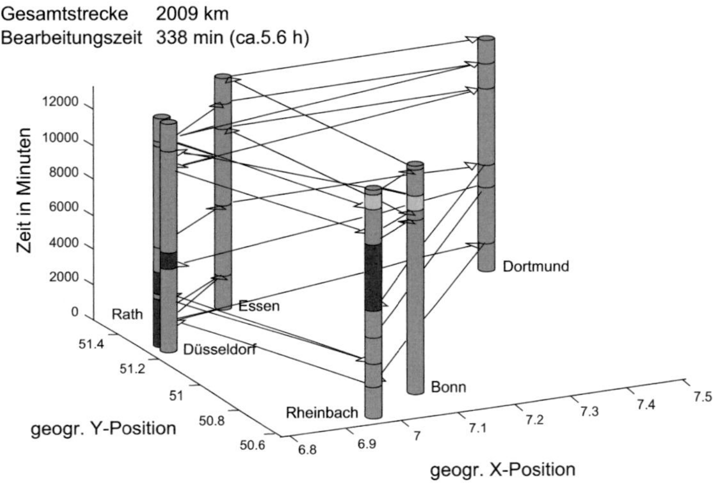

Bild 15: minimale Auftragsbearbeitungszeit

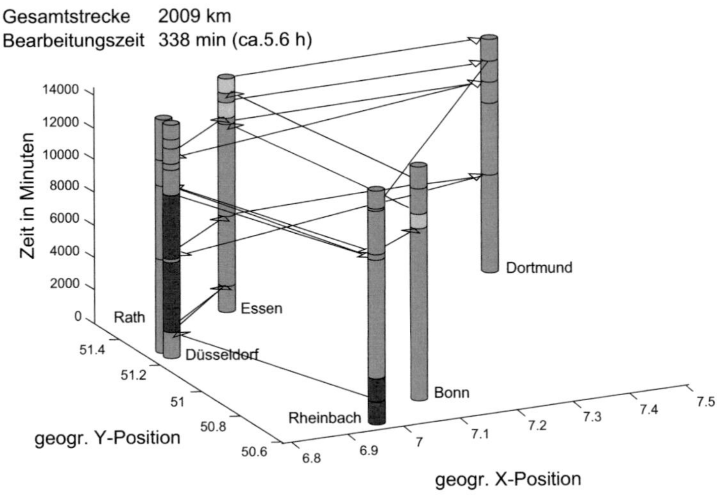

Bild 16: minimale Gesamtstrecke

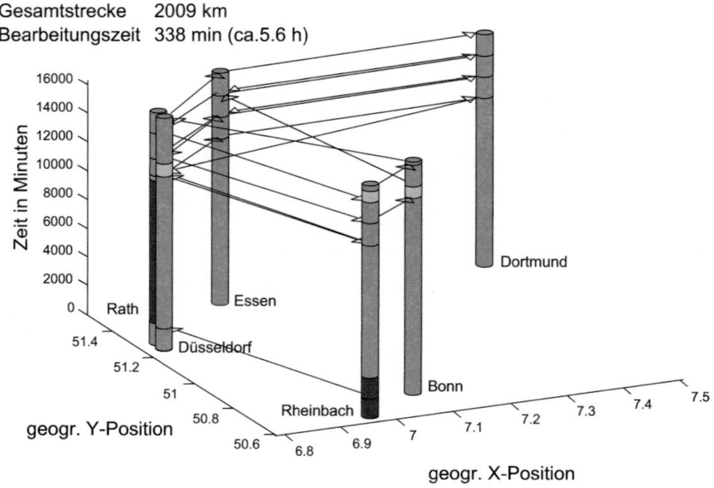

Bild 17: gefahrene Tour

In Bild 15 wird die pareto-optimale Tour mit minimaler durchschnittlicher Auftragsbearbeitungszeit und im Vergleich hierzu in Bild 16 die mit minimaler Gesamtstrecke gezeigt. Bild 17 zeigt
die real gefahrene Tour, welche sowohl im Kriterium Gesamtstrecke als auch im Kriterium durchschnittliche Bearbeitungszeit von mehreren Individuen der Paretofront dominiert wird. Darüber
hinaus gestattet es der Optimierungsalgorithmus erst a posteriori eine Entscheidung über die konkrete Tourdurchführung zu treffen, was erheblich zur Flexibilisierung der Tourplanung beiträgt.

7   Zusammenfassung und Ausblick

Dieser Beitrag präsentiert einen Ansatz zur Nutzung multikriterieller Optimierungsverfahren für
Pickup-and-Delivery-Probleme mit Zeitfenstern. Neben einer allgemeinen Definition der untersuchten Problemklassen und deren Erweiterung auf eine konkrete transportlogistische Problemstellung, wurde die Komplexität von Pickup-and-Delivery Problemen mathematisch bewiesen.
Darüber hinaus wurden unterschiedliche Rekombinations- und Mutationsoperatoren sowohl für
TSP als auch für PDP und PDPTW vorgestellt. Diese wurden in allen möglich anwendbaren Kombinationen in ihrer Funktionstüchtigkeit anhand von Testdatensätzen hinsichtlich ihrer Approximationsgüte und Konvergenz bewertet. Zusätzlich wurde aufgezeigt, dass eine Anwendung des
entwickelten multikriteriellen Optimierungsverfahrens auf konkrete Transportprobleme sinnvoll
ist, da die Lösungsqualität evolutionär bestimmter Tourplanungen objektiv besser ist als diejenige
manuell bestimmter Tourplanungen.

Eine zukünftige, gezielte Untersuchung und Verbesserung der noch nicht zufriedenstellend funk-
tionierenden Rekombinationsoperatoren erscheint sinnvoll. Der Einfluss einer Beschränkung der
Größe des Rekombinationsbereiches und die damit einhergehende Verringerung benötigter Repa-
raturoperationen innerhalb der Rekombination sollte untersucht werden. Darüber hinaus ist die
bereits im Abschnitt zur Problemkodierung erwähnte Erweiterung der Optimierung auf mehrere

Transportfahrzeuge erstrebenswert und notwendig für die Skalierbarkeit der Problemstellung auf größere transportlogistische Anwendungen.

8 Danksagung

Wir danken der Cirkin GmbH für die zur Verfügungstellung der Auftrags- und Tourdaten.

Literatur

[1] Schmidt, K.: *Erfolgsfaktoren in Speditionen*. Dortmund. 2007.

[2] Savelsbergh, M. W. P. and Sol, M.: *The general pickup and delivery problem*. In: *Transportation Science*, Vol. 17, S. 17–29. 1995.

[3] Parragh, S. N., Doerner, K. F. and Hartl, R. F.: *A survey on pickup and delivery problems, Part II: Transportation between pickup and delivery locations*. In: *Journal für Betriebswirtschaft*, Vol. 58, S. 81–117. 2008.

[4] Stakeweather, T., McDaniel, S., Mathias, K. and Withley, D.: *A Comparison of Genetic Sequencing Operators*. In: *Proceedings of the fourth International Conference on Genetic Algorithms*, S. 69–76. 1991.

[5] Blantan Jr., J. L. and Wrainwright, R. L.: *Multiple Vehicle Routing with Time and capacity Constraints using Genetic Algorithms*. In: *Proceedings of the 5th International Conference on Genetic Algorithms*, S. 452–459. 1993.

[6] Deb, K., Pratap A., Agarwal, S. and Meyarivan, T.: *A fast and elitist multiobjective genetic algorithm: NSGA-II*. In: *IEEE Transactions on Evolutionary Computation*, S. 182–197. 2002.

[7] Beume, N., Naujoks, B. and Emmerich, M.: *SMS-EMOA: Multiobjective selection based on dominated hypervolume*. In: *European Journal of Operational Research*. 2006.

Optimierung von Fahrzeugkonzepten in der frühen Entwicklungsphase mit Hilfe Genetischer Algorithmen und Künstlicher Neuronaler Netze

Stefan Moses[1], Clemens Gühmann[2], Jens Jäkel[3]

[1]Volkswagen Aktiengesellschaft, Brieffach 1696, 38436 Wolfsburg
Tel. (05361) 9-84466, Fax (05361) 9-32587, E-Mail: stefan.moses@volkswagen.de
[2]Technische Universität Berlin, Einsteinufer 17, 10587 Berlin
Tel. (030) 314-29393, Fax (030) 314-25717, E-Mail: clemens.guehmann@tu-berlin.de
[3]HTWK Leipzig, Postfach 30 11 66, 04251 Leipzig
Tel. (0341) 3076-1125, Fax. (0341) 3076-1229 E-Mail: jens.jaekel@eit.htwk-leipzig.de

Kurzfassung

Die gesetzten Ziele in der Klimapolitik erfordern eine zunehmende Senkung des CO_2-Flottenausstoßes. Eine Möglichkeit diese Ziele zu erreichen, ist die Elektrifizierung des Fahrzeug-Antriebsstranges bis hin zum Einsatz rein batterie-elektrisch betriebener Fahrzeuge. Durch kurze Entwicklungszeiten und steigende Systemkomplexität auf dem Gebiet der alternativen Antriebssysteme sind neue Werkzeuge gefragt, um die Auswirkungen sekundärer und tertiärer Effekte bei der Komponenten- und Maßnahmenbewertung schnell abschätzen zu können. Besonders in der frühen Entwicklungsphase, in der meist nur wenig über die Komponenten bekannt ist, stellt dies eine große Herausforderung dar.

In diesem Artikel soll aufgezeigt werden, wie es dem Konzeptentwickler mit Hilfe eines Optimierungsprozesses ermöglicht wird, einen Überblick über das Potential seiner Konzeptidee und wichtige Informationen für deren Bewertung zu erhalten. Der dargestellte Optimierungsprozess durchläuft vier Phasen. In der ersten wird der Suchraum der Optimierung definiert. Während der zweiten Phase wird ein Modell gewählt oder generiert, mit dem der Energieverbrauch des Fahrzeuges ermittelt wird. Im dritten Schritt wird eine mehrkriterielle Optimierung mit Hilfe eines Genetischen Algorithmus durchgeführt, der die Pareto-Front identifiziert. Die vierte Phase umfasst das Darstellen, Auswählen und Bewerten der Ergebnisse. Der Artikel vertieft die zweite und dritte Phase.

Typischerweise wird der Zyklusverbrauch in der zweiten Phase mit Hilfe einer Simulation bestimmt. Da ein Simulationsdurchlauf jedoch viel Zeit beansprucht und deshalb für eine schnelle Optimierung ungeeignet ist, wird ein Ansatz untersucht, diese Berechnung durch den Einsatz eines Künstlichen Neuronalen Netzes erheblich zu beschleunigen.

Für die mehrkriterielle Optimierung mit kontinuierlichem und diskretem Suchraum wurde eine adaptive Toolbox in MATLAB® implementiert. Diese ermöglicht dem Entwickler verschiedene Evaluierungs-, Selektions-, Rekombinations- und Mutationsalgorithmen miteinander zu koppeln und individuell einzustellen. Es werden Verfahren aufgezeigt, die beim Anpassen und Einstellen des Optimierungsalgorithmus helfen und die Funktion der Toolbox wird anhand eines Beispiels aus der Konzeptentwicklung erläutert.

1 Einleitung

In den letzten Jahren gehen vermehrt Fahrzeuge mit alternativen Antriebssystemen in die Serienproduktion. Diese Neuentwicklungen stellen große Herausforderungen an die Vorentwicklung. Angepasste Berechnungsmethoden sind nötig, denn der Entwickler steht einem neuen Komplexitätsgrad gegenüber und die bekannten Auslegungskriterien für konventionelle Fahrzeuge lassen sich nicht ohne Weiteres auf elektrifizierte Antriebe übertragen.

Abb. 1: Komplexe Zusammenhänge zwischen Parametern, Komponenten und Bewertungsgrößen eines Elektrofahrzeuges

Es ist schwer für den Konzeptentwickler das volle Potenzial seiner Konzeptidee zu erkennen. Abb. 1 zeigt die komplexen Zusammenhänge zwischen den physikalischen Parametern (rechteckige Kästen), Komponenten (elliptische Kästen) und Bewertungskriterien (Energieverbrauch, Fahrleistung und Gesamtkosten) eines Elektrofahrzeuges. Der Energieverbrauch und die Fahrleistungen werden durch die physikalischen Parameter Gewicht, Rollwiderstand, Luftwiderstand und Antriebsstrangwirkungsgrad bestimmt. Alle Komponenten beeinflussen wiederum die physikalischen Parameter und in manchen Fällen gibt es Rückwirkungen von den Parametern auf die Komponenten. Außerdem sind die Komponenten über die Gesamtkosten miteinander verbunden. Wenn Kosten durch bestimmte Maßnahmen gespart werden, können sie in andere Maßnahmen reinvestiert werden.

Ein Beispiel: Durch eine aerodynamische Maßnahme wird der Luftwiderstand eines Fahrzeuges verringert. Somit wird der Energieverbrauch des Fahrzeuges verbessert und es ist möglich, den Energieinhalt des Batteriesystems anzupassen, weil die gleiche Reichweite mit weniger Energieeinsatz erreicht werden kann. Eine kleinere Batterie bedeutet aber auch eine Reduzierung des Gewichtes. Nun kann der Entwickler wählen, welchen Pfad er als nächstes einschlägt. Es ist evtl. möglich die Fahrzeugstruktur oder den Motor an das neue Gewicht anzupassen (Downsizing). Dieser Vorgang kann endlos weitergeführt werden und ist somit unübersichtlich und nicht zielführend.

Des Weiteren können sich Komponenten auch untereinander beeinflussen und es gibt noch schwache Beziehungen zwischen Komponenten und physikalischen Parametern.

Auch das Fahrzeugdesign hat einen schwer zu bestimmenden Einfluss auf die Komponenten. Es wird deutlich, dass eine intelligente Methode nötig ist, um den Entwickler zu unterstützen einen Gesamtüberblick über das Konzeptpotenzial zu erhalten und optimale Lösungen zu finden. Außerdem sollten weitere wichtige Informationen aufgezeigt werden, zum Beispiel welche gewählten Komponenten oder Maßnahmen den größten Einfluss auf den Energieverbrauch haben.

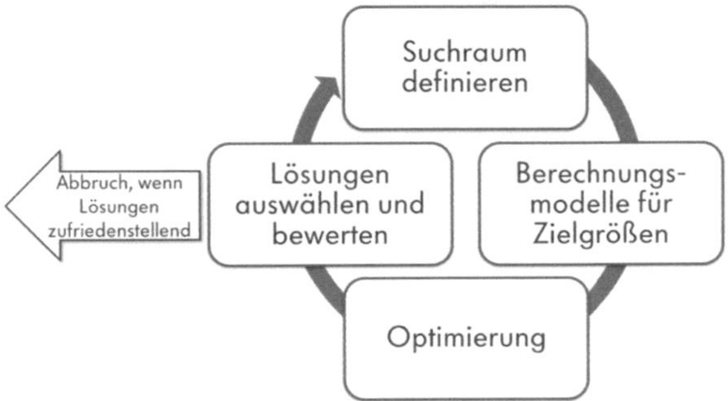

Abb. 2: Iterativer Konzeptentwicklungs-Prozess

Der in Abb. 2 dargestellte Prozess [1] berücksichtigt die wichtigsten, in Abb. 1 gezeigten, Abhängigkeiten. Er erlaubt es aber auch, jede weitere Abhängigkeit in den Berechnungen der Zielgrößen mit einzubeziehen. Der Prozess beginnt mit der Definition des Suchraumes. Dabei werden mögliche Fahrzeugkomponenten und Maßnahmen, die die Energieeffizienz weiter steigern, ausgewählt. Es ist möglich, den Suchraum auf ein bekanntes Absprungfahrzeug zu beziehen oder ein gänzlich neues Fahrzeug entstehen zu lassen.

Danach werden die Berechnungsmodelle für die Optimierungskriterien Gesamtkosten, Fahrleistung und Reichweite definiert. Die Gesamtkosten ergeben sich über die Summe der Einzelkosten von Komponenten und Maßnahmen. Die Fahrleistung kann zum Beispiel über die Beschleunigungszeit von 0 auf 100 km/h bewertet werden und die Reichweite wird über den Energieverbrauch und den Energieinhalt der Batterie ermittelt. Zur Ermittlung des Energieverbrauchs werden Simulations- oder einfachere Kalkulationsmodelle eingesetzt. Da aber der Zeitaufwand für eine Simulation für die nachfolgende evolutionäre Optimierung zu groß ist, ist in Abschnitt 3 ein Ansatz beschrieben, wie aus den Simulationsmodellen ein Künstliches Neuronales Netz abgeleitet werden kann. Dadurch wird die Rechenzeit deutlich verringert, die Genauigkeit jedoch nahezu beibehalten.

Anschließend wird eine mehrkriterielle Optimierung mit Hilfe eines Genetischen Algorithmus durchgeführt. Das Optimierungskonzept und dessen Implementierung ist in Abschnitt 2 erläutert. Neben den Bewertungskriterien können auch Randbedingungen definiert werden, zum Beispiel eine minimale Höchstgeschwindigkeit oder eine maximale Beschleunigungszeit. Die Optimierung wird von einer flexiblen Toolbox unterstützt, um den Optimierungsalgorithmus bestmöglich an das Optimierungsproblem anzupassen.

Abschließend werden die Ergebnisse in Form einer Pareto-Front visualisiert und dem Entwickler werden alle wichtigen Informationen gegeben, um die Lösungen bewerten zu können. Wenn keine zufriedenstellenden Lösungen gefunden wurden, kann der

Prozess nochmals durchlaufen werden. Mit dem neu gewonnenen Wissen aus dem letzten Durchlauf ist es möglich, den Suchraum oder die Randbedingungen anzupassen und dadurch neue Lösungsräume zu erschließen. Das vorher abgeleitete Künstliche Neuronale Netz zur Berechnung des Energieverbrauchs kann dabei in jedem weiteren Durchlauf wieder verwendet werden, wodurch dieser nur wenige Minuten Rechenzeit benötigt.

Dieser Artikel konzentriert sich auf die Beschreibung des Optimierungsalgorithmus und dessen Implementierung in MATLAB®. Außerdem wird der Ansatz, ein Künstliches Neuronales Netz aus einem Simulationsmodell abzuleiten, erläutert. Der gesamte Optimierungsprozess kann dabei sowohl auf Elektrofahrzeuge als auch auf konventionell angetriebene und Hybridfahrzeuge angewandt werden.

2 Mehrkriterielle Optimierung von Fahrzeugkonzepten

2.1 Optimierungskonzept

Das Optimierungsproblem kann grundsätzlich folgendermaßen charakterisiert werden:

- Es ist ein mehrkriterielles Problem. Die Optimierungskriterien sind Reichweite, Fahrleistung und Gesamtkosten des Fahrzeugkonzepts.
- Der begrenzte Suchraum besteht aus kontinuierlichen, z.B. Getriebeübersetzungen und diskreten Variablen, z.B. verschiedene Maschinenkennfelder.
- Randbedingungen müssen eingehalten werden. Mögliche Randbedingungen sind Mindestreichweite, minimale Höchstgeschwindigkeit, maximale Beschleunigungszeit oder maximale Gesamtkosten.
- Das Problem ist außerdem nicht zeitabhängig, deterministisch und nichtlinear.

Um einen Überblick über das gesamte Konzept-Potenzial zu erhalten, ist es äußerst hilfreich anstatt einer globalen Lösung viele Pareto-optimale Lösungen zu identifizieren. Genetische Algorithmen sind prinzipiell zur Lösung solcher Probleme geeignet. Außerdem gibt es schon viele dokumentierte Anwendungen [2] [3], die ihre Funktion belegen. Insbesondere die Algorithmen NSGA-II [4] und SPEA2 [5] werden dabei in vielen Veröffentlichungen verwendet. Der größte Nachteil dieser beiden Algorithmen ist die unzureichende Konvergenz gegen die Pareto-Front bei mehr als drei Bewertungskriterien [6]. Neuere Algorithmen, die zum Beispiel auf der Maximierung des Hyperraums basieren, wie SMS-EMOA [7] oder Hype [8] können auch höher-dimensionale Probleme lösen. Allerdings ist die Rechenzeit, um den Hyperraum zu bestimmen, erheblich größer. Da in der hier vorgestellten Anwendung nur drei Bewertungskriterien benötigt werden, finden die etablierten Algorithmen NSGA-II und SPEA2 Verwendung und werden durch den Einsatz unterschiedlicher genetischer Operatoren angepasst.

In der Vorentwicklungsphase wird der Konzeptentwickler mit unterschiedlichsten Fragestellungen konfrontiert. An ein Optimierungswerkzeug wird deshalb die Anforderung gestellt, eine hohe Anpassungsfähigkeit zu gewährleisten. Es reicht nicht aus, einen fest eingestellten Optimierungsalgorithmus für alle Aufgaben zu verwenden. Ein entsprechendes Werkzeug wurde von der Volkswagen AG entwickelt und wird im Folgenden näher vorgestellt.

Um eine höchstmögliche Flexibilität zu ermöglichen, ist es notwendig, dass Optimierungswerkzeug modular zu programmieren. Der grundlegende Ablauf eines Genetischen Algorithmus ist in Abb. 3 dargestellt.

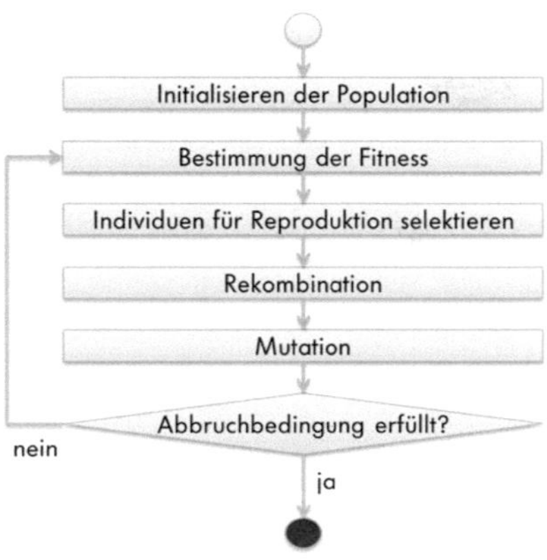

Abb. 3: Ablaufdiagramm Genetischer Algorithmus

Im ersten Schritt wird eine Startpopulation mit festgelegter Größe und zufällig generierten Individuen erstellt. Anschließend müssen die neu erzeugten Individuen bewertet werden. Die Fitness der Individuen wird so bestimmt, wie es der gewählte Algorithmus (NSGA-II oder SPEA2) vorschreibt [4], [5]. Für die Selektion, der für die Rekombination zu verwendenden Individuen, wurde die in [4] und [5] vorgeschlagene Turnierselektion gewählt. Diese haben sich im Rahmen dieser Algorithmen als vorteilhaft erwiesen. Zudem ist mit ihr eine effiziente Behandlung der Randbedingungen möglich.

Die in den nächsten beiden Schritten durchgeführte Rekombination und Mutation kann durch unterschiedlichste Operatoren ausgeführt werden. Die einsetzbaren Algorithmen werden in Abschnitt 2.2 aufgezeigt. Bei der Rekombination werden mindestens zwei Individuen, von den vorher selektierten, zufällig ausgewählt. Abhängig vom Operator werden dann ein oder mehrere Individuen aus diesen erzeugt und durch Mutation noch einmal verändert. Beide Schritte werden mit einer einstellbaren Wahrscheinlichkeit durchgeführt.

Dieser Ablauf wird nun solange wiederholt, bis ein Abbruchkriterium erfüllt ist. Das einfachste Kriterium ist dabei, nach einer bestimmte Anzahl Wiederholungen, den sogenannten Generationen, abzubrechen. Es ist aber auch denkbar, ein Gütekriterium für die Bewertung der gefundenen Pareto-Front einzuführen und dann abzubrechen, wenn die Änderung dieses Gütekriteriums einen festgelegten Wert unterschreitet.

Wenn jeder dieser Schritte als ein Programmmodul angesehen wird, können die Operatoren für die Evaluierung, Selektion, Rekombination und Mutation flexibel gewechselt werden. Außerdem haben die meisten Operatoren weitere freie Einstellparameter, wodurch das Optimierungswerkzeug sehr anpassungsfähig ist. Der Nachteil dieser Flexibilität ist natürlich die Herausforderung, eine gute Konfiguration zu finden. Eine Möglichkeit, den Optimierungsalgorithmus zu konfigurieren, ist der analysebasierte Ansatz, wie er in [9] beschrieben ist. Es ist ein eher manuelles Verfahren zum Auffinden guter Optimierungseinstellungen, das über eine Anforderungs- und Problemanalyse der Optimierungsaufgabe und über die anschließende Erarbeitung und Vergleich verschiedener Algorithmen zu einer guten Einstellung führt.

Ein weiteres, interessantes Verfahren, welches sich besser automatisieren lässt, ist die Meta-Optimierung. Grundsätzlich werden bei diesem Verfahren die Parameter der genetischen Operatoren und die Operatoren selbst über eine weitere, aufgesetzte Optimierung ermittelt. Dabei kann wieder ein Genetischer Algorithmus zum Einsatz kommen. Als Optimierungskriterium zum Vergleich der Einstellungsvarianten kann beispielsweise die Größe eines Hyperraums verglichen werden. Dieser wird von der, in der eigentlichen Optimierung des Fahrzeugkonzeptes gefundenen, Pareto-Front eingeschlossenen. Eine gute Zusammenfassung zur Meta-Optimierung ist in [10] enthalten. Nachteil der Meta-Optimierung ist der hohe Implementierungsaufwand. Ein analysebasierter Ansatz lässt sich ohne zusätzlichen Programmieraufwand durchführen.

Bei der Umsetzung der genetischen Operatoren muss auch auf die Kodierung der Eingangsgrößen vom Phänotyp in den Genotyp geachtet werden. Da es sich bei dieser Kodierung nicht um eine binäre, sondern eine ganzzahlige oder reelle Kodierung handelt, wie in [1] beschrieben, müssen auch die genetischen Operatoren mit dieser Kodierung arbeiten können.

Ein weiterer wichtiger Punkt im Optimierungskonzept ist der Umgang mit Randbedingungen. Es existieren verschiedene Ansätze, Randbedingungen zu behandeln, wie sie in [2] und [3] beschrieben werden, wobei abhängig vom Optimierungsproblem und -algorithmus nur bestimmte eingesetzt werden können.

In der hier beschriebenen Methode beeinflussen die Randbedingungen die Selektion. Dabei werden die ungültigen Individuen weiter in der Population behalten, jedoch werden sie bei der Bewertung ihrer Fitness schlechter gestellt, als die gültigen. Außerdem wird festgestellt, wie stark die Randbedingungen verletzt wurden. Während des Selektionsprozesses werden dann gültige Individuen immer bevorzugt. Falls mehrere ungültige Individuen verglichen werden, wird dasjenige gewählt, das die Randbedingungen am wenigsten verletzt.

2.2 Implementierung

Das in Abschnitt 2.1 beschriebene Optimierungskonzept wurde in ein Optimierungswerkzeug umgesetzt und wird ständig weiterentwickelt. In Abb. 4 ist der Programmablauf dargestellt.

Abb. 4: Ablaufdiagramm Optimierungswerkzeug

Als erstes werden notwendige Initialisierungen ausgeführt. Dazu gehört zum Beispiel die Initialisierung des Zufallsgenerators. Anschließend muss vom Anwender das Optimierungsproblem definiert werden. Das bedeutet, der Benutzer gibt die Eingangsvariablen (mögliche Komponenten und Maßnahmen) und deren Kodierungsvorschrift ein. Außerdem müssen die Anzahl der zu untersuchenden Optimierungskriterien und Randbedingungen und die Funktion, in der die Modelle zur Berechnung dieser hinterlegt sind, angegeben werden. Ein mögliches Modell zur Bestimmung des Kriteriums Energieverbrauch wird im folgenden Abschnitt 3 näher beschrieben.

Im nächsten Schritt wird der Optimierungsalgorithmus parametriert. Dazu muss sich der Entwickler erst zwischen den Grundalgorithmen zur Bewertung der Fitness der Individuen (wie in NSGA-II und SPEA2) entscheiden und dann den Rekombinations- und Mutationsoperator auswählen und deren freie Parameter einstellen. Anschließend ist es möglich, weitere Größen festzulegen, dazu gehören: Rekombinations-, Mutationswahrscheinlichkeit, Turniergröße (für die Turnierselektion), Populationsgröße, Anzahl der Nachkommen und Anzahl der Generationen (Abbruchbedingung). Für die meisten freien Parameter sind für schnelle Versuche auch gute Standard-Werte oder Algorithmen zur Bestimmung solcher hinterlegt.

Nachdem im vierten Schritt die Startpopulation aus zufällig innerhalb der Gen-Grenzen gewählten Individuen generiert wurde und deren Optimierungskriterien und Randbedingungen mit Hilfe der am Anfang definierten Funktion berechnet sind, beginnt die Optimierungsschleife. Diese wird solange durchlaufen, bis die Abbruchbedingung erfüllt ist. Innerhalb dieser Schleife werden die in Abb. 5 dargestellten Punkte wiederholt.

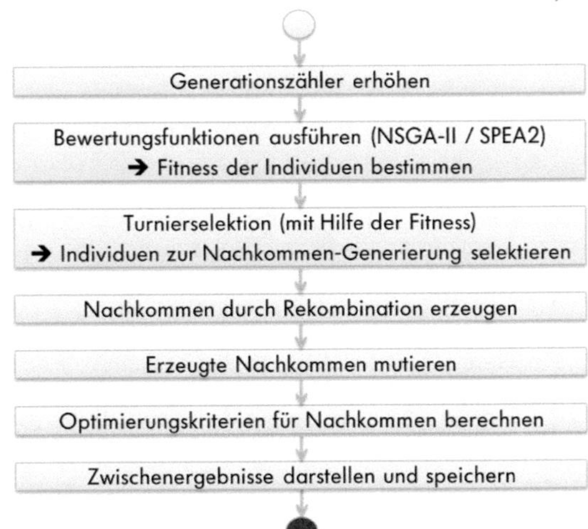

Abb. 5: Ablaufdiagramm Optimierungsschleife

Am Ende des Ablaufs wird der Genotyp der gefundenen Lösungen zurück in den Phänotyp dekodiert. Nun kann der Benutzer über weitere Hilfsprogramme unterschiedliche Auswertungen und Darstellungen der Lösungen generieren.

Die implementierten Rekombinationsoperatoren umfassen Operatoren wie Simple Crossover [11], Discrete Crossover [12], Arithmetical Crossover [13], Flat Crossover [14] und Extended Line Crossover [12]. Des Weiteren sind aber auch komplexere Algorithmen umgesetzt: Blend Crossover (BLX-α) [15], Simulated Binary Crossover (SBX) [16] [17], Simplex Crossover (SPX) [18] und Unimodal Normally Distributed Crossover (UNDX) [19].

Bei den Mutationsalgorithmen sind folgende implementiert: Random Mutation [13], Normally Distributed Mutation, Non-Uniform Mutation [13] und Polynomial Mutation [20]. Das Optimierungswerkzeug ermöglicht es, diese Rekombinations- und Mutationsoperatoren flexibel zu wechseln und deren freie Parameter einzustellen.

3   Künstliche Neuronale Netze zur Energieverbrauchsberechnung

3.1   Aufbau der Netze

Neben den Optimierungskriterien Gesamtkosten und Fahrleistung des Fahrzeuges ist der Verbrauch oder speziell die Reichweite des Elektrofahrzeuges die dritte wichtige Zielgröße, die außerdem das aufwendigste Berechnungsmodell erfordert. Da während der Optimierung diese drei Zielkriterien sehr oft berechnet werden müssen, ist es erforderlich Modelle zu wählen oder zu generieren, die möglichst geringe Rechenzeiten benötigen. Die typische Art und Weise, den Verbrauch und daraus die Reichweite eines Fahrzeuges zu bestimmen, ist die Simulation.

Der eingangs in Abschnitt 1 beschriebene Optimierungsprozess soll für den Anwender möglichst schnell durchlaufen und iterativ solange wiederholt werden, bis geeignete Lösungen gefunden sind. Ein für die Fahrzeug-Längsdynamiksimulation erstelltes physikalisches Modell benötigt auf einem handelsüblichen Büro oder Personal Computer derzeit Rechenzeiten von mehreren Sekunden bis hin zu Minuten, abhängig vom simulierten Fahrzyklus. Das bedeutet, dass eine Optimierung mit 10000 berechneten Individuen Stunden benötigen würde. Da nur der sich ergebende Energieverbrauch benötigt wird, wurde eine Methode untersucht, die die aufwendige Simulation durch ein Künstliches Neuronales Netz ersetzt. Dabei dienen die wichtigsten physikalischen Parameter, wie in [1] beschrieben, als Eingangsgrößen. Diese sind für ein Elektrofahrzeug mit einem Gang: Fahrzeugmasse, Strömungswiderstandskoeffizient, Stirnfläche, Rollwiderstandsbeiwert, Leistung der Nebenverbraucher, Antriebsstrangwirkungsgrad, Getriebeübersetzung, Batteriezelleigenschaften und die eingesetzte Elektromaschine. Wobei einige Parameter kontinuierlich veränderlich sind, wie die Fahrzeugmasse, und andere diskrete Veränderungen darstellen, wie die Elektromaschinen mit jeweils spezifischen Kennfeldern.

Zur Entwicklung der Netze wurde MATLAB® und dessen Neural Network Toolbox [21] verwendet. Um ein Neuronales Netz mit den neun genannten Eingangsgrößen und einer Ausgangsgröße zu trainieren, müssen genügend Trainingsdaten erstellt werden. Die Untersuchungen haben gezeigt, dass vor allem das Einbeziehen der Eckpunkte des Suchraums in das Training des Künstlichen Neuronalen Netzes einen großen Einfluss auf die Genauigkeit des Ergebnisses hat. Somit wurden alle Eckpunkte des Suchraumes, bei neun Eingangsgrößen sind das $2^9 = 512$ und einige hundert weitere Daten-Tupel innerhalb des Suchraums erzeugt und für das Training verwendet. Es hat sich gezeigt, dass 800 Daten-Tupel, zusätzlich zu den Eckpunkten, ausreichend sind. Weitere Daten-Tupel konnten den relativen Fehler kaum verringern. Die Auswahl dieser 800 Daten-

Tupel erfolgt über Latin Hypercube Sampling [22]. Neben diesem wurden auch deterministische Clustering Algorithmen untersucht, die ähnlich gute Ergebnisse liefern.

Mit Hilfe der Neural Network Toolbox wurden verschiedene Netzwerk-Architekturen und Trainingsalgorithmen empirisch untersucht. Zum Vergleichen der Architekturen wurden weitere, unabhängige Testdatensätze erstellt und deren simulierter Energieverbrauch mit dem des Künstlichen Neuronalen Netzes verglichen. Als Vergleichskriterium wurde die Wurzel des mittleren quadratischen Fehlers und die Varianz der Fehler verwendet. Für eine detailliertere Untersuchung wurde zusätzlich der maximale relative Fehler sowie die Anzahl der Testdaten mit relativen Fehlern über 10% und über 5% herangezogen. Die erreichten Genauigkeiten sind in Abschnitt 3.2 aufgezeigt.

Folgende Architekturen wurden verglichen:

- Feedforward Multi Layer Perceptron
- Training mit dem Levenberg-Marquardt-Verfahren mit und ohne Bayesscher Regularisierung
- 1 bis 3 versteckte Schichten mit jeweils 8 bis 30 Neuronen
- Verschiedene Aktivierungsfunktionen für die versteckten Schichten und die Ausgabe
- Abbruch nach 10 bis 150 Trainingsschritten

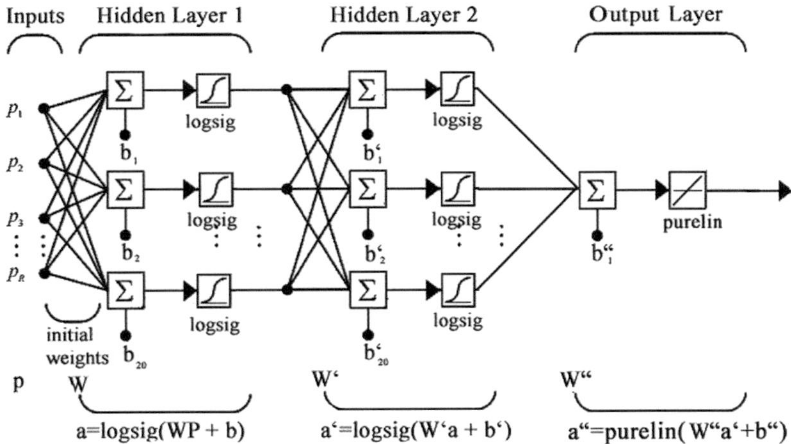

Abb. 6: Künstliches Neuronales Netz zur Fahrzeugverbrauchsbestimmung nach [21]

Nach Tests mit über 800 Architekturen hat sich das in Abb. 6 dargestellte Netz als sehr gute und robuste Lösung herausgestellt. Die Eigenschaften des Netzes sind:

- 150 Iterationen, kein vorzeitiger Abbruch des Trainings
- 2 verdeckte Schichten mit jeweils 20 Neuronen
- Log-Sigmoid-Aktivierungsfunktion für versteckte Schichten
- Lineare Aktivierungsfunktion für Ausgabe
- Trainingsfunktion: Levenberg-Marquardt-Verfahren mit Bayesscher Regularisierung

3.2 Genauigkeit der Berechnung

Zur Bestimmung der Genauigkeit der gefundenen Netz-Architektur wurden mehrere Testfälle angewandt. Einer soll an dieser Stelle erläutert werden. Der Suchraum gestaltet sich wie in Tabelle 1 gezeigt.

Eingangsparameter	Wertebereich
Fahrzeugmasse [kg]	[500 2500]
Strömungswiderstandskoeffizient [-]	[0,15 0,48]
Stirnfläche [m²]	[0,8 3,0]
Rollwiderstandsbeiwert [-]	[0,005 0,017]
Leistung der Nebenverbraucher [W]	[50 3000]
Antriebsstrangwirkungsgrad [%]	[75 99]
Getriebeübersetzung [-]	[7 14]
Batteriezelleigenschaften (Innenwiderstand) [Ω]	{0,1 0,2 0,3}
Elektromaschine [kW]	{45 60 80 100}

Tabelle 1: Suchraum des Testfalls

Um die Genauigkeit des erzeugten Netzes zu bestimmen, wurden mehr als 4000, von den bisher verwendeten Trainingsdaten unabhängige, Daten-Tupel erzeugt. Die entwickelten Netze wurden mit den in Abschnitt 3.1 beschriebenen Daten jeweils 100 Mal trainiert, da der Trainingsprozess durch die zufällig gewählten Datensätze für Training, Test und Validierung (Verhältnis 60-20-20) immer anders ausfällt, mit teilweise großen Unterschieden in der erzielten Genauigkeit. Anschließend wurde mit den 100 Netzen jeweils der Energieverbrauch an den ca. 4000 unabhängigen Punkten bestimmt und mit den simulierten Ergebnissen verglichen.

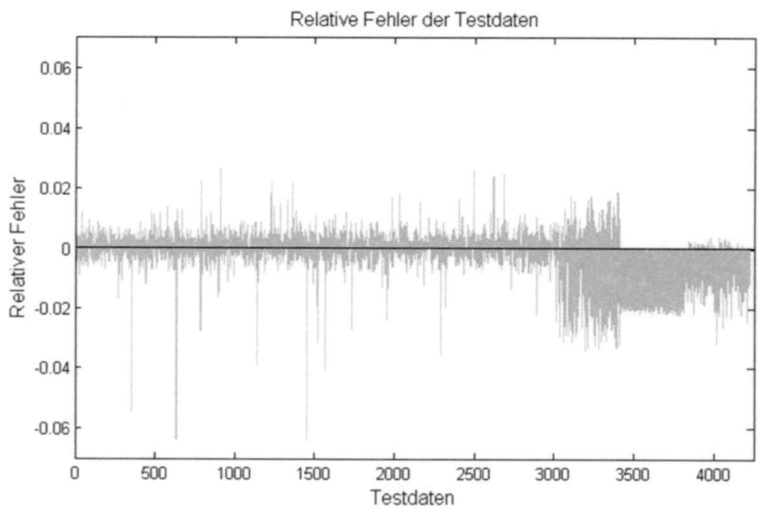

Abb. 7: Relative Fehler der Testdaten nach einem guten Training

Abb. 7 zeigt ein Ergebnis eines guten Trainings. Die ersten 3000 gezeigten Testdaten wurden mit Hilfe des Latin Hypercube Sampling erzeugt. Es ist deutlich zu erkennen, dass der relative Fehler meist kleiner 2% ist und nur sehr wenige Testdaten Fehler größer 5% aufweisen. Die weiteren ca. 1200 Daten wurden mit dem „Subtractive Clustering Algorithm" [23] generiert und sind in drei Kategorien eingeteilt. Die erste Kategorie besteht aus Daten-Tupeln, deren Eingangsgrößen aus dem ersten Drittel des jeweiligen Definitionsbereiches bestehen. Die Daten-Tupel der zweiten und dritten Kategorie besteht entsprechend aus Eingangsgrößen aus dem zweiten oder dritten Drittel des jeweiligen Definitionsbereiches. Markant ist, dass Daten-Tupel aus der zweiten Kategorie, die sozusagen in der Mitte des Suchraumes liegen, alle einen negativen Fehler von ca. 2% aufweisen.

Gefordert ist, dass kein Daten-Tupel mit einem relativen Fehler über 10% in den Testdatensatz enthalten ist und weniger als 5% der Daten-Tupel einen relativen Fehler größer 5% aufweisen. Trotz des großen Suchraumes ist es möglich, diese Anforderung zu erfüllen, wie sich in allen untersuchten Testfällen bestätigt hat.

4 Ergebnisse der Optimierung

4.1 Testfunktion

Als eine Testfunktion wurde Constr-Ex [3] angewandt. Sie hat zwei zu minimierende Zielkriterien f_1 und f_2, sowie zwei Eingangsvariable x_1 und x_2 und zusätzlich zwei Randbedingungen g_1 und g_2. Die Funktion wird folgendermaßen beschrieben

$$f_1(x_1, x_2) = x_1; \quad f_2(x_1, x_2) = \frac{1 + x_2}{x_1}$$

$$g_1(x) \equiv x_2 + 9 \cdot x_1 \geq 6; \quad g_2(x) \equiv -x_2 + 9 \cdot x_1 \geq 1 \tag{1}$$

$$x_1 \in [0\ 1]; \quad x_2 \in [1\ 10]$$

In Abb. 8 ist das Optimierungsergebnis und die Einstellungsparameter dargestellt.

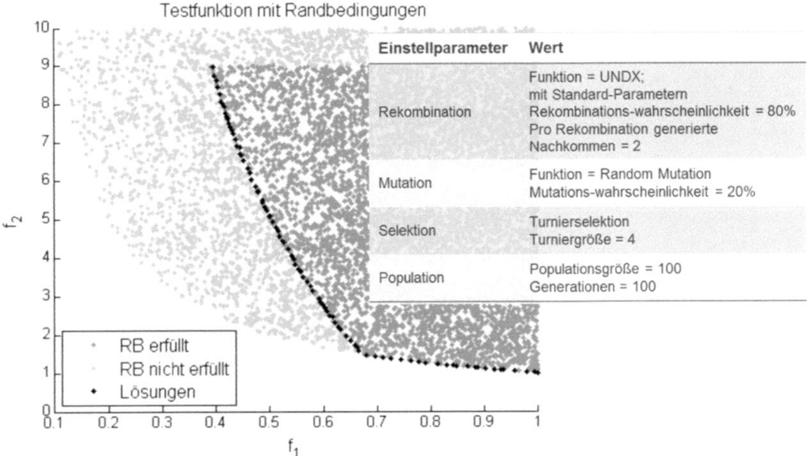

Abb. 8: Optimierungsergebnis für Testfunktion Constr-Ex

Zur Visualisierung des Lösungsraumes wurde eine Vielzahl berechneter Funktionswerte mit zufällig gewählten Eingangswerten bestimmt und als graue Punkte dargestellt, wobei nur die dunkelgrauen die Randbedingungen erfüllen. Die schwarzen Punkte zeigen die mit Hilfe des NSGA-II als Bewertungsalgorithmus gefundenen Lösungen. Der Algorithmus ist in der Lage, die Pareto-Front unter Einhaltung der Randbedingungen zu identifizieren.

4.2 Anwendungsbeispiel aus der Fahrzeug-Konzeptentwicklung

Die Funktion des Optimierungswerkzeuges wurde auch anhand eines fiktiven Beispiels aus der Fahrzeugkonzeptentwicklung geprüft. Für das Beispiel wurde ein Elektrofahrzeug und ein Suchraum mit sechs Variablen, die entsprechend [1] als Maßnahmen oder Komponenten eingeordnet werden, definiert. In Tabelle 2 sind diese fiktiven Maßnahmen mit ihren jeweiligen Auswirkungen auf die Fahrzeugphysik und Kosten aufgeführt.

Maßnahme / Komponente	Auswirkung	
	Fahrzeugphysik	Kosten
Gewichtsmaßnahme 1	- 50 kg	+ 100 €
Gewichtsmaßnahme 2	- 20 kg	+ 50 €
	- 40 kg	+ 80 €
Gewichtsmaßnahme 3	- 5 kg	+ 20 €
	- 10 kg	+ 30 €
	- 45 kg	+ 100 €
Gewichtsmaßnahme 4	- 120 kg	+ 350 €
Batteriesystem	{11, 12, 13, 22, 24, 25, 26, 27, 36, 37, 38} kWh +/- 10 kg / kWh	500 € / kWh [24]
Getriebe-Gesamtübersetzung	[4, 15]	-

Tabelle 2: Maßnahmen/Komponenten und deren Auswirkung

Jede Gewichtsmaßnahme hat unterschiedliche Abstufungen, die unterschiedliche Auswirkungen auf das Gesamtgewicht und die Kosten hat. Es ist auch möglich, eine Maßnahme nicht auszuwählen. Außerdem sind elf unterschiedliche Energieinhalte der Batterie zulässig, die ebenfalls Auswirkungen auf das Gesamtgewicht und die Kosten haben. Die Getriebe-Gesamtübersetzung lässt sich kontinuierlich verändern und hat keinen Einfluss auf die Kosten.

Optimierungskriterien sind Fahrzeugreichweite, Beschleunigungszeit von 0 auf 100 km/h und Änderung der Gesamtkosten des Fahrzeuges, wobei die Fahrzeugreichweite maximiert und die Beschleunigungszeit und die Gesamtkostenänderung minimiert werden. Außerdem werden zwei Randbedingungen angesetzt: Die Reichweite soll mindestens 100 km und die Höchstgeschwindigkeit mindestens 120 km/h sein.

Die Optimierung wurde wieder mit NSGA-II als Bewertungsfunktion durchgeführt. Das Optimierungsergebnis ist in Abb. 9 dargestellt. Die grauen Punkte visualisieren den Lösungsraum, wobei nur die dunkelgrauen Punkte beide Randbedingungen erfüllen. Die schwarzen Punkte stellen die gefundenen Lösungen dar. Aus den Grafiken ist zu erkennen, dass der Algorithmus wieder in der Lage ist, Pareto-optimale Ergebnisse zu identifizieren.

In diesem Beispiel konnten mit NSGA-II 139 Pareto-optimale Lösungen gefunden werden. Die Rechenzeit auf einem Computer mit einem Intel Xeon 2,93GHz Prozessor und 12 GB Arbeitsspeicher liegt bei sechs Minuten, unter Verwendung nur eines Prozessorkerns und eines Künstlichen Neuronalen Netzes zur Berechnung des Energieverbrauchs und der daraus resultierenden Reichweite.

In Abb. 9 ist nur eine mögliche Darstellungsweise gezeigt. Am Computer ist es auch möglich, dem Entwickler die Lösungen in einer 3D-Darstellungen und durch farbliche

Hervorhebungen gleichzeitig Eigenschaften der Lösungen zu visualisieren. Außerdem kann durch Anklicken der Lösungen angezeigt werden, welche Maßnahmen verwendet wurden. Ebenso ist es möglich, automatische Analysen durchzuführen, um beispielsweise festzustellen, welche Maßnahmen-Kombinationen besonders häufig oder gar nicht in den Lösungen vorkommen. Ein Beispiel: Aus Tabelle 2 lässt sich ablesen, dass eine Konfiguration A bestehend aus Gewichtsmaßnahme 2, Variante 1 (-20 kg zu 50 €) und Gewichtsmaßnahme 3, Variante 2 (-10 kg zu 30 €), einer Konfiguration B, die nur aus Gewichtsmaßnahme 2, Variante 2 (-40 kg zu 80 €) besteht, immer unterlegen ist, da bei gleichen Kosten mehr Gewicht eingespart wird. Entsprechend finden sich in den Lösungen nur Fahrzeuge wieder, die Konfiguration B in Kombination mit unterschiedlichen Batteriegrößen und Getriebe-Gesamtübersetzungen verwenden.

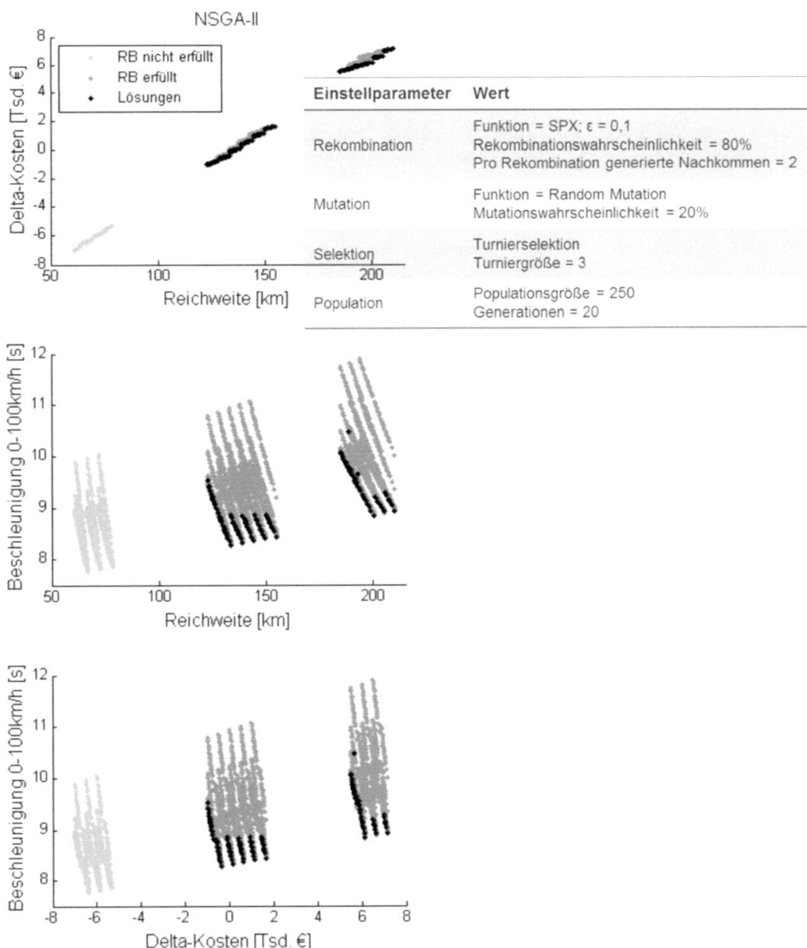

Abb. 9: Optimierungsergebnis für Beispiel aus der Konzeptentwicklung

5   Zusammenfassung und Ausblick

Im vorliegenden Artikel ist das Optimierungskonzept und dessen Implementierung für die in [1] vorgestellte Optimierungsmethode zum Finden optimaler Fahrzeugkonzepte erläutert. Im zweiten Abschnitt wird das Konzept detailliert erklärt und auf dessen Implementierung in MATLAB® eingegangen. Für die Berechnung des Optimierungskriteriums Energieverbrauch wird eine schnelle Berechnungsmethode in Abschnitt 3 vorgestellt. Dabei wird aufgezeigt, wie ein Künstliches Neuronales Netz zur Energieverbrauchsberechnung aufgebaut sein kann und welche Genauigkeiten erreicht werden. Die Funktionalität des Werkzeuges wird in Abschnitt 4 anhand einer Testfunktion und einem Anwendungsbeispiel aus der Konzeptentwicklung diskutiert. Es ist durchweg möglich, die Pareto-Front zu identifizieren.

Außerdem wurde auf eine möglichst hohe Flexibilität Wert gelegt. Es ist möglich, die Zielkriterien und Randbedingungen zu verändern und den Algorithmus darauf neu einzustellen. So könnte beispielsweise nach der Volumenausnutzung (Fahrzeug-Package) ähnlich wie in [25], anstatt nach der Fahrleistung optimiert werden. Zudem kann die Methode und das Optimierungswerkzeug auch zur Analyse von konventionellen oder Hybridfahrzeugen eingesetzt werden.

Ein offener Untersuchungspunkt ist es, den Optimierungsprozess um eine interaktive Optimierung zu erweitern. Dabei greift der Anwender während der Optimierung in den Ablauf direkt ein und verändert zum Beispiel Randbedingungen oder Optimierungsparameter, um so den Algorithmus schneller zum Ergebnis zu führen.

Im nächsten Schritt nach dem Optimierungsdurchlauf müssen die Lösungen ausgewertet werden. Dabei ist es wichtig, Zusammenhänge zwischen den Pareto-optimalen Lösungen zu identifizieren und dem Anwender aufzuzeigen. Es sollen Sensitivitäten aufgezeigt werden, welche Komponenten oder Maßnahmen den größten Einfluss auf die Zielkriterien haben. Außerdem sollen die konzeptionellen Grenzen, die durch die Randbedingungen beschrieben werden, dargestellt werden. Am Ende stehen dem Entwickler Lösungen zur Verfügung, aus denen er, aus seiner Sicht, gute Varianten auswählen und vergleich kann. Wenn keine zufriedenstellenden Lösungen gefunden wurden, ist es aber leicht möglich, eine neue Optimierung mit verändertem Suchraum und Randbedingungen zu starten, um weitere Lösungen zu finden.

Literatur

[1] S. Moses, C. Gühmann, and D. Eckert, "Evaluating efficiency modifications and finding optimal solutions in automotive conceptual design," in *Design of Experiments (DoE) in Engine Development*. Renningen: expert verlag, 2011.

[2] C. A. Coello Coello, G. B. Lamont, and D. A. Van Veldhuizen, *Evolutionary Algorithms for Solving Multi-Objective Problems*. New York: Springer, 2007.

[3] K. Deb, *Multi-Objective Optimization Using Evolutionary Algorithms*. Chichester: John Wiley & Sons, 2001.

[4] K. Deb, A. Pratap, S. Agarwal, and T. Meyarivan, "A Fast Elitist Multi-Objective Genetic Algorithm: NSGA-II," *IEEE Transactions on Evolutionary Computation*, vol. 6, pp. 182-197, 2000.

[5] E. Zitzler, M. Laumanns, and L. Thiele, "SPEA2: Improving the Strength Pareto Evolutionary Algorithm," *Technical Report 103*, 2001.

[6] N. Beume, B. Naujoks, and T. Wagner, "Pareto-based, Indicator-based, and Aggregation Methods in Many-objective Optimisation," *Interner Bericht des Sonderforschungsbereichs 531 Computational Intelligence, Universität Dortmund,* 2006.

[7] N. Beume, B. Naujoks, and M. Emmerich, "SMS-EMOA: Multiobjective Selection Based on Dominated Hypervolume," *European Journal of Operational Research,* vol. 181, pp. 1653-1669, 2007.

[8] J. Bader and E. Zitzler, "HypE: An Algorithm for Fast Hypervolume-Based Many-Objective Optimization," ETH Zurich, 2008.

[9] K. Weicker, *Evolutionäre Algorithmen.* Wiesbaden: Vieweg+Teubner, 2007.

[10] M. E. H. Pedersen, *Tuning & Simplifying Heuristical Optimization.* University of Southampton: PhD Thesis, 2010.

[11] A. Wright, "Genetic Algorithms for Real Parameter Optimization," in *Foundation of Genetic Algorithms 1.* San Mateo: Morgan Kaufmann Publishers, 1991, pp. 205-218.

[12] H. Mühlenbein and D. Schlierkamp-Voosen, "Predictive Models for the Breeder Genetic Algorithm I. Continuous Parameter Optimization," in *Evolutionary Computation 1.*, 1993, pp. 25-49.

[13] Z. Michalewicz, *Genetic Algorithms + Data Structures = Evolution Programs.* New York: Springer Verlag, 1992.

[14] N. J. Radcliffe, "Equivalence Class Analysis of Genetic Algorithms," in *Complex Systems 5 (2).*, 1991, pp. 183-205.

[15] L. J. Eshelman and J. D. Schaffer, "Real Coded Genetic Algorithms and Interval Schemata," in *Foundation of Genetic Algorithms 2.* San Mateo: Morgan Kaufmann Publishers, 1993, pp. 187-202.

[16] K. Deb and R. B. Agrawal, "Simulated Binary Crossover for continuous search space," in *Complex Systems 9 (2).*, 1995, pp. 115-148.

[17] K. Deb and A. Kumar, "Real-coded genetic algorithms with simulated binary crossover: Studies on multi-modal and multi-objective problems," in *Complex Systems 9 (6).*, 1995, pp. 431-454.

[18] S. Tsutsui, M. Ymamura, and T. Higuchi, "Multi-parent recombination simplex crossover in real-coded genetic algorithms," in *Proceedings of the Genetic and Evolutionary Computation Conference (GECCO-1999).*, 1999, pp. 657-664.

[19] I. Ono and S. Kobayashi, "A real-coded genetic algorithm for function optimization using unimodal normal distribution crossover," in *Prodeedings of the Seventh International Conference on Genetic Algorithms.*, 1997, pp. 246-253.

[20] K. Deb and M. Goyal, "A combined genetic adaptive search (GeneAS) for engineering design," in *Computer Science and Informatics 26 (4).*, 1996, pp. 30-45.

[21] The Mathworks Inc., *MATLAB User's Guide.*, 2011.

[22] M.D. McKay, R.J. Beckmann, and W.J. Conover, "A Comparison of Three Methods for Selecting Values of Input Variables in the Analysis of Output from a Computer Code," *Technometrics*, vol. 21, pp. 239-245, May 1979.

[23] S.L. Chiu, "Fuzzy Model Identification Based on Cluster Estimation," *Journal of Intelligent & Fuzzy Systems*, vol. 2, no. 3, pp. 267-278, 1994.

[24] H. Jelden, "Elektrotraktion - Chancen und Risiken," in *ATZ/MTZ Konferenz Energie*. München: Vortrag, 2010.

[25] K. Kuchenbuch, T. Vietor, and J. Stieg, "Optimierungsalgorithmen für den Entwurf von Elektrofahrzeugen," *Automobiltechnische Zeitschrift*, vol. 113, no. 7/8, pp. 548-551, 2011.

Gleichmäßige Paretofront-Approximationen für mehrkriterielle Kontrollprobleme unter Verwendung des gemittelten Hausdorff-Maßes[†]

Klaus Gerstl[1], Günter Rudolph[1], Oliver Schütze[2], Heike Trautmann[3]

[1]TU Dortmund	[2]CINVESTAV-IPN	[3]TU Dortmund
Fakultät für Informatik	Departamento de Computación	Fakultät Statistik
44221 Dortmund	Ciudad de México, México	44221 Dortmund
Guenter.Rudolph@	Schuetze@	Heike.Trautmann@
tu-dortmund.de	cs.cinvestav.mx	tu-dortmund.de

1 Einleitung

Bei mehrkriteriellen Kontrollproblemen wird eine gleichmäßige Approximation der Paretofront benötigt, um sprunghafte Änderungen zu vermeiden. Gegenwärtig verfügbare evolutionäre Algorithmen erzeugen aber eher solche Approximationen der Paretofront, die ein maximales dominiertes Hypervolumen zum Ziel haben und gerade deshalb ungleichmäßig verteilte Approximationspunkte aufweisen. Aus diesem Grunde stellen wir hier ein Verfahren vor, das eine beweisbar gleichmäßige Approximation unter Einsatz des kürzlich eingeführten Abstandsmaßes zwischen Mengen, nämlich dem gemittelten Hausdorff-Maßes, erzeugt. Das Verfahren fußt auf einer gleichmäßig verteilten Referenzmenge auf den stückweisen linearen Interpolationen der Paretofront-Approximation des SMS-EMOA und eines Archivierers, der solche Lösungen präferiert, die den Abstand des Archives zur Referenzmenge im Sinne des gemittelten Hausdorff-Maßes verringern. Die praktische Einsetzbarkeit demonstrieren wir durch numerische Beispiele mit konvexen, konkaven, konvex-konkaven und nicht zusammenhängenden Paretofronten. Abschließend erörten wir Erweiterungsmöglichkeiten auf mehr als zwei Ziele.

2 Mehrkriterielle Optimierung

2.1 Grundlagen

Sei $\mathcal{F}$ eine Menge. Eine reflexive, antisymmetrische und transitive Relation „$\preceq$" auf $\mathcal{F}$ wird eine *partielle Ordnungsrelation* genannt, während eine *strenge partielle Ordnungsrelation* „$\prec$" antireflexiv, asymmetrisch und transitiv sein muss. Letztere Relation kann man aus der ersten Relation erhalten, indem man $u \prec v := (u \preceq v) \wedge (u \neq v)$ setzt. Falls eine partielle Ordnungsrelation „$\preceq$" auf $\mathcal{F}$ gültig ist, dann wird das Paar $(\mathcal{F}, \preceq)$ eine *partiell geordnete Menge* genannt. Falls $u \prec v$ mit $u, v \in \mathcal{F}$, dann sagt man, dass v von u *dominiert* wird.

Unterschiedliche Punkte $u, v \in \mathcal{F}$ werden *vergleichbar* genannt, wenn entweder $u \prec v$ oder $v \prec u$ gilt. Anderenfalls sind u und v *unvergleichbar*, was durch die Schreibweise $u \parallel v$ ausgedrückt wird. Falls jedes Paar unterschiedlicher Punkte einer partiell geordneten Menge $(\mathcal{F}, \preceq)$ vergleichbar ist, dann wird $(\mathcal{F}, \preceq)$ eine *total geordnete Menge* oder

---

[†]Dieser Artikel ist eine leicht erweiterte, deutsche Version des englischen Tagungsartikels [1].

Kette genannt. Ist hingegen jedes Paar unterschiedlicher Punkte einer partiell geordneten Menge $(\mathcal{F}, \preceq)$ unvergleichbar, dann nennt man $(\mathcal{F}, \preceq)$ eine *Antikette*. Ein Element $u^* \in \mathcal{F}$ heißt *minimales Element* einer partiell geordneten Menge $(\mathcal{F}, \preceq)$, falls es kein $u \in \mathcal{F}$ mit $u \prec u^*$ gibt. Folglich ist die Menge aller minimalen Elemente, die durch $\mathcal{M}(\mathcal{F}, \preceq)$ oder $\mathcal{F}^*$ gekennzeichnet wird, eine Antikette.

Sei $f : \mathcal{X} \to \mathcal{F}$ eine Abbildung von einer Menge $\mathcal{X}$ auf die partiell geordnete Menge $(\mathcal{F}, \preceq)$. Für eine Teilmenge $A \subseteq \mathcal{X}$ enthält die Menge $\mathcal{M}_f(A, \preceq) = \{a \in A : f(a) \in \mathcal{M}(f(A), \preceq)\}$ genau solche Elemente von A, deren Bilder minimale Elemente im Bildraum $f(A) = \{f(a) : a \in A\} \subseteq \mathcal{F}$ sind.

Dieses soeben eingeführte allgemeine Konzept lässt sich auf den Spezialfall der mehrkriteriellen Optimierung anwenden. Bei der mehrkriteriellen Optimierung sollen $d \geq 2$ skalar-wertige Zielfunktionen simultan minimiert werden. Folglich wird jede zulässige Lösung $x \in \mathcal{X} \subseteq \mathbb{R}^n$ auf einen Zielvektor $f(x) = (f_1(x), \ldots, f_d(x))' \in \mathbb{R}^d$ abgebildet. Es scheint vernünftig zu sein, solche Elemente als optimal zu betrachten, die nicht bezüglich einem Ziel verbessert werden können ohne ein anderes zu verschlechtern. Elemente im Zielraum mit dieser Eigenschaft werden *effizient* und deren Urbilder *Pareto–optimal* genannt. Dies führt zu der natürlichen partiellen Ordnung

$$u \preceq v \qquad \Leftrightarrow \qquad \forall i = 1, \ldots, d : u_i \leq v_i \tag{1}$$

im Zielraum $\mathcal{F}$ mit $u, v \in \mathcal{F} \subseteq \mathbb{R}^d$ und Fitnessfunktion $f : \mathcal{X} \to \mathcal{F}$ mit $u = f(x)$, $v = f(y)$ für $x, y \in \mathcal{X}$. Offensichtlich sind die effizienten Lösungen im Zielraum gerade die minimalen Elemente der partiell geordneten Menge $(\mathcal{F}, \preceq)$ mit $\mathcal{F} = f(\mathcal{X}) \subset \mathbb{R}^d$ und Präferenzrelation $\preceq$ wie in Gleichung (1) spezifiziert. Demnach ist die optimale Lösung nicht ein einzelnes Element sondern vielmehr eine Menge von Elementen. Typischerweise zielen evolutionäre Algorithmen darauf ab, genau diese Menge $\mathcal{M}(f(\mathcal{X}), \preceq)$ im Zielraum — die sogenannte *Paretofront* — mit einer endlichen Anzahl von Punkten zu approximieren.

2.2 Dominiertes Hypervolumen

Da die Lösung eines mehrkriteriellen Problems kein einzelner Wert einer totalgeordneten Menge sondern vielmehr eine Menge unvergleichbarer Elemente ist, gibt es keine offensichtliche Möglichkeit zum Vergleich von Lösungen. Ein allgemein akzepteres Maß [2] zur Einschätzung der Qualität einer Approximation ist das sogenannte *dominierte Hypervolumen* einer Population bzw. Punktmenge. Für den zweidimensionalen Zielraum ist es wie folgt definiert:

Definition 1 *Sei* $v^{(1)}, v^{(2)}, \ldots v^{(\mu)} \in \mathbb{R}^2$ *eine Antikette in lexikographischer Ordnung und* $r \in \mathbb{R}^2$ *derart, dass* $v^{(i)} \prec r$ *für alle* $i = 1, \ldots, \mu$. *Der Wert*

$$H(v^{(1)}, \ldots, v^{(\mu)}; r) = \left[r_1 - v_1^{(1)} \right] \cdot \left[r_2 - v_2^{(1)} \right] + \sum_{i=2}^{\mu} \left[r_1 - v_1^{(i)} \right] \cdot \left[v_2^{(i-1)} - v_2^{(i)} \right]$$

wird das dominierte Hypervolumen *bezüglich des* Referenzpunktes r *genannt.* $\qquad\square$

Dieses Maß hat eine Anzahl von attraktiven Eigenschaften (siehe z.B. [3, 4]), so dass es nicht verwundert evolutionäre Algorithmen vorzufinden, die Nachkommen nur dann akzeptieren, wenn das dominierte Hypervolumen der Population wächst [5]. Offensichtlich zielen diese EMOAs darauf ab eine Population zu erzeugen, deren Zielvektoren das dominierte Hypervolumen maximieren. Nachfolgend wird ein solches Verfahren vorgestellt.

2.3 SMS evolutionärer mehrkriterieller Optimierungsalgorithmus

Der SMS-EMOA [5] ist als ein leistungsstarker state-of-the-art EMOA mit besonderen Meriten im Fall von mehr als drei Zielen bekannt [6]. Dieser Algorithmus benutzt zwei Selektionsverfahren nacheinander: Zuerst wird die Elternpopulation vereinigt mit dem generierten Nachkommen in eine Hierarchie aus Antiketten (auch „nichtdominiertes Sortieren" genannt) partitioniert, wodurch eine Rangfolge der Elemente bezüglich des Grades ihrer Nichtdominiertheit eingeführt wird. Anschließend wird das Element mit dem geringsten Hypervolumenbeitrag aus der Menge mit schlechtestem Rang entfernt.

Die Partitionierung einer partiell geordneten Menge in h disjunkte Antiketten $R_1, \ldots, R_h$, wobei h die Länge der längsten Kette der partiell geordneten Menge ist, kann wie folgt erzielt werden: $R_1 = \mathcal{M}_f(P, \preceq)$ und

$$R_k = \mathcal{M}_f\left(P \setminus \bigcup_{i=1}^{k-1} R_i, \preceq\right) \text{ für } k = 2, \ldots, h \text{ falls } h \geq 2. \tag{2}$$

Offensichtlich wird jedes Element aus R_j von einem Element aus R_i dominiert, sofern $i < j$ gilt.

Der *Hypervolumenbeitrag* eines Elementes $x \in R_k$ ist gerade die Differenz $H(R_k; r) - H(R_k \setminus \{x\}; r)$ zwischen dem dominierten Hypervolumen der Menge R_k und dem dominierten Hypervolumen der Menge R_k ohne Element x. Nun sind wir in der Lage den SMS-EMOA zu beschreiben.

SMS-EMOA =
 ziehe Multimenge P mit μ Elementen $\in \mathbb{R}^n$ zufällig
 repeat
  erzeuge einen Nachkommen $x \in \mathbb{R}^n$ aus P durch Variation
  $P = P \cup \{x\}$
  erzeuge die Rangfolge $R_1, \ldots, R_h$ durch Partitionierung von P gemäß (2)
  $\forall i = 1, \ldots, d : r_i = \max\{f_i(x) : x \in R_h\} + 1$
  $\forall x \in R_h : h(x) = H(R_h; r) - H(R_h \setminus \{x\}; r)$
  $x^* = \operatorname{argmin}\{h(x) : x \in R_h\}$
  $P = P \setminus \{x^*\}$
 until Stoppkriterium erfüllt

Algorithmus 1: Pseudocode des SMS-EMOA.

3 Der gemittelte Hausdorff-Abstand Δ_p

Im folgenden definieren wir den Hausdorff-Abstand für zwei beliebige Mengen sowie den gemittelten Hausdorff-Abstand zwischen einer Paretofront-Approximation und der tatsächlichen Paretofront.

Definition 2 *Seien* $u, v \in \mathbb{R}^n$, $A, B \subset \mathbb{R}^n$, *und* $\| \cdot \|$ *sei eine Vektornorm. Der* Hausdorff-Abstand $d_H(\cdot, \cdot)$ *ist wie folgt definiert:*

(a) $dist(u, A) := \inf_{v \in A} \|u - v\|$

(b) $dist(B, A) := \sup_{u \in B} dist(u, A)$

(c) $d_H(A, B) := \max(dist(A, B), dist(B, A))$

$\square$

Definition 3 *Sei* $X = \{x_1, \ldots, x_n\} \subset \mathbb{R}^n$ *eine Approximationsmenge und die Menge* $Y = \{y_1, \ldots, y_n\} \subset \mathbb{R}^k$ *ihr Bild, d.h.,* $y_i = F(x_i)$, $i = 1, \ldots, n$. *Weiterhin sei* $\mathcal{P} := \{p_1, \ldots, p_m\} \subset \mathbb{R}^k$ *eine Diskretisierung der Paretofront. Dann heißt* $\Delta_p(Y, \mathcal{P}) =$

$$\max\left\{ \left(\frac{1}{n}\sum_{i=1}^{n} dist(y_i, \mathcal{P})^p\right)^{\frac{1}{p}}, \left(\frac{1}{m}\sum_{i=1}^{m} dist(p_i, Y)^p\right)^{\frac{1}{p}} \right\}$$

der gemittelte Hausdorff-Abstand zwischen Y *und* $\mathcal{P}$. $\square$

Der Indikator Δ_p kann als Komposition aus leicht variierten Versionen der Indikatoren GD und IGD angesehen werden. Es gilt $\Delta_\infty = d_H$, aber für endliche Werte von p mittelt der Indikator Δ_p die Abstände bezüglich d_H (unter Verwendung der p-Vektornorm). Deshalb bestraft Δ_p, trotz seiner Nähe zu d_H, insbesondere nicht einzelne (bzw. wenige) Ausreißer in der Approximation.

Beispiele für den Mittelungseffekt in der Bewertung der Lösungsmenge finden sich in [7]. Im Allgemeinen steigert sich die Bestrafung der Ausreißer für wachsende Werte von p. Um den Mittelungseffekt in der Bewertung der Lösungsmenge zu illustrieren, betrachten wir folgendes Beispiel (siehe Bild 1): Sei P eine hypothetische diskrete Paretofront mit $p_i = ((i-1)\cdot 0.1, 1-(i-1)\cdot 0.1)^T, i = 1, \ldots, 11$. Weiterhin seinen zwei Approximationen von P gegeben, wobei X_1 identisch zu P ist bis auf das erste Element $x_{1,1} = (0.001, 10)^T$ (ein ‚Ausreißer‘), d.h., $X_1 = \{x_{1,1}, p_2, \ldots, p_{11}\}$. X_2 ist eine Translation von P via $x_{2,i} = p_i + (2, 2)^T, i = 1, \ldots, 11$. X_1 ist nahezu perfekt, enthält jedoch einen Ausreißer, während keiner der Elemente von X_2 wirklich „nahe" bei P liegt (obwohl die Differenz für jedes Element geringer ist als die des einzigen Ausreißers von X_1). Betrachtet man das *worst case* Szenario, so ist X_2 sicherlich besser als X_1. Verwendet man den Hausdorff-Abstand d_H, so erhält man $d_H(X_1, P) \approx 9$ und $d_H(X_2, P) \approx 2.83$, d.h., X_2 ist „besser" als X_1 (weil d_H Ausreißer bestraft). Die Situation ändert sich sobald man die Abstände mittelt: für $p = 1$ ist $\Delta_1(X_1, P) \approx 0.82$ und $\Delta_1(X_2, P) \approx 2.83$. Deshalb wäre in diesem Fall X_1 eine „bessere" Approximation als X_2. Nichtsdestoweniger kommt X_2 der Intuition einer besseren Approximation sicherlich näher.

Im nachfolgenden werden wir uns beim Mitteln auf den Fall $p = 1$ beschränken.

4 Archivierungsstrategie

Da der gemittelte Hausdorff-Abstand als Argumente zwei Mengen benötigt und die Paretofront unbekannt ist, muss im Allgemeinen eine Referenzmenge konstruiert werden,

 Proceedings 21. Workshop Computational Intelligence, Dortmund, 1.-2.12.2011

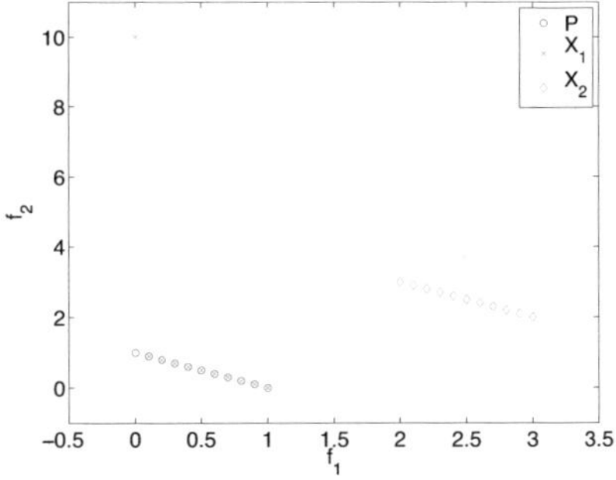

Bild 1: Hypothetisches Beispiel für eine Paretofront (P) und zwei verschiedene Approximationen X_1 und X_2 (entnommen aus [8]).

um den Optimierungsfortschritt in Richtung der wahren Paretofront beurteilen zu können. Diese Referenzmenge bildet die Grundlage für die im folgenden dargestellte Archivierungsstrategie und wird auf Basis der aktuellen Paretofront-Approximation des SMS-EMOA erstellt, der aufgrund der internen Maximierung des dominierten Hypervolumens die Optimierung in Richtung der wahren Paretofront leitet. Dies führt zu Pareto-optimalen Lösungen entlang der gesamten Paretofront, jedoch im Allgemeinen mit höherer Dichte in den Regionen der Paretofront, die die größten Trade-Offs zwischen den Zielfunktionen aufweisen. Zur Erstellung der Referenzmenge kann demnach eine lineare Interpolation der Punkte der aktuellen Paretofront-Approximation des SMS-EMOA herangezogen werden, auf der dann gleichmäßig Punkte verteilt werden. Im Detail:

Sei $v^{(1)}, v^{(2)}, \ldots v^{(\mu)} \in \mathbb{R}^2$ die aktuelle Paretofront-Approximation des SMS-EMOA in lexikographischer Sortierung. Zwischen diesen Punkten wird im Zielfunktionsraum eine lineare Interpolation berechnet, d.h. für $i = 1, 2, \ldots, \mu - 1$,

$$g_i(x) = \frac{v_2^{(i)} - v_2^{(i+1)}}{v_1^{(i)} - v_1^{(i+1)}} \left(x - v_1^{(i)}\right) + v_2^{(i)},$$

falls $x \in [v_1^{(i)}, v_1^{(i+1)}]$. Die Länge jedes Segmentes berechnet sich über $L_i = \|v^{(i)} - v^{(i+1)}\|_2$, sodass sich die Gesamtlänge des linearen Interpolationsmodells durch die Summe der L_i ergibt. Im Anschluss können in einfacher Weise μ gleichmäßig verteilte Punkte auf der linearen Interpolation platziert werden. Diese Punkte werden im aktuellen Referenzset $R^{(t)}$ zusammengefasst.

Im Zuge der Archivierungsstrategie seien $A^{(t)}$ die Archiv- und $R^{(t)}$ die Referenzmenge zum Zeitpunkt $t \geq 0$. Dabei wird die Annahme getroffen, dass das Archiv maximal dieselbe Kardinalität haben darf wie die Referenzmenge: $N_A \leq N_R < \infty$. Die im Nachfolgenden dargestellte Aktualisierungsprozedur des Archivs wird unter Zuhilfenahme der aktuellen Referenzmenge R für jeden Nachkommen durchgeführt, der im Zuge der Optimierung durch den SMS-EMOA erzeugt wird. Das initiale Archiv ist zunächst die leere Menge.

aktualisiere(x, A; R)=
$$A = \mathcal{M}_f(A \cup \{x\}, \preceq)$$
if $\mathrm{card}(A) > N_R$ **then**
  for all $a \in A$ **do**
    $h(a) = \Delta_1(A \setminus \{a\}, R)$
  $a^* = \mathrm{argmin}\{h(a) : a \in A\}$
  $A = A \setminus \{a^*\}$

Algorithmus 2: Pseudocode der Aktualisierungsprozedur des Archivs.

Durch Integration der linearen Interpolation und der Aktualisierungsprozedur des Archivs in Algorithmus 1 ergibt sich dann der Gesamtalgorithmus wie folgt:

SMS-EMOA mit Δ_1-Archiv=
  ziehe Multimenge P mit μ Elementen $\in \mathbb{R}^n$ zufällig
  setze $A = \mathcal{M}_f(P, \preceq)$
repeat
  berechne lineare Interpolation (LI) basierend auf $\mathcal{M}(f(P), \preceq)$
  platziere N_R Punkte gleichmäßig auf LI $\rightarrow$ ergibt R
  erzeuge einen Nachkommen $x \in \mathbb{R}^n$ aus P durch Variation
  aktualisiere(x, A; R)
  $P = P \cup \{x\}$
  erzeuge die Rangfolge $R_1, \ldots, R_h$ durch Partitionierung von P gemäß (2)
  $\forall i = 1, \ldots, d : r_i = \max\{f_i(x) : x \in R_h\} + 1$
  $\forall x \in R_h : h(x) = H(R_h; r) - H(R_h \setminus \{x\}; r)$
  $x^* = \mathrm{argmin}\{h(x) : x \in R_h\}$
  $P = P \setminus \{x^*\}$
until Stoppkriterium erfüllt

Algorithmus 3: Pseudocode des SMS-EMOA mit Δ_1-Archiv.

Zusammenfassend bildet der SMS-EMOA demnach eine Allianz mit der innovativen Archivierungsstrategie mit dem Ziel der Minimierung des gemittelten Hausdorff-Abstands Δ_1 und gleichzeitiger Erhaltung der guten Konvergenzeigenschaften des Algorithmus. Dabei wird Letzteres durch den effizienten Selektionsmechanismus des SMS-EMOA erreicht, der auf der Maximierung des dominierten Hypervolumens basiert. Lineare Interpolationen der sequentiellen Paretofront-Approximationen bilden die Grundlage zur Erstellung der benötigten Referenzmengen zur Berechnung der gemittelten Hausdorff-Abstände. Im Allgemeinen ist jedoch zu beachten, dass auch andere mehrkriterielle evolutionäre Algorithmen an die Stelle des SMS-EMOA treten können, soweit sie eine vergleichbare Güte der Paretofront-Approximationen erzielen.

5 Aufbau des Benchmarks

5.1 Das Effizienzmaß

Wir nehmen an, dass die aktuelle Approximation A_t im Iterationsschritt $t \geq 0$ aus N Punkten besteht und dass A_N^* die optimale Approximation darstellt (die wir in Kürze angeben werden). Dann kann das Effizienzmaß wie folgt definiert werden:

$$\rho(t) := \Delta_p(A_t, A_N^*).\tag{3}$$

Das heißt, dass die optimale Approximation einer N-elementigen Menge in diesem Fall (d.h., nach Diskretisierung der Paretofront) mit der optimalen Platzierung von N Elementen auf der Paretofront bezüglich der PL Metrik [9] übereinstimmt: Bestimme die Länge L der Paretofront (für $k = 2$ Zielfunktionen) und wähle N Punkte sukzessive auf dieser Menge, indem man an einem der Endpunkte startet und dann iterativ die Punkte mit Abstand L/N (gemessen in Bogenlänge) entlang der Kurve platziert. Idealerweise ist die Paretofront analytisch gegeben wie dies zum Beispiel bei allen gängigen Benchmarkmodellen der Fall ist. Liegt die Paretofront nicht in analytischer Form vor, so kann die Länge der Front zum Beispiel durch spezialisierte Fortsetzungsverfahren numerisch ermittelt werden (siehe hierzu [8]). Die technischen Details des Verfahrens werden im folgenden erläutert.

5.2 Bestimmung der Länge der Paretofront

Theorem 1 (siehe z.B. [10]): Sei $F^*(s) = (s, \gamma(s))'$, $s \in [a, b]$, eine Jordankurve. Dann ist die Länge dieser Kurve durch

$$L(F^*, a, b) = \int\limits_a^b \sqrt{1 + (\gamma'(s))^2}\, ds \tag{4}$$

gegeben. $\qquad\square$

Als Beispiel betrachten wir die durch Gleichung (14) gegebene Paretofront. In diesem Fall ist $\gamma'(s) = -\dfrac{1 + \sqrt{s}}{\sqrt{s}}$ und somit

$$L := \int\limits_0^1 \sqrt{1 + \frac{(1 + \sqrt{s})^2}{s}}\, ds = 1 + \frac{\operatorname{arcsinh}(1)}{\sqrt{2}} \approx 1{,}623. \tag{5}$$

Bemerkung: zur symbolischen Berechnung des Integrals haben wir MATHEMATICA[1] verwendet.

---

[1] http://www.wolfram.com/mathematica/

5.3 Gleichmäßige Verteilung der Punkte auf der Paretofront

Im folgenden sei die Aufgabe gestellt, $N \geq 2$ Punkte *gleichmäßig* entlang einer Paretofront mit Länge $L > 0$ zu platzieren. Hierzu müssen wir die folgenden zwei Fälle unterscheiden:

1. Die Endpunkte der Paretofront sollen in der Diskretisierung $\{d_1, \ldots, d_N\}$ enthalten sein: in diesem Fall setze

$$\Delta L = \frac{L}{N-1}, \qquad d_1 = 0, \qquad d_k = d_1 + (k-1) \cdot \Delta L, \tag{6}$$

wobei $k = 2, \ldots, N$.

2. Die Extrempunkte der Diskretisierung sind nicht identisch mit den Enden der Paretofront. In diesem Fall werden die Extrempunkte der Diskretisierung um die halbe Distanz nach innen verschoben:

$$\Delta L = \frac{L}{N}, \qquad d_1 = \frac{\Delta L}{2}, \qquad d_k = d_1 + (k-1) \cdot \Delta L, \tag{7}$$

wobei $k = 2, \ldots, N$.

Schließlich werden die Punkte $s_k \in [0, 1]$ bestimmt, so dass gilt

$$L(s_k) = \int_0^{s_k} \sqrt{1 + [\gamma'(s)]^2} \, ds \stackrel{!}{=} d_k, \tag{8}$$

für $k = 1, \ldots, N$.

Als Beispiel für die zweite Diskretisierung betrachten wir die Paretofront aus Gleichung (14). Hier erhalten wir für $N = 3$:

$$
\begin{aligned}
s_1 &\approx 0,0211, & \gamma(s_1) &\approx 0,7306 \\
s_2 &\approx 0,2500, & \gamma(s_2) &\approx 0,2500 \\
s_3 &\approx 0,7306, & \gamma(s_3) &\approx 0,0211
\end{aligned}
$$

Hierbei wurde das Integral jeweils numerisch gelöst.

5.4 Testprobleme

Um die Algorithmen zu testen und zu vergleichen, haben wir uns für vier verschiedene Testprobleme mit den folgenden verschiedenen Charakteristiken entschieden:

(1) zusammenhängende und konvexe Paretofront,

(2) zusammenhängende und konkave Paretofront,

(3) zusammenhängende und gemischt konvex/konkave Paretofront, und

(4) Paretofront bestehend aus verschiedenen Zusammenhangskomponenten.

5.4.1 Testproblem Nr. 1

Das erste Testproblem könnte man als „bikriterielles Sphärenmodell" bezeichnen. Genauer betrachten wir die folgende Instanz:

$$f(x) = \begin{pmatrix} x'x \\ (x-a)'(x-a) \end{pmatrix} \to \min! \tag{9}$$

wobei $x, a \in \mathbb{R}^2$ und $a \neq 0$. Durch elementare Rechnung erhält man die Paretomenge

$$X^* = \{x \in \mathbb{R}^2 : x = \chi \cdot a, \chi \in [0,1]\}. \tag{10}$$

Als Paretofront ergibt sich somit $f(X^*) = f(\chi a)$

$$= \{y \in \mathbb{R}^2 : y = (\chi^2 a'a, (1-\chi)^2 a'a)', \chi \in [0,1]\} \tag{11}$$

$$= \{y \in \mathbb{R}^2 : y = (s\,a'a, (1-\sqrt{s})^2 a'a)', s \in [0,1]\} \tag{12}$$

wobei die parametrische Darstellung in (12) aus der Parametrisierung $s = \chi^2$ in (11) resultiert. Zur Vereinfachung setzen wir im Folgenden $a = (0,1)'$, so dass $a'a = 1$ und die Paretofront als Jordankurve

$$f(X^*) = \left\{ \begin{pmatrix} s \\ \gamma(s) \end{pmatrix} : s \in [0,1] \subset \mathbb{R} \right\} \tag{13}$$

formuliert werden kann, wobei $\gamma(s) = (1-\sqrt{s})^2$. Damit gilt:

$$F^*(s) = (s, (1-\sqrt{s})^2)' \tag{14}$$

mit $s \in [0,1]$.

5.4.2 Testproblem Nr. 2

Das zweite Testproblem ist bekannt unter dem Namen DTLZ3 [11]:

$$f(x) = \begin{pmatrix} (1 + 100[\|x\|_2 + \|x-c\|_2^2 - \sum_{i=1}^n \cos 20\pi(x_i - c_i)]) \cdot \cos(\frac{\pi}{2} x_1) \\ (1 + 100[\|x\|_2 + \|x-c\|_2^2 - \sum_{i=1}^n \cos 20\pi(x_i - c_i)]) \cdot \sin(\frac{\pi}{2} x_1) \end{pmatrix}$$

wobei $c_i = \frac{1}{2}$ für $i = 1, \ldots, n$, $x \in [0,1]^n$ und $n = 10$ gesetzt sind. Die Paretofront von DTLZ3 ist konkav, genauer $\gamma(s) = \sqrt{1 - s^2}$ für $s \in [0,1]$.

5.4.3 Testproblem Nr. 3

Das dritte hier betrachtete Beispiel heisst DENT (definiert von Witting und Hessel von Molo, siehe [12]):

$$f(x) = \begin{pmatrix} \frac{1}{2}[\sqrt{1+s(x)} + \sqrt{1+d(x)} + x_1 - x_2] + g(x) \\ \frac{1}{2}[\sqrt{1+s(x)} + \sqrt{1+d(x)} - x_1 + x_2] + g(x) \end{pmatrix} \tag{15}$$

wobei $s(x) = (x_1 + x_2)^2$, $d(x) = (x_1 - x_2)^2$ und $g(x) = \frac{17}{20}e^{-d(x)}$. Die Paretofront von DENT ist gemischt konvex/konkav (genauer: die konvexe Front wird durch eine Delle „gestört") und kann aus der Paretomenge

$$X^* = \{x \in \mathbb{R}^2 : x = \chi \cdot (1, -1)', \text{ wobei } \chi \in [0, 1]\}, \tag{16}$$

berechnet werden.

5.4.4 Testproblem Nr. 4

Unser letztes Testproblem ist ZDT3 [13]:

$$f(x) = \begin{pmatrix} x_1 \\ g(x) - \sqrt{x_1\,g(x)} - x_1\,\sin(10\pi\,x_1) \end{pmatrix} \tag{17}$$

wobei $g(x) = 1 + 9\,(\|x\|_1 - x_1)/(n - 1)$, $x \in [0, 1]^n$ und $n = 10$ gesetzt wurde. Die Front von ZDT3 ist nicht zusammenhängend: es ist

$$\gamma(s) = 1 - \sqrt{x_1} - x_1\,\sin(10\pi\,x_1), \tag{18}$$

wobei $s \in [0, 0.083] \cup [0.182, 0.258] \cup [0.409, 0.454] \cup [0.618, 0.652] \cup [0.823, 0.852]$.

6 Experimente und Auswertung

Der Archivierungsmechanismus wurde als Modul in das jMetal Paket [14] implementiert [15]. Jedes betrachtete Testproblem wurde einerseits mit Hilfe des NSGA-II und andererseits mit dem Δ_p-EMOA optimiert. Dabei wurden jeweils 20 Wiederholungsläufe durchgeführt und 50.000 Funktionsauswertungen als Stoppkriterium der Algorithmen fixiert. In Bild 2 werden die Ergebnisse des NSGA-II und des Δ_p-EMOA für die vier Testprobleme vergleichend dargestellt. Jedes Bild zeigt den medianen gemittelten Hausdorff-Abstand Δ_1 zur Paretofront auf der Abszisse und die Anzahl der Funktionsauswertungen auf der Ordinate. Diese Darstellung visualisiert demnach, wieviele Funktionsauswertungen benötigt werden, um eine bestimmte mediane Distanz Δ_1 zur Paretofront zu erreichen. Zusätzlich sind die unteren und oberen Quartile eingezeichnet, damit die Robustheit der Ergebnisse über die durchgeführten Wiederholungen der Optimierungsläufe beurteilt werden kann.

Während der NSGA-II für die Probleme P1 und P3 nicht zur wahren Paretofront konvergiert, verbessert der Δ_p-EMOA stetig die Approximationsqualität mit steigender Anzahl von Funktionsauswertungen. Bis zum Konvergenzzeitpunkt des NSGA-II ist seine Approximationsqualität für P1 jedoch vergleichbar mit der des Δ_p-EMOA und sogar etwas besser für P3. Für das Problem P2 kann keine eindeutige Aussage getroffen werden. Die Qualitätsrangfolge der Algorithmen wechselt hin und her im Laufe des Algorithmusfortschrittes. Ferner spiegeln konstant überlappende Interquartilsregionen wider, dass keine signifikanten Unterschiede in der Algorithmusgüte bestehen. Allerdings ist der Δ_p-EMOA für das Testproblem P4 dem NSGA-II leicht überlegen.

Die Abbildung 3 zeigt Boxplots des gemittelten Hausdorff-Abstandes nach 50.000 Funktionsauswertungen für beide betrachteten Algorithmen. Der Wilcoxon-Rangsummentest

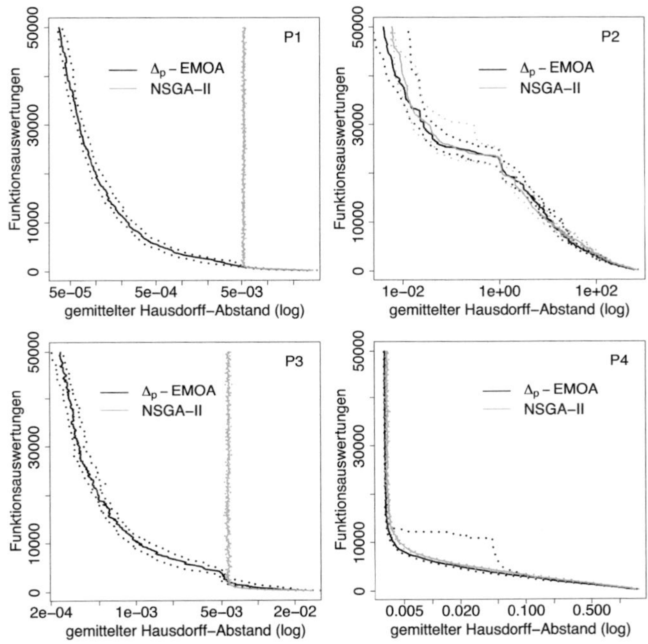

Bild 2: Vergleich zwischen NSGA-II und unserer Methode für Testprobleme P1 - P4.

mit Signifikanzniveau $\alpha = 0,05$ wird verwendet, um die statistische Signifikanz der Lageunterschiede beurteilen zu können. Dadurch wird ersichtlich, dass der Δ_p-EMOA für alle betrachteten Probleme außer P3 im Mittel signifikant bessere Resultate in Bezug auf die Optimierung von Δ_1 liefert als der NSGA-II.

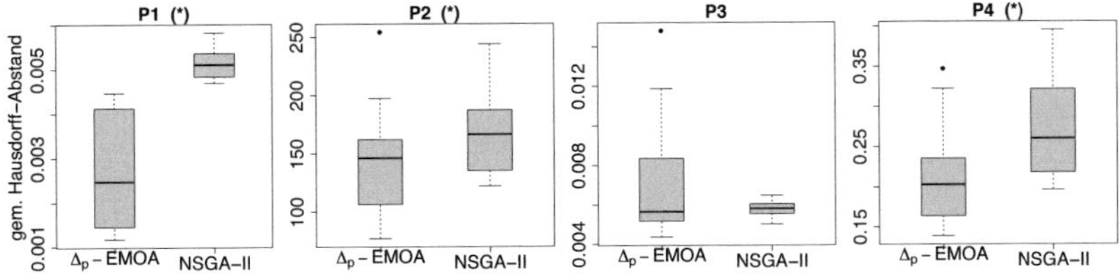

Bild 3: Boxplots des gemittelten Hausdorff-Abstandes nach 50.000 Funktionsauswertungen. Signifikante Ergebnisse des Wilcoxon-Rangsummentests sind mit (*) markiert.

7   Erweiterungsmöglichkeiten

Die Erweiterung unseres Konzeptes auf mehr als zwei Ziele bedarf einer Anpassung des Archivierers. Während die Berechnung des gemittelten Hausdorff-Maßes für beliebige

Dimensionen effizient durchführbar ist, ergeben sich eine Reihe von Fragen und Problemen bei der Konstruktion der Referenzmenge. Im zweidimensionalen Fall ist eine lineare Approximation der Paretofront in Form einer Kurve und eine gleichmäßige Verteilung von Zielpunkten leicht erzeugbar. Doch bereits im dreidimensionalen Fall ist die Adäquatheit einer linearen Approximation der flächigen Paretofront fragwürdig und die Methode zur gleichmäßigen Verteilung der Zielpunkte nicht mehr offensichtlich. Hier könnte man sich eine Triangulation mit gleichmäßigen Dreiecken und eine Platzierung der Zielpunkte in den Schwerpunkten der Dreiecke vorstellen. Dieser Ansatz ist jedoch für einen beliebig-dimensionalen Einsatz nicht zielführend. Ein möglicher Ausweg wäre die Schätzung eines Ersatzmodells in Form eines Response-Surface-Modells, mit deren Hilfe die Zielpunkte verteilt werden können. Tatsächlich ist die *gleichmäßige* Verteilung der Zielpunkte gar nicht zwingend nötig (siehe Proposition 7 in [7]), um die optimale Selektion bezüglich des gemittelten Hausdorff-Maßes durchzuführen. Auf diese Weise erscheint uns die effiziente Verallgemeinerung des Archivierers für beliebige Zieldimension möglich, wird aber an dieser Stelle nicht weiter verfolgt.

8 Zusammenfassung

Ziel dieser Arbeit war es, einen evolutionären Algorithmus zu entwickeln, der darauf abzielt, die Paretofront des gegebenen Mehrzieloptimierungsproblems möglichst gut bezüglich des (gemittelten) Hausdorff-Abstandes zu approximieren. Die Herausforderung bestand darin, dass die Paretofront a priori nicht bekannt ist. Als möglicher Ausweg wurde hier vorgestellt, die Front anhand der nichtdominierten Punkte der aktuellen Population zu approximieren. Im Fall bikriterieller Probleme (d.h., zwei Zielfunktionen) geschah dies mittels eines Polygonzuges, der die (geordneten) Punkte im Bildraum verbindet. Für mehr als zwei Zielfunktionen wurden mögliche Erweiterungen angerissen (zum Beispiel durch Ersatzmodelle für die Datenmenge). Die numerischen Resultate für bikriterielle Probleme deuten an, dass sich die neue Archivierungsstrategie erfolgreich mit „klassischen" elitären evolutionären Strategien kombinieren läßt. Die Vergleiche zu NSGA-II — welcher prinzipiell auch auf gute Hausdorff-Approximationen der Front abzielt — zeigen, dass der neue Algorithmus (SMS-EMOA gekoppelt mit dem neuen Archiv) mindestens genauso gut ist, und in einigen Fällen gar besser abschneidet. Vor allem scheint der neue Algorithmus gerade dann im Vorteil zu sein, wenn die Paretofront konvex ist. Wir hoffen, dies in Zukunft mit umfangreicheren Tests bestätigen zu können.

Weiter ist für die nahe Zukunft geplant, den neuen Algorithmus für mehr als zwei Zielfunktionen weiterzuentwickeln und zu testen. Hierin sehen wir ein großes Potenzial: es ist bekannt [6], dass NSGA-II schon für drei Zielfunktionen signifikant an Effizienz einbüßt, und für mehr als drei Zielfunktionen nicht mehr state-of-the-art ist. Dies steht im Gegensatz zu SMS-EMOA — welcher auf das Hypervolumen abzielt und damit (teilweise) zu ganz anderen Approximationen der Paretofront gelangt.

Schließlich möchten wir noch einmal hervorheben, dass der neue Archivierer prinzipiell mit jedem gängigen elitären evolutionären Mehrzielalgorithmus gekoppelt werden kann. Somit kann das neue Archiv als plug-in für jede mehrkriterielle Metaheuristik gesehen werden, um die Paretofront im Hausdorffschen Sinne zu approximieren.

Danksagung

Diese Forschungsarbeit wurde teilweise finanziell unterstützt durch den DAAD unter Projekt 51222288 und dem CONACYT unter Projekt 146776 im Rahmen des PROALMEX Programms.

Literatur

[1] Gerstl, K.; Rudolph, G.; Schütze, O.; Trautmann, H.: Finding Evenly Spaced Fronts for Multiobjective Control via Averaging Hausdorff-Measure. In: *Proc. of 8th International Conference on Electrical Engineering, Computer Science and Automatic Control (CCE 2011)*. Mérida (México), 26.-28. Oktober. Im Druck. 2011.

[2] Zitzler, E.; Thiele, L.: Multiobjective Optimization Using Evolutionary Algorithms - A Comparative Case Study. In: *Conference on Parallel Problem Solving from Nature (PPSN V)*, S. 292–301. Berlin: Springer. 1998.

[3] Bringmann, K.; Friedrich, T.: Tight bounds for the approximation ratio of the hypervolume indicator. In: *Proc. of 11th Int'l. Conf. on Parallel Problem Solving from Nature (PPSN XI)* (Schaefer, R.; et al., Hg.), S. 607–616. Berlin: Springer. 2010.

[4] Bringmann, K.; Friedrich, T.: The Maximum Hypervolume Set Yields Near-optimal Approximation. In: *Proc. of 12th Int'l. Conf. on Genetic and Evolutionary Computation (GECCO 2010)*, S. 511–518. ACM Press. 2010.

[5] Beume, N.; Naujoks, B.; Emmerich, M.: SMS-EMOA: Multiobjective selection based on dominated hypervolume. *European Journal of Operational Research* 181 (2007) 3, S. 1653–1669.

[6] Wagner, T.; Beume, N.; Naujoks, B.: Pareto-, Aggregation-, and Indicator-based Methods in Many-objective Optimization. In: *Proc. Evolutionary Multi-Criterion Optimization, 4th Int'l Conf. (EMO 2007)* (Obayashi, S.; et al., Hg.), S. 742–756. Berlin: Springer. 2007.

[7] Schütze, O.; Esquivel, X.; Lara, A.; Coello Coello, C. A.: Using the Averaged Hausdorff Distance as a Performance Measure in Evolutionary Multi-Objective Optimization. *IEEE Transactions on Evolutionary Computation* (2011). Im Druck.

[8] Schütze, O.; Esquivel, X.; Lara, A.; Coello Coello, C. A.: Using the Averaged Hausdorff Distance as a Performance Measure in Evolutionary Multi-Objective Optimization. Erscheint in IEEE Transactions on Evolutionary Computation, siehe auch http://delta.cs.cinvestav.mx/schuetze/technical_reports/ index.html. 2007.

[9] Mehnen, J.; Wagner, T.; Rudolph, G.: Evolutionary Optimization of Dynamic Multiobjective Test Functions. In: *Proceedings of the Second Italian Workshop on Evolutionary Computation (GSICE2)*. Published on CD-ROM. 2006.

[10] Heuser, H.: *Lehrbuch der Analysis, Teil 2*. Stuttgart: Teubner, 13. Aufl. 2004.

[11] Deb, K.; Thiele, L.; Laumanns, M.; Zitzler, E.: Scalable Multi-Objective Optimization Test Problems. In: *Proc. of Congress on Evolutionary Computation (CEC 2002)*, S. 825–830. Piscataway: IEEE Press. 2002.

[12] Schütze, O.; Laumanns, M.; Tantar, E.; Coello Coello, C. A.; Talbi, E.-G.: Computing gap free Pareto front approximations with stochastic search algorithms. *Evolutionary Computation* 18 (2010) 1, S. 65–96.

[13] Zitzler, E.; Deb, K.; Thiele, L.: Comparison of Multiobjective Evolutionary Algorithms: Empirical Results. *Evolutionary Computation* 8 (2000) 2, S. 173–195.

[14] Durillo, J.; Nebro, A.: jMetal: A Java framework for multi-objective optimization. *Advances in Engineering Software* 42 (2011) 10, S. 760–771.

[15] Gerstl, K.: *Gleichmäßige Paretofront-Approximationen für mehrkriterielle Kontrollprobleme unter Verwendung des gemittelten Hausdorff-Maßes.* Diplomarbeit, Fakultät für Informatik, TU Dortmund. 2011.

Focusing Search in Multiobjective Evolutionary Optimization through Preference Learning from User Feedback

Thomas Fober, Weiwei Cheng, and Eyke Hüllermeier

Department of Mathematics and Computer Science
University of Marburg, Germany
{thomas,cheng,eyke}@informatik.uni-marburg.de

Abstract

The problem of computing the set of Pareto-optimal solutions in multiobjective optimization has been tackled by means of different approaches in previous years, including evolutionary algorithms. A key advantage of computing the whole set of Pareto-optimal solutions is *completeness*: None of the solutions that might be maximally preferred by the user is lost. An obvious disadvantage, however, is the computational effort, which may become prohibitive for high-dimensional problems. Besides, the resulting set itself may become rather large, making it impracticable to present the entire set to the user. In order to mitigate these problems, we propose a method for incorporating user-feedback in the optimization process by asking the user for *pairwise preferences*. The pairwise preferences thus produced are then used as training examples for a preference learning method leading to a hypothetical utility model that approximate the true but unknown (latent) utility function of the user. This model is used to focus the search on the most promising parts of the Pareto front, which is approximated by an evolutionary algorithm.

1 Introduction

In multiple criteria (aka multiobjective) optimization, the goal is to simultaneously optimize a set of potentially conflicting criteria specified in terms of a set of objective functions. A problem of this kind is often transformed into a single-criterion problem first, for example by replacing the original criteria by their weighted sum, and then solved using classical optimization techniques afterward. However, since the true weights specifying the importance of each criterion are normally not known, a solution thus produced may not be optimal from the user's point of view.

One possibility to avoid this problem is to compute the complete set of Pareto optimal solutions, thereby ensuring that none of the solutions that might be maximally preferred by the user gets lost. The disadvantage of this alternative is the computational effort it involves, which may become prohibitive for high-dimensional problems. Besides, the Pareto front itself may become rather large, making it impracticable to present the entire set to the user and expecting her to choose the most preferred solution among these candidates. Finally, noting that this set is necessarily a finite approximation of the Pareto front, a solution sufficiently close to a truly optimal one is not guaranteed, so there is still a danger of ending up with a suboptimal solution.

The two approaches above are in a sense extreme opposites: While the first one pretends perfect knowledge of the user preferences from the very beginning, the second one remains in this regard completely agnostic till the very end. The idea of this paper is to find a trade-off between both extremes. To this end, we propose a method for incorporating user-feedback in the optimization process. This feedback is used in order to focus the search on the most promising parts of the Pareto front, which is approximated by a modification of the NSGA-II algorithm.

More specifically, given the current approximation of the set of Pareto-optimal solutions, the idea is to ask the user for *pairwise preferences*: Two solutions from this set are selected, and the user is asked which of these solutions is preferred. The pairwise preferences thus produced are then used as training examples for a preference learning method, that is, a machine learning method for inducing a (hypothetical) utility model that approximates the true but unknown (latent) utility function of the user. This model, in turn, is then used for restricting the current set of Pareto-optimal solutions to those candidates with the highest (estimated) utility, and this part of the Pareto front is explored in more detail. The whole process iterates until a termination condition is met.

Our learning algorithm is inspired by methods that have recently been developed in the fields of preference learning and learning to rank. It is implemented as an online perceptron learner that exhibits a number of interesting properties. Most notably, it learns in an *incremental* way, which means that new user feedback can be incorporated efficiently without losing the feedback from previous iterations. Moreover, it is robust toward noise and guarantees the learned utility function to be monotone increasing in all criteria. Finally, it also supports an *active learning* strategy, in which pairwise preference judgments are not requested for solutions drawn from the Pareto front at random, but instead for pairs of solutions that are supposedly most informative from a learning point of view.

The remainder of the paper is organized as follows. Subsequent to a brief introduction to the problem of multiobjective optimization in Section 2, our novel approach to enhancing corresponding solvers by means of machine learning methods is introduced in Section 3. Experimental results are presented in Section 4. Finally, Section 5 concludes the paper.

2   Multiobjective Optimization

In multiobjective optimization, a set of functions f_i, $i = 1, \ldots, m$ is given that have to be optimized simultaneously. In this paper, we will focus on real-valued optimization problems, hence the functions are of the form $f_i : S \subseteq \mathbb{R}^n \to \mathbb{R}$. Moreover, and without loss of generality, we consider minimization problems of the form

$$\begin{aligned} \text{minimize } & \{f_1(x), \ldots, f_m(x)\} \\ \text{subject to } & x \in S \subseteq \mathbb{R}^n \end{aligned} \tag{1}$$

To define optimality, we use a partial ordering $\succ_p$ on $\mathbb{R}^m$. For two vectors $v, v' \in \mathbb{R}^m$, we write $v \succ_p v'$ if and only if $[v]_i \leq [v']_i$ for all $i = 1, \ldots, m$ and $[v]_i < [v']_i$ for some $i = 1, \ldots, m$. This ordering can be used to define Pareto optimality for the multiobjective problem: A solution $x \in S \subseteq \mathbb{R}^n$ is Pareto optimal if there exist no $x' \in S \subseteq \mathbb{R}^n$ such that $f(x) \succ_p f(x')$, where $f(x) = (f_1(x), \ldots, f_m(x))^T$. The solution of (1) is then given by the set of all Pareto optimal solutions.

In general, since the objectives might be conflicting, there will be more than one Pareto-optimal solution. Figure 1(a) shows an example for a two-criteria optimization problem with two conflicting criteria: With increasing x, the function f_1 is decreasing whereas

f_2 is increasing. Having the goal to minimize both functions, the optimal solutions in a Pareto sense will be those indicated by the blue bars on the x-axis.

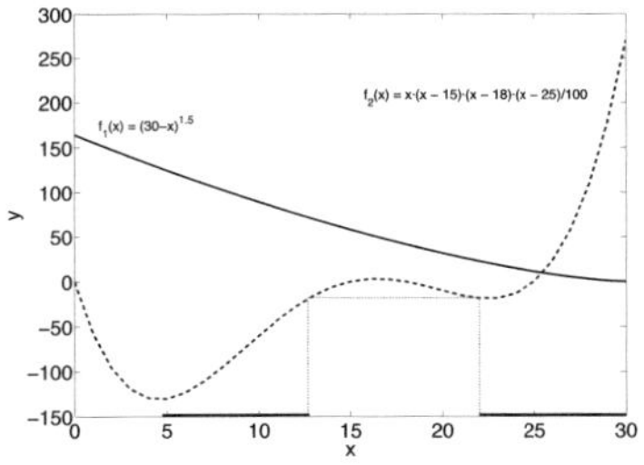

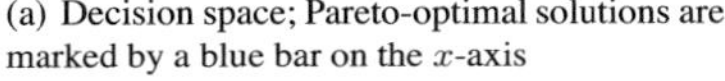

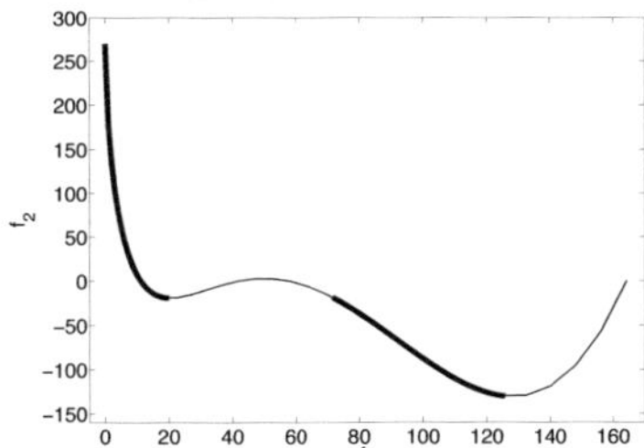

(a) Decision space; Pareto-optimal solutions are marked by a blue bar on the x-axis

(b) Objective space defined as $f_1 \longrightarrow f_2$ mapping; Pareto optimal set is marked by a blue bold line

Figure 1: Minimization of the function $f : [0, 30] \to \mathbb{R}^2$ defined by $x \mapsto (f_1(x), f_2(x))^T$, where $f_1(x) = \sqrt{(30 - x)^3}$ and $f_2(x) = x(x - 15)(x - 18)(x - 25)/100$

Instead of considering the decision space $\mathcal{S} \subseteq \mathbb{R}^n$, one can directly consider the image of the decision space, namely the objective space that consists of vectors $f(x) = (f_1(x), \ldots, f_m(x))^T \in \mathbb{R}^m$. This space is illustrated in Figure 1 (b) for the example of two objective functions. Here, the optimal Pareto front is visualized in terms of a bold line.

2.1 Principles to Solve Multiobjective Optimization Problems

As already mentioned in the introduction, multiobjective optimization problems can be tackled in different ways. Frequently used principles include methods transforming the multiobjective problem into a single-criterion problem, methods which try to approximate the complete Pareto front, and interactive approaches that interact with the user during optimization process.

A transformation of a multiobjective optimization problem into a single-criterion problem can be accomplished in different ways. The simplest one is to specify a weight for each function and to use the weighted sum as an objective function. Another idea is to specify a hypothetical optimal (though not necessarily feasible) multiobjective solution the user is aiming for and to minimize the distance to this preferred solution. It is also possible to start with a single criterion and to optimize it. Based on the solution obtained, bounds are specified for the remaining criteria, thus defining $(m - 1)$ additional constraints. Independent of the concrete technique chosen, a single-criterion function is obtained that can be optimized with state-of-the-art techniques.

The above reduction schemes are clearly appealing at first sight, especially from a computational point of view. One should note, however, that single-objective optimization is not necessarily an easy problem. Another problem is that weights, hypothetical points or bounds have to be set beforehand, while information gathered in the course of the optimization process is not explicitly used. Finally, different functions can have different ranges and/or scales, which makes their combination difficult.

To overcome these problems, one can approximate the complete Pareto front and present it to the user who can finally select an element she prefers most. For example, [6, 10] use evolutionary algorithms which have the benefit of considering a population able to approximate the Pareto front. The Pareto front, however, can become very large, especially in high dimensions, leading to computational problems and complexity issues. For the user, it might be difficult to select a solution from a high-dimensional Pareto front. In fact, visualization of Pareto sets in higher dimensions is an intricate problem for which different approaches have been proposed, such as scatter-plot matrices, Chernoff faces, parallel coordinates or animated meshes.

The third principle focuses on an interactive process with "the user in the loop". Roughly speaking, the idea is to exploit user feedback for guiding the optimization process in one way or the other, notably by learning a kind of utility model. This model can then be used to focus the search or to transform the problem into a single-criterion one. Methods used for this purpose include ordinal regression [3], rough sets [7] as well as similarity-based approaches [11].

3 Interactive Multiobjective Evolutionary Optimization

In evolutionary optimization, the NSGA-II algorithm [6] is the standard approach to solving multiobjective optimization problems. This algorithm essentially consists of a loop which is executed after initialization of a start population. By applying mating-selection, recombination and mutation, a new set of individuals is generated which is used (together with the current population) to select individuals for the next generation. Since we consider real-valued optimization problems, we take the operators mating-selection, recombination and mutation from evolutionary strategies [2].

The selection operator of the NSGA-II algorithm developed for multiobjective problems tries to approximate the complete Pareto set. This is done by sorting the population according to dominance, leading to subpopulations $\mathcal{F}_1$ containing all individuals which are non-dominated, $\mathcal{F}_2$ containing those individuals dominated by $\mathcal{F}_1$, and so on. Moreover, to distribute individuals uniformly on the Pareto front, a "crowding-distance" is used which leads to a preference for individuals with no or few other individuals in their neighborhood. Selection is now performed by successively taking the sets $\mathcal{F}_i$ ($i = 1, 2, \ldots$) into the next population until there is no space left for a certain $\mathcal{F}_j$. To fill the complete population, the individuals in $\mathcal{F}_j$ are sorted according to their crowding-distance. Jointly, these two mechanisms lead to an approximation of the complete optimal Pareto front.

In this paper, we propose a modification of the (environment) selection operator, since our goal is not to approximate the Pareto front in a uniform way. On the contrary, our goal is to compute a subset of the Pareto front which is maximally in accordance with the preferences of the user.

3.1 Focused Evolutionary Strategy

To reach our goal of focusing the search to a region of solutions the user prefers, we substitute the crowding distance by a utility model that seeks to approximate the (latent) utility function of the user. The modification of the NSGA-II algorithm thus obtained will be called *Focused Evolutionary Strategy (FES)*. For the time being, suppose we have a technique to calculate a utility model from a set of preferences "$f(x)$ is preferred to $f(x')$", also written $f(x) \succ_u f(x')$. A concrete technique of that kind will be introduced in Section 3.3.

Our algorithm starts as usual with an initialization of the population. After initialization, however, first the utility model must be trained, before the evolutionary loop can be entered. Having determined the utility model as described in Section 3.3, the evolutionary loop is executed, which, as already mentioned, is adopted from evolutionary strategies. Since the corresponding selection operator cannot be applied here, we use non-dominated sorting as in NSGA-II. However, since our goal is to compute a subset of the Pareto front which is maximally preferred by the user, instead of approximating it uniformly, we replace the crowding distance by our utility model for selecting individuals.

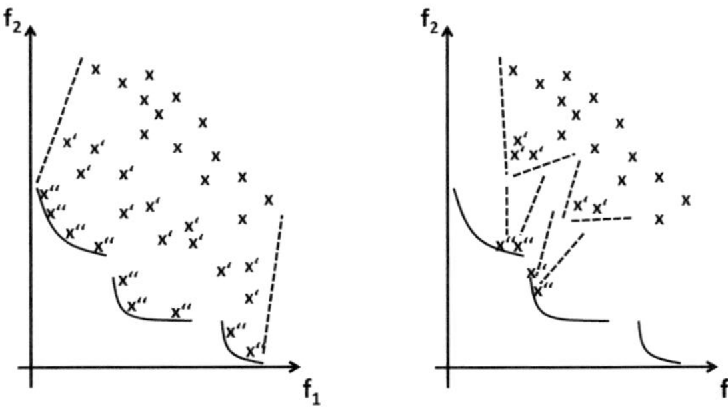

Figure 2: Difference between the NSGA-II approach (left) and the FES approach (right). While the former seeks to approximate the Pareto front in a uniform way, the latter tries to focus on solutions that are presumably preferred by the user.

An illustration is given in Figure 2. In the left picture, the complete Pareto optimal set is approximated. Consequently, the intermediate solutions (the progress in terms of generations is indicated by the number of primes) are spread over a large interval also containing solutions that are probably not of high interest for the user. In the right picture, the search is focused to the high-utility solutions. Hence, the number of solutions the algorithm has to consider is much smaller, and the algorithm therefore faster. Moreover, for the user, it is arguably much more convenient to select the final solution from a reduced set of candidates, all of which are probably close to the ideal solution (i.e., the solution having the highest utility for the user).

3.2 Focused Pareto Selection

The selection operator *FPS* must favor solutions that are closer to the optimal Pareto front and solutions that are preferred by the user, i.e., which have a high value according to the (latent) utility function of the user—recall that we merely assume the existence of this function, not that we know it; instead, we seek to learn it.

The FPS operator takes as input the set of individuals used for selection (usually offsprings or parents and offsprings) and performs non-dominated sorting on this set. This step is hence equal to NSGA-II. Let $\mathcal{F}$ denote the union $\mathcal{F}_1 \cup \mathcal{F}_2 \cup \ldots \cup \mathcal{F}_j$, where j is the smallest index assuring that $|\mathcal{F}| \geq \mu$. Thus, $\mathcal{F}$ contains enough individuals to fill the next population.

The individuals in $\mathcal{F}$ are then sorted according to the current utility model, and the μ best ones are selected. Our utility model is derived from an ensemble of real-valued utility functions u_i, $i = 1, \ldots, k$. As will become clear later on, the diversity of this ensemble reflects the uncertainty about the true utility function u^* we seek to approximate. The utility assigned to an individual x is then defined as

$$u(x) = \max_{1 \leq i \leq k} u_i(x) \ .$$

This optimistic evaluation is obviously in agreement with our goal of not losing any promising solution. Our selection procedure is illustrated in Figure 3.

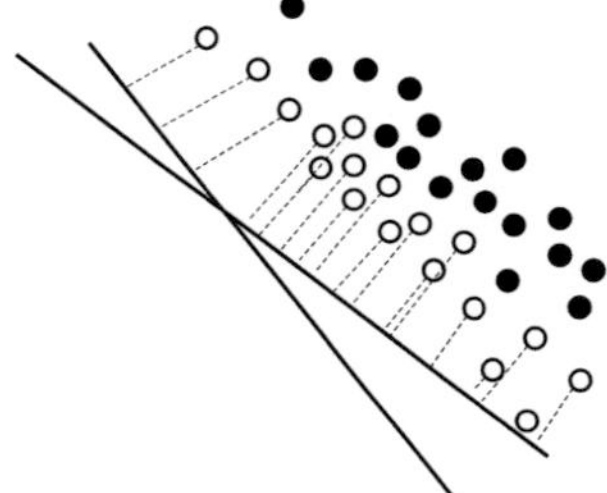

Figure 3: Illustration of the FPS selection mechanism: First, candidate solutions are selected according to the dominance criterion (non-filled balls). These solutions are then evaluated by the utility model. Here, the dashed lines indicate the assigned utility values (the shorter the line, the larger the utility).

3.3   Learning Preferences and the Utility Model

In the following, we present more details about our utility model. Basically, we assume linear utility functions of the form

$$u(x) = u(\boldsymbol{f}(x)) = -\langle \boldsymbol{w}, \boldsymbol{f}(x) \rangle = -\sum_{i=1}^{m} w_i \cdot f_i(x) \ , \tag{2}$$

where $\boldsymbol{w} = (w_1, \ldots, w_m)^T$ is a weight vector and $\boldsymbol{f}(x)$ the vector of the m objective functions. Each such function induces a total order on the objective space: Given $\boldsymbol{f}(x) = (f_1(x), \ldots, f_m(x))$ and $\boldsymbol{f}(x')$,

$$\boldsymbol{f}(x) \succ_u \boldsymbol{f}(x') \stackrel{\mathrm{df}}{\iff} u(\boldsymbol{f}(x)) \geq u(\boldsymbol{f}(x')).$$

Note that it makes sense to require

$$\boldsymbol{w} = (w_1, \ldots, w_m)^T \geq 0 \tag{3}$$

in order to guarantee the monotonicity of the function (2). That is, if one of the criteria f_i increases, while all others remain unchanged, then the utility can only decrease. In this case, it is also guaranteed that the optimum of (2) is a Pareto-optimal solution of (1).

A linear model is quite attractive from a machine learning point of view, as it is amenable to efficient learning algorithms and, moreover, to non-linear extensions via "kernelization" [12]. The learning problem itself comes down to estimating the weights w_i in (2). To this end, the user is asked for training information in the form of *qualitative* feedback, which is typically much easier to acquire than absolute feedback. More specifically, the user is expected to provide pairwise comparisons of the form '$f(x)$ is preferred to $f(x')$'.

A set of c pairs $f(x), f(x')$, each of which is evaluated by the user according to her preferences, is generated as training information. The parameter c allows one to adapt the size of the training set to the application at hand. Since it makes no sense to request the user's preference for a pair of solutions that can be ordered according to $\succ_p$, only those pairs are considered that belong to the same set $\mathcal{F}_i$ of incomparable solutions. First, $\mathcal{F}_1$ is used, followed by $\mathcal{F}_2$ and so forth, until the required training set $\mathbb{T}$ is obtained.

The goal of the learning process is to find a utility function of the form (2) which is as much as possible in agreement with the training set and also satisfies the monotonicity property (3). Besides, this function should of course generalize as well as possible beyond these examples. A key idea in our approach is to reduce the above learning problem to a *binary classification problem*. Due to the assumption of a linear model (2) this is indeed possible: The constraint $u(f(x)) > u(f(x'))$ induced by a preference $(f(x) \succ_u f(x'))$ is equivalent to $\langle w, f(x) - f(x') \rangle > 0$ and $\langle w, f(x') - f(x) \rangle < 0$. From a classification point of view, $f(x) - f(x')$ can hence be seen as a positive example and $f(x') - f(x)$ a negative one. To learn (2), the noise-tolerant perceptron algorithm proposed in [9] is used, leading to a weight vector $w = (w_1, \ldots, w_m)$ eventually defining (2).

3.3.1 Monotonicity

The monotonicity constraint (3) constitutes an interesting challenge from a machine learning point of view. In fact, this relatively simple property is not guaranteed by many standard machine learning algorithms. That is, a model that implements a distance function $u(\cdot)$ may easily violate the monotonicity property, even if this condition is satisfied by all examples used as training data.

Fortunately, our learning algorithm allows us to incorporate the monotonicity constraint in a relatively simple way. The well-known perceptron algorithm is an error-driven on-line algorithm that adapts the weight vector w in an incremental way. To guarantee monotonicity, we simply modify this algorithm as follows: Each time an adaptation of w produces a negative component $w_i < 0$, this component is set to 0. Roughly speaking, the original adaptation is replaced by a "thresholded" adaptation.

In its basic form, the perceptron algorithm provably converges after a finite number of iterations, provided the data is linearly separable. We note that this property is preserved by our modification [5].

3.3.2 Ensembles

Instead of training a single linear utility function (weight vector), we use standard bagging [4] to train an ensemble consisting of k models (weight vectors) $\boldsymbol{w}^{(i)}$, $i = 1, \ldots, k$, where k is another exogenous parameter. The purpose of this approach is twofold.

First, noting that our current model is only an estimation of the true utility function of the user, we seek to capture the uncertainty of this estimation. This uncertainty is in direct correspondence with the size of the training data set: The larger this set, the more similar the bagging samples and, therefore, the more similar the models $\boldsymbol{w}^{(i)}$, $i = 1, \ldots, k$ become. Thus, the diversity of the ensemble will decrease in the course of time, by gathering more and more feedback from the user, which clearly makes sense. Indeed, as can be seen in Figure 3, the less diverse the ensemble, the more one will focus on a small subregion of the Pareto front.

Second, as will be detailed next, the ensemble technique is also useful in connection with the selection of informative queries to be given to the user and used to improve the models.

3.3.3 Updating the Utility Function

The probability of updating the utility functions in a certain generation is controlled by a parameter p_{update}. The update process itself requires the generation of new queries, which can simply be done by means of a random selection (i.e., using a uniform distribution on the set of non-dominated tuples from the current population). Indeed, in the first generation of our evolutionary algorithm, this is arguably the most reasonable approach. In subsequent generations, however, queries can be generated in a more sophisticated way.

More specifically, the idea is to select a maximally informative query, i.e., an example that helps to improve the estimation of utility functions as much as possible. This idea of generating maximally useful examples in a targeted way is the core of *active learning* strategies [13]. In the literature, numerous techniques for active learning have been proposed, most of them being heuristic approximations to theoretically justified (though computationally or practically infeasible) methods. Here, we resort to the *Query by Committee* approach [13]. Given an ensemble of utility functions, the idea is to find a pair of functions and a query for which the disagreement between the predictions of these utility functions is maximal. Intuitively, a query of that kind corresponds to a "critical" and, therefore, potentially informative example.

In our case, the utility functions are given by the ensemble of perceptrons. Moreover, given two objective vectors $\boldsymbol{f}(x)$ and $\boldsymbol{f}(x')$, two utility functions u_i and u_j disagree with each other if $u(\boldsymbol{f}(x)) > u(\boldsymbol{f}(x'))$ while $u(\boldsymbol{f}(x)) < u(\boldsymbol{f}(x'))$. Various strategies are conceivable for finding a maximally critical query, i.e., a query for which there is a high disagreement among the ensemble. In our case, however, we are interested in improving all models, hence, for each model an informative example is required. Our current implementation uses the following approach: Let $W = \{\boldsymbol{w}^{(1)}, \ldots, \boldsymbol{w}^{(m)}\}$ be the set of k weight vectors of the k utility functions that constitute the current ensemble. First we are identifying the maximally conflicting pair $(\boldsymbol{w}^{(i)}, \boldsymbol{w}^{(j)})$, i.e., the pair that maximizes $\|\boldsymbol{w}^{(i)} - \boldsymbol{w}^{(j)}\|$. Subsequently, using these two weight vectors, the current population is considered and the pair $(\boldsymbol{f}(x), \boldsymbol{f}(x'))$ maximizing $|(u_i(\boldsymbol{f}(x)) - u_i(\boldsymbol{f}(x'))) - (u_j(\boldsymbol{f}(x)) - u_j(\boldsymbol{f}(x')))|$ is chosen. Eventually, a new query is obtained which must be evaluated by the user and which is finally used to update the utility functions u_i and u_j in an incremental way.

4 Experimental Study

In the experimental study, we consider an artificial set of multiobjective optimization problems and compare our approach with the NSGA-II algorithm, using the same genetic operators in both cases (except the operator used for environment selection). The benchmark set was originally proposed in [8] and consists of 13 multiobjective problems. We chose the functions OAK2, SYM-PART, S_ZDT1 and S_DTLZ2 for our study, since they exhibit different properties like different dimensionality of decision- and objective space, separability, modality and geometry. Moreover, a function $\bar{u}$ is defined to simulate the true user preferences. This is done by using a weighted sum of the criteria, where the weights are drawn randomly in the unit-interval.

We compared NSGA-II and our novel approach FES in terms of the number of function evaluations and the *true* utility value eventually obtained (i.e., the true utility of the best solution in the final population). Obviously, both criteria are related, since the optimization result strongly depends on the number of allowed function evaluations. Here, we consider different numbers of function evaluations, where for a fixed number the exogenous parameters, μ and ν are modified in a systematic way. Moreover, in the case of FES, the parameters c, k and p_{update} are treated in the same manner. Hence, for each value of allowed function evaluations, a set of utility values is obtained, and these two values can be plotted as points in a two-dimensional space.

Considering the results illustrated in Figure 4, it clearly turns out that our method compared quite favorably. There are several reasons for this improvement. First of all, NSGA-II is consuming more function evaluations due to the need for approximating the complete Pareto front. Moreover, having found the Pareto front, many individuals are needed for approximating it with a sufficiently high resolution, so as to guarantee a good approximation to the truly optimal solution. The higher the resolution (due to a larger population size), the better the approximation will be. At the same time, however, the complexity will increase, too. In this regard, our approach has a clear advantage, since only a subset of the Pareto front is approximated, which can be accomplished with a smaller population size. Moreover, the utility functions are focusing the search, so that the number of function evaluations which is needed for optimization is further reduced.

5 Conclusions and Outlook

We have proposed a method that employs machine learning techniques for incorporating user-feedback in multiobjective optimization. More specifically, the user is asked to express preferences in the form of pairwise comparisons between candidate solutions. These preferences are used as training examples for a preference learning method leading to a utility model that approximates the true but unknown (latent) utility function of the user. This model in turn is used to focus the search on the most promising parts of the set of Pareto-optimal solutions, which is approximated by an evolutionary algorithm. First

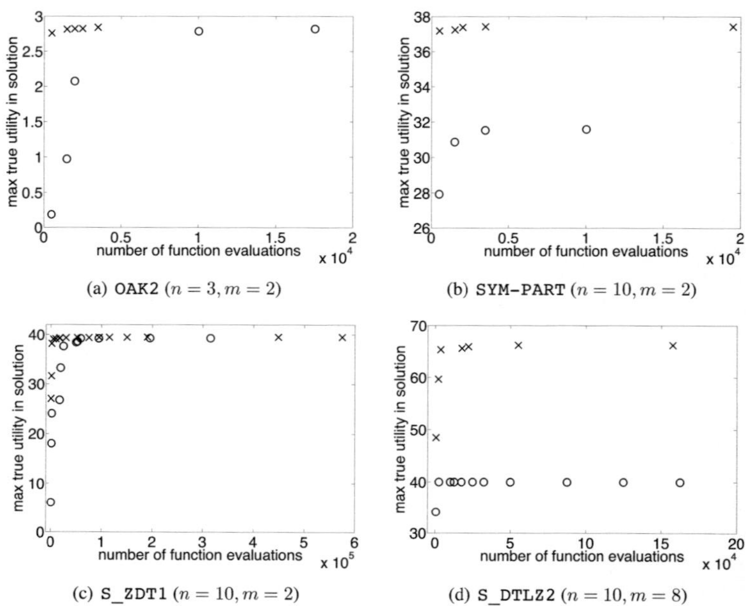

Figure 4: Results on the four benchmark function: Circles and crosses represent, respectively, solutions found by NSGA-II and FES; results of a method which are dominated are removed.

experimental studies using NSGA-II as a benchmark have shown that our approach is able to achieve significant gains in terms of the complexity/utility tradeoff.

As mentioned before, our approach principally allows for substituting the linear model by any other utility model. In this regard, kernels function are of special interest, since they allow to model non-linear dependencies between the objective-functions. In further experiments, more complex utility functions, different from the weighted sum, should therefore be considered. Although we selected a representative subset of the CEC'07 benchmark set, we intent to consider the complete benchmark set together with a more comprehensive parameter study, e.g., by using specialized toolboxes like [1]. Moreover, additional experiments are planned which simulate errors done by the user. Since our learning technique is error-tolerant, we expect a substantial gain in performance even in this case.

References

[1] Bartz-Beielstein, T., Flasch, O., Koch, P., Konen, W.: SPOT: A toolbox for interactive and automatic tuning of search heuristics and simulation models in the R environment. Technical Report, Cologne University of Applied Sciences, Germany (2010).

[2] Beyer, H.-G., Schwefel, H.-P.: Evolution strategies: A comprehensive introduction. Natural Computing, **1** (2002) 3-52

[3] Branke, J., Greco, S., Slowinski, R., Zielniewicz, P.: Interactive evolutionary multiobjective optimization using robust ordinal regression. In: Evolutionary Multi-Criterion Optimization. Springer, Heidelberg, Germany (2009) 554-568

[4] Breiman, L.: Bagging predictors. Machine Learning, **26** (1996) 123-140.

[5] Cheng, W.: Interactive ranking of skylines using machine learning techniques. Master's Thesis, OvG-Universität Magdeburg, Germany (2007).

[6] Deb, K., Pratap, A., Agarwal, S., Meyarivan, T.: A fast and elitist multiobjective genetic algorithm: NSGA-II. IEEE Transactions on Evolutionary Computation, **6**(2) (2002) 182-197

[7] Hernandez-Diaz, A. G., Santana-Quintero, L. V., Coello Coello, C., Caballero, R., Molina, J.: A new proposal for multi-objective optimization using differential evolution and rough sets theory. Proceedings of the 8th annual conference on Genetic and evolutionary computation, Seattle, WA, USA (2006) 675-682

[8] Huang, V. L., Qin, A. K., Deb, K., Zitzler, E., Suganthan, P. N., Liang, J. J., Preuss, M., Huband, S.: Problem definitions for performance assessment on multi-objective optimization algorithms. Technical Report, Nanyang Technological University, Singapore (2007)

[9] Khardon, R., Wachman, G.: Noise tolerant variants of the perceptron algorithm. The Journal of Machine Learning Research **8** (2007) 227–248

[10] Knowles, J.D., Corne, D.W.: Approximating the nondominated front using the Pareto Archived Evolution Strategy. Evolutionary Computation, **8**(2) (2000) 149-172

[11] Krettek, J., Braun, J., Hoffmann, F., Bertram, T.: Preference modeling and model management for interactive multi-objective evolutionary optimization. In: Proc. IPMU 2010, Dortmund, Germany (2010) 584 ff.

[12] Schölkopf, B., Smola, A.: Learning with Kernels: Support Vector Machines, Regularization, Optimization, and Beyond. MIT Press (2001)

[13] Seung, H., Opper, M., Sompolinsky, H.: Query by committee. In: Computational Learning Theory. (1992) 287–294

Ensemble Based Optimization and Tuning Algorithms

Martina Friese, Martin Zaefferer,
Thomas Bartz-Beielstein, Oliver Flasch,
Patrick Koch, Wolfgang Konen, Boris Naujoks

Forschungsstelle CIOP
Fachhochschule Köln
Steinmüllerallee 1, 51643 Gummersbach
Tel.: (02261) 8196-0
E-Mail: {Martina.Friese@fh-koeln.de I Martin.Zaefferer@smail.fh-koeln.de}

1   Introduction

Sequential Parameter Optimization (SPO)[1] is a state-of-the-art tuning methodology for parameter optimization. It has the following properties:

i) Use the available budget (e.g., simulator runs, number of function evaluations) sequentially, i.e., use information from search-space exploration to guide the search by building one or several meta models, e.g., random forest, linear regression, or Kriging. Choose new design points based on predictions from the meta model(s). Refine the meta model(s) stepwise to improve knowledge about the search space.

ii) Try to cope with noise by improving confidence. Guarantee comparable confidence for search points.

iii) Collect and report tuning process information for exploratory data analysis.

iv) Provide mechanisms both for interactive and automated tuning.

The SPO Toolbox (SPOT) provides standardized interfaces, which enable the integration of several meta models in a convenient manner [2]. Naturally, the question arises, which meta model should be used during the tuning process. Instead of recommending one meta model only, we will analyse an alternative approach: Provide an effective and efficient policy to dynamically combine several meta models to one better, i.e., more reliable meta model. Two research questions are dealt with in this study:

(Q.1) How to dynamically select the *best* meta model amongst an ensemble of meta models?

(Q.2) Based on evaluations of several models and its related predictions and errors (uncertainties), how can the best *combination* be determined?

These two questions are classical exploration—exploitation problems, which have been discussed in the literature for several decades and in different settings (scheduling, design of clinical trials, search).

To tackle these two questions, this experimental study analyses the behaviour of two approaches in the SPO framework, namely (i) *single-evaluation approaches*, i.e., one model is built in each step, and (ii) *multiple-evaluation approaches*, i.e., several models are built in parallel. The assumption that model building is computationally cheap compared to real function evaluations justifies the evaluation of several models in parallel. Combining elements from sets of test functions, meta models, and decision rules increases the combinatorial complexity. To discover first trends, we use a very limited set of five test

Table 1: Fourteen different ensemble approaches used in this study

Name	Type	Abbreviation
Round Robin	single	sRR
Randomized Choosing	single	sRC
Greedy	single	sG
ϵ-Greedy $\epsilon = 0.25$	single	sEG
SoftMax	single	sSM
Bayesian Learning Automaton	single	sBL
Greedy	multi	mG
ϵ-Greedy	multi	mEG
Ranking	multi	mR
Weighted Ranking	multi	mWR
Quality Driven Grading	multi	mQG
Weighted Averaging	multi	mWA
Weighted Averaging Squared	multi	mWAs
Alternating Recommendation	multi	mAR

functions (Branin, Mexican Hat, Rastrigin, Rosenbrock, and Six Hump), which will be extended in further studies. Meta models are based on three variants of Gaussian process models (Kriging), random forest, and support vector machines. Fourteen different ensemble based approaches are considered in this study. Design of experiments and analysis of variance tools were used to perform a statistical analysis.

In the following section, the ensemble approaches, which are used in this study, are described. Section 3 explains the experimental setup, including a short presentation of the meta models that are used as a foundation for the ensembles. Moreover, a detailed description of the objective functions used for this study is given. Section 4 presents results derived from the experiments, which are then statistically analysed in section 5 and discussed in section 6. Finally section 7 provides an outlook on future work. Note, results from our research are not restricted to tuning problems, they are also of great relevance in different domains (e.g., active learning and bagging).

2 Ensemble Approaches (Policies)

A comprehensive introduction to ensemble-based approaches in decision making is given in [3]. In this section we distinguish between two groups of ensemble approaches: The first group's approaches only choose and build one single meta model in a single SPO step. The second group's approaches build all models, and use the derived information to decide which output to use. The policies from this study are summarized in table 1.

2.1 Single-Evaluation Approaches

The approaches described as single-evaluation are based on methods used to solve multi-armed bandit problems [4]. Multi-armed bandit problems are a well known area of research. They are decision problems, where a player has to decide which bandit to play to maximize the reward. This can be mapped to the application of SPO, where a bandit represents a meta model and the SPO algorithm has to decide which meta model to choose in each sequential step.

Thus, single-evaluation approaches only build and evaluate one model in each step. The choice in the subsequent step is then based on a success/failure quality criterion (Bernoulli distributed feedback), unless the choice is completely random or predefined like in the Round Robin or Randomized Choosing approaches. Success means that SPO found a new and better function value with the help of the chosen model, failure indicates that no progress was made.

Some of the algorithms mentioned below are for stationary problems, some also work for non stationary problems. Stationarity, here, does not refer to the target function, but to the decision problem (i.e. the multi-armed bandit problem). As a result, the probability of success for a certain bandit might be changing over time.

It is likely that our application is not perfectly stationary since the number of data points available for model building rises throughout a SPOT run. Some models might excel in the beginning, others at the end of the run. However, since the number of steps (or decisions) done in each run is rather low, this non-stationarity might be hard to grasp. Therefore, we consider approaches of both types.

2.1.1   Round Robin

The meta models used in this ensemble approach are chosen in a circular order independent of their previously achieved gain, starting with the first model in the list of models. While it might not be expected to provide excellent results, this approach can provide a simple basis for comparison.

2.1.2   Randomized Choosing

As another basis for comparison Randomized Choosing is suggested, where the meta model to be used in each step is selected randomly from the list of available models. Again the previous success of the model is not a decision factor.

2.1.3 ϵ-Greedy

A greedy decision is a decision that chooses exploitation over exploration. So, in each step, the greedy decision would be to choose the meta model that provided the most reward so far. The ϵ-Greedy algorithm chooses the best model with $P = \epsilon$ and with a probability of $P = 1 - \epsilon$ one of the remaining models is chosen. In this way, the ϵ parameter can be used to balance between exploitation and exploration. The exact choice of this parameter, however, is hard to recommend, and also all non-greedy choices are treated equally, even though they might have varying success. Still, the ϵ-Greedy can prove to be surprisingly good when compared to other algorithms [5].

In our study we use two settings for epsilon, $\epsilon = 1$ and $\epsilon = 0.75$. Thus, we compare a rather greedy version with a completely greedy version. We refer to the completely greedy version simply as Greedy and to the other as ϵ-Greedy.

2.1.4 SoftMax

The SoftMax strategy uses a probability vector, where each element represents the probability for a corresponding meta model to be chosen. The probability vector is updated by using a Boltzmann distribution depending on the reward received for the chosen models:

$$p(i) = \frac{e^{Q(i)/\tau}}{\sum_{k=1}^{K} e^{Q(k)/\tau}}$$

Parameter τ defines how much influence a difference in rewards has on the probability vector. K is the number of meta models, $p(i)$ is the probability for model m_i to be chosen and $Q(i)$ is the weighted average reward of each model. The weighted average reward is computed by using a parameter $\alpha \in [0, 1]$ that defines how fast the algorithm forgets, thereby managing to deal with non-stationary problems:

$$Q_{t+1}(i) = Q_t(i) + \alpha[r_{t+1}(i) - Q_t(i)]$$

Every time a model is chosen and its success is evaluated, $Q(i)$ is updated with the above formula. The reward r_{t+1} is zero if no progress was made with the model, or one if it was successful. The parameters τ and α have to be chosen initially.

The SoftMax algorithm and the weighted average adaptation for non-stationary problems are described by Sutton and Barto in [6].

2.1.5 Bayesian Learning Automaton

As proposed by Granmo [7], Bayesian Learning Automatons can be used to solve bandit problems with Bernoulli distributed feedback. Granmo described an algorithm for a two-armed bandit, which can easily be expanded to a multi-armed bandit.

For each bandit (e.g. meta model in our case) the two integer values α and β (both initialized with 1) are tracked. In case of a reward, the models m_i associated α_i value is incremented, otherwise β_i is incremented. When deciding which model is to be used in the current step, a random value is sampled from the beta distribution for each model using α_i and β_i as shaping parameters of the distribution. The model with the highest sampled value is chosen.

In contrast to the ϵ-Greedy and SoftMax algorithms, this approach has the advantage of not needing any parameters to be set.

2.2 Multiple-Evaluation Approaches

The algorithms described in this section evaluate all meta models in each sequential step. The response of the ensemble is built depending on the answer of the meta models, considering e.g. the error each model has made or its uncertainty.

2.2.1 Greedy

In this case, the Greedy approach is defined slightly differently. For the single-evaluation approaches, the greedy choice was to build and evaluate the most successful model. Here,

however, all models are built and the greedy decision is simply to choose the response
of the model with the smallest error measure. That means, in each sequential step the
response of the meta model is chosen, which has the smallest mean squared prediction
error on its prediction for the previous sequential step. This error is calculated as the
mean of the squared differences between the predicted and actual function values.

Since there is no previous prediction done in the first sequential step, the calculated error
is null for each meta model. In this initial step, the meta model is chosen randomly.

2.2.2 ϵ-Greedy

Again, the ϵ-Greedy approach differs from the Greedy approach in one simple point: The
greedy decision is not always taken into consideration. With a probability $P = 1 - \epsilon$, a
meta model's response is chosen randomly, independent of its previous prediction error.
With a probability of $P = \epsilon$, the meta model will be chosen greedily.

2.2.3 Ranking

This approach tries to combine the responses of all meta models to one response, where
all meta models contributed to, rather than to choose one response. In order to do this, all
meta models are evaluated and their responses are ranked. The overall response is then
built as the sum of the exponentiated ranks. The following formula describes how the
different meta models are combined to one response:

$$\hat{Y} = \sum \exp\left(rank\left(\hat{y}_i\right)\right).$$

Here $\hat{y}_i$ denotes the prediction of the meta models, whereas $\hat{Y}$ denotes the combined response. The rankings of the single responses $\hat{y}_i$ are exponentiated to provide a combined
ranking which prefers configurations that are evenly ranked by all meta models, and punishes configurations that are rated unbalanced.

2.2.4 Weighted Ranking

In this approach the ranks, which are used to build the sum for the overall response, are
weighted. To determine an appropriate weight, the models mean squared prediction error
of the last sequential step is scaled and used as a weight.

$$\hat{Y} = \sum \exp\left(rank\left(\hat{y}_i\right)/weight\right)$$

2.2.5 Quality Driven Grading

The fitting is performed $n + 1$ times in the current approach. Once on the complete data
set and n times on reduced subsamples of the original data set. This procedure provides
a clue towards the meta model's response underlying certainty. This knowledge about the
meta models uncertainty and the error it has made in previous predictions is then used to
weight the models prediction on the actual data set. Thereupon, the meta model with the
best weighted response is chosen.

2.2.6   Weighted Averaging

The Weighted Averaging approach does not choose a specific model's result but rather combines it by averaging. Since bad models should not deteriorate the overall result, we simply introduced a weighting scheme. Every model's result for a single design point is weighted by its overall error, the sum over all models yields the final value assigned to the design point. Additionally, we tested a setting, where the error weight was squared to punish bad models harsher. Of course, the result of the Weighted Averaging is not to be considered in the same scaling as the original data. But since SPO is here only used as an optimizer, this does not pose a problem.

The error measure used for this (and the next approach) is defined as the mean absolute error of the model built in the last step over all points that have been evaluated on the objective function.

2.2.7   Alternating Recommendation

The concept of SPO allows not only one new suggestion of a design point to be evaluated on the target function, but multiple ones in every sequential step. So, instead of choosing a model and using all results from that single model, the Alternating Recommendation ensemble considers all models built. In contrast to the averaging approach, each model stays untouched.

Ordered by the models error (computed like in the approach above), each model in turn can propose a new design point. The most accurate model recommends the first point (the one it prefers the most), the second best the second one, and so on. After each model recommended a point, the next round starts, where the "best" model can suggest its second best point (if that point was not already recommended by another model).

3   Experimental Setup

3.1   Meta Models Used During SPOT Runs

SPOT processes data sequentially, i.e., starting from a small initial design, further design points are generated using a meta model. Many meta models are available in R [8]. Similar as for the design generators the user has the option of choosing between state-of-the-art meta models for tuning his algorithm or writing his own meta model and use it as a plugin for SPOT. The default SPOT installation contains several meta models. Table 2 summarizes meta models used for experiments described in this document. For the experiment, those models were both tested individually as well as in ensemble combinations.

3.1.1   Random Forest-based Parameter Tuning

The Random Forest method from the R package `randomForest` implements Breiman's algorithm, which is based on Breiman and Cutler's original Fortran code for classification and regression [9]. It is implemented with default parameters as a SPOT plugin, which can be selected via setting the command `seq.predictionModel.func` according to table 2 in SPOT's configuration file.

Table 2: Six SPOT meta models used in this study

Type (R function)	Name of the SPOT plugin	Abbreviation
Gaussian processes (mlegp)	`spotPredictMlegp`	ML
Kriging surface estimate (Krig)	`spotPredictKrig`	KR
Gaussian processes (gausspr)	`spotPredictGausspr`	GP
Random forest (randomForest)	`spotPredictRandomForest`	RF
Support Vector Machine (ksvm)	`spotPredictKsvm`	KS

3.1.2 Maximum Likelihood Estimates of Gaussian Processes

SPOT provides a plugin for the *Maximum Likelihood Estimation of Gaussian Process Parameters* (`mlegp`) package which is available in R. The package `mlegp` finds maximum likelihood estimates of Gaussian processes for univariate and multi-dimensional responses, for Gaussian processes with product exponential correlation structures; constant or linear regression mean functions; no nugget term, constant nugget terms, or a nugget matrix that can be specified up to a multiplicative constant [10].

`mlegp` is implemented as a SPOT plugin, which can again be selected via setting `seq.predictionModel.func` according to table 2 in SPOT's configuration file. In this study all `mlegp` parameters were left at default.

3.1.3 Support Vector Machines

For this study, we added a plugin to SPOT that uses a Support Vector Machine implementation for regression in R. It provides an interface to the `ksvm` function as distributed with the package `kernlab` [11], which is based on an algorithm for solving the SVM QP problem by John Platt [12]. For our experiments, the function `ksvm` was used with default parameters.

3.1.4 Kriging surface estimate

Another plugin added to SPOT employs the `Krig` function of the `fields` package [13] with default parameter settings. This method fits a surface to irregularly spaced data. The Kriging model assumes that the unknown function is a realization of a Gaussian random spatial process.

3.1.5 gausspr (kernlab)

The third meta model from the Gaussian processes family in this study uses the `gausspr` function. This function is also part of the `kernlab` [11] package and is called with default parameters.

3.2 Test Functions

Our main goal when choosing the test functions was to obtain a preferably small number of these, which cover a variety of different difficulty criteria. The following criteria were chosen beforehand:

1. The function's optimum does not lie at the origin.
2. The function is not symmetric.
3. The function is multi-modal.
4. The function has many local minima.

In addition, the functions should be well known in the optimization community to improve reproducibility and comparability of results.

The chosen test functions cover the different difficulty criteria. To gain some additional difficulty and stay consistent with SPOT's original area of application, we added fitness-proportional noise to all test functions. This is the most common case for real-world settings: values and variability both change together. We restricted ourselves to the two-dimensional instances of the test functions as the higher dimensional instances require a much higher budget of target function evaluations and thus a modified setup. The number of function evaluations was chosen as the termination criterion.

The list of chosen test functions is:

1. Branin function was chosen as a test function, because it is multimodal and not symmetric.
2. Six Hump function was chosen as a test function, because it is multimodal with many local minima. It is also not rotationally, but point symmetric around the origin.
3. Rosenbrock Function was chosen as a test function, because it is unimodal; the global minimum lies inside a long, narrow, parabolic shaped, slowly descending valley, what makes it even harder to find. The function is not rotationally but axially symmetric.
4. Rastrigin function was chosen as a test function, because it has a large number of local minima and only one global minimum. The function is not rotationally but axially symmetric.
5. Mexican Hat function was chosen as a test function, because it is multimodal with many local minima.

For more detailed information about the test functions used here (e.g. region of interest, formulas, optimal values) we refer to [14].

3.3 SPOT in a Nutshell

SPOT uses the available budget (e.g., simulator runs, number of function evaluations) sequentially, i.e., it uses information from the exploration of the search space to guide the search by building one or several meta models. Predictions from meta models are used to select new design points. Meta models are refined to improve knowledge about the search space. SPOT provides tools to cope with noise, which typically occurs when real world applications, e.g., stochastic simulations, are run. It guarantees comparable confidence for search points. Users can collect information to learn from this optimization process,

Table 3: SPOT Setup

SPOT Setup Parameter	Value
`auto.loop.nevals`	100
`init.design.size`	10
`init.design.repeats`	2
`init.design.func`	"spotCreateDesignLhd"
`init.design.retries`	100
`spot.ocba`	TRUE
`seq.ocba.budget`	3
`seq.design.size`	200
`seq.design.oldBest.size`	3
`seq.design.new.size`	4
`seq.design.func`	"spotCreateDesignLhd"

e.g., by applying *exploratory data analysis* (EDA) [15, 16]. Last, but not least, SPOT provides mechanisms both for interactive and automated tuning [17, 18]. An R version of this toolbox for interactive and automatic optimization of algorithms can be downloaded from CRAN.[1] Programs and files from this study can be requested from the author.

Table 3 shows the settings used for SPOT. As the function is noisy, OCBA (Optimal Computational Budget Allocation) is used since it has shown superior results in previous studies [14]. Since the test functions are only two dimensional, the `auto.loop.nevals` parameter, which limits the number of function evaluations, is set to 100. Other settings are chosen due to experience of the authors.

3.4 Best Case Comparison

To get an impression of how good our models and ensemble approaches could possibly get, we introduce a best case to our experiments. Here, we do not use any kind of meta models, but instead use the noisy target function itself as a meta model. In a way we assume that this would be the "perfect" meta model because it completely represents the real target function (although a quadratic or linear meta model that directly points to the global optimum might rather be perfect in an optimization context).

Doing so, we see how good our meta models (or ensembles) could possibly get if they actually were able to reproduce the target function, under the circumstances that our experimental setting presents. This is simply a comparison to better judge the results of the approaches we test. In plots and tables we will refer to this testing comparison as TST.

4 Experimental Results

We are comparing 19 algorithms (14 ensembles variants and 5 meta models) on five noisy test functions. A typical question at this point is "Which comparison method should be used?"

---

[1] `http://cran.r-project.org/web/packages/SPOT/index.html`

The first step of our analysis relies on EDA. EDA comprehends methods such as plotting the raw data, e.g., histograms, plotting simple statistics such as mean plots, standard deviation plots, box plots, and main effects plots of the raw data. Observations based on EDA help us to select adequate techniques for the statistical analysis that will be performed in the second step. Step two is described in Section 5.

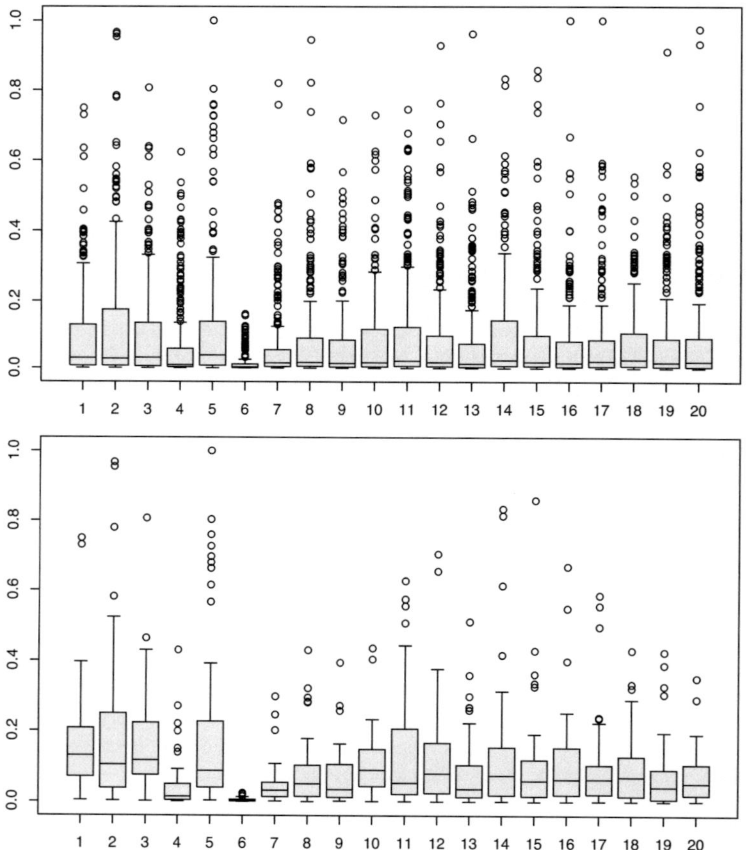

Figure 1: First boxplot shows summary of all normalized data over all functions, second plot shows data from Rosenbrock only. 1=GP, 2=KR, 3=KS, 4=ML, 5=RF, 6=TST, 7=mAR, 8=mEG, 9=mG, 10=mQG, 11=mR, 12=mWA, 13=mWAs, 14=mWR, 15=sBL, 16=sEG, 17=sG, 18=sRC, 19=sRR, 20=sSM

To visualize our results we show two boxplots in Fig. 1. Both show the resulting data, scaled to an interval of values from zero to one, since the real range of values for each test function can be quite different. The data values are the real, non-noisy function values of the best parameter setting found by each SPOT run. The first plot shows results for all experiments over all test functions. Although small differences can be detected, the overall data set hardly allows to make any good conclusion about which algorithm performs best. It can however be said that ML seems to be the best of the single models. The second plot, illustrating results from Rosenbrock's function only, shows how the data vary more strongly if viewed only on that single test functions. In this case, ML also seems to perform best on this test function, while this can not be verified with every other test function. Especially the results from Rastrigin show very little differences between the algorithms. Besides, it can be seen in both plots, that while ML seems to be reasonably good, there is still room for improvement: The "best case comparison", i.e., `TST`, is the single experiment that always provides the best results.

5 Analysis

Our analysis comprises statistical tools such as *analysis of variance* (ANOVA). First, we have to decide whether we want to compare results with a reference algorithm. This procedure is adequate if one well established algorithm is the gold standard. Given n algorithms, this techniques requires $n-1$ comparisons only. Otherwise, pairwise comparisons can be used. Note that the combinatorial complexity of pairwise comparisons is large. A standard approach from statistics reads as follows [14].

(S.1) Use classical analysis of variance to determine whether there are differences between the treatment means. Under normality assumptions, use ANOVA for performing one-way location analysis. Otherwise, Kruskal-Wallis Rank Sum Test or its equivalent for two groups, the Wilcoxon rank sum test can be used [19].

(S.2) If the answer from the first step is positive, analyse *which* means differ using *multiple comparison methods*. Under normality assumptions, *Tukey's Honest Significant Differences* (TukeyHSD) tests can be used. Otherwise, the *Dunnett-Tukey-Kramer Pairwise Multiple Comparison tests* is recommended [20].

To handle the experimental complexity, our analysis is based on a multi-stage approach ("divide-and-conquer"). We partition the set of policies into three groups: single-evaluation, multiple-evaluation, and non-ensemble approaches. During the first stage, policies within each group are compared. During the second stage, the three best policies from each group are compared.

5.1 Single-Evaluation Approaches

A Kruskal-Wallis rank sum test of the null hypothesis that the location parameters of the distribution of Y are the same in each group (sample) is performed first for each test function. This test reveals that there is a significant difference for Branin (p-value = 0.06555) and Mexican Hat (p-value = 0.0822), whereas differences for the Rastrigin, Rosenbrock, and Six Hump are not statistically significant:

```
              diff           lwr          upr       p adj
sEG-sBL  -0.04311923  -0.356219595  0.2699811   0.9987499
sG-sBL   -0.01101152  -0.324111883  0.3020888   0.9999985
sRC-sBL   0.08920151  -0.223898853  0.4023019   0.9642148
sRR-sBL   0.03498914  -0.278111229  0.3480895   0.9995469
sSM-sBL   0.31006374  -0.003036621  0.6231641   0.0539600*
```

```
sG-sEG     0.03210771  -0.280992652  0.3452081  0.9997025
sRC-sEG    0.13232074  -0.180779622  0.4454211  0.8306643
sRR-sEG    0.07810837  -0.234991999  0.3912087  0.9799607
sSM-sEG    0.35318297   0.040082610  0.6662833  0.0168528*
sRC-sG     0.10021303  -0.212887334  0.4133134  0.9416678
sRR-sG     0.04600065  -0.267099711  0.3591010  0.9982932
sSM-sG     0.32107526   0.007974897  0.6341756  0.0407568*
sRR-sRC   -0.05421238  -0.367312742  0.2588880  0.9962660
sSM-sRC    0.22086223  -0.092238133  0.5339626  0.3314643
sSM-sRR    0.27507461  -0.038025756  0.5881750  0.1215595
```

These results can be interpreted as follows: sSM-sBL, sSM-sEG, and sSM-sG differ in performance on Branin's function. To give an example, consider the ninth line from the output, which compares sSM and sEG:

```
sSM-sEG    0.35318297   0.040082610  0.6662833  0.0168528*
```

Since we are considering minimization problems, the positive value 0.35318297 indicates that sSm reached a higher function value than sEG. 95% confidence intervals and p-values are also calculated. Summarizing, we can state that sEG is best, sSM worst on Branin's function.

Taking p-values and confidence intervals into consideration, we can easily detect significant differences. For example, the difference -0.04311923 from the first line (sEG-sBL) is not statistically significant.

A similar analysis, performed on results from the Mexican Hat function, reveals that sRC is worst, sRR best, and sEG performs reasonable good on this function. Therefore, the ϵ-Greedy policy sEG is chosen as the best single-evaluation approach.

5.2 Multiple-Evaluation Approaches

Kruskal-Wallis rank sum tests for the multiple-evaluation approaches indicate that these policies differ in their performance on Branin (p-value = 0.0006006) and Rosenbrock (p-value = 0.003778). They show similar performances on Rastrigin, Mexican Hat, and Six Hump.

The statistical analysis reveals that mWR is outperformed by mAR, mEG, mWA, and mWAs. We can conclude that mWAs and mAR are the best policies, whereas mWR performs worst on Branin's function.

Considering Rosenbrock's function, the situation is a little bit more complicated: mAR performs better than mQG, mR, mWA, and mWR; mEG outperforms mR, mWAs performs better than mWR. Summarizing, we can conclude that mAR is a reasonable choice for Rosenbrock's function.

Finally, we conclude that the Alternating Recommendation policy mAR is the best policy.

5.3 Non-Ensemble Approaches

Simple EDA reveals that ML is the best meta model in our comparisons on Branin, Mexican Hat, Rosenbrock, and Six Hump. Interestingly, all meta models exhibit a similar performance on Rastringin's function. Random forest performs surprisingly good on Rastrigin. Therefore, ML was chosen as the best candidate for our final comparison.

5.4 Final Comparison

Our final comparison focuses on sEG, mAR, and ML. Kruskal-Wallis rank sum tests show significant differences on Rastrigin (p-value = 0.03759), Rosenbrock (p-value = 0.0006051), and Six Hump (p-value = .006867). On Rastrigin's function, the multiple comparison tests produce the following output:

```
                diff         lwr          upr       p adj
mAR-ML   -0.5506559 -1.897131  0.7958195  0.5980376
sEG-ML   -1.0878970 -2.434372  0.2585785  0.1386036*
sEG-mAR -0.5372410 -1.883716  0.8092344  0.6129415
```

sEG outperforms ML on Rastrigin, whereas the remaining two comparisons do not reveal a clear winner. Interestingly, the situation is different on Rosenbrock's function.

```
                diff           lwr          upr       p adj
mAR-ML   -0.006053078 -0.23477911  0.2226730  0.9978378
sEG-ML    0.298016354  0.06929032  0.5267424  0.0068343*
sEG-mAR   0.304069432  0.07534340  0.5327955  0.0056251*
```

mAR and ML perform equally good, whereas sEG is outperformed by ML and mAR. Finally, we review results on Six Hump. Here, for sEG and mAR no difference in their performances could be detected. ML performs better than both ensemble approaches:

```
                diff            lwr           upr        p adj
mAR-ML    0.0043309488 -0.0003971800  0.009059078  0.0800071*
sEG-ML    0.0039823639 -0.0007457649  0.008710493  0.1172052*
sEG-mAR  -0.0003485849 -0.0050767138  0.004379544  0.9833436
```

6 Discussion

Our research focuses on situations in which ensemble-based approaches outperform classical approaches. Reflecting the experimental analysis, we have learned that combining several test problems blurs the significant differences, which are visible on subsets. Therefore, we re-arranged our experimental setup and the corresponding analysis. Significant differences could be observed on single test functions. As expected, ML performs best on four of the five test functions. Interestingly, we discovered a different behaviour on Rastrigin's function. This will give the starting point for further investigations. So, we did not find simple answers to (Q.1) and (Q.2), but we are able to formulate interesting follow-up questions.

One further observation is related to the Round-Robin policy: It performs reasonably well in several settings and deserves further attention in forthcoming experiments.

7 Summary and Outlook

There is no general recommendation that can be derived from results of this study. We learned, that even on simple test functions, ensemble-based approaches can outperform classical meta model approaches. However, combining results from several test functions may blur significant effects. We will consider special functions in our forthcoming experiments, rather than simply increasing the number of test functions in our portfolio. The box plots from Fig. 2 nicely illustrate this situation: ML and sEG show a completely different behavior on Rastrigin and Rosenbrock.

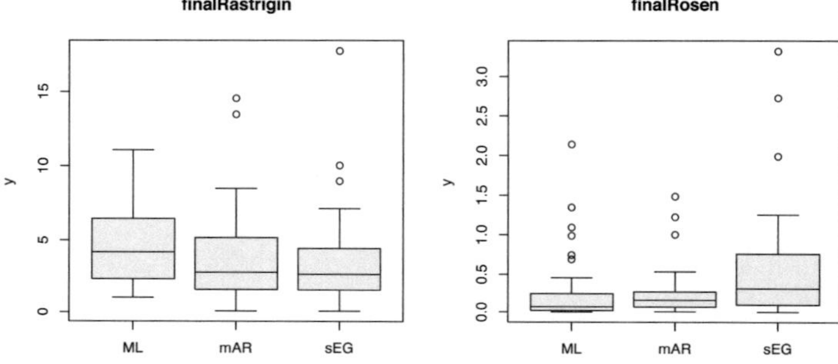

Figure 2: Box plots comparing final best approaches on Rastrigin (*left*) and Rosenbrock (*right*). These box plots illustrate a simple observation: the selection of the best algorithm (policy) depends on the test function. There are settings, in which ensemble based approaches are outperformed by single meta models, and vice versa

Further topics that will be tackled in future experiments are as follows:

1. How to choose ϵ values for the greedy-search approach?
2. We will increase problem dimensions, and analyse objective functions with certain features to gain more insight into the working mechanism of ensemble-based approaches.
3. We will further analyse adaptive region of interest approaches, i.e., we do not use a fixed region of interest during the optimization.

Acknowledgements

This work has been supported by the Bundesministerium für Bildung und Forschung (BMBF) under the grants FIWA (AIF FKZ 17N2309), MCIOP (AIF FKZ 17N0311), and by the Cologne University of Applied Sciences under the research focus grant COSA.

References

[1] Bartz-Beielstein, T.; Parsopoulos, K. E.; Vrahatis, M. N.: Design and analysis of optimization algorithms using computational statistics. *Applied Numerical Analysis and Computational Mathematics (ANACM)* 1 (2004) 2, S. 413–433.

[2] Bartz-Beielstein, T.: SPOT: An R Package For Automatic and Interactive Tuning of Optimization Algorithms by Sequential Parameter Optimization. CIOP Technical Report 05/10, Research Center CIOP (Computational Intelligence, Optimization and Data Mining), Cologne University of Applied Science, Faculty of Computer Science and Engineering Science. URL `http://arxiv.org/abs/1006.4645`. Comments: Related software can be downloaded from http://cran.r-project.org/web/packages/SPOT/index.html. 2010.

[3] Polikar, R.: Ensemble based systems in decision making. *Circuits and Systems Magazine, IEEE* 6 (2006) 3, S. 21–45. URL `https://maanvs03.gm.fh-koeln.de/webstore/Classified.d/Poli06a.d/Poli06a.pdf`.

[4] Gittins, J.: Bandit Processes and Dynamic Allocation Indices. *J. R. Statist. Soc. B* **41** (1979), S. 148–164.

[5] Vermorel, J.; Mohri, M.: Multi-armed bandit algorithms and empirical evaluation. In: *In European Conference on Machine Learning*, S. 437–448. Springer. 2005.

[6] Sutton, R. S.; Barto, A. G.: *Reinforcement Learning: An Introduction (Adaptive Computation and Machine Learning)*. MIT Press. URL `http://www.cse.iitm.ac.in/~cs670/book/the-book.html`. 1998.

[7] Granmo, O.-C.: A Bayesian Learning Automaton for Solving Two-Armed Bernoulli Bandit Problems. In: *Proceedings of the 2008 Seventh International Conference on Machine Learning and Applications*, S. 23–30. Washington, DC, USA: IEEE Computer Society. ISBN 978-0-7695-3495-4. 2008.

[8] R Development Core Team: *R: A Language and Environment for Statistical Computing*. R Foundation for Statistical Computing, Vienna, Austria. URL `http://www.R-project.org`. ISBN 3-900051-07-0. 2011.

[9] Breiman, L.: Random Forests. *Machine Learning* 45 (2001) 1, S. 5 –32.

[10] Dancik, G. M.; Dorman, K. S.: mlegp. *Bioinformatics* 24 (2008) 17, S. 1966–1967.

[11] Karatzoglou, A.; Smola, A.; Hornik, K.; Zeileis, A.: kernlab – An S4 Package for Kernel Methods in R. *Journal of Statistical Software* 11 (2004) 9, S. 1–20. URL `http://www.jstatsoft.org/v11/i09/`.

[12] Platt, J. C.: Probabilistic Outputs for Support Vector Machines and Comparisons to Regularized Likelihood Methods. In: *Advances in Large Margin Classifiers*, S. 61–74. MIT Press. 2000.

[13] Furrer, R.; Nychka, D.; Sain, S.: *fields: Tools for spatial data*. URL `http://CRAN.R-project.org/package=fields`. R package version 6.3. 2010.

[14] Bartz-Beielstein, T.; Friese, M.: Sequential Parameter Optimization and Optimal Computational Budget Allocation for Noisy Optimization Problems. CIOP Technical Report 02/11, Research Center CIOP (Computational Intelligence, Optimization and Data Mining), Cologne University of Applied Science, Faculty of Computer Science and Engineering Science. URL `http://maanvs03.gm.fh-koeln.de/webpub/CIOPReports.d/Bart11a.d/Bart11a.pdf`. 2011.

[15] Tukey, J.: The philosophy of multiple comparisons. *Statistical Science* 6 (1991), S. 100–116.

[16] Chambers, J.; Cleveland, W.; Kleiner, B.; Tukey, P.: *Graphical Methods for Data Analysis*. Belmont CA: Wadsworth. 1983.

[17] Bartz-Beielstein, T.; Preuss, M.: The Future of Experimental Research. In: *Experimental Methods for the Analysis of Optimization Algorithms* (Bartz-Beielstein, T.; Chiarandini, M.; Paquete, L.; Preuss, M., Hg.), S. 17–46. Berlin, Heidelberg, New York: Springer. 2010.

[18] Bartz-Beielstein, T.; Lasarczyk, C.; Preuss, M.: The Sequential Parameter Optimization Toolbox. In: *Experimental Methods for the Analysis of Optimization Algorithms* (Bartz-Beielstein, T.; Chiarandini, M.; Paquete, L.; Preuss, M., Hg.), S. 337–360. Berlin, Heidelberg, New York: Springer. 2010.

[19] Hollander, M.; Wolfe, D. A.: *Nonparametric Statistical Methods*. John Wiley & Sons. 1973.

[20] Dunnett, C.: Pairwise Multiple Comparisons in the Unequal Variance Case. *Journal of the American Statistical Association* 75 (1980), S. 796–800.

Optimizing the training of artificial neural networks using evolutionary algorithms

S. C. Schäfer, U. Lehmann, M. Schneider, M. Stieglitz, C. Radisch, S. Turck, J. Krone, J. Brenig

Institut für Computer Science, Vision and Computational Intelligence
Fachhochschule Südwestfalen, Frauenstuhlweg 31, 58644 Iserlohn
Tel.: (02371) 566-558
Fax: (02371) 566-209
E-Mail: {Schaefer.Sebastian, Lehmann.Ulrich, Schneider.Michael, Stieglitz.Marcel,
Radisch.Christian, Krone.Joerg, Brenig.Johannes}@fh-swf.de
Turck@simuform.de

1 Introduction

The training of an artificial neural network (ANN) [1] is a longsome process which cannot guarantee satisfactory results. Thus a multitude of artificial neural networks with the same architecture, the same data, but different initializations for weights and biases are trained. All trained ANN are then tested for their respective performance and the best networks are selected for further use.

By using this approach two problems will occur: First and foremost there is still no guarantee that one will be able to find an artificial neural network which is suitable for properly simulating the data it was trained with. Secondly the training of a large number of artificial neural networks takes a lot of time thus blocking valuable computational resources from further use until the training is finished. This approach of training ANN is similar to Brute Forcing with a very limited pool of variations where the user tries to find a suitable artificial neural network completely at random. Every single one of the ANN is trained and evaluated on its own without comparing it to the rest of the training population during training.

To improve upon this form of training an evolutionary algorithm [2] was developed. The goal of this algorithm was to discover the optimal ANN architecture, the number of hidden-layers, the number of neurons per hidden-layer and the activation function for the hidden-layers, for a given dataset. The implemented evolutionary algorithm produced excellent results and was subsequently enhanced and extended by many new features.

This optimization process however still requires quite a lot of computational time. Thus many of the enhancements implemented were focused on reducing the computational time required to achieve equal or even better results in less time. The four most important of these enhancements and their effects on the overall computational time and quality of the results are going to be described in detail in this paper.

2 Initial Situation

The evolutionary algorithm was designed to determine the best architecture of an artificial neural network for a given dataset. In order to achieve this, the evolutionary algorithm creates an initial population of artificial neural networks with a random architecture (number of hidden-layers, neurons per hidden-layer and activation function on the hidden-layers). This first generation of parent individuals is then trained on a computer cluster and afterwards evaluated for their performance on pre-set test data. In the next step a population of child individuals is created by repeatedly selecting two parent individuals by use of a tournament function which are then used to create a child individual using a recombination function and afterwards a mutation function to add additional gene diversity. After the creation of the child population the children are also trained on the computer cluster and afterwards evaluated the same way as the parent individuals. The last step of every generation is to assemble the new parent population for the following generation by selecting some of the best parents and children.

The following activity diagram (Figure 1) illustrates the unmodified first version of the evolutionary algorithm:

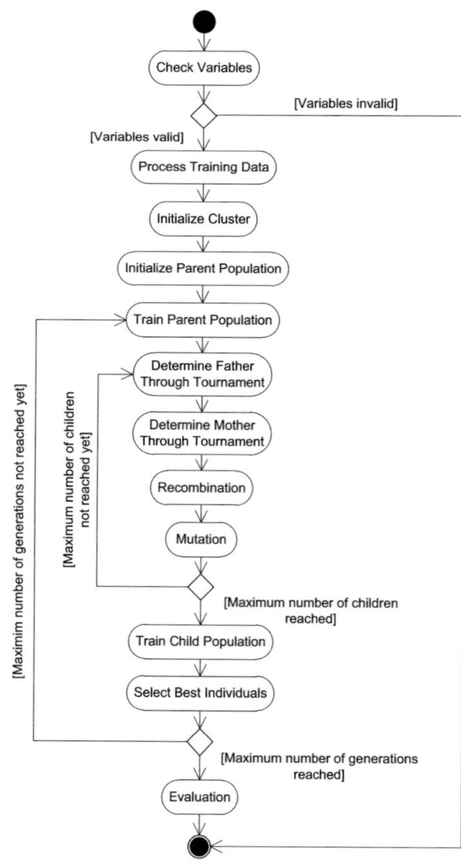

Figure 1: Activity diagram illustrating the first version of the implemented evolutionary algorithm

Because of the nature of the implemented genetic algorithm there are still a large number of artificial neural networks that need to be trained. The number of ANN and the time it takes to train them depends, among other factors, mostly on the number of generations, the architectural constraints and the ANN training parameters set by the user. The minimum settings for these factors needed to achieve satisfactory results however still result in the optimization process requiring a lot of computational time.

To reduce the overall time needed for the optimization process and maybe even further improve the results the following extension were integrated into the evolutionary algorithm:

1. The trained weights and biases of both parent individuals are passed on to the child in the recombination process

2. A short initial pre-training with a number of different initializations for each parent individual of the first generation is conducted to select a good initialization to start the optimization process with

3. The number of training epochs for each individual in the parent population is halved after each generation of the optimization process

4. A variable number of training epochs depending on the architecture of the ANN may be set by the user

In the following sections each of the extensions will be explained in more detail.

3 Weight And Bias Optimization

In the first version of the evolutionary optimized training the artificial neural networks of the parent population were sorted by their performance over a pre-set amount of test data. Afterwards two parent individuals were selected which were used to create a child individual via a recombination function. The recombination process however created a child ANN from "scratch". It used the genes of the parent individuals to determine the number of hidden-layers, the number of neurons per hidden-layer as well as the activation function of the hidden-layers and create a new ANN with a randomized initialization for weights and biases. Thus potentially valuable knowledge in the form of the already trained weight and bias values of the parent individuals was lost as the newly created child did not inherit any of this knowledge.

A new approach was devised that was supposed to improve the results of and speed up the whole optimization process in general by including the pre-trained weight and bias values of the parent individuals in the creation of the child individual.

Several problems quickly began to surface whilst devising the specific procedure of passing on weight and bias values to the child. The weight and bias values were supposed to be passed on layer by layer from parent to child. That means that the child always inherits all weights or biases of a whole layer from either the father or the mother ANN. But as the main goal of the evolutionary optimization is to determine the best artificial neural network architecture for a given set of training data every ANN of the parent population has a unique architecture. That means that the number of hidden-layers and the number of neurons per hidden-layer varies for each ANN. When a child is created by the recombination function it inherits part of the genes from the father and part from the mother forming another unique ANN architecture in the process, which makes the whole process of passing on weights and biases a complicated matter as the child's number of hidden-layers and/or number of neurons per hidden-layer will most likely vary from those of the parents.

The following points and their solutions came up while devising the new approach and had to be considered in the implementation:

- The number of hidden-layers of the child may vary in comparison to the parent's
  - The child may have fewer hidden-layers than one of its parents
    - In that case the weights and biases of the parents are passed on to the child layer by layer until all hidden-layers of the child are initialized
  - The child may have more hidden-layers than one of its parents
    - In that case random values have to be inserted for the non-existent hidden-layers of the respective parent

- The number of neurons of each hidden-layer may vary in comparison to the parent's
  - The child may have more neurons on the current hidden-layer than one of its parents
    - All available weights and biases of the current hidden-layer of the parent are passed on to the child and the remaining weights and biases of the child are initialized with random values
  - The child may have fewer neurons on the current hidden-layer than one of its parents
    - The weights and biases for the current hidden-layer to be passed on to the child will be selected at random

- The weights and biases of the output-layer of the parents have to be passed on to the output-layer of the child

By passing on the pre-trained weights and biases of the parents to the children the knowledge about the data the parents learned during their training should enable the child to learn the same data more quickly compared to a random initialization.

4 Initial pre-training of the first parent generation

In the first version of the evolutionary algorithm the initial parent population of the first generation was created purely at random using the architectural constraints set by the user. All of the created parent individuals were then initialized with random weight and bias values. After the creation and initialization of all parent ANN the evolutionary optimization process starts by training and afterwards sorting them by performance. This method of training is the straightforward approach, which will produce good results for some of the architectures. However that does not necessarily mean that these architectures are superior to the ones that did not perform as well.

The random initialization of the weights and biases of an artificial neural network has a big influence on its training and the resulting performance [3]. When one creates many ANN with the exact same architecture and training parameters but with different initializations for weights and biases and trains them for the exact same amount of epochs the resulting performance will in parts differ greatly.

The following graphic (Figure 2) illustrates the difference in performance of different random ANN initializations with the exact same architecture and properties:

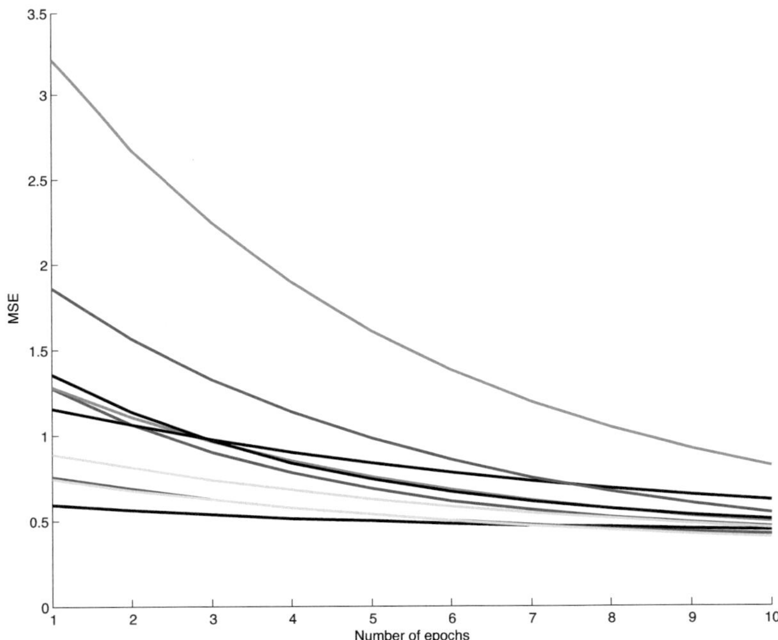

Figure 2: Graphic illustrating the performance differences of different random ANN initializations

Therefore the algorithm was extended by a short initial pre-training of the first generation of parent individuals before the normal optimization process starts. In this initial pre-training a user set number of initializations are generated for each unique ANN architecture. All initializations are trained with a training function and a number of training epochs specified by the user. After the training the performance of every artificial neural network is determined via a set amount of test data and the networks are subsequently sorted by the determined performance. The last step is to determine the best performing initialization for each ANN architecture and select them for use in the evolutionary optimization process and discard the rest of the networks.

By training and afterwards selecting the best performing initialization for every unique ANN architecture the overall evolutionary optimization results should be improved and thus reduce the time necessary for the optimization process in general as it was made certain that the first generation of parent individuals uses an initialization which is as good as possible.

5 Halved training epochs for parents after each generation

Normally every individual of the initial parent population would be evaluated for its performance at the very beginning of the evolutionary algorithm. Afterwards only the children that are created from the parent population of the current generation via a recombination function are evaluated for their performance to select the individuals that advance to the next generation.

One of the more prominent differences of the implemented genetic algorithm to the standard genetic algorithm [4] is the continued training of the parent population at the beginning of each new generation. The training parameters of artificial neural networks in particular the number of training epochs required to achieve optimal ANN performance for a given data-set vary greatly by architecture and ANN initialization. Thus two ANN with the exact same architecture but different random initializations may require a different number of training epochs each to achieve similar performance. To accommodate for the peculiarities of artificial neural network training it was decided that the parent population should be trained not only once before the first generation but at the beginning of every generation during the optimization process to allow for the ANN to reach their optimal performance. To make sure that over fitting would not prove to be a problem every network is checked against an amount of validation data pre-set by the user. If the ANN currently in training improves its performance on the training data-set but at the same time degrades on the performance of the validation data-set and continues to degrade over time the training will be stopped after a set amount of epochs and the state of the weights and biases of the ANN just before the validation performance started to degrade is restored.

This approach has proved to be a good asset to the optimization process however it was soon discovered that some of the parent individuals were continuing to improve very slightly across the whole process. But as the performance improvement was ever slighter and yet still consumed a large amount of computational time the algorithm was extended by a function that halves the training epochs for every individual of the parent population after each generation.

With this new modified approach the performance benefits that were originally intended by continuing to train the parent population should still be present while the computational time required for the training of the parents is reduced after every generation.

6 Variable number of training epochs depending on ANN architecture

The performance an artificial neural network is able to achieve is dependent on its architecture and the number of training epochs it was trained for. Up until now every ANN of the parent and child population was trained with the exact same number of epochs. It was discovered that in many of the optimization runs performed large architectures tended to suppress smaller architectures as larger architectures allow an ANN to learn new data faster than an ANN with a smaller architecture. Thus training all networks with the same number of epochs regardless of their architecture is counterproductive to the optimization process as the larger architectures will most of the time suppress the smaller ones.

To circumvent this problem a new feature was devised and implemented that calculates the number of training epochs for every ANN throughout the entire optimization process based on a user set minimum and maximum number of training epochs. To properly calculate the appropriate number of epochs a single ANN should be trained with a weight factor measurement needed to be calculated for every artificial neural network which represents the architecture size. The weight factor is calculated by use of three of the artificial neural network architectural parameters:

- The number of Hidden-Layers

- The total number of neurons

- The total number of weights

Of course these factors had to be weighted as the number of Hidden-Layers is tiny compared to the total number of neurons or weights. After continuous testing with a large number of randomly generated ANN architectures the following simple formula was devised and proved as being useful for properly representing the size of an ANN architecture:

$$WeightFactor = \frac{(\#HiddenLayers + \sqrt[3]{\#Neurons} + \sqrt[4]{\#Weights})}{3}$$

With this weight factor the number of epochs can be calculated via a simple linear equation. This way smaller ANN architectures get to train more epochs than larger architectures and are thus able to properly compete in the evolutionary optimization process.

7 Results

The following activity diagram (Figure 3) illustrates the extensions to the evolutionary algorithm described on the previous pages by incorporating them into the activity diagram of the original EA (see Figure 1 on Page 2):

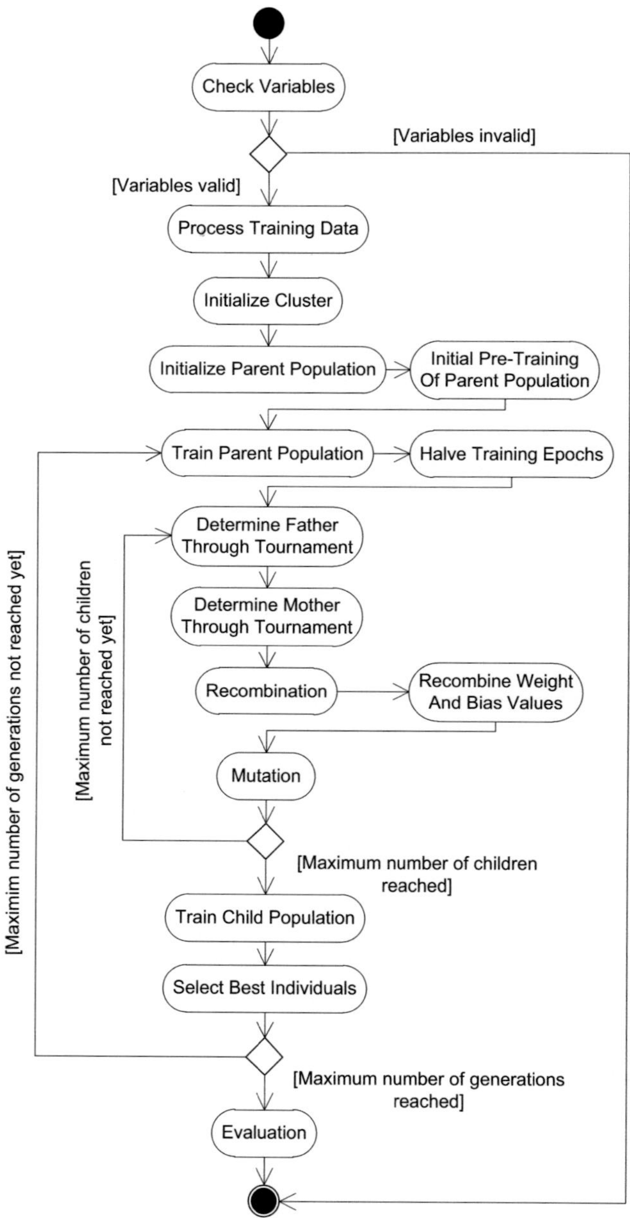

Figure 3: Activity diagram illustrating the modified version of the implemented evolutionary algorithm

To test the extended algorithm an experiment using data from an industry project was conducted. For this experiment the MATLAB Distributed Computing Server Cluster of the Institute for Computer Science, Vision and Computational Intelligence was used. Both the old version of the evolutionary algorithm as well as the extended version were configured to use the exact same settings for the optimization process. With the exception of the parameters for the extended features of course and the fact that the new extended evolutionary algorithm was set to simulate 2 generations instead of the 4 of the old implementation.

See the Table 1 for the detailed settings:

	EA Settings
#-Neurons per Layer	10-40
#-Hidden-Layers	1-4
Hidden-Layer activation function	hyperbolic tangent
Training Function	trainlm
Training epochs	3-10
Generations	4 (old), 2 (new)

Table 1: Settings of the EA comparison

The unmodified evolutionary algorithm's optimization run took about 5 hours and 30 minutes to complete whilst the run of the modified version took about 3 hours. Despite the fact that the modified version only had 2 generations compared to the 4 generations of the unmodified version of the evolutionary algorithm its results are almost equal in performance.

Figure 4 shows the performance development during training in the last generation of the optimization process of the best performing artificial neural networks of the modified evolutionary algorithm version.

Important to note is the fact that all of the artificial neural networks of the modified (grey dashed) evolutionary algorithm were children created in the second and thus last generation of the optimization process. All of the best ANN of the unmodified version originated from an earlier than the 4th generation but only achieved slightly better performance despite the increased number of training epochs. This perfectly demonstrates the effect of the weight and bias optimization that takes place in the modified version of the evolutionary algorithm as it enabled the children to learn much faster than they normally would have.

The difference in the number of training epochs between the artificial neural networks is a result of the variable number of epochs based on the architecture of each ANN.

(NOTE: The variable training epochs extension was introduced much earlier than the rest of the previously described extensions and was thus active in both the *unmodified* and *modified* version of the evolutionary algorithm during this comparison.)

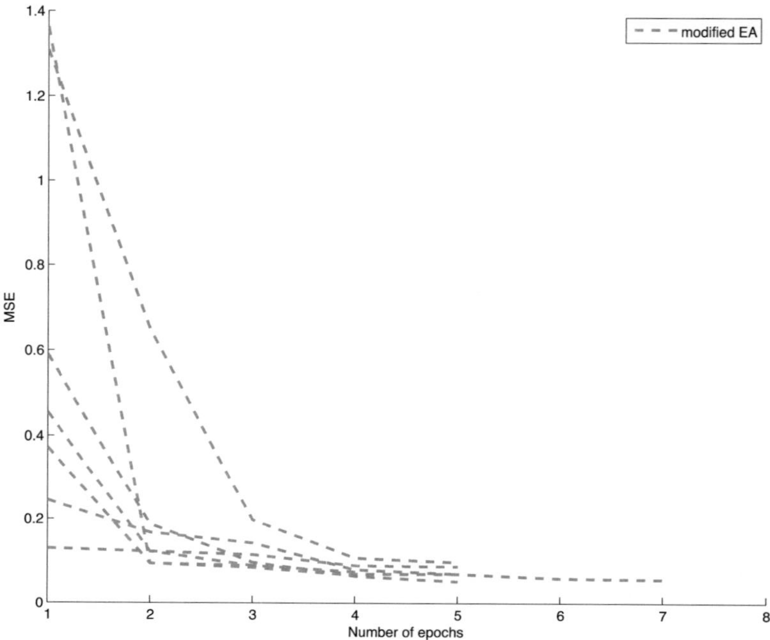

Figure 4: Graphic illustrating the training performance of the best ANN of the modified version of the evolutionary algorithm

8   Conclusions

The previously developed software uses an evolutionary algorithm to perform an optimization process that is aimed at finding the optimal artificial neural network architecture for a given data-set. In this project it was extended by many new features of which the four most significant were described in detail in this paper:

1. The trained weights and biases of both parent individuals are passed on to the child in the recombination process

2. A short initial pre-training with a number of different initializations for each parent individual of the first generation is conducted to select a good initialization to start the optimization process with

3. The number of training epochs for each individual in the parent population is halved after each generation of the optimization process

4. A variable number of training epochs depending on the architecture of the ANN may be set by the user

The main purpose of these modifications was to reduce the computational time necessary to carry out the evolutionary optimization process while achieving equal or better results than before.

To test the correct functionality of the modified implementation, a test was conducted that used the exact same evolutionary algorithm and ANN training parameters with the exception of the number of generations the evolutionary optimization was simulated for. The modified version only simulated for 2 generations while the unmodified version was simulated for 4 generations. Despite that disadvantage the modified version achieved equally satisfying results as the old unmodified version. While at the same time the unmodified algorithm required about 83% more time than the modified version needed to finish the optimization.

9 Acknowledgements

This work has been supported by the Bundesministerium für Wirtschaft und Technologie (BMWi) under the grant ZIM (AIF FKZ KF2589401WD0, "Verbesserung der Generalisierung von Künstlichen Neuronalen Netzen (KNN) und verwandten Konzepten bei der Prognose von Umformprozessen - Optimierung des Trainingsverfahrens und der Topologie der Künstlichen Neuronalen Netze") and was developed at the Institute for Computer Science, Vision and Computational Intelligence of the South Westphalia University of Applied Sciences.

References

[1] Zell, Andreas: *Simulation neuronaler Netze.* 4. unveränderte Auflage. München: Oldenbourg Wissenschaftsverlag GmbH. 2003.

[2] Bäck, Thomas: *Evolutionary Algorithms in Theory and Practice - Evolution Strategies - Evolutionary Programming - Genetic Algorithms.* New York: Oxford University Press, Inc. 1996.

[3] Rojas, Ra'ul: *Neural Networks - A Systematic Introduction.* Berlin: Springer-Verlag. 1996.

[4] Schöneburg, Eberhard; Heinzmann, Frank; Feddersen, Sven: *Genetische Algorithmen und Evolutionsstrategien - Eine Einführung in Theorie und Praxis der simulierten Evolution.* Bonn/Paris: Addison-Wesley (Deutschland) GmbH. 1994.

Tuned Data Mining in R

**Patrick Koch, Wolfgang Konen,
Oliver Flasch, Martina Friese, Boris Naujoks, Martin Zaefferer,
Thomas Bartz-Beielstein**

Fakultät für Informatik und Ingenieurwissenschaften, Fachhochschule Köln
E-Mail: patrick.koch@fh-koeln.de

Abstract

In data mining (DM), the user has to deal with a variety of options to be set manually, e.g., which preprocessing is reasonable for the task, which models should be incorporated, what is an adequate parameter setting for models and preprocessing, or which variables should be selected. Such questions have to be answered anew for each task and illustrate the importance of a comprehensive framework, which can generate good models for DM tasks. We present the software package Tuned Data Mining in R (TDMR), which is a comprehensive framework for data mining offering a fully integrated concept for parameter tuning.

1 Introduction

Nowadays, DM has become more and more important in engineering and science. With the advanced computational power in today's workstations, more advanced techniques come into reach. The tuning of algorithmic parameters and preprocessing options can be valuable in order to build more accurate DM models. Whilst tuning was far too complex in the past, it can be supported by modern computer architectures and powerful optimization algorithms now. Despite this fact, tuning is still seldom applied in practice: users often rely on using rather simple methods as grid search (see e.g., Thisted [Thi88]) or hand-tuning for obtaining the required parameter settings. Unfortunately, these solutions usually perform worse compared to systematically optimized configurations. In this work, we propagate to optimize DM models using a comprehensive framework, which gives good and robust results on the one hand and is still easy to use on the other side.

This paper is structured as follows: in Sec. 2 we give a brief overview on comparable software frameworks for data mining followed by an introduction to parameter tuning algorithms for data mining tasks. We describe the features and the tuning concept of the TDMR framework in Sec. 3. In Sec. 4 we give an overview on tasks already solved using the TDMR framework. A short summary and an outlook is provided in Sec. 5.

2 Methods

2.1 Existing Frameworks

Other frameworks for simplifying and solving DM tasks are broadly available today. In this Sec., we give a short overview on some existing frameworks from industry and sciences. The Machine Learning in R (*mlr*) framework proposed by Bischl [Bis2009] provides many machine learning methods and handles DM tasks including classification and regression. The toolbox *Gait-CAD* [Mik2006] is based on Matlab and includes tools for time series data and classification. Commercial tools include *RapidMiner* [Mie06] (formerly known as YALE), which provides a graphical user interface (GUI), where building blocks of data mining can be combined and drawn together. *ClearVu Analytics* [CVA2010] is similarly a graphical toolbox for modeling and optimization. *ClearVu Analytics* gives suggestions for outlier detection and allows very flexible graphical inspections of the data within the GUI, prior to model building and model optimization. A Mathematica [Wolf88] framework for data modeling was presented by Kotanchek *et al.* [Kota06]. The framework is based on symbolic regression using genetic programming [Koza92] as a modeling technique. Finally, *Rattle* [Will11] is another open-source GUI frontend for data mining using R and gaining increasing popularity.

While offering very powerful solutions, the drawback of all these frameworks is that they provide not enough support for tuning. They do not have a generic framework to couple data mining and feature preprocessing methods with advanced and exchangable tuning methods known from the optimization community (as there are, e.g., SPOT or CMA-ES, see Sec. 2.3).

2.2 Data Mining in the R Environment

R is an open-source software language and can be considered as a free implementation of John Chambers' S language. Today, R is probably the most often used language within the statistics community. Many software packages are provided through the project homepage CRAN (comprehensive R archive network, `http://cran.r-project.org/`). In addition to many statistical software packages, the CRAN platform also provides a lot of machine learning algorithms. Available software packages for machine learning in R reach from simple linear or quadratic models like linear or quadratic discriminant analysis to more complex algorithms as Random Forests (RF) or Support Vector Machines (SVM). Most of the learning algorithms support a simple `formula` interface, which makes it easy to use the same grammatical syntax for the algorithms. Recently, R has become very popular in data mining: a KDnuggets poll with 1100 voters [Piat11] sees R as second most used data mining tool for real projects (closely behind RapidMiner).

2.3 Tuning Algorithms

Parameter optimization is of large importance for data mining. Most parameter settings of learning algorithms are very sensitive, consider, for example, the kernel parameters of Support Vector Machines. Other parameters include preprocessing options, e.g., feature processing and selection. Here, additional parameters come into play which can greatly affect the model quality. In this Sec. we describe some algorithms, which can be used for parameter optimization. In general, a tuning algorithm can be any (numerical) optimizer, which supports box constraints. However, also optimization algorithms without supporting constraint handling can be used, e.g., by making use of penalty functions.

Sequential Parameter Optimization (SPO) [BLP05] is a framework for improving and understanding the behavior of search algorithms by experimentation. Both classical and modern methods from statistics are considered for optimizing algorithm parameters to improve the performance of these algorithms. SPO sequentially performs a pre-defined number of algorithm runs and uses the information during exploration of the search space to build and refine one or multiple meta models of the true objective function. The use of such meta models (or surrogate models) allows SPO to reach very good results with only a small number of observations in the search space. An implementation of SPO, the Sequential Parameter Optimization Toolbox (SPOT), is available as open source software [Bar2010, Bart10e].

Originally, TDMR was designed to work with SPOT as the preferred tuner, but it also offers the possibility to use other tuners as well, e.g., the Covariance Matrix Adaptation Evolution Strategy (CMA-ES) [Han96], a latin hypercube design (LHD) or other direct-search (derivative-free) optimizers [BFGS, Powell] for comparison. At the moment, TDMR contains the tuning algorithms presented in Tab. 1. The list of tuners integrated in TDMR is not fixed, thus the framework can easily be extended by other tuning algorithms.

Table 1: Overview of tuning algorithms

Algorithm Descriptor	Description
spot	Sequential Parameter Optimization Toolbox [Bar2010]
lhd	Latin Hypercube Design (truncated SPOT, all budget spent for the initial step, parameters are equally distributed over the parameter space)
cmaes	Covariance Matrix Adaption Evolution Strategy [Han96], implementation by Trautmann *et al.* can be downloaded from `http://cran.r-project.org/web/packages/cmaes/index.html`
powell	Powell's Method (direct, local search, no constraint handling) [Pow1998]
bfgs	Broyden, Fletcher, Goldfarb and Shanno method (direct search, constraint handling [Liu89] available through R package *optimx*, download from `http://cran.r-project.org/web/packages/optimx/`)

TDMR allows to use $k > 1$ tuning algorithms for a task, yielding k final parameter sets at the end. Tuning with more than one optimization algorithm can be done in parallel using the R snowfall package (see Sec. 3.4). First experiments using TDMR and the tuning algorithms showed, that SPOT outperforms CMA-ES and is significantly better than simple LHD parameter designs or classical local search algorithms like BFGS [Kone11d].

3   TDMR Features

We now introduce the *Tuned Data Mining in* R framework which combines feature processing, machine learning and the possibility to tune both of these processing steps. With the TDMR framework tuned DM models can be built with minimal effort and little DM expertise from the user's point of view. The framework is written in R, because a lot of models and optimization methods are available in this language. The TDMR package is available under the terms of the GNU public license from our webpage [TDMR11].

The workflow of TDMR can be divided into the following three phases with increasing (computational) complexity:

1. A DM model is built completely without tuning (using standard or user-defined parameter settings for the model).

2. Tuned Data Mining: In this phase, a tuning of relevant model parameters is conducted using a tuning method of choice (see Sec. 2.3).

3. Model Chains („The big loop"): Several TDM tasks are started (usually on the same DM task, but with different tuning configurations), optionally with several tuners. Their best solutions are compared with different modes of unbiased evaluations, e.g. on unseen test data or by starting a new, independent cross validation or resubsampling.

The three phases are explained in detail in the following Sections.

3.1   Phase 1: Simple Data Mining in R

In the first phase, a data mining model is built without optimization using standard or user-defined parameter settings for the model. The results obtained from this phase can be used as preliminary suggestions for the parameter ranges and methods to be used. Thus, within this phase, a preselection of models can be done. Later, this phase can also be used for model validation as a final step after TDMR phases 2 and 3.

3.1.1   Defining the Data Mining Task

In general, TDMR can handle two different kinds of data mining tasks, classification, and regression respectively. In the beginning, the user writes a task-specific function `mainTASK(opts=NULL)`, where the dataset is loaded and options for the TDMR framework are set. In the function, one of the task-independent functions `tdmRegressLoop` or `tdmClassifyLoop` is called, which starts the TDMR run. An example of a main function is given below. Here, a dataset is read from a comma separated value (CSV) file and the regression template `tdmRegressLoop` is called. All results from the run are written in a structure named `result` and returned to the user:

```
main_cpu <- function(opts=NULL) {
  # define dataset
  dir.data <- "./data/";
  filename = "cpu.csv";

  # fill opts structure with default values
  if (is.null(opts)) opts <- tdmOptsDefaultsSet();
```

```
# graphics and log file initialization
tdmGraAndLogInitialize(opts);

cat1(opts,filename,": Read data ...\n")
dset <- read.csv2(file=paste(dir.data, filename, sep=""));
cat1(opts,filename,":", length(dset[,1]), "records read.\n");

# set response variable
response.variables <- "ERP";
input.variables <- setdiff(names(dset), response.variables);

# run regression template
result <- tdmRegressLoop(dset, response.variables,
                         input.variables,opts);
result <- tdmRegressSummary(dset,result,opts);

# close graphics and log file
tdmGraAndLogFinalize(opts);
return(result);
}
```

3.1.2 The TDMR Objective Function

Every data mining task processed with TDMR is evaluated using a certain error measure or accuracy value, which is defined by a real-valued function. The objective function value is returned to the user at the end of the function call of `tdmRegressLoop` or `tdmClassifyLoop` as a feedback of the model quality. In other phases of TDMR as tuned data mining or model chain optimization the main task is called multiple times with different parameter settings for the given task(s). The objective function value can be set to different types using the TDMR variable `rgain.type`.

Table 2: Available objective functions for classification (C) and regression (R)

Objective function	Type	Description
rgain (default class.)	C	the relative gain in percent, i.e. the gain actually achieved divided by the maximal achievable gain on the given data set
meanCA	C	mean class accuracy: For each class, the accuracy on the data set is calculated and the mean over all classes is returned
minCA	C	same as „meanCA", but with min instead of mean. For a two-class problem, this is equivalent to maximizing the min(Specifity,Sensitivity)
rmae (default regr.)	R	the relative mean absolute error RMAE, i.e. the mean $<|y - y(pred)|>$ divided by the mean $<|y|>$
rmse	R	root mean squared error

In Tab. 2, the term „gain" is associated with a user-specific gain matrix (square matrix with number of rows = number of classes), which allows to set a specific gain for each possible outcome „true vs. predicted" (usually, all gains for misclassifications will be non-positive, but they can differ in magnitude). The default gain matrix is the identity matrix; in this case `rgain` reduces to the usual mean classification accuracy.

3.1.3   TDMR Options

All settings in TDMR are defined by a structure or list in R named `opts`. In the beginning of a TDMR run the list can be filled with default parameters. Changes to the `opts` list, e.g., substituting the base model or setting preprocessing options can be easily passed to the main task function `mainTASK(opts)` of a data mining task.

3.2   Phase 2: Tuned Data Mining

The second phase comprises a tuning of all relevant model parameters using a tuning algorithm selected by the user. Actually, the tuning algorithms presented in Tab. 1 are provided with TDMR for parameter optimization. As an additional feature of TDMR, the optimization algorithms can be run in parallel on multicore or cluster CPUs. For more details on parallelization see Sec. 3.4.

In TDMR, a parameter configuration usually is a 3-tuple consisting of the preprocessing options $\vec{p}_{pre}$, the model hyperparameters $\vec{p}_{model}$, and, optionally, the postprocessing parameters $\vec{p}_{post}$.

The preprocessing parameters include all parameters required for feature processing:

- feature selection: the number of input features to select using a selection method of choice (see Guyon and Elisseeff [Guy03] for a more thorough overview).

- feature construction: e.g., number of PCA features to select, number of monomials to build from the input features, or similar transformations on the input feature set.

The parameter vector $\vec{p}_{model}$ completely depends on the chosen model for the corresponding data mining task. Thus, the number of parameters can range from an empty set in case of a linear model to more elaborate settings of $\vec{p}_{model}$ in case of SVM or Random Forest models.

Finally, further options may be defined in $\vec{p}_{post}$ for the optional postprocessing of data mining tasks. This includes class weights, making the classifier cost-sensitive, forcing that also classes with few samples are classified correctly.

The flow chart of phase 2 is shown graphically in Fig. 1. In the beginning, a tuning algorithm of choice initializes a parameter configuration $\vec{p} = (\vec{p}_{pre}, \vec{p}_{model}, \vec{p}_{post})$. The configuration is then passed to the objective function, which handles preprocessing, model training, and evaluation on an independent validation set. The objective function value, e.g., the prediction accuracy, is returned to the tuning algorithm again. The tuning algorithm creates new parameter configurations from this information and tries to find the best parameter configuration for the data mining task.

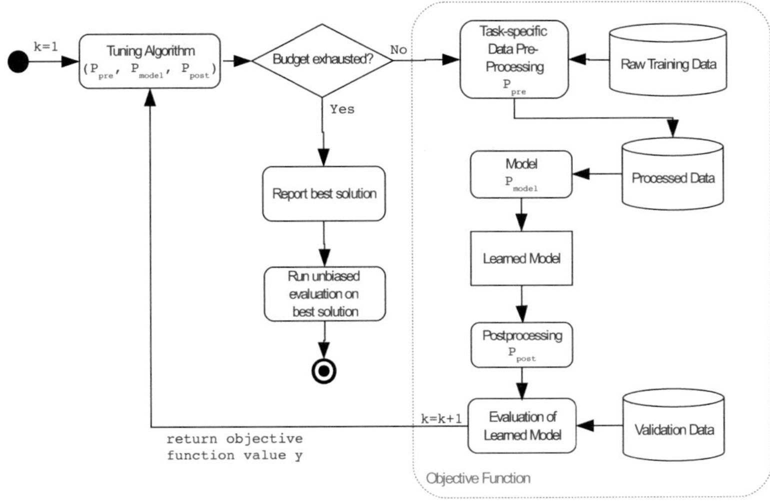

Figure 1: Tuned Data Mining flow chart.

In TDMR, tuning algorithms can be defined using the option:

```
opts$tuneMethod = c("Tuner1", "Tuner2",..., "TunerN"),
```

where `Tuner1` to `TunerN` are the descriptors of the tuning algorithms (see Tab. 1).

3.3   Phase 3: Model Chains or „The Big Loop"

The Big Loop is a script to start several phase-2 tasks (usually on the same DM task, but with different tuning configurations), optionally with several tuners. In this phase of TDMR for each task and tuner,

(a) the tuning process is started (if `spotStep=auto`) or a previous tuning result is read in from file (if `spotStep=rep`) and

(b) one or more unbiased evaluations are started. The unbiased evaluations are done for each element of `umode` by calling the function

```
unbiasedBestRun_*(...,umode,...)
```

[*=C for classification and *=R for regression]. The function `unbiasedBestRun_*` reads in the best solution of a tuning run from SPOT's `.bst` file, and performs a re-run (training + test) with these best parameters to see whether the result quality is reproducible on independently trained models and / or on independent test data.

The tuned models are subject to an unbiased evaluation using

• unseen test data (`umode=TST`),

- independent cross validation (`umode=CV`), or

- by starting a new, independent random subsampling (`umode=RSUB`).

The unbiased evaluations are a way to measure possible oversearching effects. In research of neural networks, the term *overfitting* has become popular, where models get to complex because of too long training periods, which lead to misfits of the models. For decision trees, similar effects can be observed, e.g., the growth of too large and specialized trees, which can't generalize enough any more. Here, pruning is one option to circumvent this effect. However, whilst overfitting is a term affecting the model of the data mining process, parameter tuning can lead to other effects, better known as *oversearching* (see Quinlan and Cameron-Jones [Qui95]). Oversearching occurs if a tuning process follows too closely the random fluctuations of a noisy objective function. Koch *et al.* [Koch10b] have shown a way to measure the oversearching effect for time series data. Another possibility to handle oversearching is to use multiobjective optimizers instead of single-objective optimization techniques minimizing the oversearching effect in an own objective.

3.4 Parallelizing Tuning Experiments

As an important feature for accelerating the tuning process TDMR comprises parallel computing with `snowfall` [Kna09], where DM tasks can be set up on parallel architectures like networks of workstations or grid computing nodes. TDMR experiments can profit from this parallelization, yielding a large speed-up in runtime.

Usually, each TDMR component is run in a sequential manner. Since some components are independent from each other, these steps can easily be accelerated by running them in parallel mode. When the TDMR parameter `parallelCPUs` is set to an integer value larger than 1, a cluster is initialized and the TDMR components will be assigned to the CPUs defined by the cluster.

The following list gives examples how TDMR can be accelerated by parallelized execution:

- In TDMR, experiments can be repeated multiple times with different seeds, e.g., to cope with non-deterministic models or random subsampling. If run on homogenous parallel architectures, a parallelization of experiments will lead to an almost linear speed-up.

- Tuned data mining experiments can be set up with a list of tuning algorithms. By setting multiple tuning algotithms in the `tuneMethod` parameter of TDMR, algorithms can be run in parallel:
  ```
  opts$tuneMethod = c("spot", "cmaes", "bfgs", ... ).
  ```
  Please note that the result of the tuning algorithms will only be available when the slowest tuning algorithm has finished its run.

3.5 Extensibility

TDMR has been designed especially with options for easy extensibility in mind:

1. Tuning parameters: It is easily possible to extend the set of tuning parameters without the need to change core TDMR R -code. The new parameter is added to the list `opts`, to the mapping file `tdmMapDesign.csv`, and to SPOT's `.roi` file. Afterwards it is automatically included into the tuned parameter space.

2. Other tuners: The integration of further tuning algorithms beyond the set listed in Tab. 1 is easily possible. Implementation details are given in [Kone11a].

3. Other machine learning methods.

It is the aim of this extensibility options to proliferate the use of tuning in data mining tasks. Often, the tuning within a new data mining task is hindered by the fact that a certain parameter can not be included in the list of tunable parameters. TDMR should make such extensions fairly easy. Furthermore, the framework facilitates the comparison of different tuners. With TDMR, it becomes easier to run a list of tuning algorithms on a variety of tasks and also to benchmark a new tuning algorithm comprehensivly against existing ones.

4 Experiments

TDMR has recently been used for several data mining tasks. We used TDMR for optimizing both model and preprocessing parameters of a real-world regression problem [Koch10b, Koch10c]. We showed that parameter tuning of the preprocessing parameters in conjunction with model parameters gives comparable or even better results than special-purpose models for the problem at hand (predicting fill levels of stormwater overflow tanks). Konen *et al.* [Kone10a] use TDMR with SPOT as tuning algorithm and without any task-specific programming and reach a place in the top ten of the Data Mining Cup competition 2010 [Koge2010] with their models. (Without tuning, the same model without any task-specific programming and with default parameters would only reach place 47 of 67.) In [Kone11d] different tuning algorithms were compared to each other; here SPOT gave the best performance on the benchmarks from all tuning algorithms used in this study.

Still, a big issue in tuned data mining is the computation time required for the optimization. To cope with this problem, we analyzed settings a) with giving small and large budgets for the optimization and b) with and without Optimal Computing Budget Allocation (OCBA) [Che1997]. OCBA was used within SPOT to assign the available budgets optimally. With fixed repeated evaluations, too much time is spent in regions of the search space, where the parameter configurations appear to be bad. Thus, in Fig. 2 we vary both, the budget available for tuning and set the repeated evaluations one time fixed to a maximum value of 5 and one time dynamic (OCBA). The budget was varied between three different sizes $B \in \{100, 500, 1000\}$.

The plots show the results of ten repeated runs of TDMR on a real-world classification problem (prediction of acid concentrations in the fluids of a plant, AppAcid, see [Kone11d] for more details on the task). As classification method for this task, we chose a random forest, since it gave best results in prior experimentations [Kone11d]. In the plots, we also compare two meta models for the SPOT optimization, a kriging-based meta model (maximum likelihood estimated gaussian processes, MLEGP) and a random forest meta

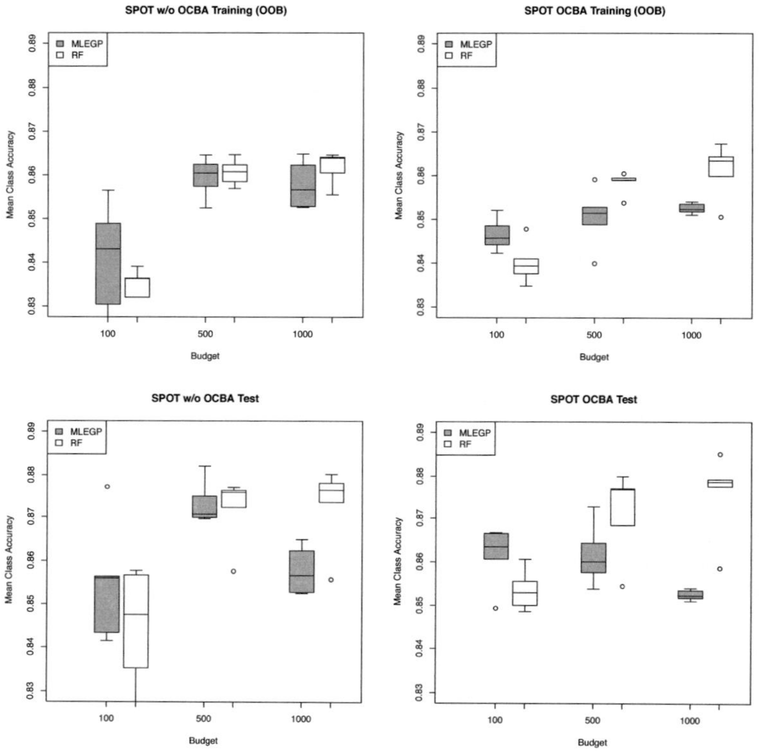

Figure 2: Variation of available budget on AppAcid task without (left) and with (right) OCBA.

model (RF). In preliminary studies, these two meta models always performed best for this task. The tuning parameters were the same as in [Kone11d], namely $CUTOFF$ and $CLASSWT$ to handle the class imbalances of the problem and also the number of trees, $ntree$, and number of splits tried in each step $mtry$. The initial design size of SPOT was set to 25 design points. As objective function, we used the mean class accuracy (MCA) of the five classes respecting each class fairly.

Summarizing the results, we always achieved a performance of more than 80% correctly classified patterns (MCA), even with the lowest of the three budgets. The boxplots in the top of Fig. 2 show the results of the best final parameter configurations obtained by SPOT evaluated repeatedly on a validation set (the set used during tuning the parameters). The boxplots in the bottom show the results of the best final parameter configurations obtained by SPOT evaluated on an independent test set. The difference between the left and the right boxplots is whether OCBA was used during tuning or not. It can be seen from the plots that all results with OCBA show a much smaller variance than without OCBA. This is a clear indicator that more stable results can be reached with OCBA. However, a too small budget $B = 100$ leads to inferior results on the validaton set and of a higher variance as well. Interestingly, also very high budgets can result in negative effects as can be seen from the boxes of the MLEGP meta model evaluated on the independent test set using a large budget of 1000 evaluations. Here, even a slightly decreasing accuracy can be observed, which is remarkable, since the first assumption was that results should get better when giving more time for optimization. We think that this effect is caused by a certain oversearching or overtuning, which was also observed in previous studies (predicting fill levels of stormwater overflow tanks, see [Koch10c] for a more detailed description).

5 Summary and Outlook

In this paper, we presented the TDMR framework for solving data mining tasks. The framework is written in R and is available under the terms of the GNU public license [TDMR11]. It provides a comprehensive software tool to cycle through an entire data mining process. With the framework, it is possible to perform a systematic parameter tuning using state-of-the-art methods from computational intelligence (CI), machine learning, and optimization.

TDMR puts an emphasis on the extensibility of the tuning process (Sec. 3.5). It should be easy for the user to add new parameters to the tuning process and to change or extend the set of tuning algorithms. Nevertheless, we feel that SPOT, as a tuning algorithm, has shown considerable strengths for DM applications (especially when the computing budget is low), but more comprehensive experiments are needed to justify this claim.

Our experiments in Sec. 4 have shown that SPOT will, even with low budgets on average, reach astonishing good results, however, at the price of a large variance. Increasing the budget decreases the variance. OCBA, on the other hand, is a promising way to decrease the variance even for small budgets.

TDMR supports several ways of measuring possible oversearching effects (Sec. 3.3). Our results in Sec. 4 have shown that small changes in the tuning process (e.g. whether SPOT's surrogate model is MLEGP or RF) can have strong influence on whether oversearching is observed or not.

In the future, we want to run more experiments with TDMR, add more tuning algorithms and more machine learning algorithms (with suggested sets of tunable parameters) to TDMR in order to improve its performance. Furthermore, we plan to extend the framework with additional options for feature generation and feature selection. Finally, it is our aim to explore new ways to accelerate tuning runs without causing oversearching effects.

6 Acknowledgements

This work has been supported by the Bundesministerium für Bildung und Forschung (BMBF) under the grants FIWA and SOMA (AiF FKZ 17N2309 and 17N1009, Ingenieurnachwuchs) and by the Cologne University of Applied Sciences under the research focus grant COSA.

References

[Bar2006] Bartz-Beielstein, T., *Experimental Research in Evolutionary Computation—The New Experimentalism*, Springer, Berlin / Heidelberg, 2006.

[Bar2010] Bartz-Beielstein, T., *SPOT: A Toolbox for Interactive and Automatic Tuning in the R Environment*. In: Hoffmann, F. and Hüllermeier, E. (eds.), Proceedings 16. Workshop Computational Intelligence, p. 264-276, Universitätsverlag Karlsruhe, 2010.

[Bart10e] Bartz–Beielstein, T., SPOT: An R Package For Automatic and Interactive Tuning of Optimization Algorithms by Sequential Parameter Optimization, Research Center CIOP (Computational Intelligence, Optimization and Data Mining), CIOP Technical Report, 05/10, Comments: Related software can be downloaded from `http://cran.r-project.org/web/packages/SPOT/index.html`, Cologne University of Applied Sciences, Faculty of Computer Science and Engineering Science, 2010

[BLP05] Bartz–Beielstein, T. and Lasarczyk, C. and Preuß, M., Sequential Parameter Optimization, In: B. McKay *et al.* , Proceedings 2005 Congress on Evolutionary Computation (CEC'05), Edinburgh, Scotland, p. 773–780, IEEE Press, Piscataway NJ, 2005

[Bis2009] Bischl, B., *The mlr package: Machine Learning in R.* `http://mlr.r-forge.r-project.org`, Abruf 03.10.2011.

[Che1997] Chen, H.C. and Dai, L. and Chen, C.H. and Yücesan, E., *New development of optimal computing budget allocation for discrete event simulation*. In: Proceedings of the 29th conference on Winter simulation, p. 334–341, IEEE Computer Society, 1997.

[CVA2010] Bäck, T., Krause, P., *ClearVu Analytics.* `http://divis-gmbh.de/ClearVu`, Abruf: 03.10.2011.

[Guy03] Guyon, I. and Elisseeff, A., An introduction to variable and feature selection, In: The Journal of Machine Learning Research, vol. 3, p. 1157–1182, 2003.

[Han96] Hansen, N. and Ostermeier, A., Adapting arbitrary normal mutation distributions in evolution strategies: The covariance matrix adaptation. In: Evolutionary Computation, 1996., Proceedings of IEEE International Conference on Evolutionary Computation, IEEE, p. 312–317, 1996

[Han06a] Hansen, N., The CMA evolution strategy: a comparing review. In Lozano, J., Larranaga, P., Inza, I., and Bengoetxea, E., (eds.), Towards a new evolutionary computation. Advances on estimation of distribution algorithms, pages 75–102. Springer, Heidelberg, 2006

[Kna09] Knaus, J. and Porzelius, C. and Binder, H. and Schwarzer, G., *Easier parallel computing in R with snowfall and sfCluster*. The R Journal, 1:5459, 2009.

[Koch10b] Koch, P., Konen, W., Flasch, O. Bartz-Beielstein, T. Bartz-Beielstein, T., Optimizing Support Vector Machines for Stormwater Prediction. In: Chiarandini, M.; Paquete, L. and Preuss, M. (Eds.), Proceedings of Workshop on Experimental Methods for the Assessment of Computational Systems joint to PPSN2010, 2010, p. 47–59

[Koch10c] Koch, P., Bartz-Beielstein, T., Konen, W., Optimization of Support Vector Regression Models for Stormwater Prediction. In: F. Hoffmann and E. Hüllermeier (Eds.), Proceedings 20th Workshop Computational Intelligence, Universitätsverlag Karlsruhe, 2010

[Koch11a] Koch, P., Bischl, B., Flasch, O., Bartz-Beielstein, T., and Konen, W., On the Tuning and Evolution of Support Vector Kernels. Technical Report, Research Center CIOP (Computational Intelligence, Optimization and Data Mining), 2011

[Koge2010] Kögel, S.: Data-Mining-Cup DMC, `http://www.data-mining-cup.de`, Abruf: 03.10.2011

[Kone10a] Konen, W., Koch, P., Flasch, O. and Bartz-Beielstein, T., Parameter-Tuned Data Mining: A General Framework. In: F. Hoffmann, and E. Hüllermeier (Eds.), Proceedings 20th Workshop Computational Intelligence, Universitätsverlag Karlsruhe, 2010

[Kone11a] Konen, W. The TDM Framework: Tuned Data Mining in R. Technical Report, Cologne University of Applied Sciences, 2011

[Kone11b] Konen, W.; Koch, P., Flasch, O., Bartz-Beielstein, T., Friese, M. and Naujoks, B. Tuned Data Mining: A Benchmark Study on Different Tuners. Technical Report, Cologne University of Applied Sciences, 2011

[Kone11d] Konen, W., Koch, P., Flasch, O., Bartz-Beielstein, T., Friese, M. and Naujoks, B., Tuned Data Mining: A Benchmark Study on Different Tuners. In: N. Krasnogor (Ed.), GECCO '11: Proceedings of the 13th annual Conference on Genetic and Evolutionary Computation, 2011

[Kota06] Smits, G. and Kordon, A. and Vladislavleva, K. and Jordaan, E. and Kotanchek, M., Variable selection in industrial datasets using pareto genetic programming, In: Genetic Programming Theory and Practice (III), Springer, New York, 2006, p. 79-92

[Koza92] Koza, J.R., Genetic Programming: On the Programming of Computers by Means of Natural Selection, MIT Press, Cambridge MA, 1992

[Liu89] Liu, D.C. and Nocedal, J., On the limited memory BFGS method for large scale optimization, In: Mathematical Programming, 1989, vol. 45, p. 503–528

[Mie06] Mierswa, I. and Wurst, M. and Klinkenberg, R. and Scholz, M. and Euler, T.: YALE: Rapid Prototyping for Complex Data Mining Tasks, in Proceedings of the 12th ACM SIGKDD International Conference on Knowledge Discovery and Data Mining (KDD-06), 2006.

[Mik2006] Mikut, R., Burmeister, O., Reischl, M., Loose, T., *Die MATLAB-Toolbox Gait-CAD*. In: Mikut, R., Reischl, M. (eds.), Proceedings 16. Workshop Computational Intelligence, p. 114-124, Universitätsverlag Karlsruhe, 2006

[Piat11] Piatetsky-Shapiro, G., Poll on DM tools, `http://www.kdnuggets.com/2011/05/tools-used-analytics-data-mining.html`

[Pow1998] Powell, M.J.D., Direct search algorithms for optimization calculations, In: Acta Numerica, vol. 7, no. 1, 1998, p. 287–336, Cambridge University Press

[Qui95] Quinlan, J.R. and Cameron-Jones, R., Oversearching and layered search in empirical learning, In: Breast Cancer, 1995, vol. 286, p. 2–7

[TDMR11] TDMR package, downloadable from `http://gociop.de/research-projects/tuned-data-mining`

[Thi88] Thisted, R. A., Elements of Statistical Computing. Chapman and Hall, 1988

[Will11] Williams, G.: Data Mining with R and Rattle: The Art of Excavating Data for Knowledge Discovery, In: Use R!, Springer, 2011

[Wolf88] Wolfram, S., Mathematica: a system for doing mathematics by computer, Addison-Wesley Longman Publishing Co., Inc., 1988

Beschleunigung des Backpropagation Algorithmus mit CUDA

**M. Stieglitz, U. Lehmann, M. Schneider, F. Calcagno, S. Schäfer,
S. Buhl, J. Brenig, J. Wiggenbrock, J. Willms**

Institut für Computer Science, Vision und Computational Intelligence,
Fachhochschule Südwestfalen, Frauenstuhlweg 31, 58644 Iserlohn
Tel. (02371) 566-303 Fax (02371) 566-209
E-Mail: {Stieglitz,MSchneider,Lehmann,Buhl,Brenig,Wiggenbrock,Willms,
Schaefer.S}@fh-swf.de
Fabrizio.Calcagno@stud.fh-swf.de

Abstract-Die in dieser Veröffentlichung vorgestellte Software beinhaltet eine MEX-Softwareschnittstelle, die durch CUDA, MATLAB und der MEX-Funktionalität von MATLAB, das Training von künstlichen Neuronalen Netzen (KNN) auf GPGPU-fähigen (General Purpose Computing for Graphics Processing Units) Grafikkarten durchführen kann. Die Schnittstelle ist so entwickelt worden, dass das fertig trainierte künstliche Neuronale Netz (KNN) nach erfolgtem Training in MATLAB direkt ausgewertet und verwendet werden kann.

1   Einleitung

Das Training von künstlichen Neuronalen Netzen ist oft problematisch, wenn sehr große Datenbasen beim Training verwendet werden müssen, da die CPU-basierten Algorithmen oft keine oder eine nur sehr geringe Parallelisierung zulassen. Durch diesen Umstand kann die Trainingsdauer sehr umfangreich ausfallen. Ein paralleles Training mehrerer künstlicher Neuronaler Netze ist jedoch möglich, wodurch zum Beispiel die 10-fach Kreuzvalidierung profitieren kann. Die in dieser Veröffentlichung vorgestellte Software enthält den ersten Ansatz eines auf GPGPU-fähigen Grafikkarten portierten Backpropagation Algorithmus. Dieser soll einen Geschwindigkeitsvorteil im Vergleich zur CPU-Implementierung erreichen. Zusätzlich ist die Erweiterung "Momentum-Term" des Backpropagation Algorithmus implementiert worden, da so Probleme des Algorithmus, auf flachen Plateaus und steilen Schluchten der Fehlerfunktion, verhindert werden [1].

2   Grundlagen

Künstliche Neuronale Netze (KNN) orientieren sich an der Informationsverarbeitung des menschlichen Gehirns und zeichnen sich dadurch aus, dass durch geeignete Lernverfahren, komplexe Problemstellungen gelöst werden können, die durch eine direkte mathematische Analyse gar nicht oder nur sehr schwierig zu lösen sind. Eine detaillierte Einführung in künstliche Neuronale Netze findet man zum Beispiel in [1; 2].

Das grundlegende Wissen über die künstlichen Neuronalen Netze entstammt der Hirnforschung. Das zentrale Nervensystem besteht aus mehreren Milliarden Neuronen, die untereinander netzartig miteinander verbunden sind. Dabei ist jedes Neuron im

Durchschnitt mit 10.000 anderen Neuronen verbunden. Die menschliche Informationsverarbeitung ist dabei im Wesentlichen auf die Übertragung von Erregungen zwischen Neuronen zurückzuführen. Die typische Struktur eines Neurons besteht aus Dendriten, Zellkern und Axon, denen die Prozesse Eingabe (Dentride), Verarbeitung (Zellkern) und Ausgabe (Axon) zugeordnet werden können (vgl. z. B. [1]).

Für das Training und Simulation von künstlichen Neuronalen Netzen stehen verschiedene Softwarelösungen zur Verfügung. Verwendet wurde bei unserer Untersuchung die Simulationssoftware MATLAB mit der Neural Network Toolbox. Außerdem wurde auf die MEX-Funktionalität von MATLAB zurückgegriffen, um eine Schnittstelle zwischen dem CUDA-Programm auf der Grafikkarte und MATLAB zu ermöglichen.

Das Training von künstlichen Neuronalen Netzen kann sehr langsam ablaufen, je nachdem wie groß die Struktur des künstlichen Neuronalen Netzes ist und wie groß die Anzahl der Datensätze ist, mit denen das KNN trainiert werden soll. Dieses Problem kann durch Parallelisierung auf geeigneten Architekturen gelöst werden (Parallel Computing). Das Angebot der verfügbaren parallelen Architekturen ist hierbei sehr groß. Für diese Anwendung eignet sich beispielsweise ein High Performance Computing Cluster. Diese Architektur ist allerdings sehr kostenintensiv und außerdem nicht sehr energieeffizient. Ein besserer Ansatz ist, CUDA-fähige Grafikkarten von NVIDIA zu verwenden. Die Graphics Processing Units (GPU) verfügen über eine große Anzahl von Recheneinheiten, wodurch massive Parallelität erreicht wird. Central Processing Units (CPUs) von Intel oder AMD verfügen aktuell über bis zu 12 CPU-Kerne, während GPUs bis zu 1024 CUDA-Kerne haben. Außerdem werden viele CPUs benötigt um die Rechenleistung einer einzelnen GPU mit 1024 Kernen zu erreichen. Des Weiteren ist bei gleicher Leistung der Energiebedarf einer GPU geringer als der vergleichbare Energiebedarf einer rein CPU-basierten Lösung. GPUs hingegen sind weniger geeignet, hauptsächlich sequentiellen Code auszuführen, da die einzelnen Recheneinheiten einer GPU eher langsam sind im Vergleich zu einer CPU. Der Rechenleistungsvorteil einer GPU wird nur erreicht, wenn der auszuführende Code die parallele Ausführung unterstützt. Abbildung 1 zeigt die Unterschiede zwischen der CPU und der GPU Architektur.

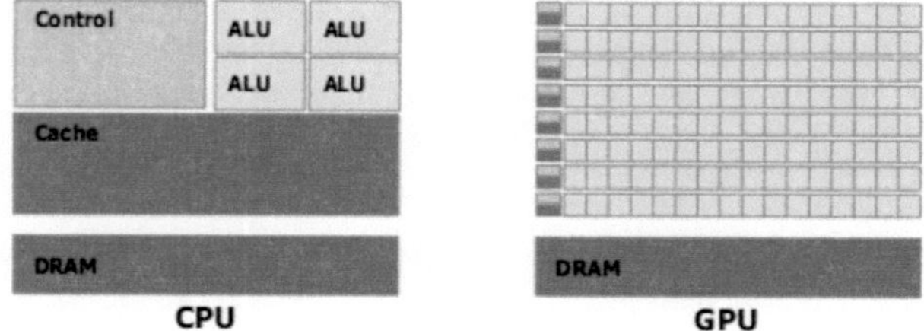

Abbildung 1: CPU- und GPU-Architektur [3]

Prominente Beispiele für die Verwendung von CUDA-fähigen Grafikkarten zu High Performance Computing Zwecken finden sich in der aktuellen Liste der Top 500 der Supercomputer. Platz 2, 4 und 5 sind Supercomputer-Cluster die zu einem großen Teil aus NVIDIA Grafikkarten aufgebaut sind [4].

3   Algorithmus

Das Ziel dieser Arbeit ist, das Training von künstlichen Neuronalen Netzen mithilfe von CUDA-fähigen Grafikkarten zu beschleunigen. Hierfür wurde zunächst eine Schnittstelle zu MATLAB implementiert. Sie sollte in der Lage sein, nur die Daten, die tatsächlich für das Training eines künstlichen Neuronalen Netzes benötigt werden, auf die Grafikkarte zu transferieren, anschließend das Training des künstlichen Neuronalen Netzes durchzuführen und schließlich das fertig trainierte künstliche Neuronale Netz zurückzugeben. Die erforderlichen Daten wie die Gewichtsmatrizen und die Trainingsdaten liegen bei Programmbeginn in einem MATLAB spezifischen Format vor. Damit der auf einer Grafikkarte implementierte Trainingsalgorithmus die Daten verwenden kann, müssen sie vor dem Training aufbereitet und auf die Grafikkarte kopiert werden. In der Tabelle 1 wird aufgelistet, welche Daten für das Training benötigt werden.

Tabelle 1: Verwendete Daten

Gewichts- und Biasmatrizen	Die Verbindungsgewichte und der Bias jedes Neurons werden für das Training benötigt und müssen dementsprechend auf die Grafikkarte kopiert werden.
Trainingsparameter	Anzahl der zu trainierenden Epochen, Lernrate, Momentumterm, usw.
Trainings-, Validierungs- und Testdaten	Die Daten mit denen das künstliche Neuronale Netz trainiert werden soll, werden ebenfalls übergeben.

Der genaue Programmablauf der MATLAB-Schnittstelle wird in Abbildung 2 gezeigt. Zunächst werden alle Inputparameter eingelesen. Hierzu gehören das KNN mit seiner Architektur, die Trainingsdaten, die Validierungsdaten und die Testdaten. Außerdem werden benötigte Parameter aus der KNN Struktur extrahiert. Dies sind vor allem die Trainingsparameter und die Gewichts- und Bias-Matrizen. Wenn alle Daten extrahiert sind, werden die Daten an das CUDA-Programm übergeben, welches das Training des künstlichen Neuronalen Netzes übernimmt.

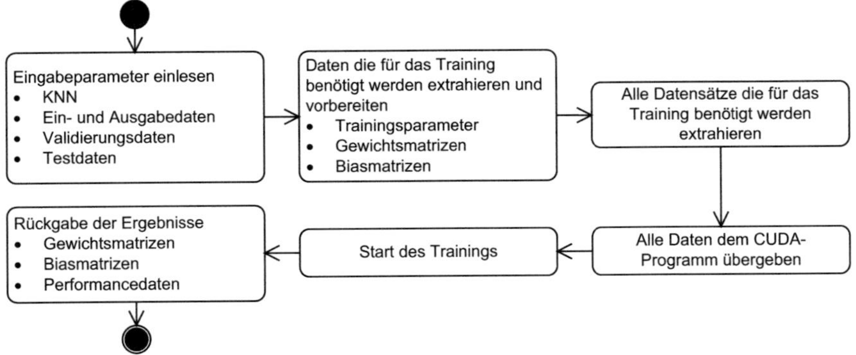

Abbildung 2: Programmablauf

Die Ergebnisse des Trainings werden an Matlab zurückgegeben. Hierbei werden jedoch nur benötigte Daten wie die Gewichts- und Biasmatrizen sowie wahlweise die Performancekurven des Trainings zurückgegeben. Da CUDA-fähige Grafikkarten die höchste Rechenleistung bei Daten aufweisen [3], die im float-Datentyp vorliegen, werden alle Daten in diesen Datentyp konvertiert. Eine Ausnahme wird für einige Trainingsparameter gemacht. Zum Beispiel hat die Anzahl der Trainingsepochen (int-Datentyp) nur einen kontrollierenden Charakter (Abbruchbedingung) und wird daher nicht in den float-Datentyp konvertiert. Die durch den float-Datentyp geringere Genauigkeit im Vergleich zum double-Datentyp reicht für die betrachtete Problemstellung jedoch aus.

Bei der Implementierung des Backpropagation-Training Algorithmus wurde darauf geachtet, dass beliebig große KNN-Architekturen mit beliebig großen Datenmengen trainiert werden können. Die Größe der Architektur eines KNNs und die Größe der Datenmenge ist dabei nur durch die Größe des Hauptspeichers des verwendeten Systems beschränkt. Hierbei wurde darauf geachtet, dass der Grafikspeicher nicht voll ausgelastet wird, da dies zu einem Abbruch des Programms führt. Bei voll ausgelastetem Grafikspeicher kann kein neuer Speicherplatz mehr vom Programm reserviert werden, was zu einem Out-of-Memory Fehler führt. Durch eine vorrausgehende Berechnung des maximalen Speicherbedarfs auf der Grafikkarte und eine anschließende Aufteilung der Datenbasis in eine entsprechende Anzahl von Teildatenbasen wird dafür gesorgt, dass der Grafikspeicher nicht voll ausgelastet wird. Anstelle des normalen Batch-Trainingsverfahrens wird dann ein Mini-Batch -Verfahren angewandt, bei dem alle berechneten Gewichtsänderungen aller trainierten Teildatenbasen zusammengefasst werden um, eine einzelne Gewichtsänderung für die gesamte Datenbasis zu erhalten.

Der Backpropagation Algorithmus wurde mit einigen kompakten CUDA-Kernels implementiert, die jeweils nur einen Teil des Algorithmus ausführen. Ein Kernel ist eine CUDA-Funktion, die auf der Grafikkarte von mehreren Threads in beliebiger Reihenfolge ausgeführt wird. Auf den Einsatz von Shared Memory wurde zunächst verzichtet, da der Großteil der zu verarbeiteten Daten aus den Trainingsdaten besteht und diese bei dem vorliegenden Ansatz nur jeweils ein einziges Mal pro Epoche benötigt werden. Daher lohnt es sich nicht die Trainingsdaten in den Shared Memory zu kopieren. Bei wiederholt benutzten Daten wird die Verwendung von Shared Memory allerdings empfohlen, da Shared Memory eine ungefähr einhundertfach geringere Zugriffszeit hat als der globale Speicher der Grafikkarte (ca. 400 - 600 Taktzyklen pro Speicherzugriff) [5].

In jedem Kernel wird eine ähnliche Aufteilung der Daten vorgenommen. Zur Veranschaulichung wird nachfolgend detailliert auf die Funktionsweise des Kernels *inputlayerFP()* eingegangen. Dieser Kernel ist für den Vorwärtsschritt des Backpropagation Algorithmus zuständig und berechnet die Aktivierungen der Neuronen auf der ersten Schicht.

Um die Berechnung der einzelnen Aktivierungen auf die verschiedenen CUDA-Kerne aufteilen zu können, werden zunächst die Indizes berechnet und die Daten in Blöcke und Threads aufgeteilt. Ein Block besteht aus einer vorher zu definierenden Anzahl von Threads und wird vollständig von einem Multiprozessor (besteht aus 8 Recheneinheiten) der Grafikkarte ausgeführt.

Damit jeder Thread innerhalb eines Blocks auf die korrekten Daten zugreift muss für jeden Thread ein Index berechnet werden. Die verwendete maximale Blockgröße beträgt 16 (Datensätze) x 16 (Neuronen) Threads. Die Blockgröße ist immer gleich, unabhängig davon welche CUDA-fähige Grafikkarte verwendet wird. Es wurde diese Blockgröße verwendet, da erste Tests gezeigt haben, dass die so gewählte Blockgröße für die Problemstellung am besten geeignet scheint. Durch eine weitere Erhöhung der Blockgröße besteht die Gefahr, dass nicht ausreichend lokaler Speicher für die einzelnen Threads zur Verfügung steht.

Da jeder Block aus zwei Dimensionen besteht, müssen für jeden Thread zwei Indizes berechnet werden. In unserem Ansatz sind dies ein Index für die Datensätze und ein Index für die Neuronen. Demnach wird die Grafikkarte nur maximal ausgelastet, wenn das künstliche Neuronale Netz mindestens 16 Neuronen auf dem nächsten Layer hat und mit mindestens 16 Datensätzen trainiert wird. Bei größerer Anzahl von Datensätzen oder Neuronen empfiehlt sich ein Vielfaches von 16, um immer die höchstmögliche Auslastung der Grafikkarte zu erreichen.

Ausgehend vom Datensatz-Index werden für jedes Neuron die Aktivierungen berechnet. Die Berechnung lässt sich anhand folgender Formel ablesen:

$$o_j = f_{act}\left(\sum_i o_{pi}\, w_{ij}\right) \quad (1)$$

Das j steht für das derzeitige Neuron, p für den jeweiligen Datensatz, o_{pi} stellt die Eingabe in das Netz, bzw. die Aktivierung des vorherigen Neurons dar und w steht für die einzelnen Gewichte.

Die Aktivierungen aller versteckten Schichten einschließlich der Ausgabeschicht, werden vom *hiddenlayerfP()* Kernel berechnet. Der Aufbau dieses Kernel ist weitestgehend identisch mit dem *inputlayerfP()* Kernel und orientiert sich ebenfalls an Formel 1, mit dem Unterschied, dass dieser Kernel nicht mit Trainingsdatensätzen arbeitet, sondern mit den Aktivierungen der vorherigen Neuronen.

Die Fehler die am Ausgang des KNN vorliegen werden schließlich vom *calcErrorfP()* Kernel berechnet. Hierbei wird der mittlere quadratische Fehler berechnet:

$$MSE = \frac{1}{P}\sum_{p=1}^{p} E_p^2 \quad (2)$$

Der genaue Ablauf wird in der Abbildung 3 gezeigt.

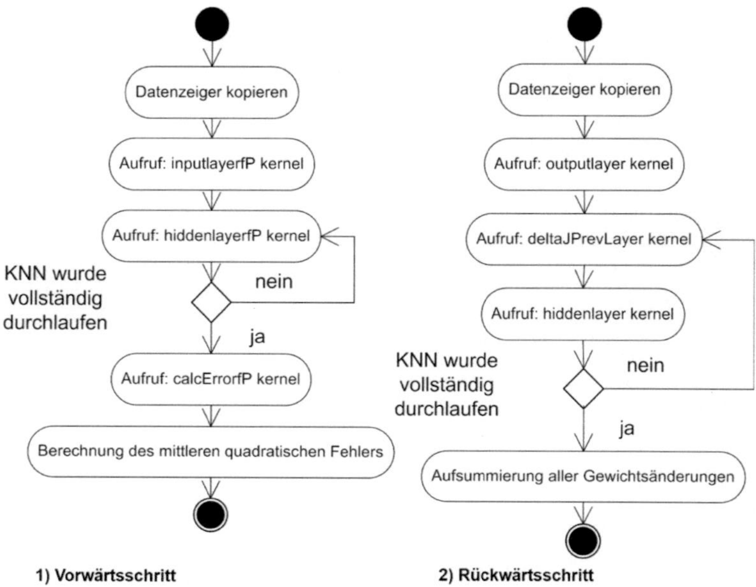

Abbildung 3: Ablauf des Backpropagation Algorithmus

Für den Rückwärtsschritt des Backpropagation Algorithmus wurden ebenfalls drei Kernel implementiert. Der *outputlayer()* Kernel berechnet hierbei die Gewichtsänderungen zur Ausgabeschicht. Die Berechnung der Gewichtsänderungen im Kernel *outputlayer()* findet dabei nach folgender Formel statt:

$$\Delta_p w_{ij} = \eta o_{pi} \delta_{pj} \quad (3)$$

wobei

$$\delta_{pj} = f'_{act}(net_{pj})(e_{pj}) \quad (3.1)$$

Die Kernel *deltaJPrevLayer()* und *hiddenlayer()* sind für die Berechnung der Gewichtsänderungen zwischen den versteckten Schichten bis hin zur Eingabeschicht zuständig. Der Kernel *deltaJPrevLayer()* kümmert sich dabei um die Berechnung der Deltas zum Hiddenlayer (siehe Formel 3.2.1), während der *hiddenlayer()* Kernel die Gewichtsänderungen zwischen zwei Layern berechnet (siehe Formel 3.2).

$$\delta_{pj} = f'_{act}(net_{pj})deltas \quad (3.2)$$

wobei

$$deltas = \sum_k \delta_{pk} w_{jk} \quad (3.2.1)$$

Der Ablauf des Rückwärtsschritts wird in Abbildung 3 gezeigt.

In dieser Implementierung wird jeder Kernel immer nur eine geringe Zeit durchlaufen, sodass es möglich, ist mit nur einer Grafikkarte zu arbeiten. Ansonsten müsste eine

Veränderung am Betriebssystem vorgenommen werden, um einen Reset des Grafiktreibers zu verhindern, da dies zu einem Abbruch des Programms führt [6]. Besser ist es jedoch, für die Bildschirmausgabe eine separate Grafikkarte zu verwenden.

4   Ergebnisse

Es wurden verschiedene Tests durchgeführt, um die Lauffähigkeit des Algorithmus zu beweisen und um den Speedup gegenüber einer CPU-Implementierung zu testen. Als CPU-Implementierung wurde die Neural Network Toolbox aus MATLAB verwendet. Zum Test wurden außerdem zwei verschiedene Rechner eingesetzt. Die genaue Zusammensetzung dieser ist in Tabelle 2 zu finden.

Tabelle 2: Verwendete Rechner

	Computer 1	Computer 2
CPU	Intel Core 2 Duo E7200 @ 2.53GHz	Intel Core i7 920 @ 2.66 GHz
RAM	2 GB DDR3 RAM 1066 MHz	12 GB DDR3 RAM 1600 MHz
GPU	NVIDIA GeForce 8500 GT NVIDIA GeForce GTX 280	NVIDIA GeForce GTX 295
Betriebssystem und Architektur	Windows 7, 64-Bit	

Die Funktionalität des implementierten Trainingsverfahrens wurde anhand des Beispiels einer Sinusfunktion überprüft. In Abbildung 4.1 sind die Fehlerkurven eines CPU-Trainings und der GPU-Implementierung zu sehen. Bei beiden Trainingsdurchläufen wurde dieselbe Initialisierung des künstlichen Neuronalen Netzes verwendet. Das CPU-Training weist hierbei einen etwas geringeren Fehler auf als das GPU-Training. Eine mögliche Erklärung für diese Unterschiede ist, dass der implementierte Algorithmus nicht exakt so implementiert ist wie der CPU-Algorithmus und zusätzlich noch Rundungsfehler durch Verwendung des float-Datentyps auftreten. In Abbildung 4.2 sind die Abbildungen der Sinuskurve durch das CPU-trainierte und das GPU-trainierte KNN zu sehen. Hierbei fällt auf, dass die Abweichung zwischen den Implementierungen nur gering ist.

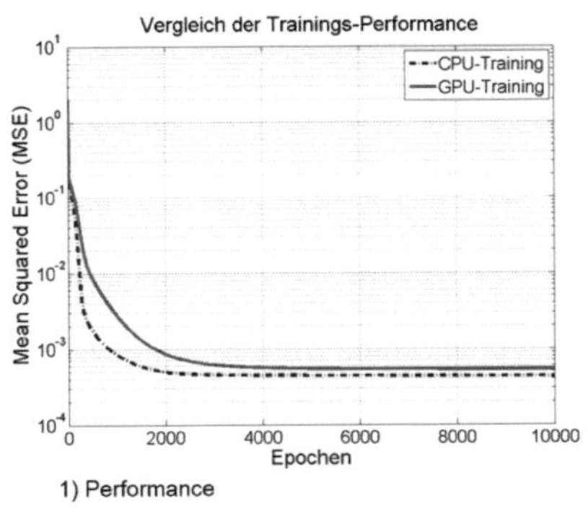

1) Performance

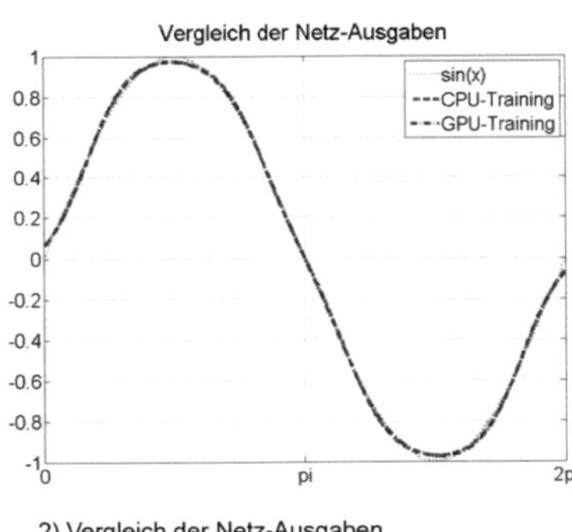

2) Vergleich der Netz-Ausgaben

Abbildung 4: Test der Sinusfunktion

Des Weiteren wurde ein Test mit realen Messdaten aus der Industrie durchgeführt. Die Initialisierung der künstlichen Neuronalen Netze war bei beiden Trainingsdurchläufen identisch. Wie in der Fehlerkurve aus Abbildung 5.1 zu sehen ist, schneidet die GPU-Implementierung in diesem Test wesentlich besser ab als die CPU-Implementierung von MATLAB. Dies lässt sich auch durch Abbildung 5.2 bestätigen, da die Prognosefehler der GPU-Implementierung wesentlich geringer ausfallen als die der CPU-Implementierung. Die Abbildung 5.2 zeigt die Prognosegenauigkeit eines Kräfteverlaufs aus realen Messdaten aus einem Industrieprojekt.

Eine mögliche Erklärung für diese Differenz lässt sich wiederum durch größere Rundungsfehler und die leicht unterschiedliche Implementierung des Algorithmus finden.

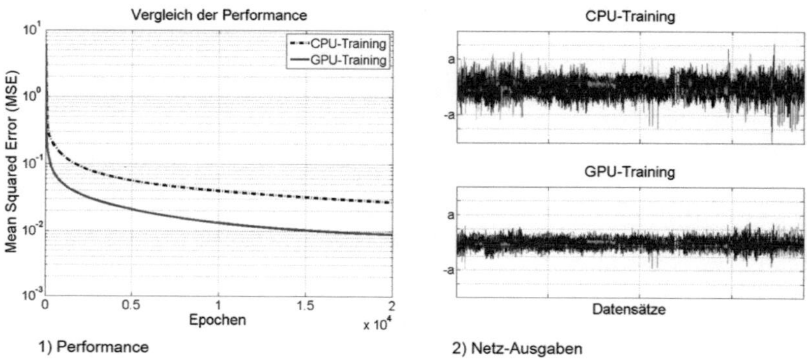

Abbildung 5: Test mit realen Daten aus der Industrie

Nachfolgend wurde noch eine Speedup-Messung durchgeführt, bei dem bei einem Sinus-Training sowohl die Anzahl der Datensätze als auch die Anzahl der Neuronen periodisch erhöht wurde. Das KNN bestand bei dieser Messung immer aus einer Eingabe, einer Ausgabe und einer versteckten Schicht. In Abbildung 6.1 ist der erreichte Speedup auf Rechner 1 zu sehen. Die Geschwindigkeit der CPU-Implementierung wird durch die *Speedup-Grenze* dargestellt. Hierbei wird deutlich, dass der Speedup bei einer größeren Anzahl von Neuronen stark einbricht. Eine mögliche Erklärung ist die Nutzung des globalen Speichers. Bei einer größeren Anzahl Neuronen finden mehr gleichzeitige Zugriffe auf identische Bereiche im globalen Speicher statt. Deswegen sinkt der Speedup wenn eine größere Anzahl von Neuronen verwendet wird. Der Speedup fällt höher aus, wenn eine größere Anzahl von Datensätzen benutzt wird. Die Ursache hierfür ist, dass immer nur ein Zugriff auf jeden Datensatz pro Trainingsepoche stattfindet. Der Aufwand die Trainingsdaten aus dem Speicher zu laden, hängt somit linear von der Anzahl der Datensätze ab. Der Speedup, der von Rechner 2 gemessen wurde, ist ähnlich zum Speedup von Rechner 1. Jedoch fällt dieser geringer aus, da die verwendete CPU in Rechner 2 über wesentlich mehr Leistung verfügt als die CPU in Rechner 1. Hierdurch fällt der Speedup der Grafikkarte aus Rechner 1 etwas größer aus.

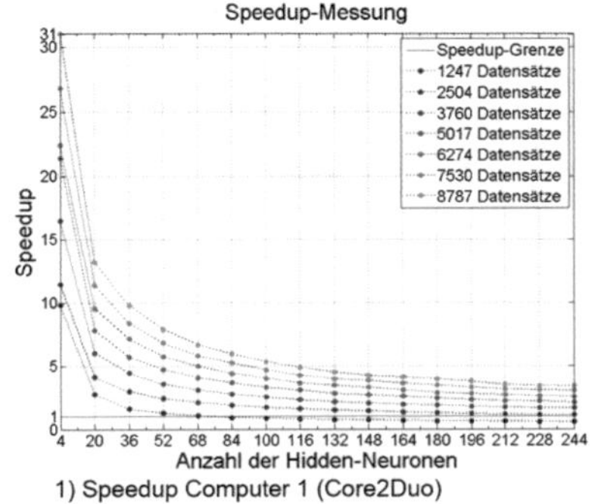

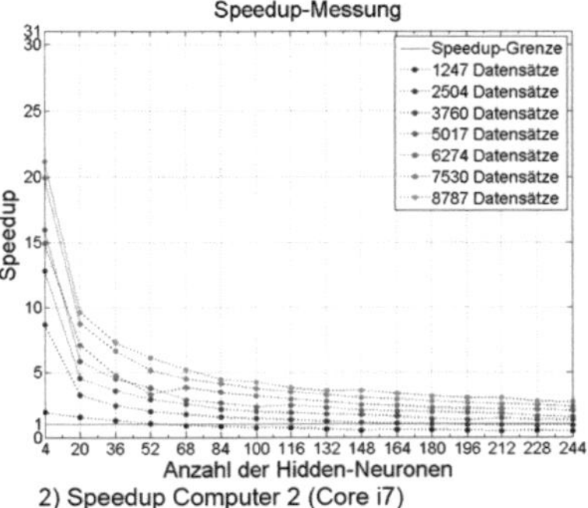

Abbildung 6: Speedup-Messung

5 Fazit

Unterschiedliche Testszenarien legen nahe, dass die in dieser Arbeit vorgestellte GPGPU-Portierung des Backpropagation-Algorithmus korrekt implementiert wurde. Die GPGPU-Implementierung kann das Training von künstlichen Neuronalen Netzen schneller durchführen als eine entsprechende CPU-Implementierung. Jedoch bricht die Geschwindigkeit des Algorithmus stark ein, wenn die Anzahl der Neuronen in der Netzarchitektur erhöht wird. Eine mögliche Ursache wird in der Verwendung des globalen Speichers vermutet. Der Zugriff auf diesen Speicher dauert mit 400-600 Taktzyklen sehr lange. Außerdem können mehrere Threads nicht gleichzeitig auf einen globalen Speicherbereich zugreifen. Bei größer werdender Netz-Architektur steigt so der Overhead für den Speicherzugriff stark an. Der Speedup lässt sich durch eine größere Anzahl von Datensätzen jedoch steigern. Die Speedup-Messungen lassen daher den Schluss zu, dass noch Optimierungspotential für den implementierten Algorithmus besteht.

6 Ausblick

Der implementierte Algorithmus kann einen Speedup im Vergleich zu einer CPU erreichen. Festgestellt wurde, dass dieser Speedup sinkt, wenn die Anzahl der Neuronen steigt. Eine naheliegende mögliche Verbesserung ist sicherlich, Optimierungspotential im benutzten Algorithmus auszuloten, Schwachstellen und „Flaschenhälse" zu beseitigen und so für einen effizienteren Algorithmus zu sorgen. Ein erster Schritt in diese Richtung ist das Speichermanagement zu überarbeiten, um so die Anzahl der eher langsamen Kopiervorgänge auf die Grafikkarte zu reduzieren und Shared Memory für die Berechnung der Gewichte bzw. Aktivierungen einzusetzen.

Der bisherige Algorithmus ist nur für die Verwendung einer einzigen Grafikkarte ausgelegt. Durch die Erweiterung auf die Verwendung mehrerer Grafikkarten in einem GPU-Cluster wäre eine weitere Steigerung der Trainingsgeschwindigkeit möglich. Zum Test der Algorithmen existiert im Institut CV&CI im Labor für Angewandte Informatik MES am Standort Meschede ein GPU-Grid. Dieses besteht aus insgesamt 28 Grafikkarten mit ca. 6.000 CUDA-Recheneinheiten [7].

7 Danksagung

Diese Arbeit entstand am Institut für Computer Vision & Computational Intelligence an der Fachhochschule in Iserlohn im Forschungsprojekt *Neuroadaptiver Bauplatz im Flugzeugbau* gefördert vom Ministerium für Bildung und Forschung (BMBF).

Quellen

[1] A. Zell: *Simulation Neuronaler Netze*, 1994, Oldenbourg Verlag

[2] Rojas: *Theorie der neuronalen Netze*, 1996, Springer Verlag

[3] NVIDIA Corporation: *NVIDIA CUDA C Programming Guide 4.0*, 2011

[4] Top500.org, *"Top 500 Liste der Supercomputer"*, 2011, URL: www.top500.org (Letzter Zugriff: 27.09.2011)

[5] NVIDIA Corporation: *CUDA C Best Practices Guide 4.0*, Mai 2011

[6] *Microsoft: Timeout Detection and Recovery of GPUs through WDDM*, 2009, URL: http://www.microsoft.com/whdc/device/display/wddm_timeout.mspx (Letzter Zugriff: 30.01. 2011)

[7] J. Willms (2011), http://www.fh-meschede.de/public/willms, Verweis Labor (Letzter Zugriff: 28.9.2011)

[8] F.Calcagno, M.Stieglitz: *Parallel Computing für das Training künstlicher Neuronaler Netze*, 2010

Analytically tractable sample-specific confidence measures for semi-supervised learning

Tuo Cui[1], Arne Grumpe[1], Matthias Hillebrand[2], Ulrich Kreßel[2], Franz Kummert[3], Christian Wöhler[1]

[1]Image Analysis Group, TU Dortmund, 44227 Dortmund, Germany
[2]Daimler AG, Group Research and Advanced Engineering, 89081 Ulm, Germany
[3]Applied Informatics, Bielefeld University, 33615 Bielefeld, Germany

1 Introduction

In general, classifiers require a large number of labelled training samples preferably covering a wide range of variation to yield a comprehensive and generalising recognition behaviour. However, manual labelling of huge data sets is costly and time-consuming, which is the main motivation for the development of semi-supervised learning algorithms which autonomously extend the "knowledge" gained by classifiers based on a small amount of initial, manually labelled training samples towards increasingly different representatives of the regarded pattern classes.

Comprehensive overviews of the state of the art in the field of semi-supervised learning are provided e.g. by Zhu and Goldberg [15], Seeger [13], and Chapelle et al. [5]. According to Zhu and Goldberg [15], the approach of "self-training" is characterised by an iterative procedure during which new samples are selected from the large set of available unlabelled samples, and the selected samples are rejected or accepted and autonomously labelled by the classifier. Upon acceptance, the samples are added to the training set along with their autonomously generated labels. At the end of each iteration, re-training of the classifier is performed using the extended training set, and the next training cycle is started.

In this study, we describe a framework for semi-supervised learning of classifiers relying on the concept of self-training. Specifically, we propose a sample selection mechanism based on analytically tractable confidence measures which are inferred for an "ensemble" of two different classifiers, which in this study consists of a polynomial classifier (PC) and on a support vector regression (SVR) algorithm. In this setting of semi-supervised ensemble learning, we compare different confidence measures for unlabelled training samples based on the MNIST handwritten digits data set and a traffic sign data set acquired from a test vehicle.

2 Utilised classification methods

This section provides a brief overview of the two different classification approaches employed in Section 5 in the context of semi-supervised ensemble learning.

2.1 The polynomial classifier

For the PC, a sample is represented as the polynomial structure list $\vec{\Phi}(\vec{x})$ which consists of multiplicative combinations of the elements of the original feature vector $\vec{x}$ which are of an order lower than or equal to the order N of the classifier. In this study, we use a fully quadratic polynomial classifier with $N = 2$, such that $\vec{\Phi}(\vec{x})$ contains all linear and quadratic multiplicative combinations of the original features. The decision function $\vec{d}(\vec{x})$ of the polynomial classifier, which estimates the class membership of the sample, is given by

$$\vec{d}_{\mathrm{PC}}(\vec{x}) = \mathbf{A}^T \vec{\Phi}(\vec{x}) \tag{1}$$

The matrix $\mathbf{A}$ denotes the coefficient matrix which is adjusted during the training process. The elements of the vector $\vec{d}_{\mathrm{PC}}(\vec{x})$ always sum up to 1. A detailed description of the concept of polynomial classifiers is given in [12].

2.2 Support vector regression

We employ the SVR approach rather than the more commonly used support vector machine (SVM) classifier as due to the binary output of the SVM it cannot be integrated into the framework of confidence bands (cf. Section 3.4) in a straightforward manner. The goal of SVR or more precisely ϵ-SVR is to find a function of the input vector $\vec{x}$ that deviates at most by an amount ϵ from the target value $d_{\mathrm{SVR}}^{\mathrm{target}}$. The SVR is described in detail in [14], such that we only repeat the basic equations here.

In the linear case the SVR function is of the form

$$d_{\mathrm{SVR}}(\vec{x}) = \sum_{i=1}^{N_{SV}} \alpha_i \vec{x}_i^T \vec{x} + b, \tag{2}$$

where $\vec{x}_i$ denotes the i-th support vector, N_{SV} is the number of support vectors and α_i is the corresponding weight. This basic approach can be extended to nonlinear functions in a manner similar to the PC by transforming the input vector as well as the support vectors into a higher-dimensional space by a nonlinear mapping $\vec{\Phi}(\vec{x})$ according to

$$d_{\mathrm{SVR}}(\vec{x}) = \sum_{i=1}^{N_{\mathrm{SV}}} \alpha_i \vec{\Phi}(\vec{x}_i)^T \vec{\Phi}(\vec{x}) + b = \sum_{i=1}^{N_{\mathrm{SV}}} \alpha_i \tilde{K}(\vec{x}_i, \vec{x}) + b. \tag{3}$$

The higher-dimensional scalar product can be computed indirectly using the kernel function $\tilde{K}(\vec{x}_i, \vec{x})$. Throughout this work a second-order polynomial kernel of the form

$$\tilde{K}(\vec{x}_i, \vec{x}) = (c\vec{x}_i^T \vec{x} + 1)^2 \tag{4}$$

is used. The parameter c is set to $1/\left\langle \vec{x}_i^T \vec{x}_j \right\rangle_{\mathrm{train}}$, where $\left\langle \ldots \right\rangle_{\mathrm{train}}$ denotes the average over the training set. In our pairwise classification scenarios, the target value $d_{\mathrm{SVR}}^{\mathrm{target}}(\vec{x})$ always corresponds to one of the class labels $+1$ and -1. The SVR implementation used in this study is the publicly available LIBSVM toolbox[1] described in [4].

3 Uncertainty of automatic labelling

The confidence of automatically generated labels is one of the main problems that need to be addressed for semi-supervised learning. Adding wrongly labelled data to the training set will result in a poor classification accuracy. This section reviews several methods for measuring the uncertainty.

---

[1] http://www.csie.ntu.edu.tw/~cjlin/libsvm

3.1 Empirical uncertainty

The sample based estimation of probability distributions is a common practice in statistics. In terms of classification uncertainty, a sample of the distribution is represented by a classifier. Therefore, the "empirical uncertainty" can be expressed as the standard deviation of class-specific probabilities computed by classifiers trained on different disjoint training sets. Since the amount of training data increases drastically with the number of trained and compared classifiers, this confidence measure is not well suited for semi-supervised learning algorithms which attempt to reduce the required number of manually labelled training samples. Due to the empirical nature of this measure, its estimate of the classification uncertainty approaches the true uncertainty with increasing number of disjoint training sets, such that it will be regarded as a reference value to which all other derived confidence measures will be compared.

3.2 Maximum likelihood

A widely used method that is believed to reflect the classification uncertainty is the maximum class likelihood. In the case of the PC, the output of the polynomial function can be interpreted as a class likelihood because the sum of all outputs equals to one. This is not to be confused with the real probability of the sample belonging to the winning class as the outputs can also be negative or larger than one. The maximum likelihood (ML) is defined by $\max_k d_k$ where d_k is the probability of class k. It is shown in [2] that this method is not well suited for self-learning and leads to a "self-confidence" problem since errors are reinforced. As this method is still widely used it will be evaluated as well.

3.3 RAD criterion

The RAD criterion is another popular measure which is widely believed to be correlated with the uncertainty of the PC. The RAD criterion is defined as the Euclidean distance in the decision space of the PC to the closest target class label. This leads to a correlation with the maximum likelihood method (in a pairwise classification problem, these values are perfectly correlated). The RAD criterion can be computed according to

$$\text{RAD} = \min_k \left\| \vec{d}_{\text{PC}}(\vec{x}) - \vec{d}_{\text{PC}}^{\text{target},k}(\vec{x}) \right\|_2 \tag{5}$$

where $\vec{d}_{\text{PC}}(\vec{x})$ denotes the output vector of the PC and $\vec{d}_{\text{PC}}^{\text{target},k}(\vec{x})$ the target output vector of class k.

3.4 Confidence bands

In [7] normalised confidence bands are used in the context of semi-supervised learning. Confidence bands are curves enclosing a model function being estimated by a regression analysis. They represent the interval in which the true model is expected to reside with a probability of $1 - \alpha$. Many approaches to the computation of confidence bands exist, including e.g. Monte Carlo techniques [9], bootstrapping methods [6], or analytical approaches [8, 11]. According to Kardaun [8] and Martos et al. [11], the computation of

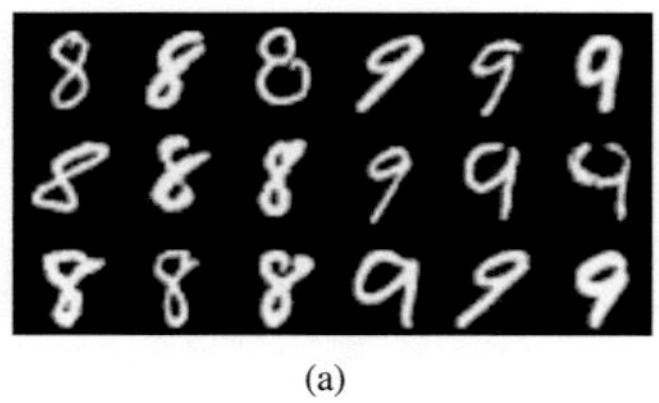 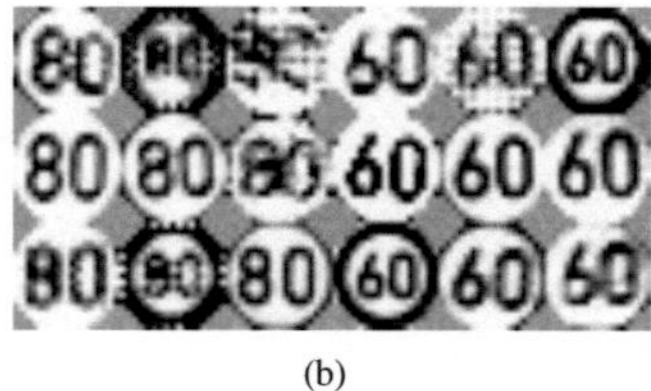

(a)   (b)

Figure 1: Samples of the (a) MNIST data set and (b) traffic sign data set.

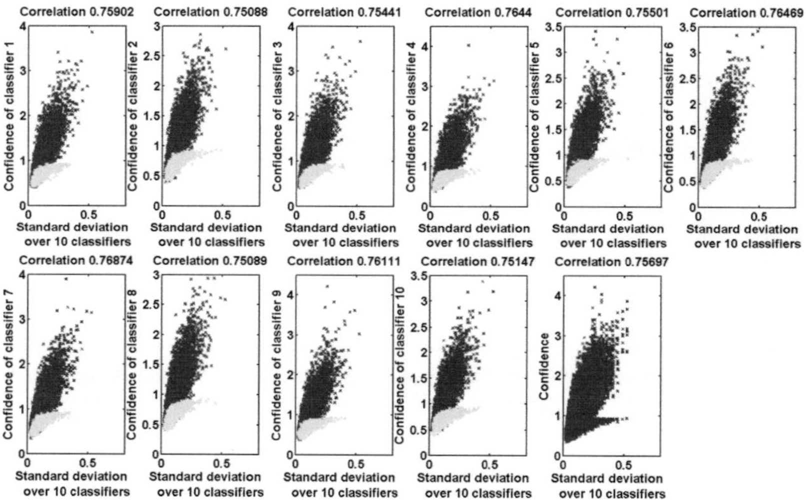

Figure 2: Normalised confidence band value σ_n vs. empirical uncertainty for the PC using the MNIST data set. The part of the training data which is known to the respective classifier is marked in green, the unknown part in blue.

confidence bands requires the covariance matrix of the parameters, which are estimated based on the Jacobian matrix $\mathbf{J}$ given by the elements

$$J_{ij} = \frac{\partial r_i}{\partial a_j}, \tag{6}$$

where $r_i = d(\vec{x}_i) - d^{\mathrm{target}}(\vec{x}_i)$ denotes the residual error of the sample $\vec{x}_i$ and a_j the parameters of the classifier function. The matrix $\mathbf{K}$ with the elements

$$K_{ij} = \frac{J_{ij}}{\sigma_i} \tag{7}$$

is the Jacobian matrix divided by the uncertainty σ_i of the sample-specific label $d^{\mathrm{target}}(\vec{x}_i)$. In the context of regression, the value of σ_i corresponds to the measurement error. In our classification setting, it may refer to a finite probability of mislabelling by the human expert or to cases in which a class membership cannot be determined unequivocally due

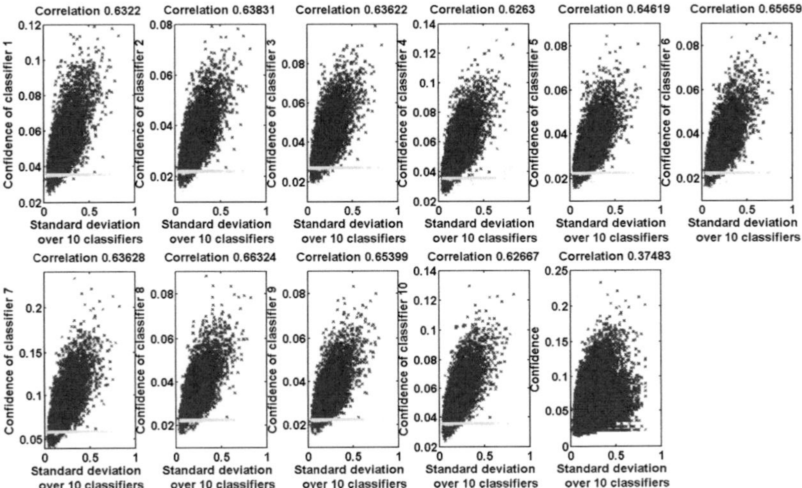

Figure 3: Normalised confidence band value σ_{n} vs. empirical uncertainty for the SVR with polynomial kernel using the MNIST data set. Colours as in Fig. 2.

to poor data quality. The matrix $\mathbf{K}$ is then used to estimate the covariance matrix $\mathbf{C}$ according to

$$\mathbf{C} = (\mathbf{K}^T \mathbf{K})^{-1}. \tag{8}$$

To compute the confidence band value for the transformed sample $\vec{w} = \vec{\Phi}(\vec{x}_i)$, we use the Jacobian vector $\vec{g}$ of the model function $d(\vec{w})$ with $g_j(\vec{w}) = \partial d(\vec{w})/\partial a_j$ and the covariance matrix $\mathbf{C}$ to obtain the dimensionless value

$$c_0(\vec{w}) = \vec{g}^T \mathbf{C} \vec{g}. \tag{9}$$

The half width σ_C of the confidence interval then corresponds to

$$\sigma_C(\vec{w}) = \frac{\beta}{2} \sqrt{c_0(\vec{w}) \frac{\mathrm{R}}{\nu}}, \tag{10}$$

where $R = \sum_i r_i{}^2$ is the residual sum of squares with r_i being the residual of sample i, and $\nu = N - N_p$ the number of degrees of freedom, where N is the number of samples and N_P the number of free model parameters. The constant β is derived from the inverse cumulative t-student distribution t_{cdf}^{-1} according to $\beta = t_{\mathrm{cdf}}^{-1}(1 - \alpha/2, \nu)$ with α as the probability of the desired confidence level for the bands. We set $\alpha = 0.05$ throughout this study. Since it is not obvious how to determine the value of σ_i, the confidence band is normalised to σ_i as proposed in [7], where a uniform value $\sigma_i \equiv \sigma$ is assumed. The correspondingly normalised confidence band

$$\sigma_{\mathrm{n}}(\vec{w}) = \frac{\sigma_C(\vec{w})}{\sigma} \tag{11}$$

is independent of the value of σ as $c_0(\vec{w}) \propto \sigma^2$ according to Eqs. (7) and (8).

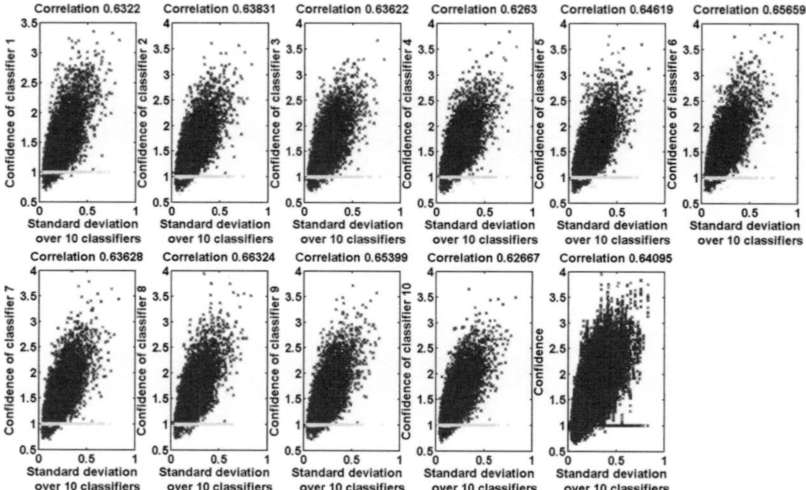

Figure 4: Renormalised confidence band value σ_{B} vs. empirical uncertainty for SVR with polynomial kernel using the MNIST data set. Colours as in Fig. 2.

Due to the dependence of $\mathbf{C}$ on the Jacobian matrix the confidence band can be computed for every classifier which allows to compute the derivative of the residuals with respect to the model parameters. Within this work we specifically regard the PC and the SVR. An extension to other classifiers such as neural networks is straightforward.

In the case of the PC we have $\mathbf{J}_{\mathrm{PC}} = \mathbf{A}$. Its number of free model parameters can be computed according to $N_p^{\mathrm{PC}} = (L-1)M$, where L denotes the number of classes and M the number of elements in the polynomial structure list $\vec{\Phi}(\vec{x})$. This relation follows directly from the fact that all elements of the decision vector of the PC sum up to 1, which imposes a constraint on each row of the parameter matrix $\mathbf{A}$.

For the SVR, the number N_p^{SVR} of free parameters is equal to the number of support vectors, as the output of the SVR is a weighted linear combination of all support vectors and the parameters are the weights. The Jacobian matrix $\mathbf{J}_{\mathrm{SVR}}$ is equal to the kernel matrix $\tilde{\mathbf{K}}$ where the elements $\tilde{K}_{ij} = \tilde{K}(\vec{x}_j, \vec{x}_i)$ are the kernel function evaluated for the j-th support vector and the i-th training sample. Given the corresponding Jacobian matrix and the number of free parameters, respectively, the normalised confidence band can be computed for an arbitrary sample for the PC and the SVR according to Eqs. (8)–(11).

4 Comparison of uncertainty measures

In this section, the previously described uncertainty measures are compared with the empirical uncertainty over different classifiers trained on disjoint training sets.

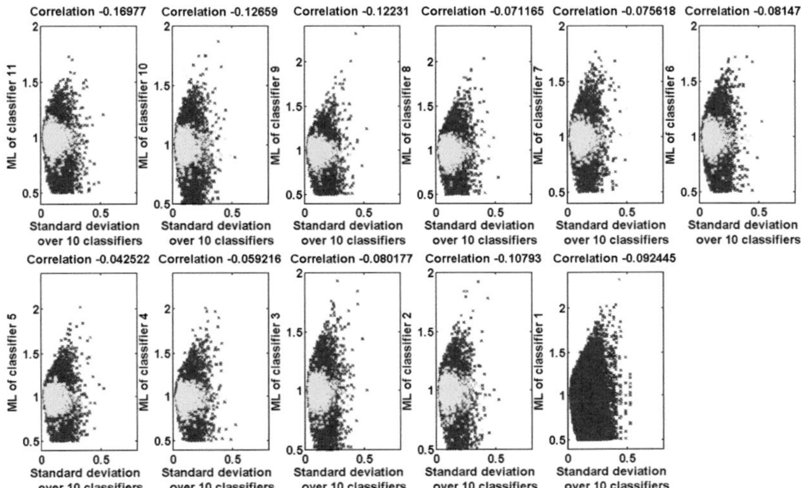

Figure 5: Maximum likelihood vs. empirical uncertainty for the PC using the MNIST data set. Colours as in Fig. 2.

4.1 MNIST data set

In order to determine the empirical uncertainty, we first used the MNIST handwritten digits data set[2] and specifically regarded the pairwise classification problem of separating the classes "8" and "9". The training set consists of 5851 samples of class "8" and 4949 samples of class "9", while the test set comprises 974 samples of class "8" and 1009 samples of class "9". The training data are divided into ten equally sized disjoint training sets. The division is performed classwise and remaining examples are added to the test set. A principal component analysis (PCA) [12] with a reconstruction error of $r^2 = 0.25$ was applied to the data set.

Figs. 2 and 3 show the normalised confidence band values σ_n on the training set plotted against the empirical uncertainty for the PC and the SVR, respectively. Notably, the part of the training data known to the respective classifier (marked in green) is associated with low normalised confidence band values even when the empirical uncertainty is high, since nine of the ten classifiers have not been trained with these data. This implies that the "expert" trained with these data yields considerably lower confidence band values than the other classifiers. The average normalised confidence band value is different for each classifier, resulting in a poor overall correlation as shown in the bottom right plot. This behaviour could be reproduced for all classifiers. The plots for the test set bear no additional information as they look very similar to those obtained for the unused training data displayed in blue and are therefore omitted.

The fact that all known training samples are associated with an almost constant value of the normalised confidence band suggests that it might be advantageous to renormalise all computed confidence band values by the average normalised confidence band value

---

[2]http://yann.lecun.com/exdb/mnist/

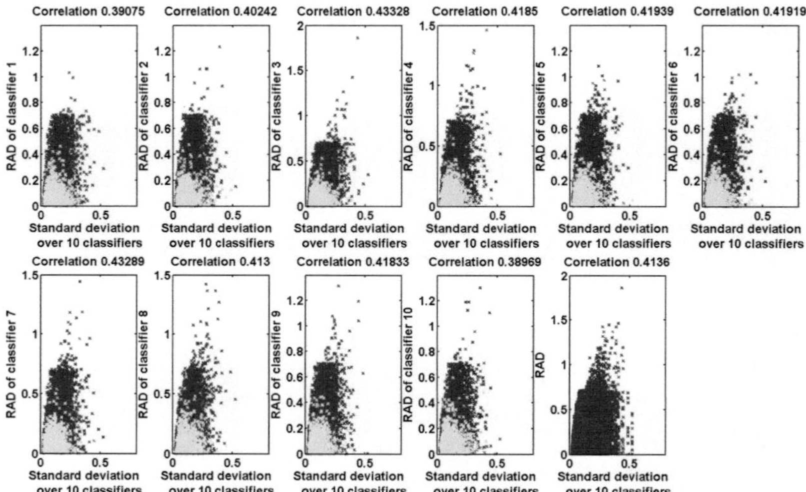

Figure 6: RAD criterion vs. empirical uncertainty for the PC using the MNIST data set. Colours as in Fig. 2.

classifier	training set			test set		
	norm. σ_n	renorm. σ_B	accuracy [%]	norm. σ_n	renorm. σ_B	accuracy [%]
2nd order PC	0.7570	0.7569	98.51	0.8108	0.8107	98.19
SVR pol. kernel	0.3748	0.6409	98.73	0.4281	0.7622	98.66

Table 1: Correlation between confidence band values and empirical uncertainty on the MNIST data set.

$\langle\sigma_\mathrm{n}\rangle_\mathrm{train}$ of the training set, leading to the renormalised confidence band values given by

$$\sigma_\mathrm{B}(\vec{w}) = \frac{\sigma_\mathrm{n}(\vec{w})}{\langle\sigma_\mathrm{n}\rangle_\mathrm{train}}. \tag{12}$$

The resulting scatter plots are shown in Fig. 4. The non-overlapping areas in the cumulative plot have disappeared and are merged into one single "ray", leading to a drastically increased correlation value with respect to the empirical confidence. The overall correlation values for the renormalised as well as for the normalised confidence band values on both the training and the test set are summarised in Table 1. There appears to be a slight decrease in the correlation coefficient in the case of the PC but the effect is minor.

In contrast to the high correlation rates of the normalised and renormalised confidence band values, the maximum likelihood of the PC as well as the RAD criterion are largely uncorrelated with the empirical uncertainty. The corresponding scatter plots are shown in Figs. 5 and 6. The overall correlation coefficients correspond to -0.0924 for the maximum likelihood of the PC and to 0.4136 for the RAD criterion.

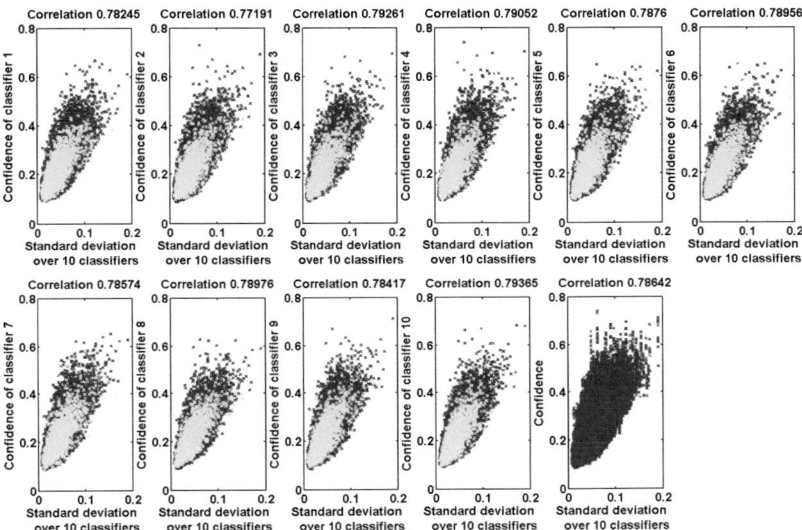

Figure 7: Normalised confidence band value σ_n vs. empirical uncertainty for the PC using the traffic sign data set. Colours as in Fig. 2.

4.2 Traffic sign data set

The traffic sign samples were extracted from input images acquired by a camera mounted behind the windscreen of a test vehicle. All circular shapes in the input images, among them the traffic signs, were extracted by a Hough transform based technique. The corresponding regions were scaled to a size of 17×17 pixels and normalised in contrast [10]. In this study, we specifically regard the classification problem of distinguishing speed limit signs of the classes "60 km/h" and "80 km/h". The utilised data set comprises 15000 samples of each class. It is divided into a training set consisting of 70% of the samples and a test set consisting of 30% of the samples. A PCA with a reconstruction error of $r^2 = 0.25$ was applied to the data set.

The results obtained for the traffic sign data set are similar to those presented for the MNIST data set, with the exception of the normalised confidence band values of the PC. The corresponding scatter plot of the normalised confidence band value σ_n vs. the empirical uncertainty is shown in Fig. 7, where no systematic difference between the distributions of the known part (green) and the unknown part (blue) of the training data is observed. The overall correlation values are presented in Table 2. For the PC, the difference between the correlation coefficients obtained for σ_n and σ_B is negligible. However, for the SVR the renormalised confidence band value σ_B shows an increased correlation coefficient when compared to the normalised confidence band value σ_n, as illustrated by Figs. 8 and 9. Similar to the MNIST data set, the known part of the training data (marked in green) is associated with low confidence band values even when the empirical uncertainty is high. For the maximum likelihood of the PC, the correlation coefficient amounts to -0.2089 and for the RAD criterion to 0.3464, which is fairly similar to the values obtained for the MNIST data set.

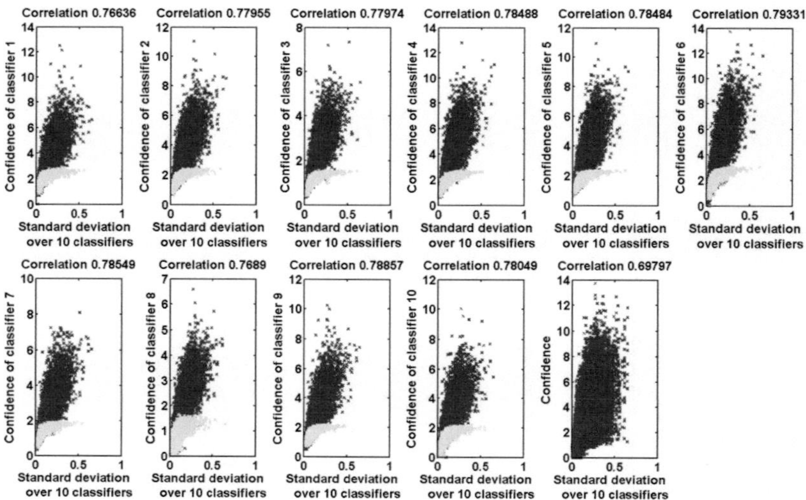

Figure 8: Normalised confidence band value σ_n vs. empirical uncertainty for the SVR using the traffic sign data set. Colours as in Fig. 2.

classifier	training set			test set		
	norm. σ_n	renorm. σ_B	accuracy [%]	norm. σ_n	renorm. σ_B	accuracy [%]
PC 2nd order	0.7865	0.7864	97.65	0.7802	0.7802	97.56
SVR pol. kernel	0.6980	0.7737	99.68	0.7393	0.8216	99.49

Table 2: Correlation between confidence band values and empirical uncertainty on the traffic sign data set.

5 Semi-supervised learning

In order to create an elementary semi-supervised ensemble learning scenario, a two-classifier setup is chosen which can be seen as a small ensemble. The first classifier is a SVR, which is known to be able to cope with small amounts of training data but tends to be sensitive with respect to wrong training labels. The second classifier is a PC, which may need more data but is less sensitive to wrong training labels. Both classifiers are trained on an initial, manually labelled training set of variable size, comprising a few percent of the available training data. The test set has a fixed size of 30% of the overall size of the data set.

The trained classifiers provide labels for the training samples by themselves, where a new label is accepted and added to the training set if (i) both classifiers yield the same label and (ii) the confidence band values of both classifiers are within the range $\sigma_{B,min} \leq \sigma_B \leq \sigma_{B,max}$. The acceptable range of the renormalised confidence band value σ_B is determined for each classifier using $\sigma_{B,min} = 0.9 \langle \sigma_B \rangle_{train}$ and $\sigma_{B,max} = 3.0 \langle \sigma_B \rangle_{train}$. A new training cycle is initiated when 100 new samples have been inserted into the training set. This procedure is repeated until all available samples that match the above criteria have been

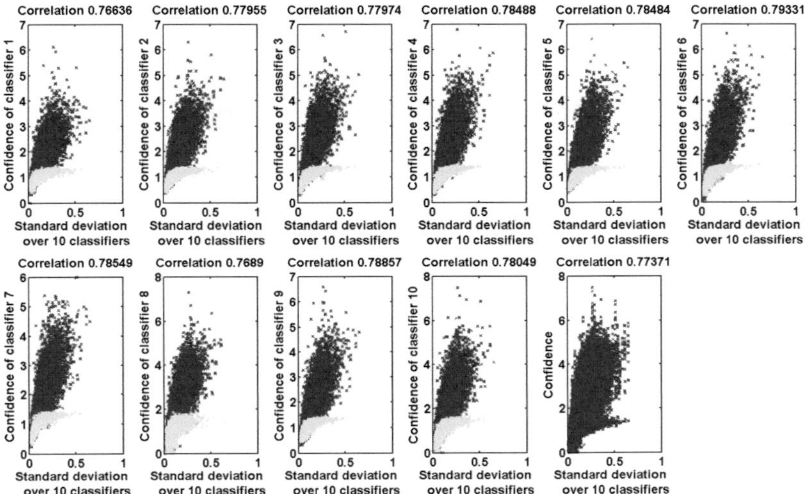

Figure 9: Renormalised confidence band value σ_B vs. empirical uncertainty for the SVR with polynomial kernel using the MNIST data set. Colours as in Fig. 2.

added to the training set with their autonomously generated labels. If no new training samples are found that fulfill the selection criterion, the semi-supervised learning process terminates automatically.

The semi-supervised learning setup is applied to the MNIST data set and the traffic sign data set. PCA-based dimensionality reduction is performed with a reconstruction error of $r^2 = 0.3$ for the MNIST data set and $r^2 = 0.2$ for the traffic sign data set. Both PCAs are computed based on the initial training set, respectively.

5.1 Results obtained for the MNIST data set

For the MNIST data set, the size of the initial, manually labelled training set was set to 1%, 2% and 5% of the overall size of the training data set in order to identify the influence of the size of the initial training set. The corresponding learning curves are displayed in Fig. 10. Due to the random division into training and test data, different results are observed for each individual run of the semi-supervised learning scheme. Hence, the learning curves in Fig. 10 denote the mean and the standard deviation over ten runs, interpolated to equally spaced numbers of training samples using Akima interpolation [1]. All accuracies on the test set are compared with the accuracy of an "ideal" classifier trained on all available manually labelled training samples.

The initial accuracy increases with the number of samples in the initial training set. In the course of the semi-supervised learning process, the recognition accuracies of the two classifiers increase at the beginning but may decrease again if too many false labels are added to the training set. The ideal accuracy of 98.35% of the SVR and 98.98% of the PC has not been reached. It is noteworthy that by reducing the initial training set size to 2% of the overall size of the training data set, the SVR still yields good accuracy values

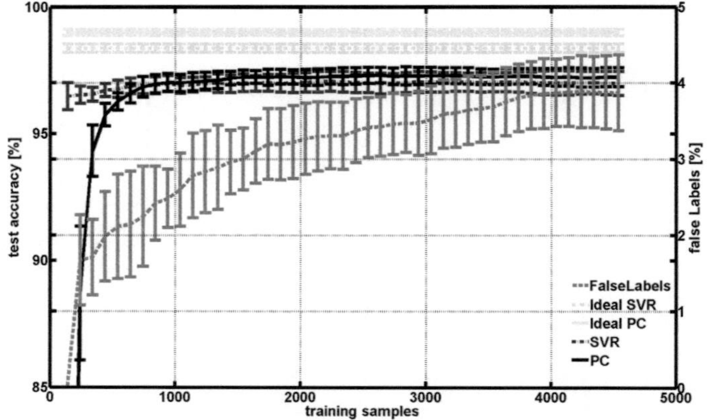

(a) Initial number of training samples: 1% of the training data.

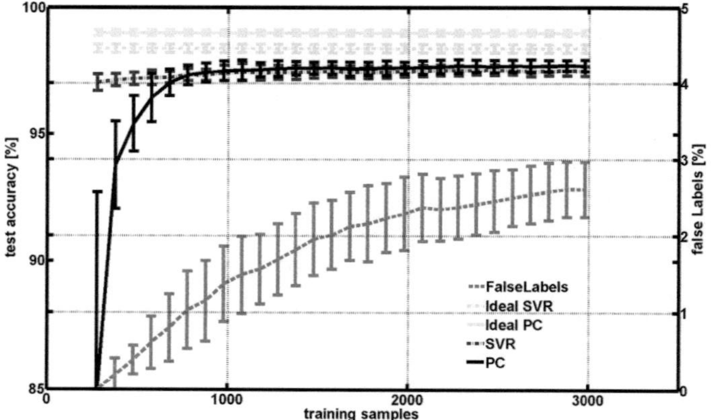

(b) Initial number of training samples: 2% of the training data.

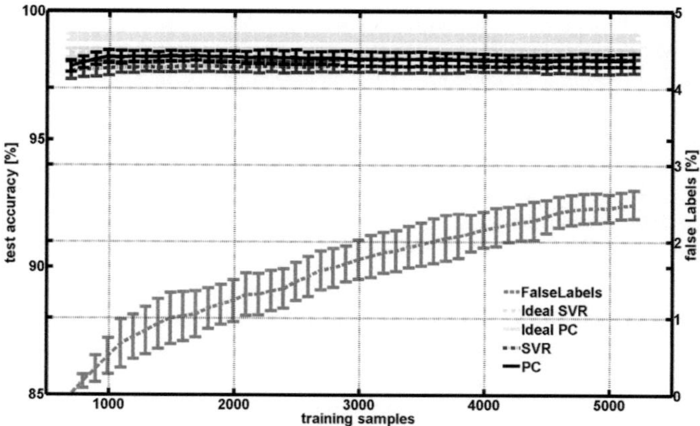

(c) Initial number of training samples: 5% of the training data.

Figure 10: Semi-supervised learning results for the MNIST data set for different amounts of initial, manually labelled training data.

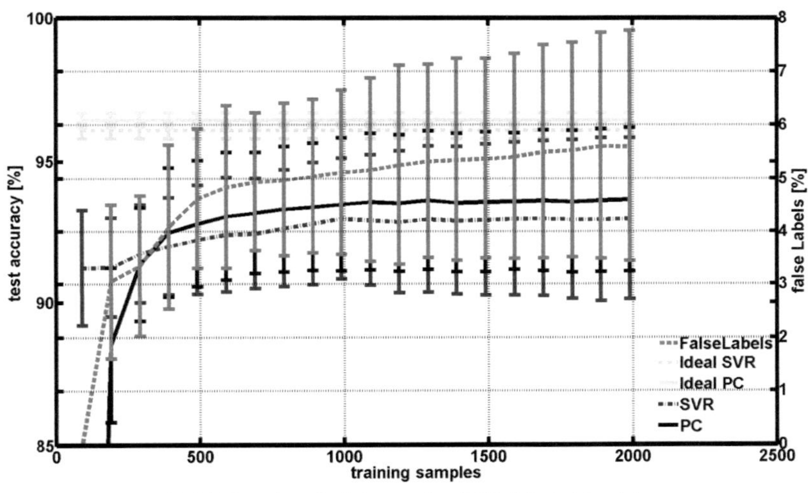

(a) Initial number of training samples: 0.3% of the training data.

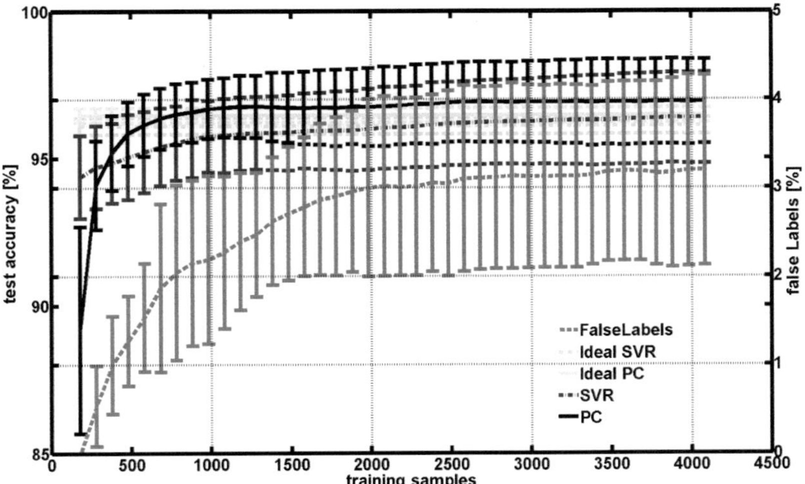

(b) Initial number of training samples: 0.6% of the training data.

Figure 11: Semi-supervised learning results for the traffic sign data set for different amounts of initial, manually labelled training data.

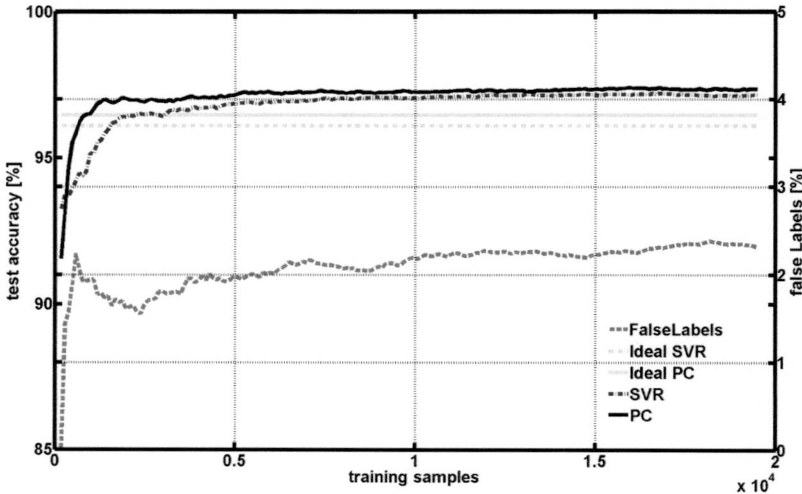

Figure 12: Semi-supervised learning results (single run) for the traffic sign data set. No confidence bands were taken into account ($\sigma_{B,min} = 0$ and $\sigma_{B,max} \to \infty$). The initial number of training samples amounts to 0.6% of the training data.

while the PC accuracy suffers from severe overfitting. By adding new labels the SVR ensures that most labels are correct, such that the PC generalises fairly well. In almost all runs the PC surpasses the SVR after a few samples are collected. Furthermore, the computational complexity of the PC remains the same with increasing size of the training set while the SVR becomes computationally increasingly complex due to the growing number of support vectors. The same behaviour is observed when the size of the initial training set is further decreased to 1% of the overall size of the training data set.

5.2 Results obtained for the traffic sign data set

Similar results are obtained for the traffic sign data set (cf. Fig. 11). Again, the learning curves denote the mean and the standard deviation over ten runs, respectively. If the size of the initial training set is too small, the gain in accuracy is also small while a large initial training set size yields no increase in performance during the semi-supervised learning. In Fig. 11b, the performance of the PC exceeds that of the SVR already after a small number of autonomously labelled samples are added to the training set. Notably, the accuracies of both classifiers averaged over the ten runs become very similar to the corresponding ideal accuracies of 96.08% for the SVR and 96.44% for the PC. For six of the ten runs, the accuracy obtained by semi-supervised learning exceeds the ideal accuracy of the PC (which is higher than that of the SVR), where the maximum achieved gain of the PC amounts to 1.98% accuracy. This behaviour is probably due to the presence of poorly imaged samples in the data set that affect the classification accuracy. Apparently, the semi-supervised learning algorithm achieves to avoid a selection of these poorly imaged training samples.

For comparison, we have regarded a semi-supervised learning scenario without taking into account the renormalised confidence bands, i.e. with $\sigma_{B,min} = 0$ and $\sigma_{B,max} \to \infty$. Hence, an unlabelled training sample is accepted if both classifiers yield the same class assignment. This approach is somewhat similar to the well-known co-training method [3]. However, rather than using two different feature representations of the data ("views") as in [3], we employ two different classifier architectures instead. The results for a single run performed for the traffic sign data set are shown in Fig. 12. The achieved recognition accuracy is comparable to the result obtained based on renormalised confidence bands with the same number of initial manually labelled training samples (cf. Fig. 11b). However, the semi-supervised learning process in which the renormalised confidence band values are taken into account is autonomously terminated much earlier. As a consequence, the training set for the scenario without confidence bands (cf. Fig. 12) becomes very large, such that the number of support vectors of the SVR (and therefore its computational complexity) is more than an order of magnitude higher than for the scenario of Fig. 11b in which renormalised confidence band values are used. Neglecting confidence band information results in an extended "saturation period" (cf. Fig. 12), where early stopping would only be possible using a manually labelled validation set.

Hence, the confidence band values provide a favourable early-stopping criterion for the semi-supervised learning process without the need for a manually labelled validation set. This property is of high importance in the examined scenario since in this setting manually labelled samples are regarded as highly expensive.

6 Summary and conclusion

In this study, we have described a sample selection mechanism based on analytically tractable confidence measures which are inferred for an "ensemble" of two different classifiers (PC and SVR) in the context of semi-supervised learning. We have compared different confidence measures for unlabelled training samples based on the MNIST handwritten digits data set and a traffic sign data set, where we have introduced a renormalised confidence band measure as a criterion for accepting or rejecting the autonomously generated labels for new samples.

As a general result, our experimental evaluation of semi-supervised learning has shown that for a small initial number of training samples, the computationally highly complex and memory-demanding SVR approach is able to increase autonomously the initially very poor recognition performance of the computationally much more efficient PC to a level that comes close to the "ideal" performance resulting from a training process in which all available training samples are used with their correct labels. For the traffic sign data set, the semi-supervised learning procedure may even result in classifier accuracies which exceed the ideal accuracies of the SVR and the PC, which indicates that the proposed algorithm selects those samples which improve the recognition behaviour in an advantageous manner. In particular, it is demonstrated that the confidence band values provide a favourable early-stopping criterion for the semi-supervised learning process without the need for a manually labelled validation set.

Future work will address semi-supervised ensemble learning based on a more "multi-faceted" classifier ensemble containing a larger number of different classifier architectures and a variety of feature representations of the data.

References

[1] Akima, H.: *A New Method of Interpolation and Smooth Curve Fitting Based on Local Procedures.* Journal of the ACM (JACM) 17(4): 589-602. 1970.

[2] Begleiter, R.; El-Yaniv, R.; Pechyony, D.: *Repairing Self-Confident Active-Transductive Learners Using Systematic Exploration.* Pattern Recognition Letters 29(9): 1245-1251. 2008.

[3] Blum, A.; Mitchell, T.: Combining labeled and unlabeled data with co-training. In: *Proc. Workshop on Computational Learning Theory*, pp. 92-100. 1998.

[4] Chang, C.-Cc; Lin, C.-J.: *LIBSVM: A library for support vector machines.* ACM Transactions on Intelligent Systems and Technology 2(3): 27:1-27:27. 2011.

[5] Chapelle, O.; Schölkopf, B.; Zien, A. (Hg.): *Semi-Supervised Learning (Adaptive Computation and Machine Learning).* The MIT Press. 2006.

[6] Härdle, W. K.; Ritov, Y.; Song, S.: Partial Linear Quantile Regression and Bootstrap Confidence Bands. SFB 649 Discussion Papers SFB649DP2010-002, Sonderforschungsbereich 649, Humboldt University, Berlin, Germany. 2010.

[7] Hillebrand, M.; Wöhler, C.; Krüger, L.; Kreßel, U.; Kummert, F.: Self-learning with confidence bands. In: *Proc. Workshop Computational Intelligence*, pp. 302-313. 2010.

[8] Kardaun, O. J. W. F.: *Classical Methods of Statistics.* Springer. 2005.

[9] Kendall, W. S.; Marin, J.-M.; Robert, C. P.: Confidence bands for Brownian motion and applications to Monte Carlo simulation. *Statistics and Computing* 17 (2007) 1, S. 1–10.

[10] Kreßel, U.; Lindner, F.; Wöhler, C.; Linz, A.: Hypothesis verification based on classification at unequal error rates. In: *Proc. Int. Conf. on Artificial Neural Networks*, pp. 874-879, Edinburgh. 1999.

[11] Martos, A.; Krüger, L.; Wöhler, C.: Towards Real Time Camera Self Calibration: Significance and Active Selection. In: *3DPVT '10: Proc. of the 4th Int. Symp. on 3D Data Processing, Visualization and Transmission, Paris, France, 2010.*

[12] Schürmann, J.: *Pattern classification: a unified view of statistical and neural approaches.* John Wiley & Sons, Inc. 1996.

[13] Seeger, M.: Learning with Labeled and Unlabeled Data. Technical report. 2001.

[14] Smola, A. J.; Schölkopf, B.: *A Tutorial on Support Vector Regression.* Statistics and Computing 14(3): 199-222. 2004.

[15] Zhu, X.; Goldberg, A.: *Introduction to Semi-Supervised Learning.* Synthesis Lectures on Artificial Intelligence and Machine Learning, Morgan & Claypool Publishers. 2009.

DATENBASIERTE MODELLIERUNG DER KINEMATIK EINES DREIGLIEDRIGEN ELASTISCHEN ROBOTERARMS

Anh Son Phung, Jörn Malzahn, Frank Hoffmann, Torsten Bertram

Lehrstuhl für Regelungssystemtechnik, Technische Universität Dortmund
Otto-Hahn-Str. 4, 44221 Dortmund
Tel.: (0231) 755-3592
Fax: (0231) 755-2752
E-Mail: anhson.phung@tu-dortmund.de

Zusammenfassung

Die mit den hohen Massen, Steifigkeiten und Geschwindigkeiten heutiger Industrieroboter einhergehende Gefährdung des Umfelds steht der kooperativen Interaktion zwischen Mensch und Roboter im Wege. Dieses Gefährdungspotential lässt sich durch eine inhärent nachgiebige Konstruktion der Armkörper eliminieren. Dabei stellen die durch die Elastizität der Armkörper verursachten Schwingungen und Durchbiegungen besondere Herausforderungen an die Modellierung und Regelung eines nachgiebigen Armes. Eine geometrische oder algebraische Lösung der Kinematik unter Einfluss der Gravitation erweist sich als schwierig. Daher setzt es sich dieser Beitrag zum Ziel die direkte und inverse Kinematik unter Einfluss der Gravitation durch verschiedene datenbasierte Ansätze zu modellieren.

Das Modell der Vorwärtskinematik prognostiziert die Pose anhand der Gelenkwinkel und Dehnungen. Aus den aktuellen Gelenkwinkel und Dehnungssignalen wird die Last vorhergesagt. Das Modell der inversen Kinematik schätzt die zu einer vorgegebenen Pose und prognostizierten Last zugehörigen Gelenkwinkel. Der datenbasierten Modellierung der elastischen Kinematik liegen unterschiedliche überwachte Lernverfahren zugrunde, lokale lineare Modellbäume (LOLIMOT), radiale Basisfunktions-Netzwerke (RBF) und mehrschichtige Perzeptron-Netzwerke (MLP). Basierend auf der Analyse der Starrkörperkinematik werden die ursprünglichen Merkmale auf an das Problem angepasste, zusätzliche, nichtlineare Eingangsgrößen transformiert. Eine Positionsregelung korrigiert die Gelenkwinkel, um durch die Durchbiegung der Armkörper verursachte Fehler zu kompensieren. Die mit Hilfe des vorwärtskinematischen Modells geschätzte Pose wird zurückgeführt, mit der Referenzpose verglichen und der Fehler durch einen PI-Regler kompensiert. Der geschlossene Regelkreis erreicht eine Posengenauigkeit von 3 mm auch für solche Lasten und Konfigurationen, die nicht im Trainingsdatensatz enthalten sind.

1 Einführung

Die mit den hohen Massen, Steifigkeiten und Geschwindigkeiten heutiger Industrieroboter einhergehende Gefährdung des Umfelds verhindert beziehungsweise erschwert die kooperative Interaktion zwischen Mensch und Roboter.

Die Einfluss der Masse und Geschwindigkeit der Roboter auf das Gefahrenpotenzial im Fall einer Kollision mit Menschen wird von Haddadin in [1] vorgestellt. Ein sicherer Betrieb von Robotern in der Anwesenheit des Menschen erfordert eine Reduzierung der

Masse, Geschwindigkeit und Impedanz der Manipulatoren. Niedrige Geschwindigkeiten begrenzen jedoch die Effizienz des Roboters während eine Massenreduktion die Elastizität erhöht, welches wiederum Schwingungen und Durchbiegungen induziert die zu Lasten der Positioniergenauigkeit gehen. Die Verletzungsgefahr wird durch eine elastische Übertragung zwischen dem Antrieb und dem Armkörper reduziert. Bicchi und Tonietti [2] stellen einen alternativen Ansatz vor, welcher mit Hilfe von Drehmomentsensoren eine variable, mechanische Nachgiebigkeit in den Antrieben ermöglicht. Im Sinne der Sicherheit verhält sich der Arm bei niedrigen Geschwindigkeiten steif und erhöht seine Elastizität mit zunehmender Geschwindigkeit.

Es gibt zwei grundlegende Vorgehensweisem für die Konstruktion eines elastischen Roboterarms, zum einen durch eine elastische Übertragung zwischen Gelenken und Antrieben oder andererseits durch eine inhärente strukturelle Elastizität der Armkörper selber, wie er in dieser Arbeit verfolgt wird. Bild 1 zeigt einen dreigliedrigen elastischen Roboterarm TUDOR (Technische Universität Dortmund omni-elastischer Roboter) mit zwei elastischen und einem starren Gelenk.

Methoden zur Schwingungsdämpfung mit Impuls-Filter, Rückführung der Signale der Dehnungsensoren, Fiber-Bragg-Grating-Sensoren, oder Kamera werden in [3, 4, 5, 6] vorgestellt. Die Bewahrung der Posengenauigkeit unter dem Einfluss der Gravitation stellt ein zusätzliches Problem elastischer Roboterarme dar. Cannon and Schmitz [7] präsentieren eine Arbeitsraumregelung, bei welcher die tatsächliche Endeffektorposition über ein bildverarbeitendes System zurückgeführt wird.

Die Beiträge in [8, 9, 10] präsentieren datenbasierte Methoden zur Modellierung der Vorwärts- und Rückwärtskinematik starrer Arme. Eine exakte geometrische oder algebraische Lösung der Kinematik eines flexiblen Roboterarms im Falle einer variablen Last erweist sich als schwierig. Daher thematisiert dieser Beitrag die datenbasierte Modellierung der Vorwärts-und Rückwärts-Kinematik eines dreigliedrigen elastischen Roboterarms mit dynamischer Last unter Gravitation. Als Lernverfahren dienen Multi-Layer-Perzeptron-Netzwerke (MLP), lokale lineare Modellbäume (LOLIMOT) und radiale Basisfunktions-Netzwerke (RBF).

Das vorwärtskinematische Modell prognostiziert die Endeffektorposition anhand der Gelenkwinkel und der Dehnungssignale. Wegen der Mehrdeutigkeit der inversen Kinematik, wird der Arbeitsraum in disjunkte Teilregionen unterteilt, für die jeweils ein separates Modell antrainiert wird. Das rückwärtskinematische Modell prädiziert die zur gewünschten Zielpose bei bekannter Last zugehörigen Gelenkwinkel.

Abschnitt 2 stellt ein Bildverarbeitungssystem für die externe Vermessung der Endeffektorposition dar. Abschnitt 3 gibt einen Überblick über neuronale Netze um danach deren Anwendungen zur datenbasierten Modellierung der Kinematik eines dreigliedrigen Roboterarms mit konstanter Last vorzustellen. Die Erweiterung des Modells auf den Fall variiender Lasten wird in Abschnitt 4 behandelt. Dieses Model bildet die Grundlage für das Schließen eines Regelkreises zur Verbesserung der Posengenauigkeit, das in Abschnitt 5 entwickelt und vorgestellt wird. Dieser Abschnitt präsentiert und analysiert die experimentellen Ergebnisse am Roboterarm TUDOR. Der Beitrag schließt mit einer Zusammenfassung und einem Ausblick auf zukünftigen Arbeiten.

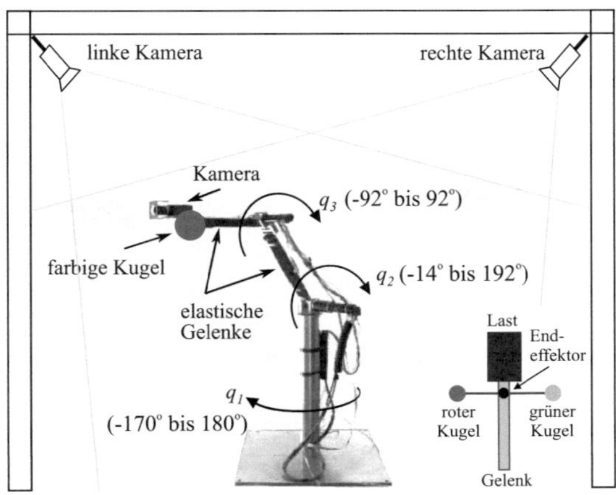

Bild 1: TUDOR - **T**echnische **U**niversität **D**ortmund **O**mni-elastischer **R**oboter

2 Bildverarbeitung

Die datenbasierte Modellierung der Roboterkinematik setzt die Generierung von Trainingsdaten voraus. Die Gelenkwinkel und Dehnungssignale lassen sich direkt über die
Robotersteuerung erfassen und aufzeichnen. Die Messung der tatsächlichen Pose des
Endeffektors im Arbeitsraum erfordert ein externes Messsystem hinreichender Genauigkeit, in unserem Fall ein Stereokamerasystem. Zu diesem Zweck sind am Endeffektor
eine rote und grüne Kugel montiert, die sich im Stereobild leicht vom Hintergrund se-
parieren lassen. Die im Bild 1 zu sehende rechte und linke Kamera besitzen eine Auflösung von 640x480 Pixel und sind unter der Decke im Abstand von 3m montiert, um
den gesamten Arbeitsraum des Roboters zu erfassen. Die Kugeln lassen sich im Stereobild durch eine schwellwertbasierte Segmentierung roter und grüner Bildregionen erkennen. Die Bildkoordinaten des Kugelzentrums sind unabhängig von der Orientierung und
Lage des Endeffektors durch den Schwerpunkt der segmentierten Region definiert. Die
Position der Kugel im Arbeitsraum wird durch eine Stereo-Triangulation der Kugelzen-
tren im Bild rekonstruiert. Zu diesem Zweck wird das Stereokamerasystem mithilfe der
Kamerakalibrierungstoolbox von Bouguet [11] kalibriert. Die Orientierung der z-Achse
des Roboterkoordinatensystems im Kamerakoordinatensystem ergibt sich aus der Normalen zur Ebene aller Endeffektorposen, die aus einer Drehung um die erste vertikale
Gelenkachse resultieren. Die entlang der kreisförmigen Bewegung aufgezeichneten Endeffektorpositionen ermöglichen die Rekonstruktion der Ebenennormalen v, die kollinear
mit der z-Achse des Roboterkoordinatensystems gewählt wird (siehe Bild 2). Der Koor-
dinatenursprung $\mathbf{O}_B$ bestimmt sich aus der Endeffektorposition $\mathbf{p}_E$ in der Gelenkkonfiguration $[q_1, q_2, q_3] = [0^0, 90^0, 0^0]$ und der bekannten Länge des Roboterarm $l = b + c$ im
ausgestreckten Zustand wie folgt:

$$\mathbf{t}_{CR} = \mathbf{p}_E - l\,\mathbf{v}. \tag{1}$$

Die Orientierung der x-Achse des Roboterskoordinatensystems bezüglich der Kamerakoordinaten definiert sich durch die Projektion der Endeffektorposition in der Null-Konfi-

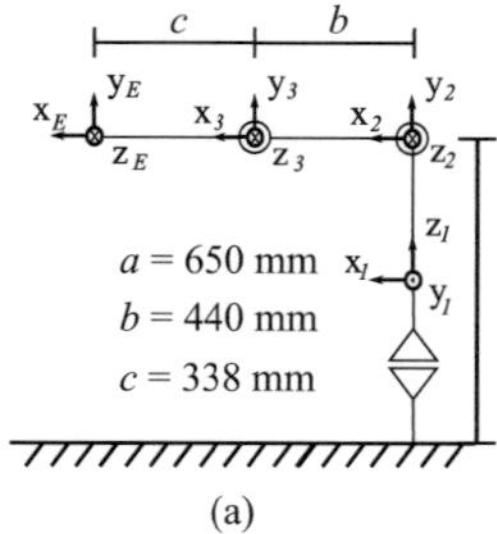 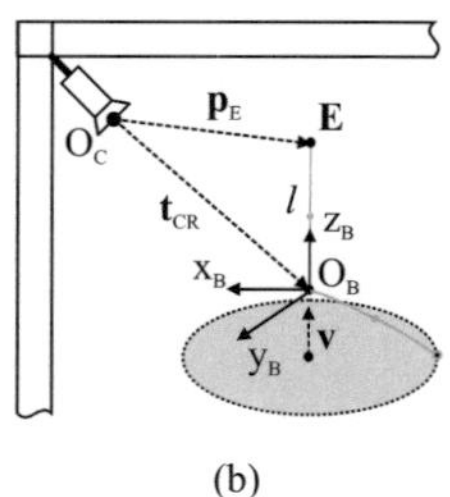

(a)   (b)

Bild 2: Äquivalente Starrkörperkinematik (a) und Transformation zwischen Kamera- und Roboterbasiskoordinatensystem (b)

guration und der daraus resultierenden Rotationsmatrix

$$\mathbf{R}_{CR} = [\mathbf{x}_B,\ \mathbf{y}_B,\ \mathbf{z}_B]. \tag{2}$$

Die Abbildung eines Vektors $\mathbf{p}_C$ in Kamerakoordinaten auf den gleichen Vektor $\mathbf{p}_R$ im Roboterkoordinatensystem vermittelt die affine Abbildung

$$\mathbf{p}_R = \mathbf{R}_{CR}\,\mathbf{p}_C + \mathbf{t}_{CR}. \tag{3}$$

Für die Bewertung der Genauigkeit der kinematischen Modelle ist es erforderlich die Genauigkeit der externen Posenmessung zu ermitteln. Unabhängig von der Pose und Orientierung des Endeffektors beträgt der feste Abstand beider Kugel 287,3 mm. Durch Messung dieses an sich konstanten Abstands über verschiedene Konfigurationen im Arbeitsraum schließt man aus der Streuung der Messwerte auf die Genauigkeit des Stereokamerasystems. Dabei wird angenommen, dass der Mittelwert des Messfehlers verschwindet. Aus den Messungen ergibt sich ein mittlere Streuung des Abstandsfehler von 2.0 mm bei einem maximalen Fehler von 3.7 mm. Die vom Stereokamerasystem erfassten Endeffektorpositionen werden zusammen mit den Dehnungsignalen, den Gelenkwinkeln und der bekannten Last über insgesamt 361 verschiedene Armkonfigurationen aufgezeichnet und dienen zum Training und zur Validierung der datenbasierten kinematischen Modelle.

3 Kinematisches Modell bei statischer Last

3.1 Struktur des Neuronalen Netz

Künstliche Neuronale Netz (KNN) sind universale Black-Box-Funktionsapproximatoren und finden sowohl bei der Regression als auch Klassifikation zahlreiche Anwendung. Bild 3.1 zeigt die Struktur eines MLP Netz, wobei x_i die Eingangneuronen, y_i die Ausgangneuronen, und z_i die versteckten Neuronen bezeichnen. Die Ausgabe der versteckten

Neuronen und Ausgangneuronen ergibt sich aus deren Aktivierungsfunktion f, g in:

$$z_i = f \left(\sum_{j=1}^{n} \left(w_{ji}^{(1)} . x_j \right) + b_i^{(1)} \right), \text{ und}$$

$$y_i = g \left(\sum_{j=1}^{p} \left(w_{ji}^{(2)} . z_j \right) + b_i^{(2)} \right)$$

(4)

wobei x_i, y_i, z_i und n, m, p die Aktivierung und die Anzahl der Eingang-, Ausgang- und verdeckten Neuronen und $w_{ij}^{(k)}$ und $b_{ij}^{(k)}$ die durch das Training anzupassenden Gewichte und Schwellwerte bezeichnen.

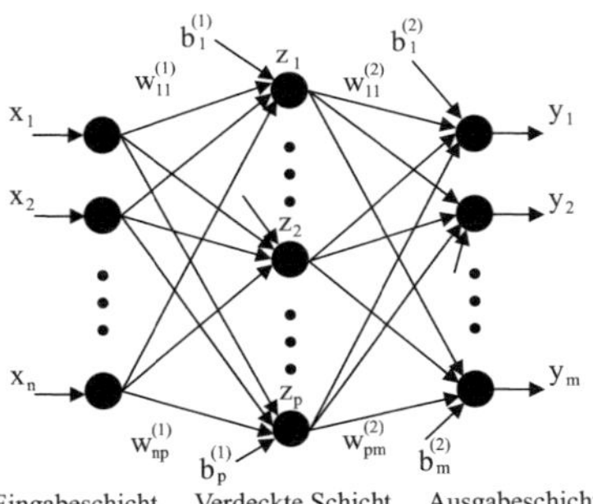

Bild 3: Struktur eines Multi-Layer-Perzeptron Netzwerk

Das Training eines neuronalen Netzes erfolgt durch Optimierung der Gewichte und Schwellwerte mit dem Ziel den Fehler zwischen der Ausgabe des Netzes und dem Sollwert zu minimieren. In diesem Beitrag werden MLP-, RBF-Netze [12] und LOLIMOT [13] hinsichtlich ihrer Vorhersagegenauigkeit untersucht. Weiterhin wird der Einfluss der Merkmalsauswahl und Merkmalsgenerierung in Verbindung mit den unterschiedlichen Modellen analysiert. Es erweist sich als zielführend die ursprünglichen Merkmale Gelenkwinkel, Endeffektorposition, Masse und Dehnungen unter Berücksichtigung der bekannten Starrkörperkinematik auf mit der jeweiligen Zielgröße untereinander weniger stark nichtlinear verkoppelte neue Merkmale zu transformieren. Die Merkmalstransformation führt insbesondere bei den RBF-Netzen und LOLIMOT zu einer Verringerung der Modellparameter und damit einhergehend zu einer verbesserten Generalisierungsfähigkeit.

3.2 Vorwärtskinematisches Modell

Da nur das zweite und dritte Gelenk des Roboters elastisch und zudem beide Gelenkachsen kollinear sind, beschränken sich die elastische Deflektionen auf eine Ebene und sind unabhängig von der Drehung des Arms um die erste vertikale Achse. Die Endeffektorpose (x_p, y_p, z_p) setzt sich zusammen aus einer Bewegung in der x_B, z_B-Ebene die sich aus den Gelenkwinkeln (q_2, q_3) und den Dehnungssignalen $(\varepsilon_2, \varepsilon_3)$ ergibt und der Rotation dieser Ebene entlang der Achse z_B um den Gelenkwinkel q_1.

Zur Generierung der Trainings-, Validierungs- und Testdaten werden über den gesamten Arbeitsraum mit einer Schrittweite von jeweils $10°$ verteilt über die maximalen Gelenkwinkel des zweiten $[0°\ 180°]$ und dritten $[-90°\ 90°]$ Gelenks (q_2, q_3) die Gelenkwinkel zusammen mit der durch das Stereokamerasystem gemessenen Endeffektorposition (x_b, z_b) innerhalb der Ebene und den Dehnungssignalen $(\varepsilon_2, \varepsilon_3)$ aufgezeichnet. Für eine einzelne Last beinhaltet der Datensatz somit 361 Instanzen, von denen 70% für das Training, 15% für die Validierung und die verbleibenden 15 % für das Testen verwendet werden. Die Validierungsdaten dienen dazu eine Überanpassung der Modelle zu vermeiden, indem im Falle der MLP-Netze die Anzahl der Iterationen und im Falle von RBF-Netzen und LOLIMOT die Anzahl der Kernfunktionen beziehungsweise linearen Modelle begrenzt wird.

Dieser Abschnitt betrachtet lediglich die Kinematik des elastischen Roboterarms bei konstanter Last weshalb die Dehnungssignale zunächst vernachlässigt werden. Die Modellbildung basiert auf zwei unterschiedlichen Merkmalssätzen, im ersten Fall erfolgt die Regression anhand der direkten Gelenkwinkel (q_2, q_3), während im zweiten Fall motiviert durch die geometrischen Zusammenhänge der Starrkörperkinematik die transformierten Merkmale $(\cos(q_2), \sin(q_2), \cos(q_2 + q_3), \sin(q_2 + q_3))$ Verwendung finden.

Die Tabelle 1 zeigt die durchschnittlichen Trainings- und Test-Fehler für MLP-, RBF-Netze und LOLIMOT über zehn unabhängige Unterteilungen der Daten und Instanziierungen des jeweiligen Lernverfahrens. Die Genauigkeit der Modelle sowohl auf den Trainings- als auch den Testdaten ist bei den nichtlinearen Regressoren deutlich besser, da in diesem Fall der dem Starrkörpermodell zuzuschreibende Anteil der Pose linear in den transformierten Merkmalen ist. Die maximale Durchbiegung der Armkörper führt zu einem maximalen Deflektion des Endeffektors gegenüber der Starrkörperpose um 100 mm. Betrachtet man die residualen Fehler des vorwärtskinematischen Modells auf den Testdaten, die unterhalb von 2 mm liegen, so erklären die Modelle mehr als 98% der durch die Elastizitäten verursachten Variation der Pose.

3.3 Rückwärtskinematisches Modell

Die Mehrdeutigkeit der inversen Kinematik für einen zweiachsigen planaren Arm wird aus Bild 4 ersichtlich. Der dunkel unterlegte Bereich entspricht Endeffektorposen die der Roboterarm mit zwei unterschiedlichen Gelenkkonfigurationen (Ellbogen oben oder unten) einnehmen kann. Hingegen existiert in den hell unterlegten Regionen nur eine einzige Lösung der inversen Kinematik, da die zweite Konfiguration die Gelenkwinkelbegrenzung verletzt.

Um die Mehrdeutigkeit der inversen Kinematik zu vermeiden, werden die Trainingsdaten daher in zwei disjunkte Teilmengen, eine mit Ellbogen-oben $(q_3 \geq 0)$ und die andere mit Ellbogen-unten $(q_3 < 0)$, unterteilt und für jede Teilmenge ein eigenes Modell f_{inv} antrainiert. Die Lernaufgabe besteht darin, die zu einer gewünschten Endeffektorpose (x_{B_r}, z_{B_r}) zugehörige Gelenkkonfiguration (q_2, q_3) vorherzusagen. Dazu werden die beiden separaten Modelle herangezogen und aus den beiden möglichen Lösungen die geeignetere Konfiguration ausgewählt. Die Abschätzung der Genauigkeit einer Lösung erfolgt, indem man die von dem inversen Modell prädizierte Gelenkkonfiguration $f_{inv}(x_{B_r}, z_{B_r})$ in das vorwärtskinematische Modell f_{vor} als Merkmal einsetzt. Die Abweichung

$$\Delta x = \|(x_{B_r}, z_{B_r}) - f_{vor}(f_{inv}(x_{B_r}, z_{B_r}))\| \tag{5}$$

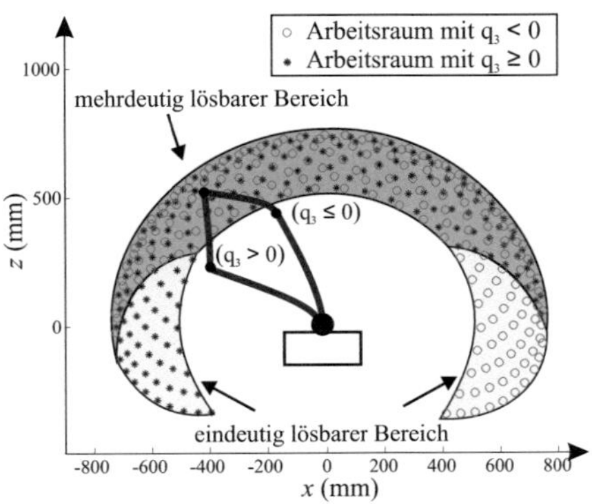

Bild 4: Verteilung der Trainingsposen im Arbeitsraum

zwischen der ursprünglichen Sollpose und der vom vorwärtskinematischen Modell vorhergesagten Pose erlaubt den Rückschluß auf die Genauigkeit der inversen Lösung.

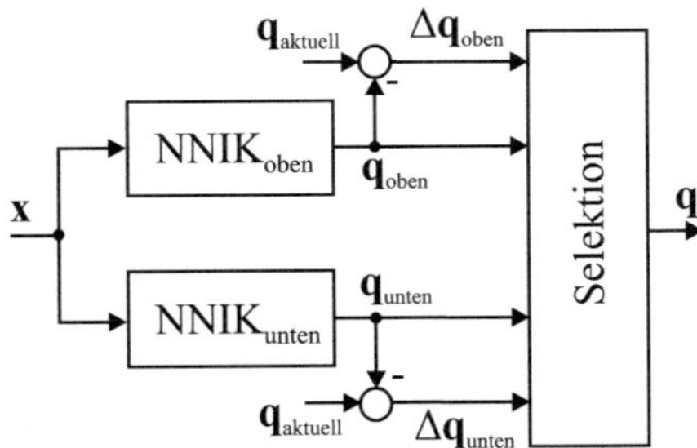

Bild 5: Multiple Modelle der inversen Kinematik

Bild 5 zeigt die Struktur des aus mehreren Teilnetzen bestehenden datenbasierten Modells der inversen Kinematik (IKNN). Die beiden mit unterschiedlichen Datensätzen $q_3 \geq 0$ (IKNN$_{oben}$) und $q_3 < 0$ (IKNN$_{unten}$) trainierten neuronalen Netze prognostizieren die zu einer Sollpose (x_{B_r}, z_{B_r}) zugehörigen Gelenkwinkel (q_{oben} und q_{unten}). Aus diesen Gelenkwinkel wird über das vorwärtskinematische neuronale Netz (FKNN) die resultierende Pose berechnet und aus der Abweichung zur Sollpose die Fehler Δx_{oben} und Δx_{unten}. Eine nachfolgende Qualifikation ermittelt aus beiden Kandidaten die endgültige Lösung anhand folgender Kriterien:

- Eine Lösung (q_{oben} und q_{unten}) wird verworfen, wenn sie nicht im Arbeitsbereich der Gelenkwinkel liegt.

- Eine Lösung, deren rückprojezierter Fehler einen maximalen Toleranzwert überschreitet wird verworfen.

- Liegen beide Lösungen innerhalb des Toleranzbereichs wird die zur aktuellen Konfiguration des Armes im Gelenkraum näher liegende Lösung ausgewählt.

Tabelle 1: Wurzel des mittleren quadratischen Fehlers (rmse) des vorwärtskinematischen Modells

		Statische Last				Dynamische Last							
		Orig. Merkmale		Nichtlin. Merkmale		Lastbasierte Regression				Dehnungsbasierte Regression			
						Orig. Merkmale		Nichtlin. Merkmale		Orig. Merkmale		Nichtlin. Merkmale	
		x (mm)	z (mm)	x (mm)	z (mm)	x (mm)	z (mm)	x (mm)	z (mm)	x (mm)	z (mm)	x (mm)	z (mm)
LOLIMOT	Train	5.71	5.92	1.15	0.99	5.75	5.27	1.41	1.23	9.81	7.19	1.38	1.16
	Test	8.91	6.90	1.53	1.29	6.41	5.67	1.54	1.33	10.8	7.89	1.49	1.23
RBF	Train	2.53	1.94	1.16	0.97	5.89	4.17	1.40	1.20	1.55	4.05	1.40	1.12
	Test	2.60	2.52	1.95	1.60	5.86	4.40	1.50	1.18	1.34	4.17	1.49	1.18
MLP	Train	3.82	6.11	1.67	1.21	6.09	8.96	2.46	2.06	4.05	5.54	1.73	1.35
	Test	4.32	7.42	1.78	1.27	6.14	8.98	2.54	2.10	4.17	5.84	1.76	1.36

Tabelle 2: Wurzel des mittleren quadratischen Fehlers (rmse) des Modells der inversen Kinematik

		Statische Last				Dynamische Last							
		Transfomierte Merkmale				Lastbasierte Regression				Dehnung basierte Regression			
		Winkelfehler		Projezierter Fehler		Winkelfehler		Projezierter Fehler		Winkelfehler		Projezierter Fehler	
		q_2 (°)	q_3 (°)	x (mm)	z (mm)	q_2 (°)	q_3 (°)	x (mm)	z (mm)	q_2 (°)	q_3 (°)	x (mm)	z (mm)
LOLIMOT	Train	0.20	0.36	1.78	1.72	0.43	0.77	2.85	3.00	1.25	2.77	5.21	6.39
	Test	1.16	2.49	4.63	4.82	0.68	1.46	3.27	4.35	1.51	3.33	6.58	6.93
RBF	Train	0.50	1.11	3.01	3.75	0.65	1.16	3.65	4.07	0.53	1.04	3.01	3.76
	Test	0.98	2.00	5.76	6.87	0.89	1.63	3.77	5.08	0.65	1.34	3.15	4.32
MLP	Train	0.38	0.89	2.14	2.03	0.72	1.61	3.36	2.80	0.48	1.10	2.65	2.18
	Test	0.91	1.18	3.23	3.61	0.99	2.08	4.69	4.73	0.58	1.36	2.67	3.01

Bild 6 (a) und (b) zeigen die Verteilung der Zielposen und der rückprojezierten Posen in zwei unterschiedlichen Konfigurationen des Roboterarms. Die meisten Posen sind konsistente und große Abweichungen entstehen nur in den Regionen, in denen die Endeffektorposition nur mit einer von beiden Gelenkkonfigurationen (Ellbogen-oben ($q_3 \geq 0$) oder Ellbogen-unten ($q_3 < 0$)) erreichbar ist. In diesen Regionen versagt die Prädiktion jeweils eines der beiden Modelle, da wegen der nicht Realisierbarkeit der jeweiligen Gelenkkonfiguration keine Trainingsdaten vorliegen und auch keine sinnvolle Extrapolation in nicht zugängliche Konfigurationen möglich ist. Hiervon betroffen sind die linke untere Region im Bild 6 (a) mit den Ellbogen-oben-Konfigurationen und die rechte untere Region im Bild 6 (b) mit den Ellbogen-Unten-Konfigurationen. Bild 6 (c) zeigt die Verteilung der Sollposen und der rückprojezierten Posen des kombinierten Modells, welches die jeweils mögliche beziehungsweise genauere Konfiguration auswählt. Es wird offensichtlich, dass die Qualifikation beim kombinierten Modell die jeweiligen Ausreißer mit hohem Fehler der beiden separaten inversen kinematische Modelle erfolgreich eliminiert.

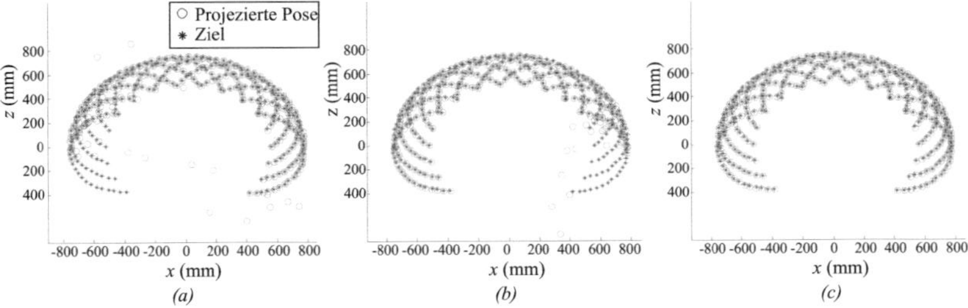

Bild 6: Verteilung der Sollpose und rückprojizierten Pose im Arbeitsbereich: MLP trainiert mit $q_3 \geq 0$ (a), MLP trainiert mit $q_3 < 0$ (b) kombiniertes Modell mit beiden MLP und Qualifikation (c)

4 Kinematisches Modell bei dynamischer Last

Die gravitationsbedingte Durchbiegung des elastischen Roboterarms hängt neben der Konfiguration des Arms im Schwerfeld auch von der Last am Endeffektor ab. Umgekehrt erlauben die Dehnungssignale bei bekannter Armkonfiguration Rückschlüsse auf die Last am Endeffektor. Dieser Zusammenhang wird wiederum mit Hilfe eines neuronalen Netzes und Trainingsdaten bei bekannter Last datenbasiert modelliert. Der Trainingsdatensatz umfasst die gleichen Konfigurationen wie im vorherigen Abschnitt nämlich $q_2 \in 0°$ bis $180°$ für das zweite Gelenk und $q_3 \in -90°$ bis $90°$ für das dritte Gelenk bei einer Schrittweite von jeweils $10°$. In jeder Konfiguration werden die Dehnungssignale und die Endeffektorposition unter fünf verschiedenen Lasten $0, 100, 200, 300, 400g$ im statischen Gleichgewichtszustand aufgezeichnet. Die Daten werden folgendermaßen in Training-, Validierungs- und Testdaten unterteilt. Die Testdaten enthalten alle Datensätze bei einer Last von $100g$ und 15% der übrigen Daten. Die Trainingsdaten enthalten 70% der übrigen Daten, die restlichen 15% dienen als Validierungsdaten.

Der mittlere Fehler des MLP-Netzwerks über die Trainingsdaten beträgt $5.7g$, der mittlere Fehler über die Testdaten beträgt $9.3g$. Die Genauigkeit der Lastvorhersage variiert stark mit der Konfiguration. Ein Armkörper der sich in der Vertikalen befindet verliert seine

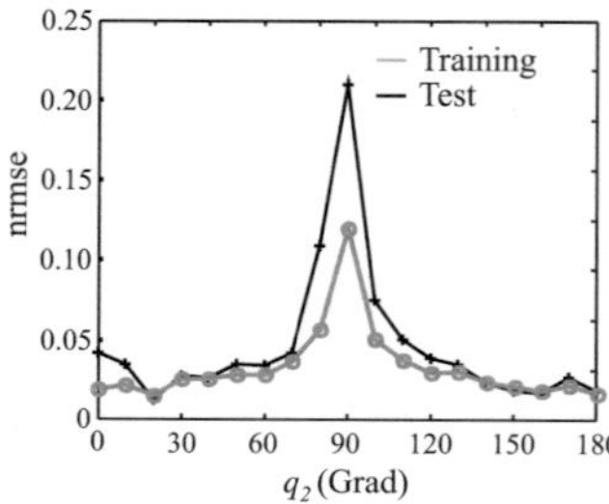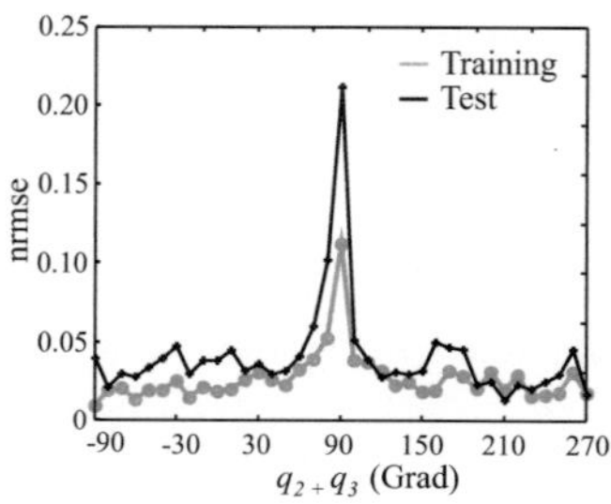

Bild 7: Normierte Wurzel des mittleren quadratischen Fehlers des Lastmodells: absolute zweite (links) und dritte (rechts) Gelenkwinkel

Fähigkeit über das Dehnungssignal ein Gewicht zu messen, da die Gewichtskraft keine Durchbiegung verursacht. Bild 7 zeigt die Verteilung des mittleren quadratischen Fehlers der vorhergesagten Last über verschiedene Gelenkkonfigurationen. Es ist offensichtlich, dass der Fehler für die Konfigurationen von $q_2 = 90°$ und $q_2 + q_3 = 90°$, in welchen mindestens einer der Arme eine vertikale Orientierung aufweist, deutlich ansteigt gegenüber Konfigurationen in denen beide Arme ein aussagekräftiges Dehnungssignal liefern.

Im folgenden betrachten wir die Modellierung der Vorwärtskinematik bei variabler Last. Hierfür bieten sich wie bereits im statischen Fall die originalen (q_2, q_3) oder aber die nichtlinear transformierten Merkmale $(\cos(q_2), \sin(q_2), \cos(q_2 + q_3), \sin(q_2 + q_3))$ an. Um den Zusammenhang zwischen Last und Endeffektorposition nachzubilden fungieren zusätzlich zu den Gelenkwinkeln entweder die Dehnungssignale $(\varepsilon_2, \varepsilon_3)$ selber oder die mit dem Lastmodell aus ihnen geschätzte Last $\hat{m}$ als weitere Merkmale. Tabelle 1 vergleicht die Vorhersagegenauigkeit verschiedener datenbasierten Modellen in Kombination mit den alternativen Merkmalssätzen. Es ist ersichtlich, dass die Genauigkeit des LOLIMOT-Modell und RBF-Netzes deutlich besser ist als die des MLP-Netzes. Weiterhin ist die direkte Vorhersage über die Dehnungssignale, wenn auch nur im geringen Maße, genauer als der Zwischenweg zunächst die Last und erst darauf basierend die Posenkorrektur vorherzusagen. Offenbar gehen bei der Reduktion der beiden Dehnungssignale auf das alleinige Merkmal Last relevante Informationen verloren.

Für die Modellierung der inversen Kinematik werden neben der Endeffektorposition (x_B, z_B) als zusätzliche Merkmale wiederum die Dehnungssignale $\varepsilon_2, \varepsilon_3$ oder die prognostizierte Last $\hat{m}$ verwendet um die dazugehörigen Gelenkwinkel q_2, q_3 vorherzusagen. Die inverse Kinematik wird mit verschiedenen Modellen nämlich MLP-Netz, RBF-Netz und LOLIMOT-Modell approximiert. Tabelle 2 zeigt die Wurzel des mittleren quadratischen Fehlers der Gelenkwinkel. Zusätzlich enthält die Tabelle den rückprojezierten Fehler der sich ergibt, indem man die vorhergesagten Gelenkwinkel durch das vorwärtskinematische Modell auf die entsprechende Arbeitsraumpose zurückrechnet. Wiederum ist die Genauigkeit mit den Dehnungssignalen als Merkmal anstelle der Lastprognose höher. Um den Roboter von der jetzigen Konfiguration in eine Zielpose zu überführen, ist jedoch das lastbasierte Modell praktikabler, da die Dehnungssignale in der Anfangkonfiguration nicht mit denen in der Zielpose übereinstimmen. Hingegen lässt sich die Last bereits in der aktuellen Konfiguration anhand der vor der Bewegung gemessenen Dehnungssignale vorhersagen. Hingegen liegen die Merkmale für die dehnungsbasierte Modelle erst vor nachdem der Arm die Zielpose erreicht. Dies erfordert eine Iteration bei der Steuerung des

     Proceedings 21. Workshop Computational Intelligence, Dortmund, 1.-2.12.2011

Roboters bei welcher zunächst eine durch das fehlerhafte Dehnungssignal vom Modell ungenau geschätzte Zielpose angefahren wird, dann erst das eigentliche Dehnungssignal gemessen und in einer korrigierten Vorhersage die endgültige Gelenkkonfiguration prädiziert wird.

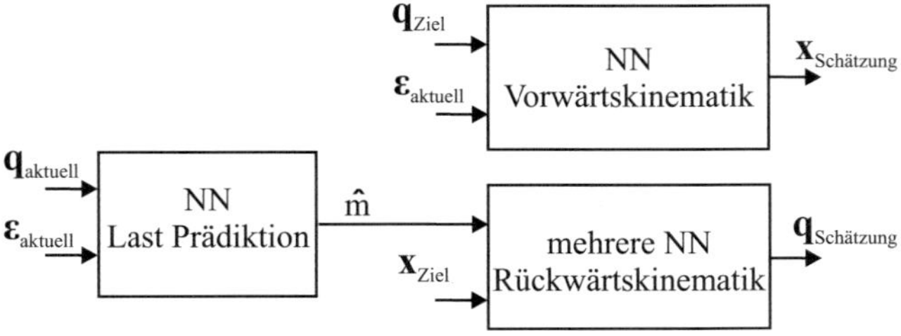

Bild 8: Struktur des kinematischen Modells bei einer dynamischen Last

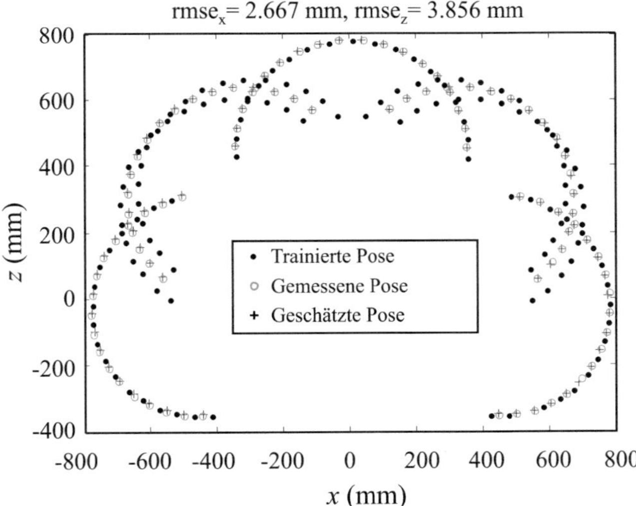

Bild 9: Validierung des vorwärtskinematischen Modells am Roboterarm

Bild 8 stellt die Struktur des kinematischen Modells des elastischen Roboterarms dar. Zur Validierung des vorwärtskinematischen Modells durchläuft der Roboterarm bei unbekannter Last nicht in den Trainingsdaten enthaltene Gelenkkonfigurationen. Die tatsächliche Pose des Endeffektors wird über das in Abschnitt 2 vorgestellte externe Messsystem erfasst und mit der Prädiktion der datenbasierten Modelle verglichen. Bild 9 zeigt das Ergebnis der Validierung der Vorwärtskinematik, wobei die Kreise (o) die von dem Stereokamerasystem gemessene, die Kreuze (+) die vom Modell geschätzte und die Punkte die im Trainingsdatensatz nächstgelegene Pose darstellen. Das Ergebnis belegt ein hohe Übereinstimmung zwischen vorhergesagter und tatsächlicher Pose auch bei denjenigen Konfiguration die nicht Bestandteil des Trainingsdatensatzes sind.

Das rückwärtskinematische Modell wird validiert, indem der Roboterarm den Endeffektor entlang einer Kreisbahn mit einem Radius von 600 mm verfährt. Die Sollpose (∗), die durch das Stereokamerasystem gemessene Pose (o) und die durch die Vorwärtkinematik geschätzte (◇) Pose werden in Bild 10 dargestellt. Der durchschnittliche Fehler zwischen der gemessenen und geschätzten Pose beträgt 4 mm, was eine für die Mehrzahl der Anwendungen hinreichende Genauigkeit bietet.

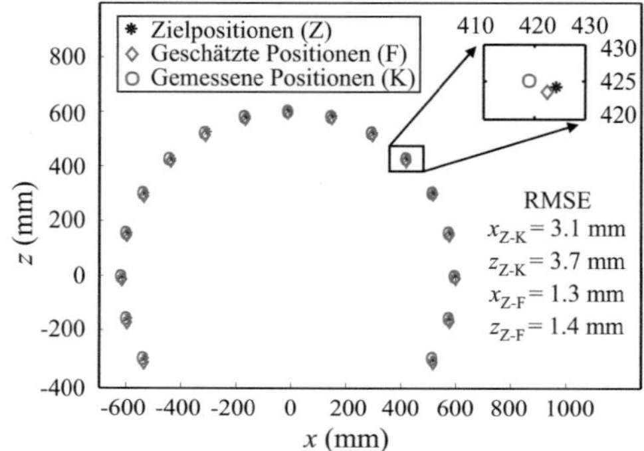

Bild 10: Validierung des inversen kinematischen Modells am Roboterarm

5 Regelung der inversen Kinematik

Aus den Daten in Tabelle 2 ist ersichtlich, dass der Fehler des lastbasierten Modells in den meisten Fällen größer ist als der des dehnungsbasierten Modells. Um die höhere Vorhersagegenauigkeit des dehnungsbasierten Modells zu nutzen, wird die inverse Kinematik wie in Bild 11 dargestellt über einen Regelkreis geschlossen.

Die Auslegung der Achsregelung erfolgt durch einen Kaskadenregelkreis mit einem inneren PI-Geschwindigkeitsregler und einem äußeren PD-Positionsregler. Der proportionale dynamische Dehnungsanteil ε_{dyn} wird durch Subtraktion des durch zeitliche Mittelung bestimmten statischen Dehnungsanteils $\bar{\varepsilon}$ der Dehnungssignale ε geschätzt und zurückgeführt, um die Schwingungen zu unterdrücken [4].

Das mit der statischen Last trainierte rückwärtskinematische Modell schätzt die zu einer Sollpose zugehörigen Gelenkwinkel. Der Fehler zwischen der Sollpose und der tatsächlichen Pose übersteigt den Fehler des inversen kinematischen Modells, da das Modell die Deflektion des Roboterarms bei dynamischer Last nicht berücksichtigt. Die anhand des vorwärtskinematischen Modells geschätzte Pose wird zurückgeführt, mit der Referenzpose verglichen und der Fehler wird durch einen PI-Regler und eine anschließende Rücktransformation der Stellgröße in den Gelenkwinkelraum über die inverse Jakobimatrix der Starrkörperkinematik $\mathbf{J}^{-1}$ korrigiert.

Aus der Literatur ist bekannt, dass elastische Roboterarme sich nicht-minimalphasig verhalten, falls als Eingangsgrößen die Gelenkwinkel und als Ausgangsgröße die Endeffektorposition fungieren. Diese Eigenschaft kompliziert den Entwurf eines stabilen Regelkreises bei Rückführung der Endeffektorposition. Unser Ansatz verwendet eine adaptive

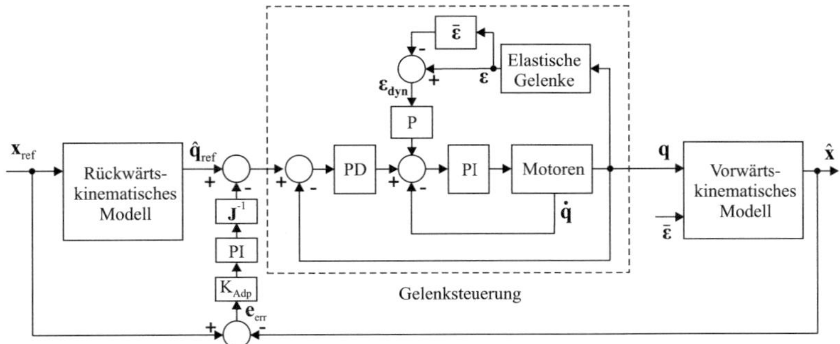

Bild 11: Struktur des geschlossenen Regelkreis mit direktem und inversem kinematischen Modell

Verstärkung $K_{Adp} = \frac{1}{1+e^{k\|\mathbf{e}_{err}\|}}$ um den Einfluss der nicht-minimalphasigen Dynamik zu unterdrücken, wobei k die Adaptionsrate und $\|\mathbf{e}_{err}\|$ den Betrag des Positionsfehlers darstellt. Für große Fehler geht die Verstärkung K_{Adp} gegen Null und das System verhält sich wie ein offener Kreis, so dass die nicht-minimalphasige Dynamik nicht zur Wirkung kommt. Hingegen ist der geschlossene Regelungskreis nur in der Nähe der Zielpose aktiviert.

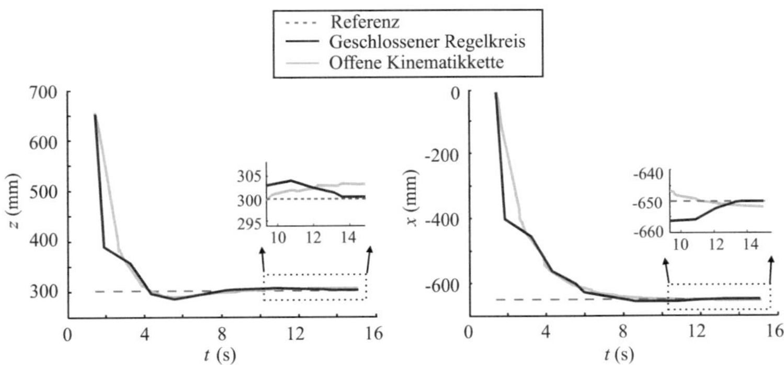

Bild 12: Sprungantwort im Arbeitsbereich ($x = -650$ mm, $z = 300$ mm) mit offenem (hell) und geschlossenem (dunkel) rückwärtskinematischen Modell

Bild 12 zeigt die Sprungantwort zur Zielpose ($x_B = -650$ mm, $z_B = 300$ mm) des offenen (hell) und des geschlossenen (dunkel) rückwärtskinematischen Regelkreises bezüglich der x- und z-Achse. In beiden Fällen ist der geschlossene Kreis stabil, aber der residuale Fehler des geschlossenen Kreises ist deutlich niedriger als der des offenen Kreises. Beim geschlossen Kreis tendiert der statische Fehler gegen Null beim offenen Kreis verbleibt eine statische Abweichung von ca. 2 bis 3 mm entlang beider Achse. Um die Wiederholgenauigkeit der Kinematik zu bewerten, werden die Endeffektorpositionen mit dem Stereokamerasystem in drei unterschiedlichen Posen ($P_1 = (650$ mm, 300 mm), $P_2 = (0$ mm, 650 mm) und $P_3 = (-650$ mm, 300 mm)) über jeweils zehn unabhängige Wiederholungen aufgenommen. Tabelle 3 vergleicht den gemessenen Fehler und den von

Tabelle 3: Positionsfehler des offenen und geschlossenen rückwärtskinematischen Modells

	offene Kette		Regelung	
	Geschätzter Fehler	Gemessener Fehler	Geschätzter Fehler	Gemessener Fehler
P_1	2.2 mm	4.0 mm	1.2 mm	1.4 mm
P_2	2.5 mm	2.3 mm	1.1 mm	2.0 mm
P_3	4.0 mm	2.2 mm	1.5 mm	1.6 mm

der Vorwärtskinematik geschätzten, durchschnittlichen Fehler des offenen und geschlossenen Reglers. Der Fehler des geschlossenen Regelkreises ist wegen der Rückführung der Endeffektorpose deutlich niedriger. Die ungenügende Dämpfung der Schwingung des elastischen Roboterarms bei kleinen Bewegungen $\Delta q_i < 0.5°$ ist die Ursache des residualen Fehlers von 1 mm in der vorhergesagten Pose. Die experimentellen Ergebnisse bestätigen, dass die datenbasierten Modelle ausreichend genau sind, um manipulatorische Aufgaben die eine mittlere Präzision erfordern zu realisieren. Im Allgemeinen benötigen elastische Roboterarme weniger präzise Bewegungen für die Manipulation, da sich ihre Bewegungen aufgrund ihrer inhärenten Nachgiebigkeit ggf. durch äußere Kräfte korrigieren lassen.

6 Zusammenfassung und Ausblick

Eine geometrische oder algebraische Lösung der Kinematik eines elastischen Roboters unter Einflusses der Gravitation bereitet erhebliche Schwierigkeiten. Dieser Beitrag stellt einen Lernansatz für die Modellierung der Vorwärts- und Rückwärts-Kinematik eines dreigliedrigen elastischen Roboterarms unter dynamischer Last vor. Das Stereo-Kamerasystem erfasst die für das Trainieren der Modelle erforderliche Endeffektorposition, DMS-Sensoren messen die Durchbiegung der elastischen Gelenke und ermöglichen die Prognose der unbekannten Last. Das vorwärtskinematische Modell schätzt die Endeffektorposition mit Hilfe der Gelenkwinkel und der Dehnungssignale. Das inverse kinematische Modell prädiziert die zu einer Last und Sollpose zugehörigen Gelenkwinkel. Die Transformation der ursprünglichen Merkmale auf aus der Starrkörperkinematik motivierte nichtlineare Merkmale verbessert die Generalisierungsfähigkeit der Modelle in erheblichem Maße. Der Fehler des vorwärtskinematischen Modells beträgt weniger als 2 mm, während der wegen der mittelbaren Schätzung der Last höhere Fehler der Rückwärtskinematik um die 4 mm beträgt. Um die höhere Genauigkeit des vorwärtskinematischen Modell zu nutzen, wird die durch die Vorwärtskinemtik geschätzte Position zurückgeführt wird, mit der Referenzpose verglichen und der Positionsfehler durch einen PI-Regler kompensiert. Durch die Regelung lässt sich ein Posenfehler von unter 3mm realisieren, welcher in Anbetracht der Nachgiebigkeit der Armkörper für zahlreiche robotische Anwendungen ausreicht.

In der aktuellen Ausbaustufe von TUDOR ist die elastische Deflektion des Armes auf eine Ebene beschränkt. In Zukunft soll datenbasierte Modelle auch für elastische Roboterarme mit nicht kollinearen Achsen datenbasiert modelliert werden. Diese sollen dann neben der Pose auch die Orientierung des Endeffektors vorhersagen. Im nächsten Schritt soll die Dynamik elastischer Arme mit datenbasierten Modellen approximiert werden. Diese bieten die Grundlage für eine Bahnplanung und Bahnregelung.

Wir bedanken uns für die finanzielle Unterstützung des Projekts durch das DAAD-MOET-Projekt 322 und die Deutsche Forschung Gemeinschaft (DFG, BE 1569/7-1).

Literatur

[1] Haddadin, S.; Schäffer, A. A.; Hirzinger, G.: Approaching Asimov's 1st Law: The Impact of the Robot's Weight Class. *Robotics: Science and Systems Conference Workshop: Robot Manipulation Sensing and adapting the real world* (2007), S. 1339 – 1345.

[2] Bicchi, A.; Tonietti, G.: Fast and "soft-arm" tactics [robot arm design]. *Robotics Automation Magazine, IEEE* 11 (2004) 2.

[3] Singhose, W.; Singer, N.; Seering, W.: Comparison of Command Shaping Methods for Reducing Residual Vibration. In: *Third European Control Conf*, S. 1126–1131. 1995.

[4] Malzahn, J.; Ruderman, M.; Phung, A.; Hoffmann, F.; Bertram, T.: Input shaping and strain gauge feedback vibration control of an elastic robotic arm. In: *Conference on Control and Fault-Tolerant Systems (SysTol), 2010*, S. 672 –677. 2010.

[5] Franke, R.; Malzahn, J.; Nierobisch, T.; Hoffmann, F.; Bertram, T.: Vibration control of a multi-link flexible robot arm with Fiber-Bragg-Grating sensors. In: *Proceedings of the 2009 IEEE international conference on Robotics and Automation*, ICRA'09, S. 752–757. Piscataway, NJ, USA: IEEE Press. ISBN 978-1-4244-2788-8. 2009.

[6] Jiang, X.; Yabe, Y.; Konno, A.; Uchiyama, M.: Vibration suppression control of a flexible arm using image features of unknown objects. In: *Conference on Intelligent Robots and Systems, 2008. IROS 2008. IEEE/RSJ International*, S. 3783 –3788. 2008.

[7] Cannon, Jr., R. H.; Schmitz, E.: Initial experiments on the end-point control of a flexible one-link robot. *International Journal of Robotics Research* 3 (1984), S. 62– 75.

[8] Morris, A. S.; Mansor, A.: Finding the inverse kinematics of manipulator arm using artificial neural network with lookup table. *Robotica* 15 (1997), S. 617–625.

[9] Lee, S.; Kil, R.: Robot kinematic control based on bidirectional mapping neural network. In: *IJCNN International Joint Conference on Neural Networks, 1990., 1990*, S. 327 –335 vol.3. 1990.

[10] Ramdane-Cherif, A.; Perdereau, V.; Drouin, M.: Acceleration of back-propagation for learning the forward and inverse kinematic equations. In: *Second International Symposium on Neuroinformatics and Neurocomputers, 1995*, S. 261 –265. 1995.

[11] Bouguet, J. Y.: Camera calibration toolbox for Matlab. 2008.

[12] Haykin, S.: *Neural Networks: A Comprehensive Foundation*. Prentice Hall. 1999.

[13] Nelles, O.; Isermann, R.: Basis function networks for interpolation of local linear models. In: *IEEE Conference on Decision and Control (CDC)*, S. 3786 – 3790. Seattle, USA. 1996.

Modellgestützte Diagnose von Sensorfehlern im Rotorblatt-Verstellsystem von Windenergieanlagen

Horst Schulte, Michal Zajac

HTW-Berlin, Hochschule für Technik und Wirtschaft
Fachgebiet Regelungstechnik und Systemdynamik
Fachbereich Ingenieurwissenschaften I
Wilhelminenhofstr. 75a
Tel.: (030) 5019-3301
E-Mail: {schulte,zajac}@htw-berlin.de

Zur Regelung von Windenergieanlagen im Volllastbereich wird zur Leistungsbegrenzung die Stellung der Rotorblätter um die Längsachse verändert. Bei Windenergieanlagen mittlerer und großer Leistung erfolgt dies indem jedes einzelne Rotorblatt aktiv verstellt wird. Zur Steigerung der Sicherheit und Verfügbarkeit von Windenergieanlagen wird in dieser Arbeit ein nichtlineares beobachtergestütztes Fehlerdiagnosekonzept vorgestellt, das unabhängig von den äußeren Windlasten Sensorfehler sicher detektiert. Unter Sensorfehler versteht man in diesem Zusammenhang nicht nur das Auftreten von Signalunterbrechungen, sondern auch die in der Praxis häufig vorkommenden, aber schwer zu diagnostizierenden Offsetfehler der Rotorblattwinkel.

Aufgrund der nichtlinearen Dynamik der Antriebssysteme und dem komplexen Zusammenwirken aller am Rotorblatt angreifenden Momente wird ein Takagi-Sugeno Sliding-Mode (TS-SM) Beobachter eingesetzt. Ausgehend von den physikalischen Modellgleichungen wird der Entwurfsprozess ausführlich vorgestellt. Zur Validierung wird eine Gesamtanlagensimulation eingesetzt, um alle äußeren Kräfte, die als unbekannte Lasten auf das Stellsystem wirken, berechnen zu können.

1 Einführung

Bedingt durch die zunehmende Leistungssteigerung und Komplexität von Windenergieanlagen steigen die Anforderungen an die Sicherheit und Verfügbarkeit stetig. Moderne Anlagenkonzepte benutzen zur Leistungsbegrenzung im Volllastbereich Rotorblatt-Verstellsysteme, auch Pitchsysteme genannt, die die Stellung der Rotorblätter um die Längsachse aktiv verändern. Durch das Verstellen der Blattwinkel wird die aufgenommene Turbinenleistung bei hoher Windgeschwindigkeit auf zulässige Werte begrenzt [5]. Um die erforderlichen Momente aufbringen zu können, werden elektrische oder hydraulische Antriebe mit Lageregelung eingesetzt. Da Pitchsysteme neben der Leistungsbegrenzung auch zur Durchführung von Start- und Stoppvorgängen [14] eingesetzt werden unterliegen sie hohen Sicherheitsanforderungen. Der Stand der Technik ist die redundante Messung der Rotorwinkel mittels Absolut-Drehgeber, die direkt an der Motorachse sowie an dem Blattlager (vgl. Bild 1) angebracht sind. Damit lassen sich zwar Fehler detektieren, d.h. eine unzulässige Abweichung zwischen zwei Sensorsignalen kann zur Detektion herangezogen werden, jedoch ist der Fehler nicht isolierbar. Insbesondere bei langsam auftretenden Nullpunktverschiebungen wie der Offset-Drift muss zweifelsfrei festgestellt werden, welches Sensorsignal fehlerbehaftet ist und welches noch zur Regelung der Rotorlage zur Verfügung steht. Dies ist mit einfacher Hardwareredundanz jedoch technisch nicht realisierbar.

Eine Abhilfe bieten modellgestützte beobachterbasierte Konzepte zur Fehlerdiagnose. Ein entscheidender Schritt ist dabei die Bereitstellung eines geeigneten Prozessmodells, das die Dynamik des zu diagnostizierenden Systems adäquat beschreibt. Die Modellklasse muss dabei Freiheitsgrade bereitstellen, um zum einen die bekannten deterministischen Anteile möglichst so beschreiben zu können, dass diese in eine Beobachterstruktur überführt werden können, als auch Terme beinhalten, welche unbekannte Dynamiken und äußere Störungen als unbekannte Eingänge und additive Störsignale beschreibt.

Modellbasierte Konzepte zur Sensorfehlerdiagnose in hydraulichen und elektrischen Antriebssystemen sind bereits in einigen Arbeiten wie [1], [11], [13], [18], [19] untersucht worden. Bei den beschriebenen Anwendungen handelt es sich um Systeme, bei denen die Antriebslasten gut beschreibbar sind wie z.B. in der Handhabungstechnik oder bei Werkzeugmaschinen [18]. Hier sind die Anforderungen, die an die Robustheit der Fehlerdiagnose gegenüber Störungen gestellt werden, weitaus geringer, als beim Einsatz in Rotorblatt-Verstellsystemen. Aufgrund der unbekannten ortsabhängigen Windkräfte sind die Antriebslasten ohne zusätzliche Spezialmesstechnik in weiten Betriebsbereichen unbekannt. Lediglich beim Anfahrvorgang und bei Manövern im Schwachwindbereich können Beobachterkonzepte ohne Berücksichtigung der unbekannten Eingänge verwendet werden. In den meisten Betriebsbereichen, auch gerade in dem Volllastbetriebsbereich bei dem die Rotorblatt-Verstellsysteme der Leistungs- und Betriebslastenreduktion dienen, liegen die unbekannten windkraftinduzierten Antriebslasten weit über den Lasten, die durch die Massenträgheiten der Rotorblätter verursacht werden.

In aktuellen Arbeiten zur Sensorfehlerdiagnose in Windkraftanlagen werden Fehler mit sprungförmigen Verläufen, die meist additiv dem nominalem Signal aufgeschaltet werden, untersucht. In [17] wird für das Benchmark Modell aus [15] zur Erkennung eines fehlerbehafteten Signals der einzelnen Rotorblattwinkel ein modellgestützter Ansatz vorgestellt. Zur Residuenbildung werden offline identifizierte stückweise lineare Blackboxmodelle eingesetzt. Diese beschreiben das Ein-/Ausgangsverhalten mit dem Generatormoment, den gemessenen Blattwinkeln und der mittleren Windgeschwindigkeit als Eingang und die Rotordrehzahl als Ausgang. Durch Abweichungen zwischen den berechneten und gemessenen Rotordrehzahlen wird auf ein fehlerhaftes Sensorsignal geschlossen. Der Nachteil hierbei liegt zum einen darin, dass in dem Algorithmus Windmessungen eingehen, die in der Praxis mit großen Unsicherheit behaftet sind [5]. Ebenso werden nicht alle Sensorfehlerfälle abgedeckt, die bei Windkraftanlagen in den letzten Jahren aufgetreten sind. Neben sprungförmigen Signaländerungen, die Kabelbrüche und Kurzschlüsse in den Sensorleitungen nachbilden, treten häufig Driftfehler in den Lagesensoren auf, die im Rahmen der Arbeit [17] nicht untersucht worden sind.

Ein beobachterbasierter Ansatz zur Fehlerdiagnose in Windkraftanlagen ist in [2] behandelt worden. Die Autoren setzen die windgeschwindigkeitsabhängigen Antriebsmomente am Windrad als stochastische Störungen an. Mit der Annahme, dass diese stationär sind verwenden die Autoren einen Kalmanfilteransatz um im Fehlerfall die Störungen von den Residuen zu entkoppeln. Anhand des Benchmark-Modells aus [15] und synthetischen Winddaten konnten damit zufriedenstellende Ergebnisse bezüglich der Erkennung von Sensorfehlern in den simulierten Pitchsystemen erzielt werden. Es stellt sich in diesem Zusammenhang jedoch die Frage, ob dieser Ansatz mit realen Winddaten, die nur zum Teil der stochastischen Annahme genügen, die realen Anforderungen abbilden.

In dieser Arbeit wird ein Ansatz verfolgt, der sich in zwei Punkten von den bisher veröffentlichten Ansätzen unterscheidet. Zum einen wird zur modellgestützten Erkennung von Sensorfehlern das Modell in Richtung Antriebsmaschine erweitert. Damit lassen sich Signale, wie gemessene Strangströme bei elektrischen Antrieben oder Zylinderdrücke bei hydraulischen Antrieben, die in den Windkraftanlagen serienmässig zur Verfügung stehen, mit einbeziehen. Der zweite wesentliche Punkt ist die Verwendung eines robusten nichtlinearen Beobachters zur Fehlerdiagnose, wie er erstmals in [6] vorgestellt worden ist. Dieser besitzt den Vorteil, dass unbekannte beschränkte Eingänge und unmodellierte nominale beschränkte Modellunsicherheiten direkt im Beobachterentwurf berücksichtigt werden können. In diesem Anwendungsfall sind die unbekannten Eingänge, das Antriebsmoment und die Schubkraft, die von den Windkräften verursacht werden. Die Modellunsicherheiten rühren her von den unmodellierten Eigenformen der Rotorblätter und der nicht berücksichtigten Turmdynamik. Ziel dieser Arbeit ist es zu untersuchen, ob und mit welchen Takagi-Sugeno Modellansätzen des nominalen Prozesses sowie mit welchen strukturellen Erweiterungen bzgl. der Unsicherheiten und Fehlermodelle die Anforderungen an den Beobachterentwurf erfüllt werden. Diese Arbeit beschränkt sich aufgrund der enormen Verbreitung bei Windkraftanlagen mittlerer und großer Leistung auf elektrische Stellantriebe, die aus umrichtergespeisten Asynchronmaschinen mit Käfigläufer bestehen. Der in dieser Arbeit verfolgte systemtheoretische Ansatz ist jedoch nicht auf diesen Antriebstyp beschränkt.

Die Arbeit gliedert sich in die folgenden Abschnitte auf: Zunächst wird der mechanisch-elektrische Aufbau und die Einbausituation des zu untersuchenden Stellantriebes vorgestellt. Es werden nur die Aspekte berücksichtigt, die für die behandelte Fragestellung und die daraus abgeleitete Modellbildung relevant sind. Im dritten Abschnitt wird ein bekanntes Zustandsraummodell der Asynchronmaschine in eine Takagi-Sugeno Modellstruktur überführt. Die Modellunsicherheiten sowie die unbekannten Eingänge verursacht durch Biegemomente und Luftkräfte werden dabei ebenfalls in das Zustandsraummodell integriert. Im vierten Abschnitt werden alle notwendigen Schritte des Takagi-Sugeno Sliding-Mode Entwurfs vorgestellt und aufgezeigt, welche Realisierung die Anforderungen an den Beobachterentwurf erfüllt. Anschließend werden erste Simlationsergebnisse vorgestellt. Die Validierung des TS-SM Beobachters erfolgt mit Hilfe der am National Renewable Energy Laboratory (NREL), Colorado erstellten Simulations-Software FAST (Fatigue, Aerodynamics, Structures, & Turbulence) [9]. Mit dieser werden alle äußeren Kräfte und die Gewichtskräfte, die als Last auf den Pitchantrieb wirken, berechnet.

2 Systembeschreibung der Rotorblattverstellung

Gegenstand dieser Untersuchung ist ein Rotorblattverstellsystem, das in dem Bild 1 schematisch dargestellt ist. Um bei Anlagen der MW-Klasse die notwendigen Antriebsmomente bei überschaubarem konstruktiven Aufwand aufbringen zu können, wird für jedes Rotorblatt ein unabhängiges Antriebssystem verwendet [8]. Zur Sicherstellung einer synchronen Verstellung aller Rotoren werden die Systeme lagegeregelt betrieben. Das Rotorblatt-Verstellsystem besteht aus den fünf Hauptkomponenten: Frequenzumrichter mit Lage- und Geschwindigkeitsregler, Asynchronmaschine, Planetengetriebe, Blattlager und dem anzutreibenden Rotorblatt. Dem Frequenzumrichter wird durch ein übergeordnetes Reglersystem ein Referenzwinkel und Referenzdrehzahl vorgegeben, siehe Bild 1. Bei Start- und Stoppmanövern sowie im Volllastbereich ist das Pitchsystem aktiv und kann als das Stellglied der Windkraftanlage angesehen werden, dass bei hohen Windgeschwindigkeiten die Leistungsaufnahme begrenzt und ebenso bei Stoppmanövern das Bremssystem

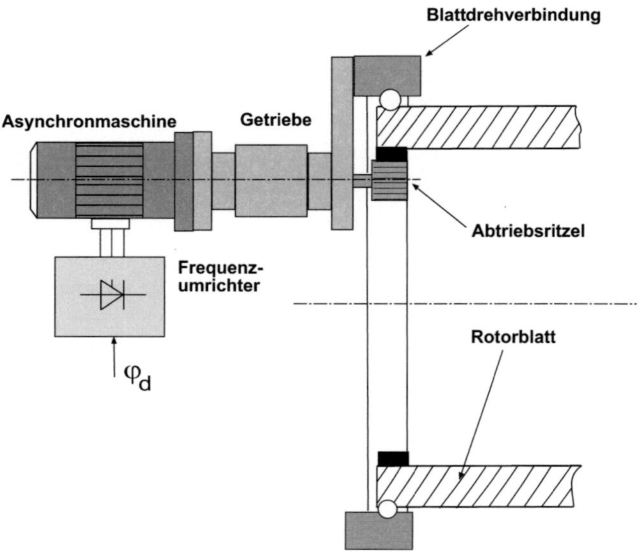

Bild 1: Prinzipskizze vom Rotorblatt-Verstellsystem

unterstützt. Beim Hochfahren einer Anlage ist es ebenfalls aktiv. Bevor der Generator zugeschaltet werden kann, muss mit Hilfe der Blattverstellung eine Mindestdrehzahl des Rotors erreicht werden. Erst nach dem Zuschalten des Generators ist mit dem kontinuierlichen Nachführen vom Lastmoment des Generators eine optimale Betriebsführung bei fester Blattstellung im unteren Teillastbereich möglich.

Eine typische Anordnung der Stellantriebe ist in Bild 1 abgebildet. Die Antriebe sind zentralsymmetrisch in der Rotornabe angeordnet und rotieren mit dem Windrad. Um die notwendige hohe Untersetzung ($i_{g_p} = 60 - 200$) der Drehzahl von der Motorwelle auf das Abtriebsritzel bereitstellen zu können, enthält das Getriebe drei bis vier Planetenstufen. Es beansprucht daher ebensoviel Bauraum, wie die eigentliche Antriebsmaschine, vgl. Bild 2.

3 Takagi-Sugeno Modellierung vom Rotorblatt-Verstellsystem

3.1 Motivation

Die wesentlichen Komponenten, die bei der Modellierung berücksichtigt werden müssen sind die Asynchronmaschine und die Lasten, die durch das drehende Rotorblatt in Abhängigkeit von der Windgeschwindigkeit und -richtung auf den Antrieb wirken. Eine genaue Modellierung der Asnychronmaschine ist zur Entkopplung der unbekannten Eingänge von den Sensor- und Aktorfehlern notwendig. Somit kann mit Hilfe der gemessenen Statorströme, die mit wenig Aufwand technisch am Frequenzumrichter bereitgestellt werden und den aktuellen Stellwinkeln der Rotorblätter der Einfluss der unbekannten Windkräfte

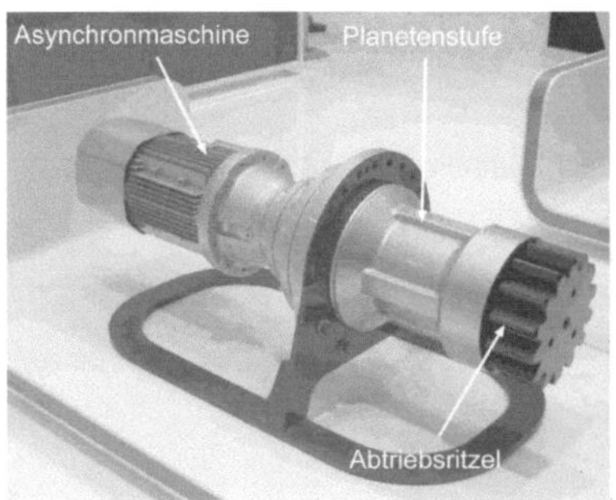

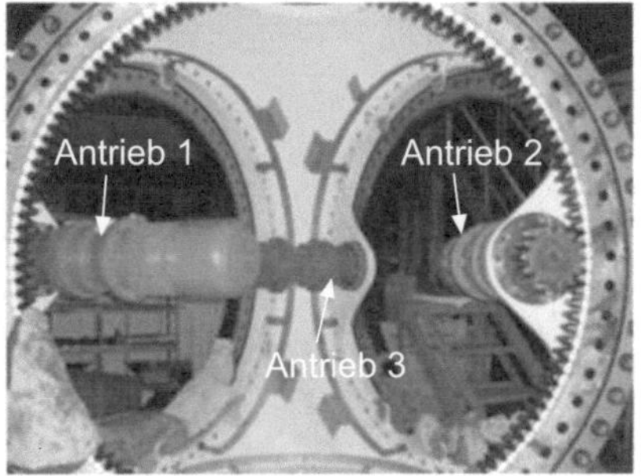

Bild 2: Einzelantrieb des Blattverstellsystems (links) und die Anordnung der Antriebe in der Rotornabe (rechts)

von den Einflüssen, die durch Sensorfehler verursacht werden, separiert werden. Eine eingehende Analyse der Lasten ist ebenfalls notwendig, da in den weiteren Untersuchungen die deterministischen bzw. berechenbaren Anteile, wie z.B. die Gewichtskraftanteile der Rotorblätter, von den weitestgehend unbekannten Windkräften getrennt werden müssen.

3.2 Nichtlineares Streckenmodell der Antriebsmaschine in T-S Form

Basierend auf dem allgemeinen Modell der dreiphasigen Drehfeldmaschine [7], [16] wird im *ersten Schritt* das dynamische Modell der Asynchronmaschine mit Kurzschlusskäfigläufer in Zustandsraumform angegeben. Dieses lautet, bezogen auf das mit ω_1 umlaufende Koordinatensystem des Statordrehfeldes:

$$\dot{x}_1 = -\frac{R_S}{\sigma L_S}\left(x_1 - \frac{L_M}{L_R}\,x_3\right) + u_3\,x_2 + u_1$$

$$\dot{x}_2 = -\frac{R_S}{\sigma L_S}\left(x_2 - \frac{L_M}{L_R}\,x_4\right) - u_3\,x_1 + u_2$$

$$\dot{x}_3 = -\frac{R_R}{\sigma L_R}\left(x_3 - \frac{L_M}{L_S}\,x_1\right) + (u_3 - Z_P\,x_5)\,x_4$$

$$\dot{x}_4 = -\frac{R_R}{\sigma L_R}\left(x_4 - \frac{L_M}{L_S}\,x_2\right) - (u_3 - Z_P\,x_5)\,x_3 \tag{1}$$

$$\dot{x}_5 = \frac{3}{2}\frac{Z_P}{J}\frac{L_M}{\sigma L_S L_R}\,(x_2\,x_3 - x_1\,x_4) - \frac{T_L}{i_g\,J}$$

$$\dot{x}_6 = x_5$$

mit

$$\boldsymbol{x} = [\,x_1\ x_2\ x_3\ x_4\ x_5\ x_6\,]^T := [\,\Psi_{SD}\ \Psi_{SQ}\ \Psi_{RD}\ \Psi_{RQ}\ \omega_m\ \varphi_m\,]^T \qquad . \tag{2}$$

In (1) sind die folgenden Modellparameter enthalten: R_S als Statorwiderstand, R_R als Rotorwiderstand, L_R als Rotorinduktivität, L_S als Statorinduktivität sowie J als die Gesamtmassenträgheit des mechanischen Systems mit $J = J_M + J_G + J_B/ig^2$ als die Massenträgheit des Käfigläufers der Asynchronmaschine J_M, Massenträgheit des Getriebes bezogen auf die Motordrehzahl J_G und dem Massenträgheit des Rotorblattes J_B um die Längsachse. Der Parameter Z_P steht für die Polpaarzahl der Asynchronmaschine. Der Zustandsvektor x in (2) enthält die verketteten magnetischen Flüsse mit Ψ_{SD} als Längsfluss des Stators, Ψ_{SQ} als Querfluss des Stators, Ψ_{RD} als Längsfluss des Rotors sowie Ψ_{RQ} als Querfluss des Rotors. Die mechanischen Bewegungsgrößen sind die Drehzahl ω_m und der Verdrehwinkel φ_m an der Motorachse. Das Getriebe mit der Übersetzung i_g wird als ideal angenommen. Damit ist die Blattverdrehgeschwindigkeit durch $\omega_B = \omega_m/i_g$ und der Blattwinkel durch $\varphi_B = \varphi_m/i_g$ festgelegt. Der Eingangsvektor

$$u = [\, u_1 \; u_2 \; u_3 \,]^T := [\, u_{SD} \; u_{SQ} \; \omega_1 \,]^T \tag{3}$$

beinhaltet die elektrische Statorkreisfrequenz ω_1 sowie die transformierten Statorspannungen u_{SD} und u_{SQ}. Der Zusammenhang zwischen den Leiterspannungen u_{L1}, u_{L2} mit der Voraussetzung, dass $u_{L1} + u_{L2} + u_{L3} = 0$ gilt, lautet

$$u_{SD} = +u_{L1}\cos\varphi_1 + \frac{u_{L2} - u_{L3}}{\sqrt{3}}\sin\varphi_1$$
$$u_{SQ} = -u_{L1}\sin\varphi_1 + \frac{u_{L2} - u_{L3}}{\sqrt{3}}\cos\varphi_1 \tag{4}$$

mit $\dot\varphi_1 = \omega_1$. Die äußeren Lasten werden in dem Moment T_L zusammengefasst. Dieses wird in dem folgenden Abschnitt *3.3 Lastmodellierung* noch näher erläutert. Mit den Beziehungen

$$i_{SQ} = \frac{1}{\sigma\,L_S}\,x_1 - \frac{L_M}{\sigma\,L_S\,L_R}\,x_3$$
$$i_{SD} = \frac{1}{\sigma\,L_S}\,x_2 - \frac{L_M}{\sigma\,L_S\,L_R}\,x_3 \tag{5}$$

für die Strangstromkomponenten i_{SQ} und i_{SD} folgt die Ausgangsgleichung mit $y := [\,i_{SQ}\,i_{SD}\,\omega_B\,\varphi_B\,]$ zu

$$y = C\,x = \begin{bmatrix} \frac{1}{\sigma L_S} & 0 & -\frac{L_M}{\sigma L_S L_R} & 0 & 0 & 0 \\ 0 & \frac{1}{\sigma L_S} & 0 & -\frac{L_M}{\sigma L_S L_R} & 0 & 0 \\ 0 & 0 & 0 & 0 & \frac{1}{i_g} & 0 \\ 0 & 0 & 0 & 0 & 0 & \frac{1}{i_g} \end{bmatrix} x \quad . \tag{6}$$

Anmerkung: Die Strangstromkomponenten beziehen sich auf das mitdrehende Koordinatensystem des Stators und werden analog zur Berechnung der Statorspannungen (4) mit Hilfe der Strangströme berechnet.

Im *zweiten Schritt* wird nun das nichtlineare Zustandsraummodell (1) in ein Takagi-Sugneo Modell überführt. Dieses enthält das Lastmoment als einen unbekannten Eingang in den Zustandsgleichungen und zusätzlich Sensorfehler in der Ausgangsgleichung. Zur Vermeidung von Approximationsfehlern wird analog zum Vorgehen in [6], die Methode der Sektornichtlinearitäten verwendet. Aus (1) folgt die Struktur

$$\dot x = \begin{bmatrix} -\frac{R_S}{\sigma L_S} & f_3(\alpha_3) & \frac{L_M R_S}{\sigma L_S L_R} & 0 & 0 & 0 \\ -f_3(\alpha_3) & -\frac{R_S}{\sigma L_S} & 0 & \frac{L_M R_S}{\sigma L_S L_R} & 0 & 0 \\ \frac{R_R L_R}{\sigma L_S L_R} & 0 & -\frac{R_R}{\sigma L_R} & f_3(\alpha_3) & -Z_P f_2(\alpha_2) & 0 \\ 0 & \frac{R_R L_M}{\sigma L_S L_R} & -u_3 & -\frac{R_R}{\sigma L_R} & Z_P f_1(\alpha_1) & 0 \\ -\gamma f_2(\alpha_2) & \gamma f_1(\alpha_1) & 0 & 0 & 0 & 0 \\ 0 & 0 & 0 & 0 & 1 & 0 \end{bmatrix} x + \begin{bmatrix} 1 & 0 & 0 \\ 0 & 1 & 0 \\ 0 & 0 & 0 \\ 0 & 0 & 0 \\ 0 & 0 & 0 \\ 0 & 0 & 0 \end{bmatrix} u + \begin{bmatrix} 0 \\ 0 \\ 0 \\ 0 \\ -\frac{1}{i_g J} \\ 0 \end{bmatrix} \xi \tag{7}$$

mit $\gamma = \frac{3}{2}\frac{Z_P}{J}\frac{L_M}{\sigma L_S L_R}$, $\xi := T_L$ und $f_j(\alpha_j) = \alpha_j$ für $j = 1, 2, 3$ als Prämissenvariablen $\alpha_1 := x_3$, $\alpha_2 := x_4$ und $\alpha_3 := u_3$. Die drei Variablen können jeweils ersetzt werden durch die Sektorfunktion

$$f_j(\alpha_j) = \underbrace{\frac{f_j(\alpha_j) - \underline{f}_j}{\overline{f}_j - \underline{f}_j}}_{w_{j1}(\alpha_j)}\, \overline{f}_j + \underbrace{\frac{\overline{f}_j - f_j(\alpha_j)}{\overline{f}_j - \underline{f}_j}}_{w_{j2}(\alpha_j)}\, \underline{f}_j \quad , \tag{8}$$

falls die Funktionen nach oben und unten beschränkt sind, d.h. $f_j \in [\,\underline{f}_j\,,\, \overline{f}_j\,] = [\,\underline{\alpha}_j\,,\, \overline{\alpha}_j\,]$. Dies ist bei dem hier betrachteten System der Fall, da sowohl die magnetischen Flüsse als auch die Drehfrequenz des Statorfeldes beschränkt sind. Mit den Gewichtsfunktionen

$$w_{j1}(\alpha_j) = \frac{f_j(\alpha_j) - \underline{f}_j}{\overline{f}_j - \underline{f}_j}\,, \qquad w_{j2}(\alpha_j) = \frac{\overline{f}_j - f_j(\alpha_j)}{\overline{f}_j - \underline{f}_j} \tag{9}$$

und der Eigenschaft

$$\sum_{k=1}^{2} w_{jk}(\alpha_j) = 1 \qquad \forall \alpha_j \quad \text{für} \quad j = 1, 2, 3 \tag{10}$$

folgt aus (7) das Takagi-Sugeno Modell des Verstellsystems zu

$$\dot{\boldsymbol{x}} = \sum_{i=1}^{N_r} h_i(\alpha_1, \alpha_2, \alpha_3)\boldsymbol{A}_i\,\boldsymbol{x} + \boldsymbol{B}\,\boldsymbol{u} + \boldsymbol{D}\,\xi \tag{11}$$

mit

$$\boldsymbol{A}_i = \begin{bmatrix} -\frac{R_S}{\sigma L_S} & F_3 & \frac{L_M R_S}{\sigma L_S L_R} & 0 & 0 & 0 \\ -F_3 & -\frac{R_S}{\sigma L_S} & 0 & \frac{L_M R_S}{\sigma L_S L_R} & 0 & 0 \\ \frac{R_R L_R}{\sigma L_S L_R} & 0 & -\frac{R_R}{\sigma L_R} & F_3 & -Z_P F_2 & 0 \\ 0 & \frac{R_R L_M}{\sigma L_S L_R} & -u_3 & -\frac{R_R}{\sigma L_R} & Z_P F_1 & 0 \\ -\gamma F_2 & \gamma F_1 & 0 & 0 & 0 & 0 \\ 0 & 0 & 0 & 0 & 1 & 0 \end{bmatrix}, \boldsymbol{B} = \begin{bmatrix} 1 & 0 & 0 \\ 0 & 1 & 0 \\ 0 & 0 & 0 \\ 0 & 0 & 0 \\ 0 & 0 & 0 \\ 0 & 0 & 0 \end{bmatrix}, \boldsymbol{D} = \begin{bmatrix} 0 \\ 0 \\ 0 \\ 0 \\ -\frac{1}{i_g J} \\ 0 \end{bmatrix}$$

Die Systemmatrizen $\boldsymbol{A}_i$, $i = 1, ..., N_r$ werden über die $N_r = 2^k$ Kombination der unteren und oberen Schranken der $k = 3$ Prämissenvariablen mit der Relation

$$\{\underline{\alpha}_1, \bar{\alpha}_1\} \times \{\underline{\alpha}_2, \bar{\alpha}_2\} \times \{\underline{\alpha}_3, \bar{\alpha}_3\}$$

gebildet und enthalten die konstanten Koeffizienteneinträge $F_j = \{\,\underline{\alpha}_j\,, \bar{\alpha}_j\}$. Die dazu passenden Zugehörigkeitsfunktionen h_i des i'ten linearen Modells ergeben sich aus dem Produkt der Kombination der Gewichtsfunktionen

$$h_1(\alpha_1, \alpha_2, \alpha_3) = w_{11}(\alpha_1) \cdot w_{21}(\alpha_2) \cdot w_{31}(\alpha_3) \,,$$
$$h_2(\alpha_1, \alpha_2, \alpha_3) = w_{11}(\alpha_1) \cdot w_{21}(\alpha_2) \cdot w_{32}(\alpha_3) \,,$$
$$h_3(\alpha_1, \alpha_2, \alpha_3) = w_{11}(\alpha_1) \cdot w_{22}(\alpha_2) \cdot w_{31}(\alpha_3) \,,$$
$$h_4(\alpha_1, \alpha_2, \alpha_3) = w_{11}(\alpha_1) \cdot w_{22}(\alpha_2) \cdot w_{32}(\alpha_3) \,,$$
$$h_5(\alpha_1, \alpha_2, \alpha_3) = w_{12}(\alpha_1) \cdot w_{21}(\alpha_2) \cdot w_{31}(\alpha_3) \,,$$
$$h_6(\alpha_1, \alpha_2, \alpha_3) = w_{12}(\alpha_1) \cdot w_{21}(\alpha_2) \cdot w_{32}(\alpha_3) \,,$$
$$h_7(\alpha_1, \alpha_2, \alpha_3) = w_{12}(\alpha_1) \cdot w_{22}(\alpha_2) \cdot w_{31}(\alpha_3) \,,$$
$$h_8(\alpha_1, \alpha_2, \alpha_3) = w_{12}(\alpha_1) \cdot w_{22}(\alpha_2) \cdot w_{32}(\alpha_3) \,.$$

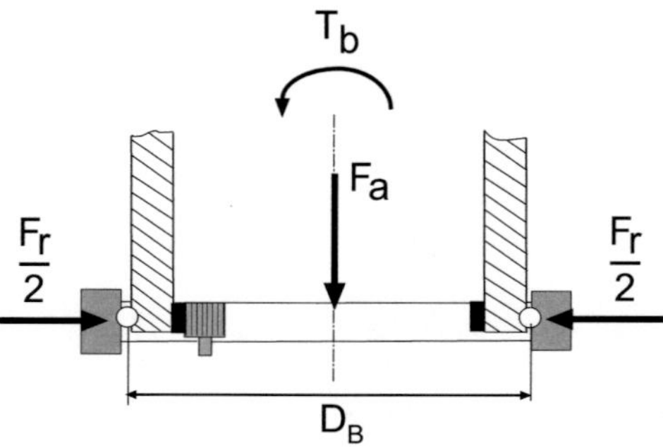

Bild 3: Axiale Kräfte F_a, radiale Kräfte F_r sowie das Biegemoment T_b an der Drehverbindung

3.3 Lastmodellierung

Die Reibkräfte in den Drehverbindungen stellen aufgrund der enormen mechanischen Belastungen die Hauptlast im Pitchsystem einer Windkraftanlage dar. Diese werden durch das Biegemoment des Rotorblattes T_b und den einzelnen Kraftkomponenten, die vom Blatt auf das Lager übertragen werden, verursacht. Basierend auf den Ergebnissen aus [12] werden die Kraftkomponenten in einen axialen Kraftanteil F_a und einen radialen F_r zusammengefasst, vgl. Bild 3.

Der axiale Kraftanteil ergibt sich dabei aus der Superposition der drehzahlabhängigen Fliehkraft und dem Einfluss der Gewichtskraft des Rotorblattes

$$F_a = m_B \, r_{CP} \, \omega_R^2 + m_B \, g \, \cos(\omega_R t + \Theta_B) \tag{12}$$

mit ω_R als Rotorwinkelgeschwindigkeit, m_B als Blattmasse, r_{CP} als Abstand des Massenschwerpunktes des Rotorblattes zum Blattlager und Θ_B als Blattanfangswinkel. Für Windkraftanlagen mit drei Rotorblättern gilt $\Theta_B = \{0, \frac{2\pi}{3}, \frac{4\pi}{3}\}$. In Abhängigkeit von der aktuellen Blattposition geht die Gewichtskraft periodisch in (12) ein. Der radiale Kraftanteil ergibt sich aus dem Betrag der Umfangskraft F_{r_U} und Schubkraft F_{r_S} am Rotorblatt

$$F_r = \sqrt{F_{r_U}^2 + F_{r_S}^2} \quad . \tag{13}$$

Die Umfangskraft wird berechnet mit

$$F_{r_U} = \int\limits_0^{L_B} F_U(r) \, dr + m_B \, g \, \sin(\omega_R t + \Theta_B) \quad , \tag{14}$$

wobei die örtlich verteilten Kräfte über die gesamte Blattlänge L_B integriert werden. Die Schubkraft ist bei Vernachlässigung des Turmschattens und der Vernachlässigung der räumlichen Ungleichmäßigkeit der Anströmung unabhängig von der Blattposition in der Rotorebene

$$F_{r_S} = \int\limits_0^{L_B} F_S(r) \, dr \quad . \tag{15}$$

Ein weiterer Einfluss bzgl. der äußeren Last ist das Biegemoment im Rotorblatt. Dieses verursacht in der Drehverbindung ein Kippmoment. Zur Vereinfachung der Berechnung der Biegemomente wird die Summe der Umfangs- und Schubkräfte im Massenschwerpunkt des Rotorblattes konzentriert.

$$T_b = \left[\int_0^{L_B} F_U(r)\,dr + \int_0^{L_B} F_S(r)\,dr + m_B\,g\,\cos(\omega_R t + \Theta_B) \right] r_{CP} \quad . \tag{16}$$

Das gesamte äußere Lastmoment T_L aus (1) lässt sich in guter Näherung mit Hilfe der zuvor angegebenen Beziehungen (12) - (16) auf die Linearkombination von vier verschiedenen Reibkraftanteilen zurückführen

$$T_L = \mu_b\,T_b + \mu_a\,F_a\,D_B + \mu_r\,F_r\,D_B + F_c\,D_B\,\mathrm{sgn}(\varphi) \tag{17}$$

mit μ_b, μ_a, μ_r als die Reibkraftkoeffizienten der Drehverbindung, D_B als der Wälzkörper-Laufkreisdurchmesser, vgl. Bild 3, sowie F_c als Coulombscher Reibkraftanteil aller Wälzkörper.

4 Takagi-Sugeno Sliding-Mode Entwurf

4.1 Entwurfsverfahren

Mit den Ergebnissen aus dem vorhergehenden Abschnitten kann nun das Streckenmodell in der folgenden Form angegeben werden

$$\dot{x} = \sum_{i=1}^{N_r} h_i(\boldsymbol{\alpha}) \boldsymbol{A}_i\,\boldsymbol{x} + \boldsymbol{B}\,\boldsymbol{u} + \boldsymbol{D}\,\xi \tag{18}$$

$$\boldsymbol{y}_m = \boldsymbol{C}\,\boldsymbol{x} + \boldsymbol{f}_s$$

mit $\boldsymbol{\alpha} := [\alpha_1,\,\alpha_2,\,\alpha_3]^T$. Die Sensorfehler werden durch $\boldsymbol{f}_s$ modelliert. Damit lassen sich alle relevanten Fehlerarten wie plötzliche Signalunterbrechungen, Leitungskurzschlüsse und auch langsam auftretende Driftfehler modellieren. $\boldsymbol{D}$ ist dabei die Störungsverteilungsmatrix aus (11).

Zur robusten Sensorfehlerdiagnose für das dynamische System (18) wird ein nichtlinearer Beobachter in Form eines Takagi-Sugeno Sliding-Mode Beobachters angesetzt:

$$\dot{\hat{x}} = \sum_{i=1}^{N_r} h_i(\hat{\boldsymbol{\alpha}}) \left[\boldsymbol{A}_i\,\hat{x} + \boldsymbol{B}_i\,\boldsymbol{u} - \boldsymbol{G}_{l,i}\mathrm{e}_y + \boldsymbol{G}_{n,i}\,\boldsymbol{\nu} \right] \tag{19}$$

$$\hat{\boldsymbol{y}} = \boldsymbol{C}\hat{x}$$

mit $\boldsymbol{G}_{l,i}$ als Verstärkungsmatrix des T-S Beobachteranteils und $\boldsymbol{G}_{n,i}$ als Verstärkungsmatrix des Sliding-Mode-Anteils mit dem diskontinuierlichen Schaltvektor $\boldsymbol{\nu}$. Es sei angenommen, dass die Matrizen $\boldsymbol{B}$, $\boldsymbol{C}$ und $\boldsymbol{D}$ jeweils den vollen Rang besitzen und die Matrizenpaare $(\boldsymbol{A}_i, \boldsymbol{C})$ beobachtbar sind. Weiterhin sei die Funktion ξ, in diesem Fall die äußere Last T_L unbekannt [1] aber beschränkt, so dass

$$\|\xi(t, \mathbf{x}, \mathbf{u})\| \leq r_1 \|\mathbf{u}\| + \beta(t, \mathbf{y}) \tag{20}$$

---

[1]In einer weiteren Untersuchung werden unter Einbeziehung der gemessenen Rotorlagen die Gewichtskraftanteile der Rotorblätter (17) in die Systemmatrizen des T-S Modells (18) integriert.

gilt, wobei r_1 ein bekannter Skalar ist, $\beta : \mathbb{R}_+ \times \mathbb{R}^q \to \mathbb{R}_+$ eine bekannte Funktion und $\| \cdot \|$ die euklidische Vektornorm bezeichnet. Mit Hilfe der Äquivalenztransformation $z = T_i\, x$ erhält man ein System mit einem Zustandsvektor, der sich aus einem nicht messbaren $z_1 \in \mathbb{R}^{n-p}$ und einem messbaren Anteil $z_2 \in \mathbb{R}^p$ zusammensetzt. Die lineare Koordinatentransformationsmatrix ist in [3] für lineare Zustandsraummodelle mit

$$T_i = T_{L,i}\, T_{DE,i}\, T_c \tag{21}$$

angegeben. Die Berechungsvorschrift für $T_{DE,i}$ und T_c ist in [3] beschrieben und kann mit den Algorithmen aus [4] berechnet werden. Die Matrix $T_{L,i}$ wurde erstmals in [6] veröffentlicht und lautet für $q = 1$ (die Störung ξ ist in diesem Fall skalarwertig)

$$T_{L,i} = \begin{bmatrix} I_{(n-p)} & [L_i\, 0_{(n-p)}] \\ 0_{p \times (n-p)} & \tilde{Y}^T \end{bmatrix} . \tag{22}$$

Die Matrix $\tilde{Y}$ wird aus der QR Zerlegung

$$\begin{bmatrix} 0_{p \times (n-p)} I_{(n-p)} \end{bmatrix} D = Q \begin{bmatrix} R \\ 0 \end{bmatrix} \tag{23}$$

mit $\tilde{Y} = Q^T$ bestimmt. Die Matrizen L_i werden, wie im folgenden Abschnitt gezeigt wird, aus der Lösung linearer Matrixungleichungen berechnet. Mit der Anwendung der Äquivalenztransformation auf jedes lineare System wird (18) überführt in

$$\dot{z}_1 = \sum_{i=1}^{N_r} h_i(\alpha) \mathcal{A}_{11,i}\, z_1 + \sum_{i=1}^{N_r} h_i(\alpha) \mathcal{A}_{12,i}\, z_2 + \mathcal{B}_1\, u$$

$$\dot{z}_2 = \sum_{i=1}^{N_r} h_i(\alpha) \mathcal{A}_{21,i}\, z_1 + \sum_{i=1}^{N_r} h_i(\alpha) \mathcal{A}_{22,i}\, z_2 + \mathcal{B}_2\, u + \mathcal{D}_2\, \xi \tag{24}$$

$$y_m = z_2 + f_s .$$

Damit hat man nunmehr erreicht, dass der unbekannte Eingang ξ, in diesem Fall das Lastmoment T_L, ausschließlich in die Differentialgleichung mit den messbaren Zuständen eingeht. Abschließend wird mit der neuen Systemdarstellung der Strecke (24) ein T-S Sliding-Mode-Beobachter angegeben

$$\dot{\hat{z}}_1 = \sum_{i=1}^{N_r} h_i(\hat{\alpha}) \left[\mathcal{A}_{11,i}\, \hat{z}_x(t) + \mathcal{A}_{12,i}\, \hat{z}_y + \mathcal{B}_{1,i}\, u - \mathcal{A}_{12,i} e_y(t) \right]$$

$$\dot{\hat{z}}_2 = \sum_{i=1}^{N_r} h_i(\hat{\alpha}) \left[\mathcal{A}_{21,i} \hat{z}_x + \mathcal{A}_{22,i}\, \hat{z}_2 + \mathcal{B}_{2,i} u - (\mathcal{A}_{22,i} - \mathcal{A}_{22}^s) e_y + \nu \right] \tag{25}$$

$$\hat{y} = \hat{z}_1$$

mit dem Beobachterfehler $e_y = \hat{y} - y$, der als stabil zu wählenden Entwurfsmatrix A_{22}^s und dem diskontinuierlichen Schaltvektor $\nu(t)$

$$\nu(t) = \begin{cases} -\rho \dfrac{\mathbf{P}_2 \mathbf{e}_y(t)}{\|\mathbf{P}_2 \mathbf{e}_y(t)\|} & \text{falls } e_y(t) \neq 0 \\ 0 & \text{sonst} \end{cases} \tag{26}$$

Darin ist ρ ein positiver Skalar und $P_2 \in \mathbb{R}^{p \times p}$ ist die gemeinsame symmetrisch positiv definite Lösung der Lyapunovgleichung mit der symmetrisch positiv definiten Entwurfsmatrix $\mathbf{Q}_2 \in \mathbb{R}^{p \times p}$:

$$\mathbf{P}_2 \mathcal{A}_{22}^s + \mathcal{A}_{22}^{s\,T} \mathbf{P}_2 = -\mathbf{Q}_2 \tag{27}$$

Die Lyapunovgleichung (27) ist invariant gegenüber den einzelnen Teilmodellen, da $\mathcal{A}_{22}^s$ unabhängig von den Prämissenvariablen ist.

4.2 Berechnungsbeispiel

Abschließend wird am Beispiel eines Pitchantriebs für eine 1.2 MW Windkraftanlage mit einer 7,5 KW Antriebsmaschine ein T-S Sliding-Mode Beobachter entworfen. Die Anlagenparameter stammen aus [12], die Parameter der Asynchronmaschine wurden zu Vergleichszwecken einem Standardwerk für elektrische Maschinen [10] entnommen:

$$R_S = 0.8817\,[\Omega] \qquad L_S = 0.1094\,[\text{H}] \qquad R_R = 0.4321\,[\Omega]$$
$$L_R = 0.1071\,[\text{H}] \qquad L_M = 0.1054\,[\Omega] \qquad J_A = 0.4724\,[\text{kg m}^2] \qquad Z_P = 3 \tag{28}$$

Die Massenträgheit des Getriebes J_G, die Gesamtgetriebeübersetzung $i_g = i_{g_p}\,i_{g_s}$ (bestehend aus der Planeten- und der Stirnradstufe am Blattlager, vgl. Bild 1) sowie die Massenträgheit des Rotorblattes um die Längsachse J_B lauten

$$J_G = 0.2\,[\text{kg m}^2] \qquad i_g = 1200 \qquad J_B = 1977\,[\text{kg m}^2] \,. \tag{29}$$

Die unteren und oberen Schranken der Lastunsicherheiten wurden basierend auf Simulationsläufen mit der Auslegungssoftware FAST [9] bestimmt:

$$\xi = [\,\xi_{min}\,,\,\xi_{max}\,] = [\,-5.27 \cdot 10^4\,\text{Nm}\,,\,5.27 \cdot 10^4\,\text{Nm}\,]$$

Für einen robusten Beobachterentwurf wurden folgende Einstellungen gewählt

$$\rho = 80 \quad , \quad \mathcal{A}_{22}^s = \begin{bmatrix} -10 & 0 & 0 & 0 \\ 0 & -10 & 0 & 0 \\ 0 & 0 & -10 & 0 \\ 0 & 0 & 0 & -10 \end{bmatrix} \,.$$

Mit dem zuvor beschriebenen Entwurfsverfahren werden folgende Ergebnisse erzielt:

$$\boldsymbol{T}_{i=1} = \begin{bmatrix} -3.2717e-001 & 9.7178e+003 & -1.0811e+000 & -9.5636e+003 & 0 & 0 \\ -9.7178e+003 & -3.2717e-001 & 9.5636e+003 & -1.0811e+000 & 0 & 0 \\ 1.7627e+002 & 0 & -1.7348e+002 & 0 & 0 & 0 \\ 0 & 1.7627e+002 & 0 & -1.7348e+002 & 0 & 0 \\ 0 & 0 & 0 & 0 & 1 & 0 \\ 0 & 0 & 0 & 0 & 0 & 1 \end{bmatrix} \,.$$

$$\mathbf{P}_2 = \begin{bmatrix} 5.0e-002 & 0 & 0 & 0 \\ 0 & 5.0e-002 & 0 & 0 \\ 0 & 0 & 5.0e-002 & 0 \\ 0 & 0 & 0 & 5.0e-002 \end{bmatrix} \,.$$

Die Ergebnisse von $\boldsymbol{T}_i$ wurden hierbei exemplarisch für das Teilmodell $i = 1$ dargestellt. Damit lassen sich abschließend die Beobachterverstärkungen aus (19) durch die Rücktransformation berechnen:

$$\mathbf{G}_{l,i=1} = \boldsymbol{T}_i^{-1} \begin{bmatrix} \mathcal{A}_{12,i=1} \\ \mathcal{A}_{22,i=1} - \mathcal{A}_{22}^s \end{bmatrix} = \begin{bmatrix} 4.3711e-003 & 3.8669e+001 & 0 & 0 \\ -3.8669e+001 & 4.3711e-003 & 0 & 0 \\ -1.3229e-003 & 3.9293e+001 & 0 & 0 \\ -3.9293e+001 & -1.3229e-003 & 0 & 0 \\ 0 & 0 & 1 & 0 \\ 0 & 0 & 0 & 1 \end{bmatrix} \,,$$

$$\mathbf{G}_{n,i=1} = \boldsymbol{T}_i^{-1} \begin{bmatrix} \mathbf{0}_{(n-p)\times p} \\ \mathbf{I}_p \end{bmatrix} = \begin{bmatrix} 1.4616e+004 & 3.8504e+002 & 0 & 0 \\ -3.8504e+002 & 1.4616e+004 & 4.4436e-012 & 0 \\ 1.4853e+004 & 2.3490e+002 & 3.0000e+000 & 0 \\ -2.3490e+002 & 1.4853e+004 & -3.0000e+000 & 0 \\ 6.3908e+004 & 6.3894e+004 & 1.0000e+001 & 0 \\ 0 & 0 & 1 & 1 \end{bmatrix} \,.$$

5 Simulationsergebnisse

5.1 Streckensimulation

Für einen Verstellvorgang des Rotorblattes von $\varphi_B = 0°$ bis $4°$ sind in dem Bild 4 die simulierten Rotorflüsse der Asynchronmaschine und die zugehörige Motordrehzahl dargestellt. Die Simulation basiert auf dem Takagi-Sugeno Modell des Rotorblatt-Verstellsystems mit den Parametern (28) und (29). Für eine erste Untersuchung wird das System ohne Drehzahl- und Lageregelung betrieben. Gut zu erkennen ist die Dynamik der Rotorflüsse beim Anfahren und der Beginn des Abbremsvorgangs.

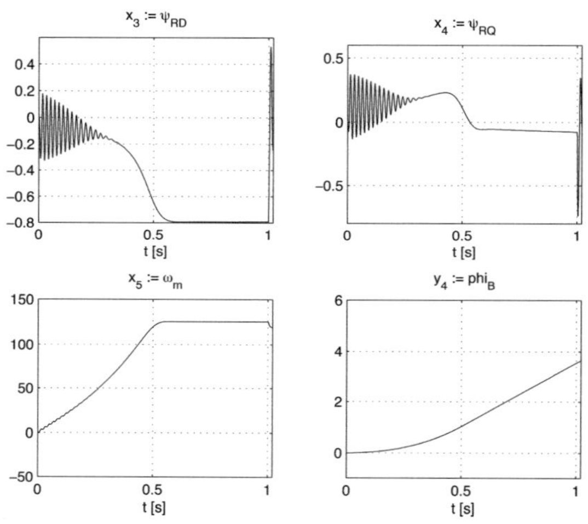

Bild 4: Simulation eines fehlerfreien Blattverstellvorgangs mit dem Takagi-Sugeno Modell (24)

5.2 Sensorfehlererkennung

Am Beispiel der Sensorfehlererkennung zur Blattwinkelerfassung $y_4 = \varphi_B$ wird die Anwendbarkeit der im letzten Abschnitt beschriebenen Entwurfsmethode aufgezeigt. Hierzu werden zwei relevante Sensorfehlerfälle untersucht. Erstens ein abrupt auftretender Offsetfehler und zweitens eine langsam ansteigende Drift im Sensorsignal. Die Fälle werden in (24) mit dem Fehlervektor $\boldsymbol{f}_s = [0,0,0,0,0,\sigma(t-\tau)f_I]^T$ für Fall 1 und $\boldsymbol{f}_s = [0,0,0,0,0,f_{II}(t-\tau)\sigma(t-\tau)]^T$ für Fall 2 modelliert. Beide Fehler können mit einem Schwellwert und einer einfachen Auswertlogik detektiert und isoliert werden. Die Ergebnisse sind in Bild 5 für ein $\tau = 0.7$ [s] beim Fehlerfall 1 und ein $\tau = 0.5$ [s] beim Fehlerfall 2 dokumentiert.

6 Zusammenfassung und Ausblick

Zur Erhöhung der Sicherheit und der Steigerung der Verfügbarkeit von Windkraftanlagen wurde ein beobachtergestütztes Konzept zur Detektion und Diagnose von Sensorfehlern in Rotorblatt-Verstellsystemen auch Pitchsystemen genannt, vorgestellt. Es wurden alle notwendigen Schritte

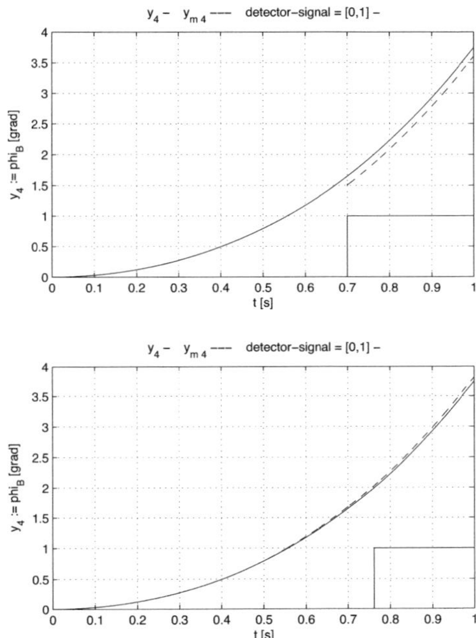

Bild 5: Nominales Sensorsignal y_4, fehlerbehaftetes Sensorsignal y_{m_4} und Fehlerdetektorsignal für den Fehlerfall 1 (obere Grafik) und 2 (untere Grafik)

von der Modellbildung über den Entwurfsprozess bis zur ersten Validierung in der Simulation behandelt. Zur Zeit wird im Bereich der Modellbildung noch die Dynamik der Motoransteuerung und die Lageregelung integriert. Dies ist notwendig, um sicherstellen zu können, dass der Beobachter auch robust gegenüber Störungen im geschlossenen Regelkreis ist. Basierend auf Ergebnissen aus vorhergehenden Untersuchungen ist zu erwarten, dass der Sliding-Mode Beobachter gegenüber diesen Störungen robust ist. Es fehlt jedoch noch der endgültige Nachweis, der generalisierbare Aussagen zuläßt. Weiterhin soll die Fehlerdiagnose um Stromsensorfehler erweitert werden. An einer experimentellen Validierung mit Hilfe eines Hardware-In-the-Loop Prüfstands wird ebenfalls gearbeitet.

Danksagung: Diese Arbeit wurde durch das Bundesministerium für Bildung und Forschung unter dem Kennzeichen 17N1411 gefördert.

Literatur

[1] Allouche, M., Chaabane, M., Soussi, M., Mehdi, D., Hajjaji, A.: Takagi-Sugeno Fuzzy Sensor Faults Estimation of an induction motor, *In Proc., 18th Mediterranean Conference on Control and Automation*, Marrakech, Morocco, 2010.

[2] Chen, W., Ding, S. X., Haghani, A.,Naik, A., Khan, A. Q., S. Yin: Observer-based FDI Schemes for Wind Turbine Benchmark, *In Proc., 18th IFAC World Congress*, Milano, Italy, August 28 - September 2, 2011.

[3] Edwards, C., Spurgeon, S.K.: *Sliding Mode Control: Theory and Applications*, Taylor and Francis, London, 1998.

[4] Edwards, C., Spurgeon, S.K.: A Sliding Mode Control Matlab Toolbox, http://www.le.ac.uk/eg/ce14/vscbook/vscbook.html.

[5] Gasch, R. (Herausgeber), J. Twele (Herausgeber): *Windkraftanlagen: Grundlagen, Entwurf, Planung und Betrieb*, Vieweg+Teubner, 7. Auflage, 2011.

[6] Gerland, P., Groß, D., Schulte, H., Kroll, A.: Design of Sliding Mode Observers for TS Fuzzy Systems with Application to Disturbance and Actuator Fault Estimation, *In Proc., 49th IEEE Conference on Decision and Control*, Atlanta, USA, 2010.

[7] Hasse, K.: *Zur Dynamik drehzahlgeregelter Antriebe mit stromrichtergespeisten Asynchron-Kurzschlussläufermaschinen*, Dissertation, TH Darmstadt, 1969.

[8] Heier, S.: *Windkraftanlagen*, 5. Auflage, Vieweg + Teubner, 2009.

[9] Jonkman, J. M., Buhl, M. L.: *FAST Users Guide*, Technical Report NREL/EL-500-38230, National Renewable Energy Laboratory, August 2005.

[10] Krause, P. C.: *Analysis of Electric Machinery*, McGraw-Hill, Book Company, 1986.

[11] Lopez-Toribio1, C.J., Patton, R.J., Daley, S.: *TakagiSugeno Fuzzy Fault-Tolerant Control of an Induction Motor*, Neural Computing and Application (2000)9:1928, Springer-Verlag London, 2000.

[12] Mtauweg, S.: *Dynamische Untersuchung des Pitch- und Azimutsystems und der zugehörigen Regelstrategien einer Windkraftanlage mittels der Mehrkörpersimulation*, Lehrstuhl für Maschinenelemente, Dissertation, TU Dresden, 2011.

[13] Münchhof, M.: *Model-Based Fault Detection for a Hydraulic Servo Axis*, Institut für Automatisierungstechnik, Dissertation, TU Darmstadt, 2006.

[14] Nourdine, S., Camblong, H., Vechiu, I., Tapia, G.: Comparison of Wind Turbine LQG Controllers Using Individual Pitch Control to Alleviate Fatigue Loads, *In Proc., 18th Mediterranean Conference on Control and Automation*, Marrakech, Morocco, 2010.

[15] Odgaard, P.F., Stoustrup, J, Kinnaert, M.: Fault Tolerant Control of Wind Turbines - a Benchmark Model, *In Proc. of the 7th IFAC Symposium on Fault Detection, Supervision and Safety of Technical Processes*, Barcelona, Spain, June 30 - July 3, 2009.

[16] Schröder, D.: Elektrische Antriebe - Grundlagen, 4. Auflage, Springer Verlag, Heidelberg, 2009.

[17] Simani, S., Castaldi, P., Bonfe, M.: Hybrid Model Based Fault Detection of Wind Turbine Sensors, *In Proc., 18th IFAC World Congress*, Milano, Italy, August 28 - September 2, 2011.

[18] Wanke, P.: *Modellgestützte Fehlerfrüherkennung am Hauptantrieb von Bearbeitungszentren*, Fortschritt-Berichte VDI Reihe 2, Nr. 291, 1993.

[19] Wolfram, A.: *Komponentenbasierte Fehlerdiagnose industrieller Anlagen am Beispiel frequenzumrichtergespeister Asynchronmaschinen und Kreiselpumpen*, Fortschritt-Berichte VDI Reihe 8, Nr. 967, 2002.

Adaptive Neural Temperature Control
for Coffee Machines

Matthias Bauerdick and Sigrid Hafner

Control Engineering & Neural Networks, Faculty of Electrical Engineering
South Westphalia University of Applied Science in Soest, Germany
Lübecker Ring 2, D-59494 Soest
Phone +49(2921) 378-113
Fax +49(2921) 378-299
E-Mail: {bauerdick.matthias, hafner.sigrid}@fh-swf.de

Abstract. A Multi-Layer Perceptron (MLP) is used for adaptive temperature control. The presented approach offers a structured method for designing neural controllers based on MLP as adaptive controllers in general. The method is verified in simulation and with a real hardware application.

The task is a practice-oriented temperature control challenge, which often occurs during the design of hot beverage machines. The plant setup is the prototype of a modern automatic coffee machine and is composed of the same components as used by known coffee machine manufacturers in Germany. The plant dynamics depend on the actual water flow rate through the heater. The measured water flow rate can therefore be used as an indicator for the actual operating condition.

The MLP is trained based on examples which are obtained by several conventional linear controllers tuned for different operating conditions. Properties of adaptive neural control compared to conventional adaptive control approaches are given.

1   Introduction

Making a good coffee automatically offers both a motivating application example and a special task from control engineering view as well. This is due to the fact that among others the water brewing temperature is a decisive factor for the coffee quality [1], and therefore it has to be pretty satisfied in order to brew an aromatic coffee. Subsequently, temperature feedback control is essential for automatic coffee machines. In such machines the actuator for the temperature control loop is most often an electrically operated heating wire within an instantaneous water heater. Its power is feed-forward controlled by appropriate power electronics. The actual heater temperature is usually measured by means of a NTC resistor. The simplified functional principle is as following: Before fresh water is pumped out of the water reservoir, through the heater block, through the brewing unit and poured into a cup, the heater block is heated up to the reference temperature. In modern coffee machines the actual filling quantity is determined by means of a flow meter. Since the plant dynamics change with the actual water flow rate, the signals provided by the flow meter can be used also for measuring the actual operating condition. So, adaptive control is possible, e.g. by using an artificial neural network (ANN).

In industry, ANN are often applied for automation purposes including e.g. pattern recognition, signal processing or automatic control techniques [2,3]. In terms of control ANN are frequently used for system modeling, inverse modeling and automatic PID tuning. By using an ANN directly as controller it can be trained with a supervised training algorithm. The training examples are generated with an appropriate conventional controller tuned with any suitable tool of the conventional control theory. In case of training success the ANN then just imitates the conventional controller. The property: Under consideration of an additional input variable that indicated the actual operating condition, several tuned conventional controllers can be involved in order to train a neural adaptive controller.

During the next sections the neural adaptive control approach based on conventional control is presented and applied to an automatic coffee machine prototype .First the experimental plant setup based on industrial components is presented. Section 3 treats the plant identification and modeling before the conventional controller design is shown in Section 4. Then the neural controller approach is introduced in Section 5 and in Section 6 the conclusion of this work is drawn.

2   Plant

The plant is a simplified copy of a typical automatic coffee machine. It is reduced to the main components: water heater, pump, flow meter, temperature sensor, printed circuit board (PCB) with power electronics, main switch, a water reservoir, hoses and in addition a safety ball valve for opening and closing the hot water spout. The basic functions, heating up an amount of water and filling it into a cup, are possible. All the other units for additional functions, which customary machines have, were removed. Even the brewing unit including the container for pre-ground coffee etc. is not part of this setup, as it is not requested for the temperature control research of such machines.

Due to the systems pressure supplied by the pump, the fresh water is pumped from the reservoir through the flow meter and through the water heater into a cup, on condition that the safety ball valve is opened. The temperature sensor, which is realized with a NTC resistor, and the flow meter are connected to a digital signal processor (DSP) board. The DSP board is realized with a general purpose microcontroller box including several peripheries. The actuators pump and heater are connected to the DSP board too. Digital signal processing and process control on microcontroller level is then possible. Furthermore, the DSP board can be linked to a PC via data acquisition (DAQ) card which enables Hardware in the Loop (HiL) simulations in Matlab/Simulink. This property allows a convenient controller design and research oriented work with the plant on a PC. The plant in our lab is shown in Figure 1.

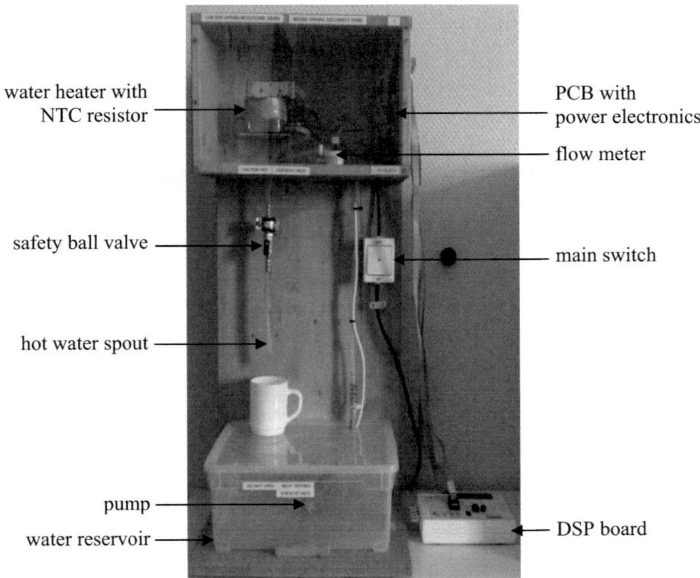

Figure 1: The plant with DSP board in our lab

From the control engineering point of view the automatic coffee machine offers two feedback control loops: temperature control and flow rate control. In most coffee machines the water flow rate is usually feed-forward controlled and a flow meter is often only applied to determine the actual filling quantity. In order to achieve reproducible experiments, we implemented a feedback flow rate control loop to get predefined flow rate values. Without this feedback control in practice, different flow rates can arise in case of disturbance like calcification etc. The block diagram with both feedback control loops for our setup is shown in Figure 2.

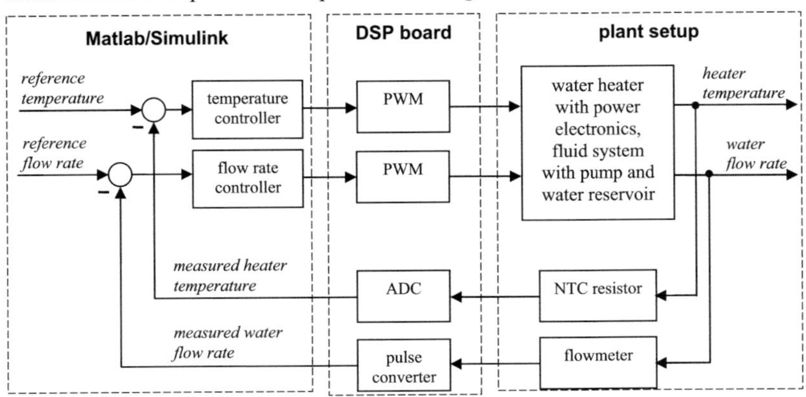

Figure 2: Block diagram of the plant with feedback control implemented in Matlab/Simulink for HiL Simulations

3 System Modeling

The electrical heating-power and the electrical pump-power are input variables of the plant. Heater temperature and water flow rate are output variables. There is an unilateral cross-coupling between both outputs, which means that the water flow rate influences the heater temperature, but not vice versa. More precisely, the water flow rate has an influence on the temperature dynamics, but the heater temperature has no effect on the flow dynamics (at least within the ordinary temperature range of coffee machines).

With regard to heater temperature control the electrical heating-power is the manipulated variable and the measured water flow rate can be taken as an indicator variable for the actual temperature dynamics, respectively the operating condition. An optimal heater temperature control loop needs a controller which adapts accordingly.

In order to design an adequate adaptive temperature controller and also to be able to simulate the closed loop behavior, a dynamical temperature model of the plant is needed. Therefore the transfer functions $G_p(s)$ between heater temperature and electrical heating-power is determined for different water flow rates. In experimental modeling the model is obtained from experiments on the plant [4]. A bode diagram of the plant is measured. The results then are compared with the physical-chemical relationship, which are known for our plant.

3.1 Modeling with actuator test signals

The experimental modeling is based on sinusoidal inputs given to the water heater while the water flow rate is kept constant. After the transient effects the heater temperature signal is observed and compared to the input sinusoid. Magnitude (in Decibel [dB]) and phase shift (in degrees) are determined. This "oscillating test" is repeated for numerous frequencies before the magnitude and phase characteristic are plotted into a logarithmic diagram. Both together are well-known as frequency response plot or Bode diagram. The magnitude asymptotes with a slope of $k \cdot 20 \, \mathrm{dB}/\mathrm{Decade}$ $(k \in \mathbb{Z})$ are drawn into the Bode diagram in order to approach the curve and to determine the parameters of the model. Figure 3 shows the Bode diagram with magnitude asymptotes for a water flow rate of 350 ml/min.

The shape of the Bode diagram in Figure 3 shows a frequency response with the general mathematical expression

$$G_p(j\omega) = \frac{K_p}{\prod\limits_{i=1}^{n}\left(1 + j\dfrac{\omega}{\omega_{0i}}\right)}, \tag{1}$$

where n is the number of corner frequencies.

From the magnitude asymptotes the corner frequencies ω_0 are determined as those frequencies at which the adjacent approaching asymptotes meet. Furthermore, the low frequency magnitude at which the phase shift is zero complies with the gain factor K_p in Decibel.

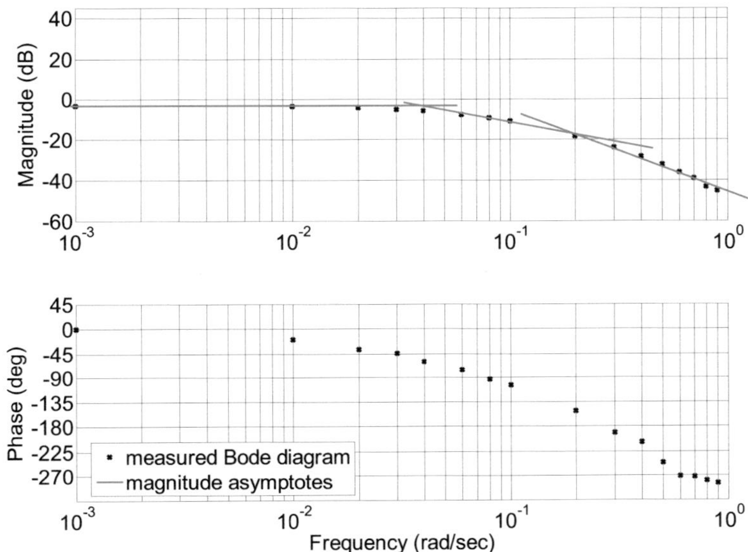

Figure 3: Measured Bode diagram with magnitude asymptotes for a water flow rate about 350 ml/min (plotted with Matlab)

The gain factor K_p of the frequency response shown in Figure 3 is about -3.22 dB respectively 0.69°C/%. The corner frequencies ω_{01} and ω_{02} are 0.038 rad/sec and 0.2 rad/sec. From the magnitude characteristic only these two corner frequencies are visible, but the phase characteristic indicates even more outside the measurable frequency range > 0.9 rad/sec. The corner frequency ω_{05} is due to a digital low-pass filter at 2 rad/sec. Based on the high frequency phase characteristic two further ones ω_{03} and ω_{04} are assumed to be around 1 rad/sec.

The transfer function of the plant from Equation (1) can now be parameterized with the results of the bode diagram to

$$G_p(j\omega) = \frac{0.69}{\left(1+j\dfrac{\omega}{0.038}\right)\left(1+j\dfrac{\omega}{0.2}\right)(1+j\omega)^2\left(1+j\dfrac{\omega}{2}\right)}, \tag{2}$$

Equation (2) is the frequency response of our plant setup for a water flow rate of 350 ml/min.

The corresponding transfer function in Laplace domain is given by

$$G_p(s) = \frac{K_p}{\displaystyle\prod_{i=1}^{5}(1+T_i\cdot s)} = \frac{0.69}{(1+26.31\cdot s)(1+5\cdot s)(1+s)^2(1+0.5\cdot s)}. \tag{3}$$

3.2 Mathematical model of the plant

The experiments with several different water flow rates show that only the gain factor K_p and the dominant time constant T_1 are influenced by the water flow rate. The time constants T_2 to T_5 are constants and independent from the water flow rate. This leads to the general transfer function of the plant

$$G_p(s,\theta) = \frac{K_p}{(1+T_1 \cdot s)(1+5s)(1+s)^2(1+0.5s)} \qquad \theta = \{K_p, T_1\}. \tag{4}$$

The parameters of the transfer function of Equation (4), which are dependent of the flow rates, are shown in Table 1 for different flow rates.

Table 1: Parameters of the transfer function for different water flow rates

water flow rate [ml/min]	gain factor K_p [°C/%]	time constant T_1 [sec]
0	31.0	1000
150	1.32	48.8
250	0.88	38.5
350	0.69	26.3
450	0.57	26.3

The parameters for several water flow rates have been determined with the prior explained "oscillating tests" and final analysis in frequency domain. Only the modeling of the plant without water flow is based on time domain, as the gain factor is too high for applying sinusoids successfully. Therefore a step response with very small input step was applied.

4 Conventional Temperature Control

Before a conventional temperature control loop is designed, an adequate conventional controller type needs to be chosen. From the given plant transfer function in Equation (4) a PID controller would be chosen, because this type of controller is able to compensate the two most dominant plant time constants T_1 and T_2. Unfortunately, with the real plant the derivative is nearly useless due to the enormous actuator saturation, which is the reason why a PI controller is preferred for the given plant setup.

4.1 Dependence of the water flow rate

Table 1 shows the different plant parameters for different water flow rates. The conventional PI controller with its fixed controller parameters can only be tuned optimally for a specific water flow rate. The whole range of plant parameter variations has to be considered in order to ensure given closed loop requirements like stability for each operating condition.

It is suitable tuning the controller in a way that an adequate reference behavior is achieved. This is because the control settling time after starting the coffee machine should be kept as short as possible. During this time after starting the machine, there is no water flow rate as the water heater first needs to be heated up to the reference temperature. The PI controller is therefore tuned for the plant dynamics without water flow and for an adequate reference behavior.

4.2 Controller tuning

To meet the requirements mentioned above, the PI controller is tuned such that the open control loop offers a phase margin about 70 degrees in case of no water flow. A phase margin between 60 and 80 degrees is mostly recommended for good reference behavior [5]. Figure 4 shows the bode diagram which has been simulated for the controller tuning in frequency domain.

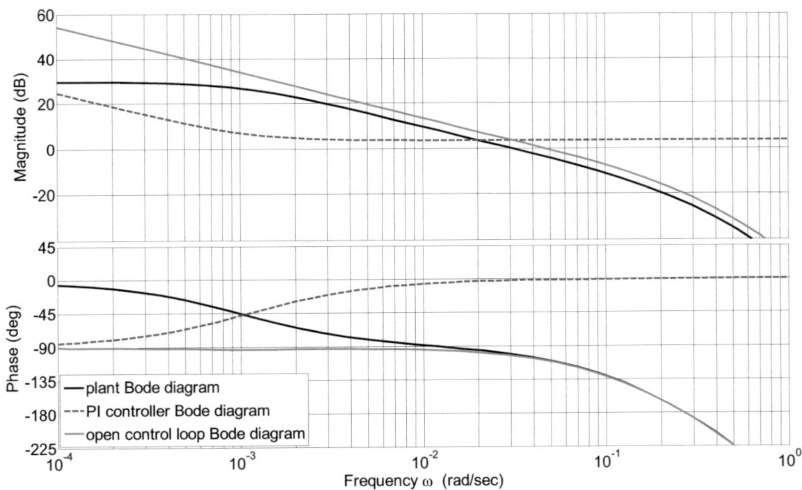

Figure 4: Bode diagrams of the plant without water flow, tuned PI controller and open control loop with 70° phase margin (simulation with Matlab)

The controller tuning is based on Automatic Loop Shaping (ALS) [6], which is a helpful tool for controller tuning with Bode Diagrams. In comparison to conventional loop shaping, which is a trial-and error procedure whereby a desired shape of the open control loop Bode diagram is tried to be obtained [7], the ALS algorithm submits an optimized controller under consideration of predefined frequency domain specifications.

The so resulting controller is given by

$$G_c(s) = \frac{K_c}{s}\left(1 + T_c \cdot s\right) = \frac{0.0017}{s}\left(1 + 900 \cdot s\right). \tag{5}$$

For the implementation in Simulink the Equation (5) has to be rearranged to

$$G_c(s) = K_P + \frac{K_I}{s} = 1.53 + \frac{0.0017}{s}. \tag{6}$$

The tuned PI controller was simulated in frequency domain with all plant parameter variations of Table 1. Thereby, the simulated open loop phase margin always ensures stability for the closed control loop.

4.3 Simulation results

The conventional PI temperature controller is tested with a plant simulation in Matlab/Simulink. Thereby a typical coffee machine process is simulated, consisting of heating-up phase and three filling periods with a break of 60 seconds in between.

The reference heater temperature is chosen to 90°C. In each filling period ca. 150 ml of hot water (as an alternative for coffee) are poured. The water flow rate is increased by 50 ml/min in each period, starting at 250 ml/min.

Figure 5.2 represents the simulation results of this process.

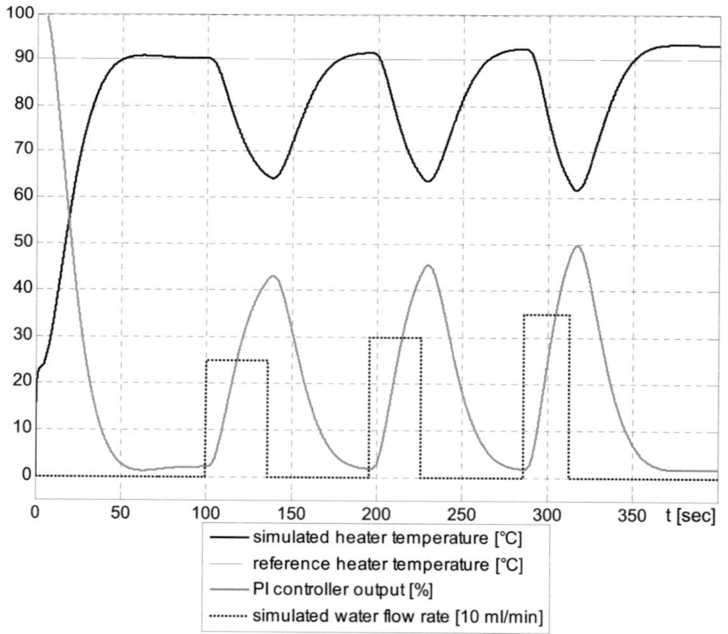

Figure 5: Heating-up phase and several filling periods with the conventional PI controller and 90°C reference heater temperature (simulation with Matlab/Simulink)

The reference behavior during the heating-up phase is as expected absolutely sufficient. This can be observed during the first 100 seconds of the process simulation shown in Figure 5. However, as a result of the water flow during the filling periods, the heater temperature declines about more than 25°C. Therefore, the optimal water brew temperature cannot be ensured for the whole period.

The next section describes the design of an adaptive neural temperature controller, which is able to compensate the plant parameter variations to achieve a better control performance.

5   Adaptive Neuronal Temperature Control

The approach of neural controller design presented here is based on patterns gained from conventional controllers tuned for different operating conditions.

For no water flow the controller parameters K_P and K_I have already been tuned in Section 4 and a conventional controller was designed, which produced appropriate input output behaviour of the controlled plant. The water heater is first heated up to the reference temperature very fast only with a short settling time and very small overshoot, as common for a reference behavior for a control loop with 70° phase margin.

For our plant the water flow rate reflects the actual operating condition. When the water flows an adaptive control is needed. A suitable PI controller parameter set is needed, which considers the specific plant parameters for different water flow rates as listed in Table 1. For a water flow rate of 150, 250, 350 and 450 ml/min the controller parameters are tuned with the ASL method [6] again to gain good performance. This time the target for our control loop is a phase margin of 40 degrees to achieve a suitable disturbance behavior. The so resulting controller parameters are listed in Table 2.

With these controllers training and validation patterns can be generated.

Table 2: PI temperature controller parameters for different water flow rates

water flow rate [ml/min]	proportional gain K_P	integral gain K_I
0	1.53	0.0017
150	6.8	0.0309
250	8.5	0.0464
350	8.2	0.0561
450	9.8	0.0718

5.1   Training and validation patterns

The training and validation patterns needed for the neural network training are generated with the conventional controller parameters. The input values for the MLP are the control error e(t), integrated control error $\int e(t)dt$ and the water flow rate. The target for the MLP is the PI controller output u(t).

$$u(t) = K_P \cdot e(t) + K_I \int_0^t e(t) \cdot dt \, . \tag{7}$$

With the controller parameters of Table 2 the controller output u(t) is calculated, which depends also on the third input value, the water flow rate. Only those water flow rates which are listed in Table 1 resp. Table 2 are considered for the patterns. The considered values for e(t) and $\int e(t)dt$ are chosen such that the whole operating input space is covered. In this way 421 training patterns and 245 validation patterns have been generated with Matlab. An extract of the training patterns data is shown in Table 3

Table 3: Extract of the training patterns data

	input			target
pattern no.	control error e(t) [°C]	integrated control error $\int e(t)dt$ [°C*sec]	water flow rate [ml/min]	controller output u(t) [%]
1	60	1600	0	94.52
2	40	1600	0	63.92
3	20	1600	0	33.32
4	0	1200	0	2.272
...	...	...	...	...
117	8	800	150	79.12
118	6	800	150	65.52
...	...	...	...	...

The neurons of the hidden layers of our in Matlab programmed neural network have a hyperbolic tangent as activation function. Therefore, inputs and target values are scaled to 0.95. In the control loop later appropriate scaling and rescaling factors are included to adapt the signals to the neural controller and to the actuator of the plant.

5.2   Neural controller topology and training

The number of neurons and their allocation in different hidden layers depend on the function to be learned and is often determined empirically [2]. A topology with too many neurons can result in a so-called overfitting. The neural network then "learns by heart" and is not able to generalize. On the other hand, a topology with fewer neurons decreases the plasticity and reduces the capability for approximating the training set [3].

The topology for our neural temperature controller, which produced the best results in our tests, has one hidden layer with seven neurons, as shown in Figure 6. The bias of each neuron is included as an additional weight factor and therefore not depicted in Figure 6.

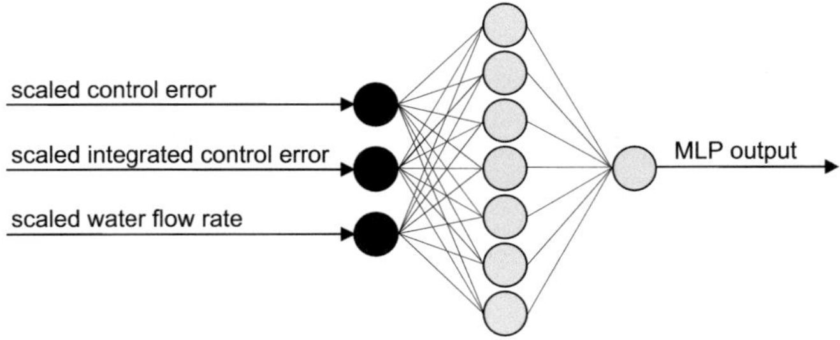

Figure 6: MLP topology for the neural temperature controller

The seven neurons in the hidden layer have a hyperbolic tangent as activation function, and the output layer neuron has a linear activation function. For the training a learning rate of 0.03 was chosen.

During the training process the mean square error (MSE) of the MLP output, which is calculated with the validation patterns, is observed and plotted in Figure 7. The first criterion for stopping the training phase is the maximum number of training cycles which has been set to 10^6. The second criterion is the MSE of $2.35 \cdot 10^{-3}$ which corresponds to a MSE of the controller output of 0.2 % after rescaling the MLP output.

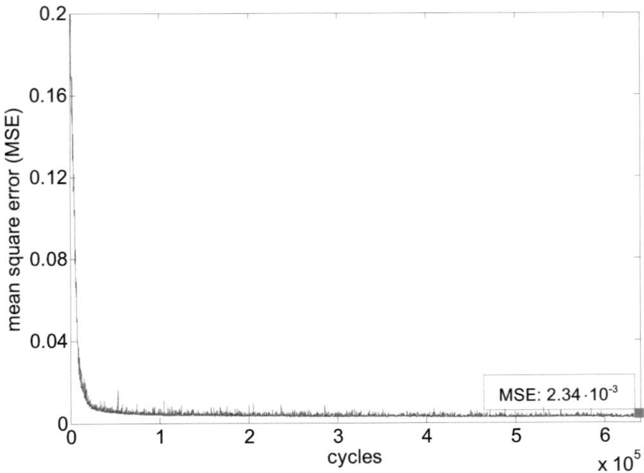

Figure 7: Mean square error graph during the training process (plotted with Matlab)

Figure 7 shows that the second stopping criterion is fulfilled first, because after roundabout $6.3 \cdot 10^5$ training cycles a MSE about $2.34 \cdot 10^{-3}$ is achieved.

Furthermore, the graph in Figure 7 shows a continuous reduction of the MSE only with small outliers. The very slight training success after 10^5 cycles indicates the convergence to a local minimum of the error function.

Several training processes with different random start weights have been performed which all achieved nearly the same result.

In Figure 8 the neural controller outputs in function of test input data are visualized in three-dimensional plots. The neural controller output is increasing linear with the control error (left-hand) and with the integrated error (right-hand). Both proportional factors change with the water flow rate as it is requested for our adaptive control.

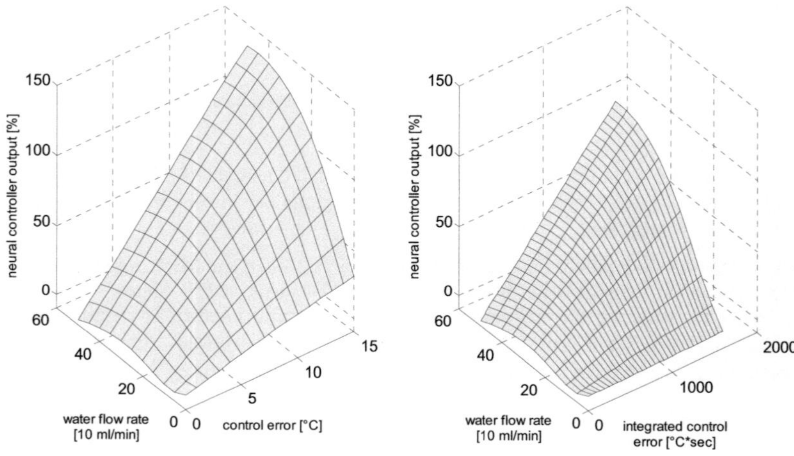

Figure 8: Visualized neural controller outputs with test patterns (plotted with Matlab)

5.3   Simulation results

The neural controller was tested in a model simulation and in a HiL simulation with the real plant setup. To be comparable with the conventional temperature control loop, the same coffee machine process as described in Section 4.3 was performed. The result of the model simulation is shown in Figure 9.

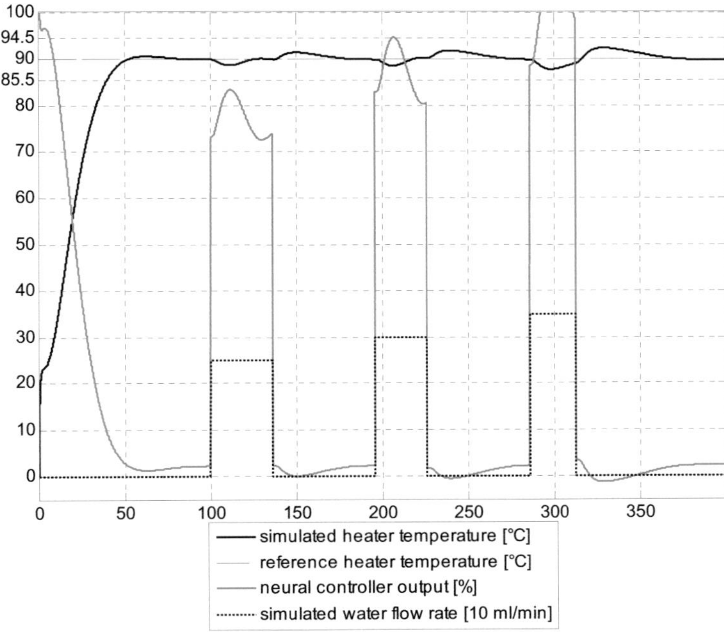

Figure 9: Heating-up process and several filling periods with neural controller and 90°C reference heater temperature (simulation with Matlab/Simulink)

By comparing the neural control result with the conventional result in Figure 5 the good performance of the neural controller during the filling periods can be shown. When the water flow starts, the neural controller output adapts immediately. Therefore the heater temperature can be kept within a tolerance band of 5% around the reference temperature, even if the controller output is saturated at 100%. The reference behavior of the neural controller during the first 100 seconds of the simulation is as good as that of the conventional one.

5.4   HiL simulation results

The result achieved with the real plant in a HiL simulation is shown in Figure 10. The performance of the neural controller acting on the coffee machine prototype is similar to the simulation result shown in Figure 9.

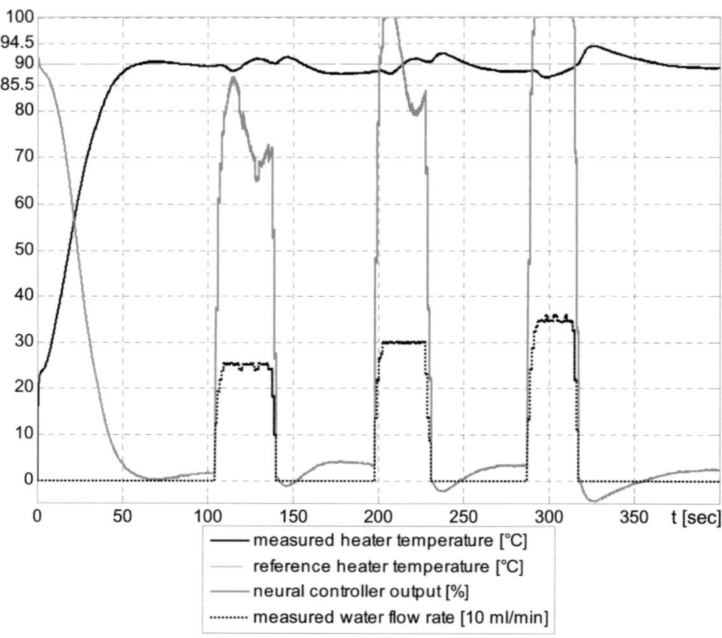

Figure 10: Heating-up process and several filling processes with neural controller and 90°C reference heater temperature (HiL simulation with Matlab/Simulink)

The reference behavior during the heating-up process is evaluated with performance terms describing the quality of control. Following performance terms were measured during the HiL simulation shown in Figure 10, under consideration of the 5%-tolerance band.

- Control rise time: 45 sec
- Control settling time: 45 sec
- Overshoot: 0.63°C

6   Conclusion

An adaptive neural control approach is presented. The application example is the temperature control loop of an automatic coffee machine prototype consisting of industrial components as used by famous coffee machine manufacturers in Germany. An adaptive controller is needed for optimal control performance due to parameter variations of the plant which depend on the actual flow rate through the water heater. The presented neural approach is based on an MLP which learns the behavior of an adaptive PI controller with examples generated with conventional control theory. The results with a model simulation and with a HiL simulation are most convenient. With the neural controller the measured heater temperature is kept within specified tolerances even if different water flow rates are present.

The advantage over classical gain scheduling, a feedback control system which uses feed-forward compensation to adjust the feedback gains [8], is the fact that the control behavior can even be improved in single points of the input space just by hand tuning the appropriate training examples. In case of limited hardware, the advantage over table controllers is the generalization of the ANN, which leads to lower memory consumption and the good interpolation of the ANN between several points.

The neural controller offers an open-loop compensation for parameter variations as a result of different water flow rates. Thereby the initial water temperature was assumed to be constant at roundabout 23°C. However the initial water temperature has also an influence on the plant dynamics. To make a compensation of these effects also possible, the initial water temperature needs to be measured and provided to the adaptive controller as well.

7   Literature

[1]   Edelbauer, L.J.: *Kaffee – Alles über ein Genussmittel, das die Welt veränderte.* Pichler Verlag, Wien; 2000

[2]   Hafner, S. (Hrsg.): *Neuronale Netze in der Automatisierungstechnik.* Oldenbourg-Verlag, München Wien; 1994

[3]   Rojas, R.: *Neural Networks – A Systematic Introduction.* Springer; 1996, http://page.mi.fu-berlin.de/rojas/neural/index.html.html   (last call: 10/2011)

[4]   Ackermann, J.: *Robust Control – Systems with Uncertain Physical Parameters.* Springer-Verlag London Ltd.; 1993

[5]   Föllinger, O.: *Regelungstechnik – Einführung in die Methoden und ihre Anwendung.* 10th ed. Hüthig Verlag; 2008

[6]   Bauerdick, M. and Hafner, S.: *Automatic Loop Shaping – A PID Tuning Method for Systems with Real Left Half Plane Poles.* 5th ASIM Workshop Wismar, ARGESIM Verlag Wien; 2011

[7]   Åström, K.J. and Murray, R.: *Feedback Systems – An Introduction for Scientists and Engineers.* Princeton University Press; 2008

[8]   Åström, K.J. and Wittenmark, B.: *Adaptive Control – Second Edition.* Addison-Wesley; 1995

Dynamische Simulation von Siedeprozessen

Daniel Fiß, Michael Wagenknecht, Rainer Hampel

Hochschule Zittau/Görlitz
Institut für Prozeßtechnik, Prozeßautomatisierung und Meßtechnik (IPM)
D-02763 Zittau, Theodor-Körner-Allee 16
Tel. (03583) 612209
Fax (03583) 611288
E-Mail d.fiss@hs-zigr.de

1 Einleitung

Um komplexe dynamische Prozesse zu analysieren, ist die Simulation eine gut verfügbare Technik, neben der Durchführung von Experimenten mit den realen Systemen. Die Vorteile für die Verwendungen von Simulationstechniken gegenüber Experimenten liegen vor allem darin, dass sie ungefährlich, kostengünstiger und variabler sind.

Für die dynamische Simulation komplexer energetischer Systeme werden mathematische Modelle benötigt. Die Genauigkeit des Modells ist abhängig von den gestellten Anforderungen sowie den verfügbaren Informationen und den daraus resultierenden Annahmen, Idealisierungen und Vereinfachungen. Das allgemeine Vorgehen für die Modellerstellung ist in Abbildung 1 dargestellt. Das für den Prozess entwickelte Modell wird mit physikalischen Eigenschaften und Hilfsgleichungen parametriert. Durch die sich anschließende Simulation erfolgt die Berechnung der Transienten der Variablen.

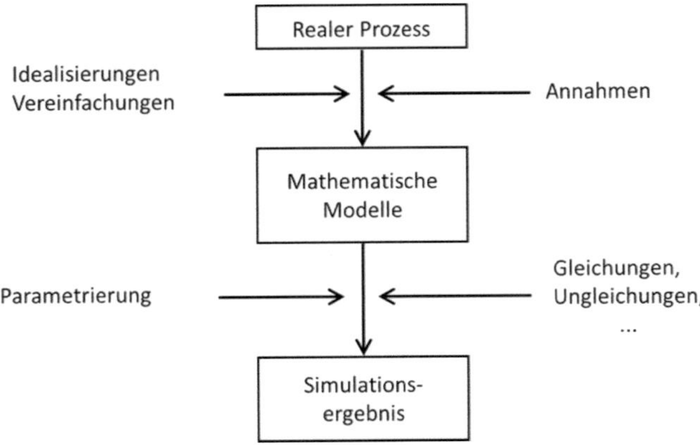

Abbildung 1: Schema des Vorgehens bei der Modellierung [1]

Abbildung 2 verdeutlicht das klassische Vorgehen in der Simulationstechnik, es werden scharfe Eingangsgrößen verwendet, um scharfe zeitliche Verläufe der Ausgangsgrößen zu erhalten, scharf bedeutet in diesem Sinn eindeutig reproduzierbar in der Simulation.

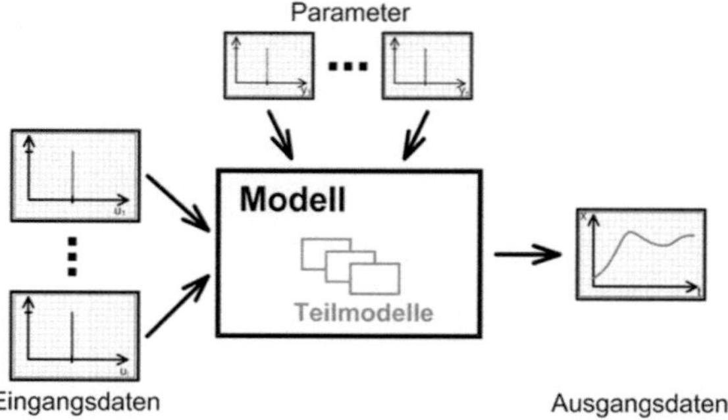

Abbildung 2: Modell mit scharfen Eingangsdaten

Die Modelle enthalten Unsicherheiten bzw. Unschärfen, die folgende Ursachen haben können:

- Vereinfachungen, Annahmen und Idealisierungen

- Ungenaue Modellparameter bedingt durch notwendige Annahmen, Abschätzungen oder beschränkte Bestimmbarkeit

- Ungenaue Messungen bei Parameterbestimmung (systematische und stochastische Fehler)

- Umwelteinflüsse auf reale Prozesse

Die Unsicherheiten/Unschärfen in den Eingangsdaten und Parametern können mit verschiedenen Methoden (Intervallrechnung, Unscharfen Mengen, Wahrscheinlichkeitsrechnung) berücksichtigt werden. Sie wirken sich qualitativ und quantitativ auf die Simulationsergebnisse aus, wie beispielhaft in Abbildung 3 dargestellt ist.

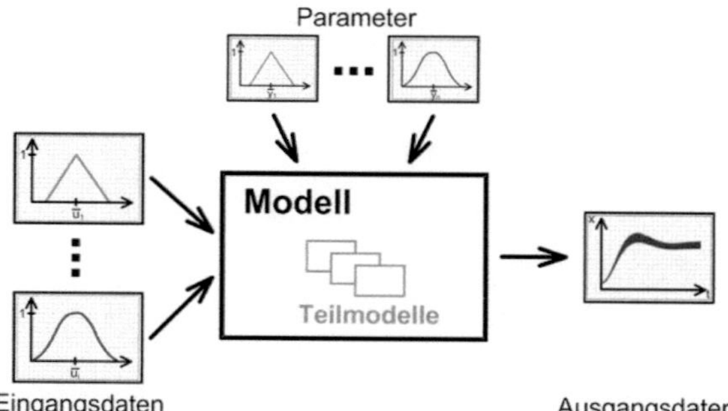

Abbildung 3: Modell mit unscharfen Eingangsdaten

Ziel ist die Berücksichtigung von Unsicherheiten/Unschärfen sowie deren Fortpflanzung in nichtlinearen dynamischen Modellen für komplexe energetische Systeme. Ziel der Untersuchung ist es, die Unsicherheiten zu bestimmen, die Auswirkungen auf Simulationsergebnisse zu ermitteln und die Konfidenz der Simulationsergebnisse zu quantifizieren. Es sollen verschiedene Arten der Unsicherheit (stochastisch, nicht stochastisch) modelliert werden.

2   Unsicherheit

Die Qualität der Simulation wird bestimmt durch die verwendeten Modelle und Daten. In der Regel werden die Unsicherheiten durch Sicherheitsfaktoren berücksichtigt. Dadurch ist es möglich, dass die Annahmen unzureichend oder überdimensioniert sind. Die Herausforderung ist adäquate Berücksichtigung der Unsicherheit mit steigender Komplexität der Modelle. [2]

Wie bereits bemerkt können Unsicherheiten unterteilt werden in Unsicherheiten in Einflussgrößen (aleatorisch → stochastisch) und in modellbedingte Unsicherheiten (epistemisch → nichtstochastisch).

Klassisch wird im stochastischen die Standardabweichung als Kennwert der Unsicherheit verwendet und wird als Standardunsicherheit bezeichnet. Die erweiterte Standardunsicherheit U ist die Erweiterung der Standardunsicherheit mit dem Faktor k. So beträgt der Grad des Vertrauens ca. 95% für den Wert k=2 und 99% für k=3, dies bedeutet, dass mit einer Wahrscheinlichkeit von 95% bzw. 99% der wahre Wert innerhalb des Intervalls [x - U; x + U] liegt. Idealerweise wird die Unsicherheit mit statistischen Methoden ermittelt. Oft kommt es aber auch vor, dass keine statistischen Daten vorhanden sind und nur die Information verfügbar ist, dass der Wert mit Sicherheit in einem bestimmten Bereich liegt, bzw. dass jeder Wert zwischen den Grenzen dieses Bereiches mit der gleichen Wahrscheinlichkeit angenommen kann. Aufgrund dieser Annahmen wird die Verteilungsfunktion festgelegt sowie die Standardabweichung bzw. Standardunsicherheit. [3]

Zur Quantifizierung nichtstochastischer Unsicherheiten hat sich die Methode der unscharfen Mengen bewährt. Es können verschiedene Arten der Unsicherheit parallel auftreten, sodass ein einheitlicher Rahmen zur mathematischen Behandlung geschaffen werden muss. Die Methode der unscharfen Mengen ermöglicht dies und besitzt den Vorteil der einfacheren mathematischen Handhabbarkeit gegenüber der Stochastik. Für die Transformation der stochastischen Verteilungsfunktion in Zugehörigkeitsfunktionen existieren probate Methoden [4].

3   Sieden

Für die Erzeugung von elektrischer Energie in Kern- bzw. Kohlekraftwerken ist die Produktion von Wasserdampf der grundlegende Prozess.

Der Siedevorgang wird anhand der Strömungsart zwischen Behälter-, und Strömungssieden unterschieden. Das Behältersieden tritt bei freier Strömung auf. Bei erzwungener Strömung wird der Verdampfungsprozess als Strömungssieden bezeichnet.

Der Siedevorgang kann prinzipiell in drei stabile Zustände eingeteilt werden:

- konvektives Sieden,

- Blasen-,

- und Filmsieden.

Die Übergänge zwischen den Siedeformen sind nicht scharf und werden durch die Überhitzungstemperatur ΔT bestimmt. Die Überhitzungstemperatur ist die Differenz zwischen der Wandtemperatur T_W und Sättigungstemperatur T_S der Flüssigkeit, die während des Siedevorgangs konstant bleibt. Der Wärmeübergang ist bestimmt durch den Wärmeübergangskoeffizienten α. Die Zusammenhänge sind in folgender Abbildung dargestellt. Auf der Abszisse ist die logarithmische Temperaturdifferenz T_W-T_S aufgetragen und auf der Ordinate die Wärmestromdichte.

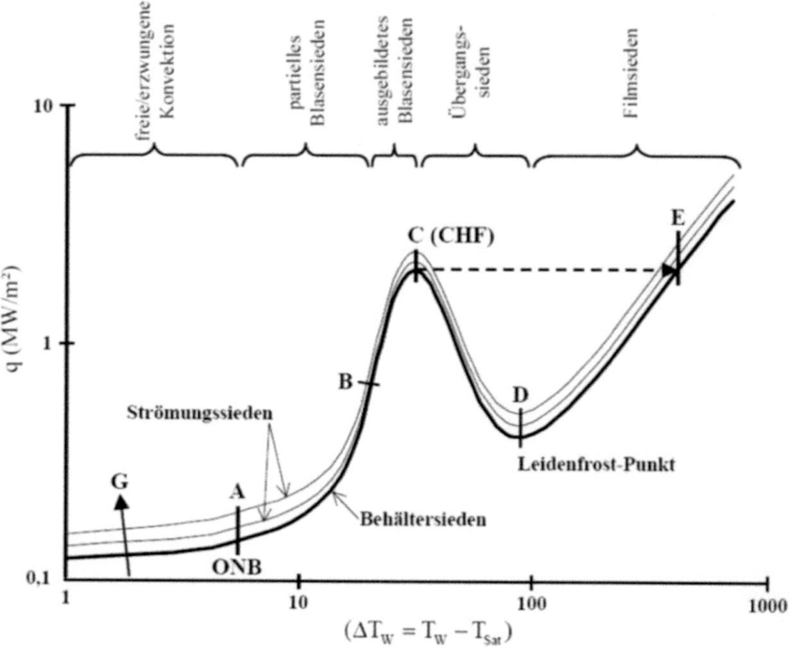

Abbildung 4: Erklärung der Siedeformen anhand der Siedekurve von Nukiyama [5]

Der Siedevorgang beginnt mit dem stillen Sieden. Die Wandtemperatur liegt nur wenige Kelvin über der Sättigungstemperatur. Es bilden sich keine oder nur sehr wenige Blasen. Mit steigender Wandtemperatur nimmt die Blasenbildung zu und das konvektive Sieden geht in das Blasensieden über. Der Punkt A markiert den Beginn des Blasensiedens (engl. onset of nucleate boiling, ONB) [5]. Die Blasen entstehen an bestimmten Stellen (Keimstellen). Die aufsteigenden Blasen durchmischen die Flüssigkeiten und verbessern so den Wärmedurchgang, dies wird deutlich durch den wachsenden Anstieg des Wärmeübergangskoeffizienten. Bei weiterer Erhöhung der Wärmezufuhr steigt die Blasenbildung weiter an und der Zustrom der Flüssigkeit zur Wand wird immer schwieriger. Bei einer maximalen Wärmestromdichte (Punkt C, der sogenannten kritischen Wärmestromdichte (engl. critical heat flux, CHF)) bildet sich ein geschlossener Dampffilm aus, der den Wärmeübergang behindert, d.h. der übertragene Wärmestrom nimmt ab, erreicht ein Minimum (Leidenfrostpunkt) und steigt langsam wieder an. Dieses Verhalten kann erreicht werden, wenn man die Wandtemperatur vorgeben kann. Der Verdampfungsprozess in Kern- bzw. Kohlekraftwerken gibt den Wärmestrom vor. Dies bedeutet, dass aufgrund des sprunghaft schlechteren Wärmeübergangs, sich die Wandtemperatur drastisch erhöht (gestrichelte Linie von C nach E) [6].

3.1 Mathematische Beschreibung des Siedeprozesses

Die beschreibende Größe für die Modellierung des Wärmeübergangs ist der Wärmeübergangskoeffizient α. Für jede Siedeform (Stilles -, Blasen- und Filmsieden) existieren zahlreiche Berechnungsformeln, die vor allem auch experimentell ermittelt wurden.

Der Wärmeübergang hängt von vielen Einflussfaktoren ab, neben den physikalischen Größen wie Viskosität, Wärmeleitfähigkeit, Dichte, thermische Ausdehnungskoeffizient und geometrische Größen. Beim Wärmeübergang mit Phasenumwandlung erweitert sich die Anzahl der Variablen um Verdampfungsenthalpie, Siedetemperatur, Dampfdichte und Grenzflächenspannung. Es spielen auch Mikrostruktur und Werkstoff der Heizfläche eine Rolle. [7]

Die Vielzahl der Einflussfaktoren und ihres komplexen Zusammenwirkens ist die Ursache, dass noch keine geschlossene Theorie erarbeitet werden konnte. So basieren alle mathematischen Berechnungen auf empirischen bzw. halbempirischen Beziehungen. Die folgenden Gleichungen gelten für das Behältersieden. Für das Strömungssieden wird eine Wichtung zwischen dem Wärmeübergangskoeffizienten für den konvektiven Übergang und dem Wärmetransport durch Blasensieden vorgenommen. [7]

Stilles Sieden

Die Berechnung des Wärmeübergangskoeffizienten α basiert auf der Berechnungsgleichungen für das freie konvektive Sieden. [8]

Der Wärmeübergangskoeffizienten hängt von folgenden Einflüssen ab:

- Volumenausdehnungskoeffizient $\beta = f(T, p)$
- Charakteristische Länge L_{ch} (Fläche/Umfang)
- Temperaturdifferenz $\Delta T = (T_W - T_S)$
- Kinematische Viskosität $\nu = f(T, p)$
- Wärmeleitfähigkeit $\lambda = f(T, p)$
- Prandtl-Zahl $Pr = f(T, p)$
- Wärmestromdichte $\dot{q}$
- Temperaturleitfähigkeit $a = f(T, p)$
- Sich einstellende Strömungsbedingungen (laminar; turbulent)
- Geometrie (z.B. waagerecht oder senkrecht,...)
- Oberflächenbeschaffenheit, Material

Gleichungen für den Wärmeübergang:

$$\alpha = \frac{Nu \cdot \lambda}{L_{ch}} \tag{1}$$

Laminar für $Ra \cdot f(Pr) < 7 \cdot 10^4$: $\quad\rightarrow\quad Nu = 0{,}766 \cdot (Ra \cdot f(Pr))^{1/5} \tag{2}$

Turbulent für $7 \cdot 10^4 < Ra \cdot f(Pr)$: $\quad\rightarrow\quad Nu = 0{,}15 \cdot (Ra \cdot f(Pr))^{1/3} \tag{3}$

mit

$$f(Pr) = \left[1 + \left(\frac{0,322}{Pr} \right)^{\frac{11}{20}} \right]^{-\frac{20}{11}} \tag{4}$$

$$Ra = \frac{g \cdot \beta \cdot (T_W - T_S) L_{ch}^3}{\nu \cdot a} \tag{5}$$

Die Stoffwerte werden bei der mittleren Temperatur $T_m = 0,5 \cdot (T_W + T_S)$ bestimmt.

Blasensieden

Der Wärmeübergangskoeffizienten für das Blasensieden wird ebenfalls durch empirische Modelle beschrieben. Die Gleichung bezieht sich auf einen Normzustand mit α_0 und $\dot{q}_0$ und berücksichtigt die relativen Einflüsse der Wandrauhigkeit C_W, des Siededrucks durch $F(p^*)$ und n [9].

$$\frac{\alpha_B}{\alpha_0} = f(p^*) \cdot C_W \cdot \left(\frac{\dot{q}}{\dot{q}_0} \right)^n \tag{6}$$

mit

$$C_W = \left(\frac{R_a}{0,4\mu m} \right)^{0,133} \tag{7}$$

$$f(p^*) = 1,73 \cdot p^{*0,27} + \left(6,1 + \frac{0,68}{1 - p^{*2}} \right) \cdot p^{*2} \tag{8}$$

$$n = 0,9 - 0,3 \cdot p^{*0,15} \tag{9}$$

$$\alpha_0 = 5580 \frac{W}{m^2 \cdot K} \tag{10}$$

Filmsieden

Der Wärmeübergangskoeffizient für das Filmsieden setzt sich aus dem Wärmeübergangskoeffizient α_L und α_S zusammen. Der Wärmeübergangskoeffizient α_L wird durch den Wärmeleitungsvorgang durch die Dampfschicht bestimmt und α_S durch den Wärmestrahlungsvorgang [9].

Einflussgrößen auf den Wärmeübergangskoeffizienten:

Wärmeleitung:

- Temperaturdifferenz $\Delta T = (T_W - T_S)$
- Dynamische Viskosität $\eta = f(T, p)$
- Verdampfungsenthalpie $h_V = f(T, p)$
- Oberflächenspannung $\sigma = f(p)$
- Wärmestromdichte $\dot{q}$
- Dichte $\rho = f(T, p)$
- Geometrie

- Oberflächenbeschaffenheit, Material

Wärmestrahlung:

- Materialeigenschaften, Oberfläche (Emissionsgrade)

- Temperaturdifferenz $\Delta T = (T_W - T_S)$

Die explizite Näherungsgleichung von Bromley für den technisch interessanten Bereich lautet [9] [10]:

$$\alpha = \alpha_L + \alpha_S \left[\frac{3}{4} + \frac{1}{4\left(1 + 2{,}62 \cdot \frac{\alpha_L}{\alpha_S}\right)} \right] \tag{11}$$

mit

$$\alpha_L = K_f \cdot \left[\frac{\lambda_g^3 \cdot \varrho_g \cdot \Delta h \cdot \Delta\varrho \cdot g}{\eta_g \cdot \Delta T} \cdot \frac{1}{2\pi} \cdot \sqrt{\frac{g \cdot \Delta\varrho}{\sigma}} \right]^{1/4} \tag{12}$$

$$\alpha_S = \frac{C_{12} \cdot (T_W^4 - T_S^4)}{(T_W - T_S)} \tag{13}$$

$$C_{12} = \frac{\sigma_S}{\frac{1}{\varepsilon_1^*} + \frac{1}{\varepsilon_2^*} - 1} \tag{14}$$

Die Stoffwerte werden wieder bei der mittleren Temperatur $T_m = 0{,}5 \cdot (T_W + T_S)$ bestimmt.

3.2 Unsicherheit

Das Gesamtmodell für den Siedeprozess enthält Unsicherheiten in Parameter-, sowie in den einzelnen Teilmodellen. Zu den Parametern gehören Anfangs-, und Randbedingungen sowie Modellparameter und –eingangsgrößen. Die Ursachen für Parameterunschärfen sind durch Abschätzungen und Messungenauigkeiten bestimmt.

Die Modelle der Siedeformen wurden empirisch aus Messdaten ermittelt, die wiederum Unsicherheiten enthalten (Messprinzip, Messungenauigkeiten, Kalibrierungen, Umwelteinflüsse, ...). Wie bereits bemerkt ist der Übergang zwischen den drei Siedeformen unscharf und kann sachgemäßer Weise nicht an einem scharfen Wert der Wandüberhitzungstemperatur sowie dem zu übertragenen Wärmestrom entschieden werden.

Im Folgenden sind die Unsicherheiten für die einzelnen Siedeformen aufgeführt:

Konvektives Sieden

- Umschlagpunkt der Strömungsbedingungen

- Koeffizienten der Modelle

- Einfluss der Geometrie $\rightarrow$ Unsicherheit in den Koeffizienten f(Pr) und Nu

- Parameterunsicherheiten (p, T_S, T_W, q) beeinflussen die Stoffparameter

Blasensieden

- Gültigkeit der Gleichung (ab welchem ΔT ist der Übergang)

- Empirische Gleichungen; Koeffizienten aus Experimenten gewonnen

- Parameterunsicherheiten (p, T_S, T_W, q)

Filmsieden

- Gültigkeit der Gleichung (ab welchem ΔT ist der Übergang)

- Einfluss der Geometrie → C12

- Empirische Gleichungen; Koeffizienten aus Experimenten gewonnen

- Geometrie-Faktor K_f

- Anteil α_L und α_S an α (Näherungsgleichung)

- Emissionsgrade

- Parameterunsicherheiten (p, T_S, T_W, q)

3.3   Takagi-Sugeno-Fuzzy-Modell

Zur Modellierung des unscharfen Übergangs ist ein Takagi-Sugeno-Fuzzy-Modell geeignet.

Die Höhe der Wandüberhitzung ist das Entscheidungskriterium, welche Siedeform vorliegt. Deshalb wird sie fuzzifziert und als linguistische Variable ΔT definiert (Abbildung 5). Die aus drei Zugehörigkeitsfunktionen besteht „klein", „mittel" und „groß". Konvektives Sieden liegt sicher vor, wenn die Wandüberhitzung zwischen 0 K und 7 K („klein") liegt, Blasensieden, wenn ΔT zwischen 20 K und 35 K („mittel") beträgt und stabiles Filmsieden beginnt ab einer Übertemperatur von 100K („groß"). Die Übergangsbereiche werden linear modelliert. Die Daten wurden aus Abbildung 4 entnommen.

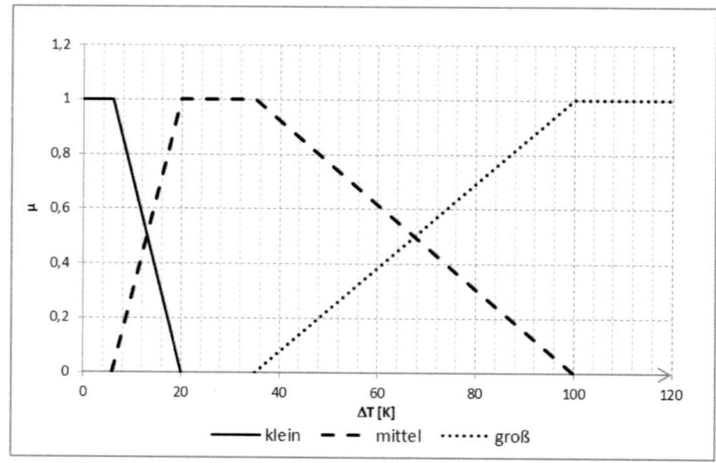

Abbildung 5: Linguistische Variable „Wandüberhitzung ΔT"

Daraus wird folgende Regelbasis aufgestellt:

Wenn ΔT = „klein" dann α = Konvektives Sieden

Wenn ΔT = „mittel" dann α = Blasensieden

Wenn ΔT = „groß" dann α = Filmsieden

$$(15)$$

Anschließend wird die Akkumulation durchgeführt.

4 Modellierung eines einfachen Siedeprozesses

Zur Veranschaulichung der entwickelten Methoden/Verfahren dient folgender Siedeprozess. In einem Behälter siedet Wasser, die Wärmezufuhr erfolgt elektrisch. In der Abbildung 6 ist das Beispiel schematisch dargestellt.

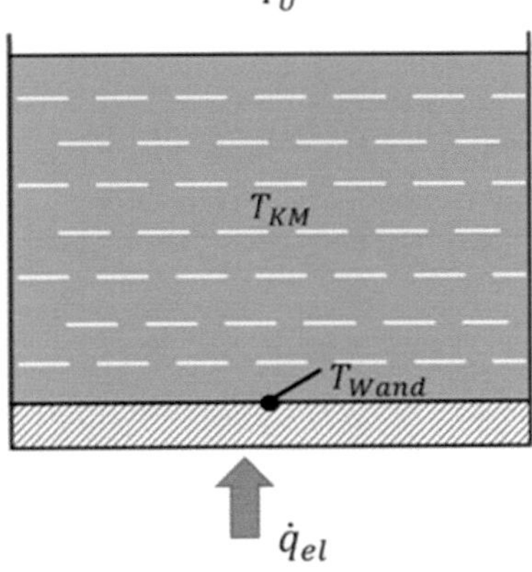

T_U – Umgebungstemperatur

T_{KM} – Medientemperatur

T_{Wand} – Wandtemperatur

$\dot{q}_{el}$ – zugeführte Wärmestromdichte

Abbildung 6: Schema des Prozeßbeispiels

Folgende Annahmen werden getroffen für die Umsetzung des Beispiels:

- Behältersieden (Strömung nur durch Auftrieb der Dampfblasen)
- Abmessung des Behälters >> Blasengröße
- T_U = konstant
- T_{KM} = T_S (Sättigungstemperatur)
- Große horizontale ebene Fläche
- Füllstand $\approx$ konstant
- Ideal isoliert
- Umgebungsdruck p = 1 bar
- Homogene Temperaturverteilung (Punktmodell) für T_W und T_S

Ausgehend von der Energiebilanz

$$\frac{dQ}{dt} = \dot{Q}_{zu} - \dot{Q}_{ab} \qquad (16)$$

folgt die Differentialgleichung

$$\frac{m_{Wand} \cdot c_{P_{Wand}}}{A} \cdot \frac{dT_{Wand}}{dt} = \dot{q}_{el} - \alpha_{Wand} \cdot (T_{Wand} - T_S) \qquad (17)$$

mit

$$\alpha_{Wand} = f(T_W, T_S, p, \dot{q}_{el}, Wandmaterial, Geometrie) \text{ mit der Regelstruktur (15)} \qquad (18)$$

Die Umsetzung der Modellgleichungen erfolgt mit dem Simulationssystem „DynStar". DynStar ist geeignet für die Modellierung und Simulation von Prozessen, die sich durch Systemmodelle auf der Grundlage von algebraischen Gleichungen und Differentialgleichungen beschreiben lassen. Damit wird sowohl die Simulation des statischen und dynamischen Verhaltens des Prozesses selbst als auch seiner automatisierungstechnischen Komponenten (MSR-Systeme) ermöglicht.

Abbildung 7 zeigt die Umsetzung der Differentialgleichung mit dem Simulationssystem DynStar.

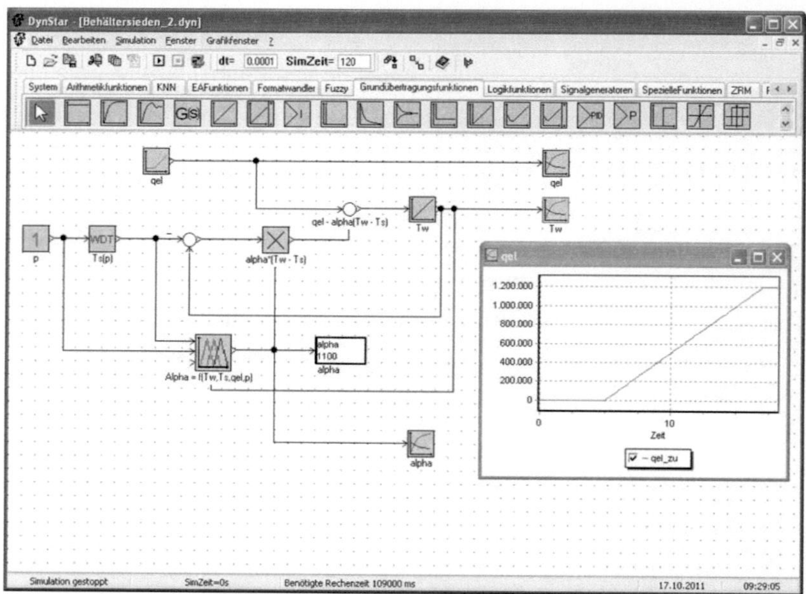

Abbildung 7: Modell für den Siedeprozess umgesetzt in DynStar

Es wird die Wärmestromdichte vorgegeben. Nach 10 Sekunden erhöht sich der Wert rampenförmig von 1000 W/m² auf 1000000 W/m² bei 110 Sekunden (Abbildung 8 links). Das Medium hat bereits zu Simulationsbeginn Sättigungstemperatur erreicht und diese bleibt über den ganzen Siedeprozess konstant. Die Simulation beginnt mit Zustand des konvektiven Siedens. Der Wärmeübergangskoeffizient ist niedrig mit ca. $3000\frac{W}{m^2 \cdot K}$

und für die ersten 10 Sekunden stellt sich ein stationärer Zustand ein. Die Wandtemperatur liegt wenige Kelvin über der Sättigungstemperatur.

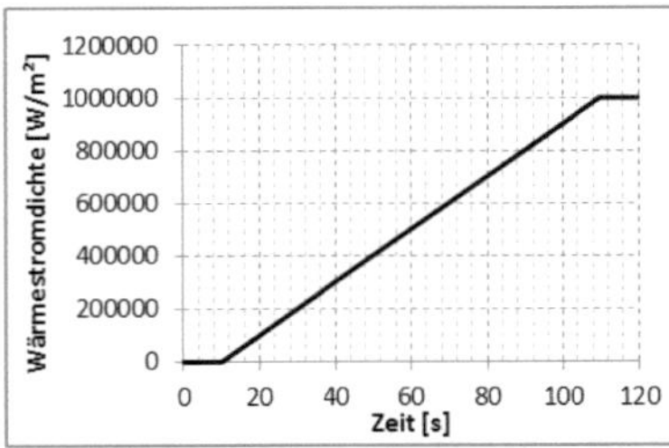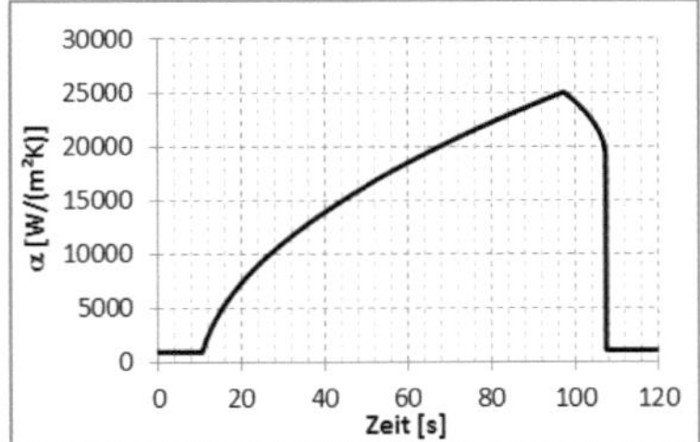

Abbildung 8: Verlauf der vorgegebenen Wärmestromdichte (links) und der qualitativ zeitliche Verlauf des Wärmeübergangskoeffizienten α □(rechts)

Mit steigender Wärmestromdichte erhöht sich die Wandtemperatur. Aufgrund des niedrigen Wärmeübergangskoeffizienten steigt die Wandtemperatur steil an. Mit der einsetzenden Blasenbildung vermischt sich das Wasser und der Wärmeübergang verbessert sich. Dies äußert sich durch den steigenden Wärmeübergangskoeffizient (Abbildung 8 rechts) und bewirkt, dass trotz konstant steigender Wärmezufuhr die Wandtemperaturanstieg niedriger ausfällt. Die Wärme wird immer besser an das Wasser übertragen bis der kritische Punkt erreicht wird, dass die Blasen nach und nach einen geschlossenen Dampffilm bilden. Der Dampf besitzt deutlich schlechtere Wärmeüber–gangseigenschaften ($\alpha = 1100\frac{W}{m^2 \cdot K}$). Bei einer vorgegebene Wärmestromdichte führt das dazu, dass sich die Wandtemperatur (Abbildung 9) nahezu sprungförmig ändert und der Prozess sich im stabilen Filmsieden befindet.

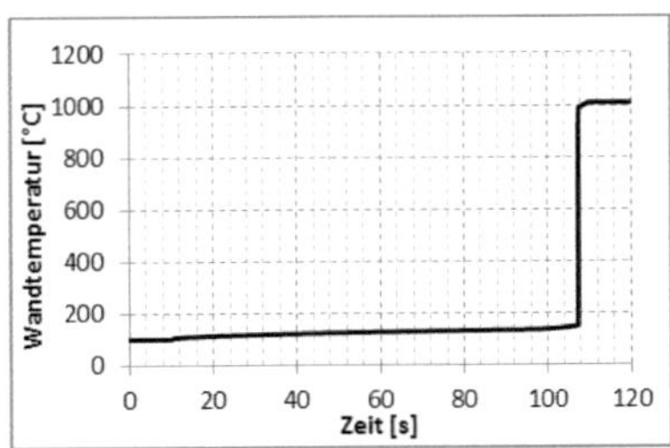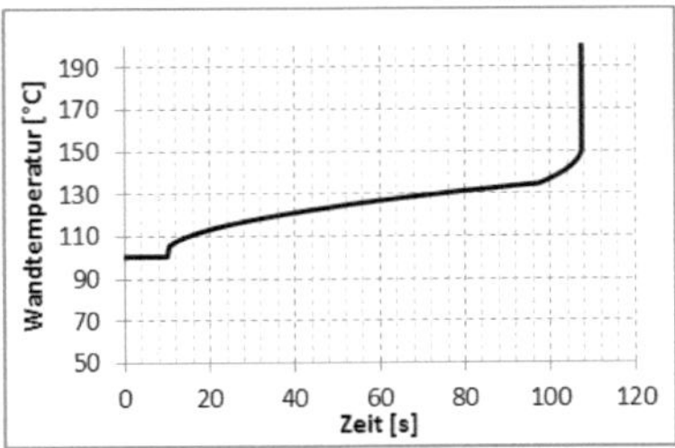

Abbildung 9: Qualitativ zeitliche Verlauf der Wandtemperatur, links ist die Gesamtübersicht dargestellt und rechts vergrößert

5 Zusammenfassung und Ausblick

Ziel der Untersuchungen ist es, die systemimmanenten Unsicherheiten in der dynamischen Simulation von Siedeprozessen zu berücksichtigen.

Für die Modellierung von Wärmeübergangsprozessen mit Verdampfung (Siedevorgängen) ist der Wärmeübergangskoeffizient von elementarer Bedeutung. Der Wärmeübergang beim Sieden hängt von einer Vielzahl von Einflussfaktoren ab (Siedeform, Stoffparameter, geometrische Parameter, Zustandsgrößen und Strömungs-bedingungen). All diese Faktoren tragen dazu bei, dass eine Vielzahl unterschiedliche Gleichungen zur Berechnung des Wärmeübergangskoeffizienten existieren (z.B. [8] und [9]). Alle Variationen basieren auf empirischen Beziehungen, gewonnen aus experimentellen Daten. Es existiert auch noch keine geschlossene Theorie, weil die einzelnen physikalischen Phänomene zu komplex und keinesfalls ausreichend erforscht sind. [6] Mit zunehmender Wandüberhitzung (T_W - T_S) ändert sich die Verdampfungsform vom stillen Sieden/Konvektions-, über das Blasen-, hin zum Filmsieden. [6] Für jede Verdampfungsform existieren separate Berechnungsgleichungen für den Wärmeübergangskoeffizient.

Im Beitrag werden Möglichkeiten dargestellt, verschiedenartige Unsicherheiten zu berücksichtigen. Wobei nichtstochastische mit Hilfe von unscharfen Mengen nachgebildet werden. In einem ersten Schritt wurde der Wärmeübergangskoeffizient α für die dynamische Simulation eines Siedeprozesses mit Takagi-Sugeno-Fuzzy-Modell modelliert und in die Differentialgleichung integriert. Die dynamische Simulation des Siedebeispiels bildet das Prozessverhalten nachvollziehbar ab.

Zukünftig sollen die Parameterunschärfen für die wichtigsten Größen (z.B.: Druck, Temperatur), als unscharfe Menge berücksichtigt werden und in die Simulation eingebunden werden.

Danksagung

Das Forschungsvorhaben wird mit Mitteln des Europäischen Sozialfonds und dem Freistaat Sachsen gefördert.

6   Literatur

[1]   Coleman, H. W.; Steele, G. W.: *Experimentation, Validation, and Uncertainty Analysis for Engineers*, John Wiley & Sons, Inc., Hoboken, New Jersey; 2009

[2]   Knetsch, T.: *Unsicherheiten in Ingenieurberechnungen*, Otto-von-Guericke-Universität Magdeburg, 2003

[3]   Kessel W.: *Meßunsicherheit, ein wichtiges Element der Qualitätssicherung*, PTB-Mitteilungen 108. Jahrgang, Heft 5, 1998

[4]   Dubois, D.; Foulloy, L.; Mauris, G.; *Prade, H.: Probability-Possibility Transformations, Triangular Fuzzy Sets, and Probabilistic Inequalities*, Reliable Computing 10, Kluwer Academic Publishers, 2004

[5]   Maurus, R.: *Bestimmung des Blasenverhaltens beim unterkühlten Strömungssieden mit der digitalen Bildfolgenanalyse*, Technische Universität München, 2002

[6]   Baehr, H.D.; Stephan, K.: *Wärme- und Stoffübertragung*, Springer-Verlag, Berlin Heidelberg, 2010

[7]   Stephan, K.: *Wärmeübergang beim Kondensieren und beim Sieden*, Springer-Verlag, Berlin Heidelberg, 1988

[8]   Langeheinecke, K.; Jany, P.; Thieleke, G.: *Thermodynamik für Ingenieure*, Vieweg & Sohn Verlag, Wiesbaden, 2006

[9]   Gorenflo, D.: *VDI-Wärmeatlas, Abschnitt Hab*, Springer-Verlag, Berlin Heidelberg, 2006

[10]   Bromley, L. A.: *Heat Transfer in Stable Film Boiling*, Chem. Eng. Progress, V. 46, No 5., 1950

Webbasierte Diagnose und Entscheidungshilfe zum Klimamanagement in der präventiven Konservierung

Simon Flachs, Christian Arnold und Steven Lambeck

Hochschule Fulda, Fachbereich Elektrotechnik und Informationstechnik
Marquardstr. 35, 36039 Fulda
Tel.: (0661) 9640-557 und -564; Fax: (0661) 9640-559
Email: {simon.flachs; christian.arnold; steven.lambeck}@et.hs-fulda.de

1   Einführung

In Applikationen der modernen Gebäudeautomation hat sich inzwischen der Einsatz prädiktiver Steuerungs- und Regelungsverfahren etabliert und gehört zum Stand der Technik [1]. Hierbei werden Prognose- und Optimierungsalgorithmen auf und in den Gebäudeleitsystemen implementiert und damit der Betrieb vorhandener Lüftungs- und Klimaanlagen optimiert.

Applikationen der präventiven Konservierung verfügen meist nicht über eine moderne Klimatechnik, so dass nur begrenzte Eingriffsmöglichkeiten zur Verfügung stehen. Insbesondere findet die Regelung von Klimagrößen (im Wesentlichen Temperatur und Feuchte) nicht im Kanal (ständig bewegte Luft durch Lüftungsanlage) sondern im Raum (ohne kontinuierliche Lüftung oder Umwälzung) statt. Hierbei ergeben sich folgende Schwierigkeiten:

- die Anforderungen an das Raumklima sind im allgemeinen unscharf,

- das Klima ist räumlich verteilt, wird jedoch nur an wenigen Stellen erfasst

- Regelkreise der Basisautomation (Temperatur- und Feuchte) arbeiten häufig autark und berücksichtigen nicht die Kopplung der Größen untereinander,

- die Einstellung von Temperatur- und Feuchtesollwerten muss unter multikriteriellen, also ökonomischen, konservatorischen sowie personenspezifischen Aspekten erfolgen,

- Lüftungseingriffe von Mensch oder Maschine können das Raumklima sowohl positiv als auch negativ beeinflussen,

- Sollwerte müssen bei Änderung der Ansprüche an das Raumklima so adaptiert werden, dass keine schnellen Klimaänderungen erfolgen.

Aufgrund dieser Umstände liegt es nahe, Eingriffe des Menschen oder die Anpassung von Sollwerten durch eine Leitkomponente unter multikriteriellen Aspekten vorrausschauend zu planen und dabei die Unschärfe der Prozessgrößen zu berücksichtigen. Hierbei werden insbesondere Methoden des „Fuzzy Decision Making" und des „Multistage Fuzzy Control" ([2], [3]) angewandt.

Desweiteren können durch Methoden der Diagnose unerwünschte Klima- oder Betriebszustände erkannt werden. Typische Beispiele sind hierbei das Erkennen von Fehlern in der Anlagentechnik oder das Abschätzen von schädigenden Einflüssen, wie z.B. das Schimmelpilzwachstum. Da die Modellierungen derartiger Zustände auf theoretischem Wege meist kompliziert sind und jeweils individuelle Anpassungen erfordern, ist es sinnvoll wissensbasierte Ansätze oder experimentelle Modelle zu verwenden.

2 Methodische Grundlagen

2.1 Diagnose

Methoden der Diagnose befassen sich mit der Analyse von Informationen aus der Vergangenheit, mit dem Ziel bestimmte Situationen zu erkennen. Wird der Analysezeitraum so gewählt, dass dieser bis zum aktuellen Zeitraum reicht, können Diagnosefunktionen auch als Überwachungsmethoden angewandt werden.

Hierbei ist im Wesentlichen zwischen zwei Gruppen von Methoden zu unterscheiden [4]. In der ersten Gruppe werden erfasste Informationen auf Grenzwerte oder Mengenzugehörigkeiten untersucht, woraus entweder einfache Alarme ausgegeben werden können (Grenzwertüberwachung) oder aber aufgrund der Klassifikation Situationen erkannt werden können. Üblicherweise übernimmt in nicht automatisierten Prozessen der Mensch auf der Basis von Messungen diese Aufgabe, folglich muss der Mensch über ein entsprechendes Wissen über die Anforderungen des Prozesses verfügen, um diese Aufgabe zu erfüllen. Werden jedoch rechnergestützte Methoden angewandt, welche die Berechnungsergebnisse an das Personal ausgeben, ist es nicht zwingend erforderlich, dass der Mensch über ein derartiges Expertenwissen verfügt.

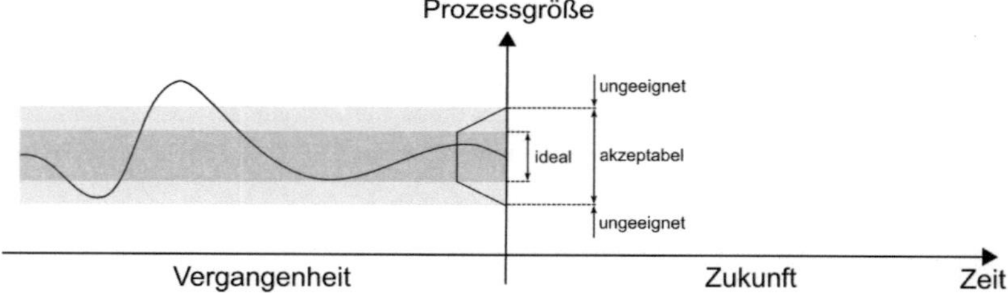

Abbildung 1: Klassifikation von Information zu einer Menge

In der zweiten Gruppe von Methoden der Diagnose werden aufgezeichnete Informationen mit den Berechnungsergebnissen einer parallel zum Prozess betriebenen Simulation verglichen. Durch Vergleiche des aktuellen Prozessverhaltens mit erwarteten Prozesswerten, können ebenfalls Situationen erkannt und an das Personal ausgegeben werden. Hierdurch wird nicht zwingend das Expertenwissen des Personals ergänzt, vielmehr dienen diese Methoden der kontinuierlichen Überwachung.

2.2 Entscheidungshilfe

Im Gegensatz zur Diagnose analysieren Methoden der Planung das zukünftige, aufgrund von Beobachtungen zu erwartende Prozessverhalten. Mit Hilfe von dynamischen Modellen kann aus vergangenen Werten und exogenen Einflüssen auf den Prozess eine Vorhersage getroffen werden. Ziel der Planungsaufgabe ist die gerichtete Manipulation von Stellgrößen auf den Prozess, so dass sämtliche zukünftige Prozessgrößen optimal (zum Beispiel Vermeidung von extremen Temperatur- oder Luftfeuchteschwankungen) verlaufen. Werden die Einflussgrößen dabei zyklisch berechnet und dem Prozess aufgeprägt handelt es sich um eine prädiktive Regelung (vgl. [5]), findet die Berechnung in unregelmäßigen Zeitpunkten statt, handelt es sich um eine prädiktive Steuerung, da Prozess- und Prognosegrößen nicht zyklisch zurückgekoppelt werden. Da im Rahmen der Optimierung eine optimale Stellgrößenfolge berechnet wird, ist es auch möglich, die optimale Handlungs- oder Eingriffsfolge von Personen in den Prozess zu berechnen und diese als Handlungsempfehlung auszugeben. In diesem Fall fungiert das System als ein Entscheidungshilfesystem.

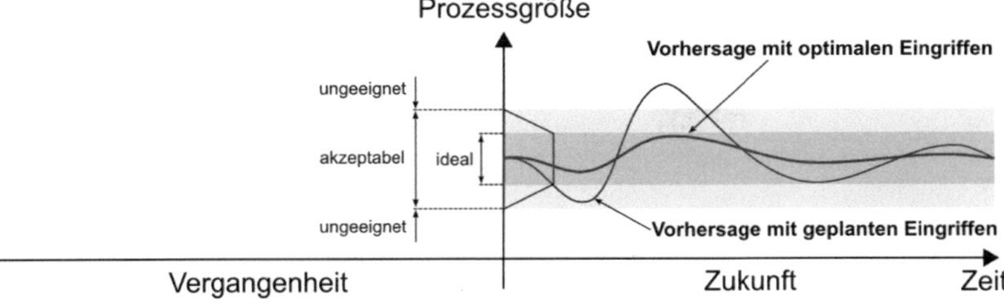

Abbildung 2: Darstellung der Prozessgrößenvorhersage mit optimierten Eingriffen

Aufgrund der Tatsache, dass aufwendige Lüftungs- und Klimaanlagen in Applikationen der präventiven Konservierung recht selten anzutreffen sind (Kosten, Platzbedarf und der bei der Installation erforderliche Eingriff in die Bausubstanz), muss der Prozess der Raumluftkonditionierung meist durch einfache Technik (einzelne Gerätschaften, die autark arbeiten wie Be- und Entfeuchte oder Heizungen) oder lediglich durch die Manipulation durch den Menschen erfolgen.

Bezüglich der Optimierung durch Handlungsempfehlungen sind dabei folgende Einsatzgebiete denkbar:

- Lüftungsmonitoring als Entscheidungshilfe, wann Lüftungseingriffe sinnvoll sind

- Nachführung von Sollwerten für die Basisautomatisierung: Optimierung von Sollwerten unterschiedlicher (soweit vorhandenen) Komponenten der Raumluftkonditionierung, unter konservatorischen, personenspezifischen und ökonomischen Aspekten.

Grundlage hierfür ist die Bereitstellung von Messtechnik in der Applikation. Der dabei entstehende Installationsaufwand und die Beschädigung des Gebäudes werden in diesen Applikationen meist durch die Verwendung moderner Messtechnik umgangen - der Einsatz von Funksensornetzwerken ist dort inzwischen Stand der Technik.

Das Leitsystem hat somit zusätzlich die Aufgabe der Datenhaltung, Verarbeitung und Ausgabe bestimmter Informationen. Aufgrund der anfallenden Datenmenge, wird das Speichern der Daten üblicherweise mittels Datenbanken realisiert. In der verarbeitenden Komponente sind Methoden zur Simulation, Diagnose, Prognose und Optimierung enthalten.

Durch Algorithmen der Optimierungsverfahren resultierende Ergebnisse, wie möglichst optimale Lüftungszeitfenster, werden über geeignete Medien an das Personal ausgegeben. Auf Basis des vorgestellten Client- / Serverkonzepts muss das Leitsystem nicht direkt mit dem Ausgabemedium lokal verbunden sein. Über aktuelle Kommunikationstechnologien, wie etwa das Internet, werden die erfassten Prozessgrößen an den zentralen Server übermittelt und die Ergebnisse der Entscheidungshilfe werden neben den Diagnoseberechnungen als Webservice vom zentralen Server angeboten.

Im Folgenden werden exemplarische, typische Aufgaben des Klimamanagements in Applikationen der präventiven Konservierung vorgestellt.

3 Exemplarische Anwendungen

3.1 Diagnose zur Möglichkeit des Schimmelpilzwachstums

Schimmelpilze schädigen Bestände durch Zersetzung der Oberflächen. Daher ist es sinnvoll, präventive Maßnahmen hinsichtlich der Vermeidung von Auskeimbedingungen (hygrothermische Minimalbedingungen [6]) von Schimmelpilzen zu treffen, wie beispielsweise die Verhinderung einer relativen Luftfeuchte von mindestens 80% auf Oberflächen [7]. Können diese Maßnahmen nur beschränkt erfolgen, ist ein Monitoring der Schimmelpilzgefahr sinnvoll, so dass der Mensch selbst kritische Situationen angezeigt bekommt und daraus wiederum selbst Gegenmaßnahmen einleiten kann. Gewonnene Klimadaten über Luftfeuchte und Temperatur werden dabei durch ein geeignetes Diagnosesystem analysiert, um dann das Wachstum oder mögliche Wachstumsbedingungen von Schimmelpilzen zu erkennen.

Nach [8] wird die Auskeimung von den Faktoren Substrat, Temperatur und Feuchte beeinflusst, wobei eine Kombination bestimmter Klimazustände in einem gewissen Zeitrahmen zum Auskeimen führen kann. In aktuellen Anwendungen werden keine Daten über Substrateigenschaften erhoben, was zum Wegfall dieses Faktors führt.

Es existiert kein theoretisches aus physikalischen, chemischen und biologischen Zusammenhängen ableitbares Modell, welches die Auskeimung beschreibt oder vorhersagen kann. Daher kann ein wissensbasiertes Diagnosesystem, das Fuzzyregeln enthält, die auf menschlichen Erfahrungen beruhen, eingesetzt werden.

Hierbei berücksichtigt ein solches Diagnosesystem die Unschärfe für hygrothermische Bedingungen, zur Vorhersage des Auskeimens der Schimmelpilzsporen.

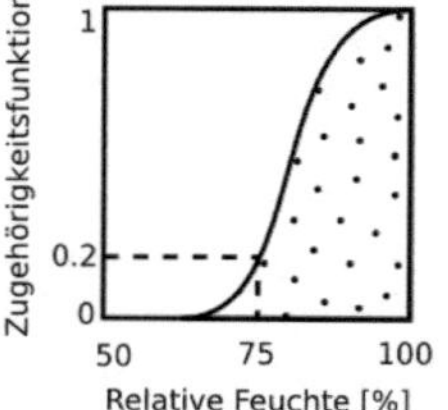
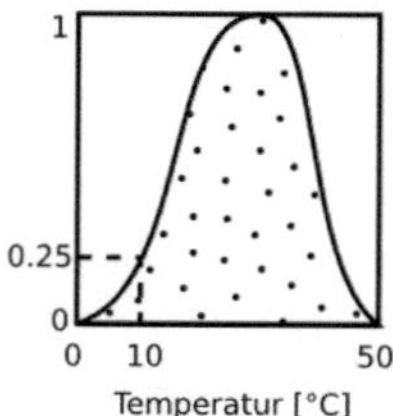

Abbildung 3: Darstellung der Zugehörigkeitsfunktionen der Wachstumswahrscheinlichkeiten für die Einflussfaktoren relative Luftfeuchte und Temperatur (in Anlehnung an [9]).

Für ausreichende Wachstumsbedingungen müssen beide Bedingungen erfüllt sein. In der Fuzzytheorie wird dies durch eine UND-Verknüpfung, also der Minimalfunktion, realisiert. Wird beispielsweise eine relative Luftfeuchte von 75% gemessen und eine Temperatur von 10°C ist diesem „Zustand" der Wert von 0,2 zuzuordnen [8].

Um die Schimmelpilzwahrscheinlichkeit real zu beurteilen sind zudem weitere Einflussgrößen zu berücksichtigen, insbesondere spielen Zeit und Luftbewegung eine signifikante Rolle. Nach [8] muss eine optimale Bedingung für eine gewisse Zeit herrschen, um das Wachstum zu ermöglichen. Folglich müssen die oben ermittelten Zugehörigkeitsgrade über die Zeit in einer angemessenen Form aggregiert werden, um eine Auskeimwahrscheinlichkeit angeben zu können.

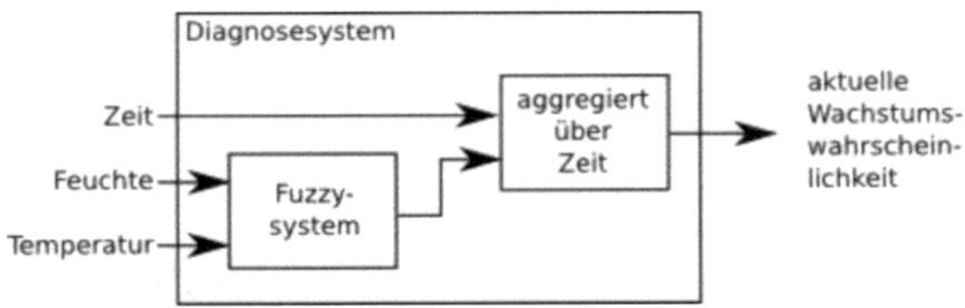

Abbildung 4: Diagnosesystem zur Vorhersage von Schimmelpilzwachstum

Mittels der bewerteten Daten über Fuzzymethoden, aggregiert über die Zeit, meist einmal pro Stunde, kann nun ein Diagnosesystem erstellt werden, aus dessen Ergebnissen Aussagen über eine mögliche Schimmelpilzgefahr getroffen werden können.

3.2 Entscheidungshilfe zur Lüftungsplanung

Der Lüftungsprozess ist häufig in historischen Gebäuden neben der Heizung die einzige Maßnahme zur Beeinflussung des Klimas, wenn gleich die Entscheidungsfindung über die Durchführung dieser Maßnahme nur unter multikriteriellen Aspekten erfolgen sollte. Folglich ist die Planung einer Lüftungsmaßnahme nur schwer überschaubar und es können leicht Fehlentscheidungen getroffen werden.

Eine Analyse potentieller Zeitpunkte zur zielgerichteten Abfuhr von Feuchtelasten in einer Applikation ergab, dass in 62,9% des betrachteten Messzeitraumes (ein Jahr) die absolute Luftfeuchte des Außenklimas geringer als die des Innenklimas war. Das Lüften selbst bietet daher ein enormes Potential zum Beeinflussen des Innenklimas, so dass ebenfalls ein zielgerichtetes Lüften zum Abführen von Feuchtelasten genutzt werden kann, gleichzeitig jedoch hohe Temperatur- und Feuchtegradienten zur Vermeidung von Klimaschäden vermieden werden sollten. Für eine derartige Maßnahme wäre jedoch eine technische Vorrichtung erforderlich, welche beliebig von der Leitebene angesteuert werden kann. Das Personal selbst kann jedoch als ein derartiger Aktor nicht angesehen werden, da dieser eine Lüftungsmaßnahme sozusagen "im Vorbei gehen" erledigt. Um dieses Potential dennoch zu nutzten, wäre ein System wünschenswert, welches dem Personal vorausschauend Handlungsempfehlungen gibt. Als Ziele können dabei sowohl das Vermeiden hoher Gradienten (präventive Empfehlung) als auch das Reduzieren der Feuchtelasten (zielgerichtete Manipulation) gesetzt werden.

Um eine derartige Planungsaufgabe zu realisieren, werden die lokal erfassten Messdaten in einer Datenbank gespeichert und zur weiteren Verarbeitung zur Verfügung gestellt. Eine prädiktive Planungsmethode initialisiert mit diesen Messungen ein Gebäudemodell und prognostiziert mittels geeigneter Modelle das zukünftige Innenklima unter Berücksichtigung des prognostizierten Außenklimas und unterschiedlicher Lüftungsmaßnahmen. Dabei werden stark vereinfachte Modelle verwendet, welche jedoch die Unschärfe von Modellparametern, Stellgrößen und Störgrößen berücksichtigen, indem eine geeignete Fuzzy-Arithmetik angewandt wird. Im Rahmen einer Optimierung werden die besten Lüftungsstrategien ermittelt und an das Personal ausgegeben. Dieses Ergebnis wird aufgrund der zeitveränderlichen Rahmenbedingungen (z. B. Aktualisierung von Außenklimaprognosen) zyklisch neu berechnet.

4 Webbasiertes Leitsystem

Grundsätzlich können die Funktionen der Basisautomatisierung und der Leitebene sowohl hinsichtlich der Echtzeitanforderungen als auch bezüglich ihrer Aufgaben getrennt voneinander betrachtet werden. Prinzipiell sind Berechnungen in der Leitebene komplexer, zeitunkritischer und strategischer als solche in Komponenten der Basisautomation. Abbildung 5 zeigt die grundsätzliche Kommunikationsstruktur einer möglichen Applikation.

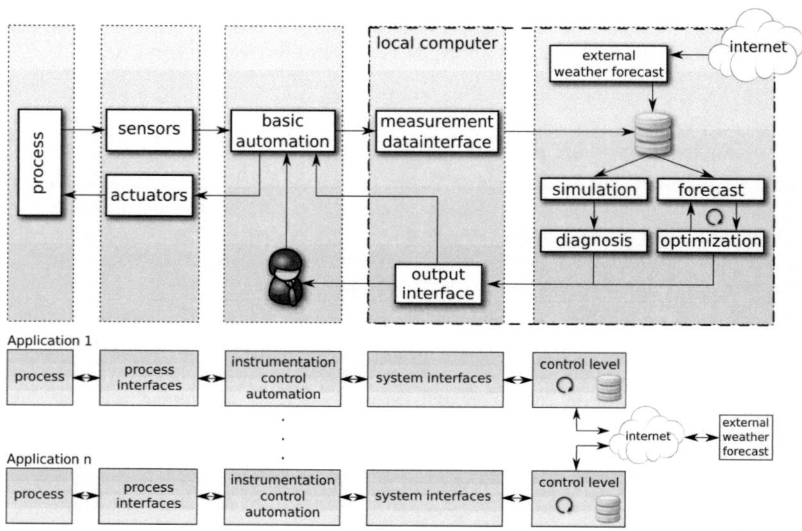

Abbildung 5: Oben: Konventionelles System in mehreren Applikationen. Unten: zusammengefasste, schematische Darstellung mehrerer verschiedener Systeme

4.1 Dezentrales Klimamanagement

Die Basisautomation sammelt zyklisch Messdaten und speichert diese lokal zur Weiterverarbeitung ab. Die Leitebene diagnostiziert und optimiert den Betrieb für die betrachtete Applikation.

Eine geeignete Haltung der Daten ist sinnvoll, um längerfristige Einflüsse analysieren zu können. Da während des Betriebs die Datengrundlage wächst, besteht grundsätzlich die Möglichkeit Klimamodelle nachzuführen bzw. zu adaptieren, so dass die Methoden der Diagnose und Entscheidungshilfe effizienter werden.

Aufgrund der wachsenden Komplexität der Algorithmen werden Methoden zur Modellbildung, Optimierung, Diagnose und Vorhersage immer rechenaufwendiger. Zudem können durch anfallende Lizenzgebühren höhere Softwarekosten entstehen.

Weiterhin benötigt die Leitkomponente ggf. Daten externer Dienste, wie etwa Wettervorhersagen, so dass die Realisierung in der einzelnen Applikation zum Teil erhebliche Kosten verursacht.

In vielen Anwendungen sind die Systeme in einer ähnlichen Struktur aufgebaut und erledigen vergleichbare Aufgaben. Hier sind Datenbanken installiert, welche die Daten lokal sammeln und für die jeweils lokal vorhandene Leitkomponente bereitstellen. Dadurch entstehen unnötige Redundanzen der Systeme. Beispielsweise werden Wettervorhersagen in jedem Rechner gespeichert und verwertet. Datenbanken müssen für die Auswertung und Verarbeitung überwacht und lokal angepasst werden, Umstrukturierungen von Modulen der Leitkomponente und der Datenbanken erfordern entsprechende individuelle Lösungen, Algorithmen müssen mehrfach implementiert und angepasst werden(vgl. Abbildung 5 unten).

Diese offensichtlichen Rechnerredundanzen führen unweigerlich zu einer komplexen und somit fehleranfälligen sowie aufwendigen Administration der Applikationen. Zudem fallen Softwarelizenzen für angewandte Tools mehrfach an. Weiter sind Planungsaufgaben und Modellanpassungen sehr rechenintensiv, wodurch die Anschaffungskosten für entsprechend ausgerüstete Rechner steigen.

Die Erfassung von Berechnungs- und Prozesszuständen verschiedener Applikationen wird durch diese konventionelle Installation zusätzlich erschwert, da Messdaten der verteilten Applikationen gesammelt und individuell interpretiert werden müssen.

4.2   Zentrales Klimamanagement

Um den erwähnten Nachteilen entgegenzuwirken, wird ein Client-/Server-Konzept vorgeschlagen. Als Clients werden die lokal installierten Rechner angesehen, welche über das Internet Dienste eines zentralen Servers anfordern. Wie in der konventionellen Implementierung werden Messdaten lokal gesammelt und über die Basisautomation an den Rechner (ohne hohe Rechenleistung, z.B. Barebone-PCs) übermittelt. Dieser hält die Daten lokal vor und sendet diese an einen zentralen Server, der die Messdaten in Datenbanken strukturiert und einheitlich ablegt. Somit wird gleichzeitig eine Redundanz der Messdaten erreicht, was die Datenintegrität erhöht. Die relationalen Datenbankmodelle werden je nach Applikationsart, bzw. Anforderung modelliert und integriert.

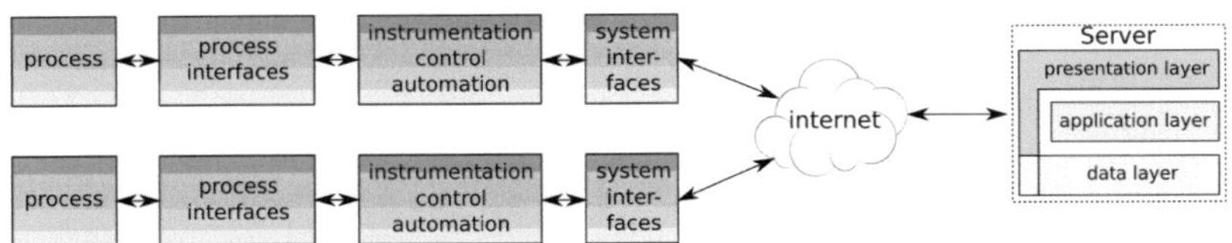

Abbildung 6: Client-/Servermodell mit 3-Schichten-Architektur für Server, wobei die Datenschicht zusätzlich eine direkte Verbindung nach außen besitzt.

Die Server-Software ist als eine 3-Schichten-Architektur, bestehend aus Präsentationsschicht, Applikationsschicht und Datenschicht, implementiert (vgl. Abbildung 6 rechts).

Die Datenschicht setzt sich innerhalb des Servers aus mehreren Datenbanken zusammen, wonach jede Datenbank von einer bestimmten Applikation genutzt wird, da unterschiedliche Anforderungen an das Speichern der Daten applikationsbedingt vorherrschen. Dadurch wird eine zu große Komplexität der Tabellen in einer gemeinsamen Datenbank vermieden und verbessert die Übersicht über die gesamte Schicht. Berechnete Daten von Prognosen, Diagnosen, Sollwertempfehlungen und Handlungsempfehlungen werden vom Server in weiteren Tabellen der Datenbanken abgelegt.

Alle Algorithmen, bzw. Programme, wie Vorhersage- oder Optimierungsalgorithmen, der Leitebene werden in der Applikationsschicht implementiert.

Das „Front-End" des zentralen Servers stellt die Präsentationsschicht dar. Über dieses Interface werden resultierende Meldungen und Warnungen in geeigneter Form, beispielsweise per E-Mail-Versand, oder im Browser über das Internet dargestellt bzw. angeboten.

Dieses System ermöglicht eine bessere Wartbarkeit von Daten und Algorithmen. Es vermeidet unnötige Redundanzen von Routinen, wie das parallele Abrufen und Speichern der Wettervorhersagen. Weiterhin werden redundante Softwarelizenzen eingespart. In den lokalen Applikationen ist es somit nicht notwendig leistungsstarke Rechner aufzubauen.

Das Client-/Servermodell kann in größeren Institutionen (mehrere Applikationen, z.B. in einer Stiftung) als zentrales System oder für mehrere kleinere Applikationen als Dienstleistungssystem angesehen werden.

5   Testfeld und Ausblick

Im Rahmen mehrerer F&E-Projekte werden derzeit Untersuchungen für unterschiedliche Konzepte zur Diagnose und Entscheidungsfindung bei Unschärfe durchgeführt, wobei unterschiedliche Applikationen zur Verfügung stehen. Hierzu wurde bereits eine Kommunikationsinfrastruktur nach Kapitel 4.2 geschaffen, wobei serverseitig die Aufgaben der Leitkomponente realisiert werden. Folgende Aufgabenstellungen sind dabei gegeben:

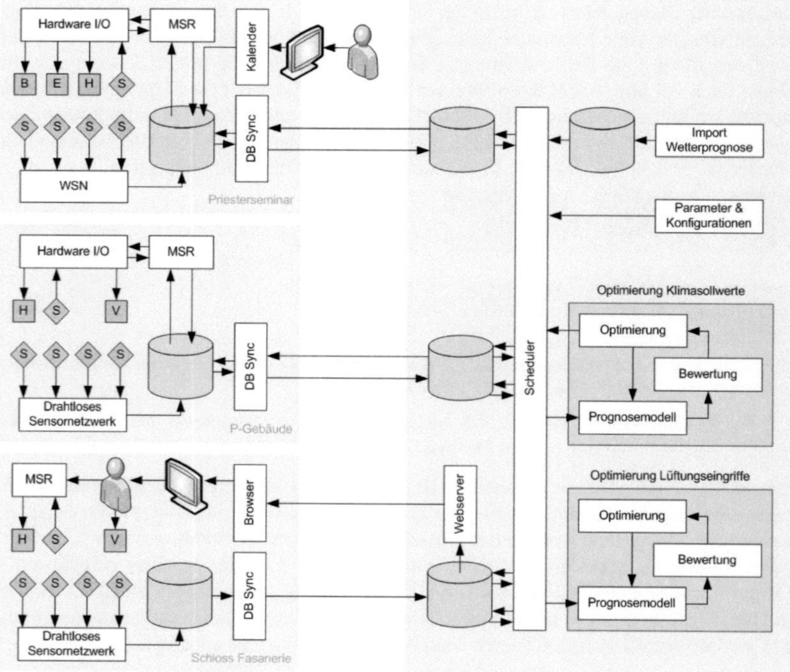

Abbildung 7: Testfeld für F&E-Applikationen an der Hochschule Fulda

- Applikation "Priesterseminar": in einem Sonderlesesaal der Bibliothek des bischöflichen Priesterseminars Fulda sind einfache Steuer- und Regelkreise für

Heizung sowie Be- und Entfeuchtungsanlagen vorhanden, wobei die Rückkopplung des Raumzustandes durch eine Messstelle erfolgt. Der Raum wird in zwei unterschiedlichen Modi betrieben: im ungenutzten Modus bestehen lediglich konservatorische Anforderungen, im genutzten Modus soll der Raum jedoch ebenfalls unter Behaglichkeitsaspekten konditioniert werden. Zudem besteht die Forderung, dass der Raum sanft (Vorgabe maximaler Gradienten) zu den jeweiligen Modi übergeleitet wird und die Be- und Entfeuchtungsanlagen während der Nutzungsphase möglichst ausgeschaltet bleiben sollen.

Aufgrund der zeitlich veränderbaren unscharfen Vorgaben, die a priori bekannt sind und in einen Kalender eingetragen werden können, werden die Sollwerte für die Basisautomatisierung vorausschauend mit Hilfe unscharfer Modelle angepasst.

- Applikation "P-Gebäude": in einem Kellermagazin der Hochschul- und Landesbibliothek lagert ein Teil deren historischen Bestandes. Dieses Kellermagazin wurde bislang nur sehr unkontrolliert konditioniert. Im Rahmen der Untersuchungen ist es notwendig, die Sollwertvorgaben an den Heizungsregelkreis unter Berücksichtigung des Einflusses auf die relative Feuchte nachzuführen und die Lüftungseinsätze zur zielgerichteten Abfuhr von Feuchtelasten einzusetzen. Dabei besteht insbesondere die Forderung der Einhaltung einer Pause nach den Lüftungen (zur Akklimatisierung des Materials mit der Umgebung), so dass aufgrund der sich damit ergebenden Lüftungsrestriktion eine Planung optimaler Lüftungseingriffe angewandt wird.

- Applikation "Schloss Fasanerie": in dieser Applikation bestehen erhöhte Ansprüche an die Klimastabilität, da dieses historische Gebäude museal genutzt wird und somit die Ansprüche sowohl für das Gebäude, als auch für die Ausstellung bestehen. Abgesehen von wenigen Räumen findet keine Konditionierung der Raumluft durch technische Geräte statt, lediglich ausgewählte Räume werden im Winter durch mobile Heizgeräte erwärmt, um zu tiefe Temperaturen und zu hohe relative Feuchte zu vermeiden [10].

Durch die manuelle Lüftung können keine großen Massen an Feuchtelasten abgeführt werden, allerdings können durch eine vorrausschauende Planung der Lüftungszeitpunkte Klimaschwankungen unterdrückt werden. Über ein drahtloses Sensornetzwerk werden dabei die Klimazustände im Schloss sowie durch eine lokale Wetterstation das Außenklima erfasst. Auf dem Server wird schließlich eine Wettervorhersage an die lokalen mikroklimatischen Gegebenheiten angepasst und unter Berücksichtigung der Unschärfe die unkritischsten Lüftungszeitpunkte ermittelt. Diese werden an das Personal ausgegeben, so dass dieses die zielgerichtete Lüftung in den Tagesablauf einplanen kann.

Der Einsatz prädiktiver Steuerungs- und Regelverfahren hat sich inzwischen in der Gebäudeautomation etabliert. Meist verfügen vorhandene Applikationen jedoch nicht über die notwendige moderne Klimatechnik, so dass Eingriffe in die Größenmanipulation des Klimas nur beschränkt möglich sind. Durch auftretende Schwierigkeiten wie punktuelle Messdatenerfassung (Klima ist jedoch räumlich verteilt), autarkes Arbeiten von Regelkreisen und somit keine Berücksichtigung der Kopplung der Einflussgrößen untereinander, oder die multikriterielle Betrachtung von Einstellmöglichkeiten von Temperatur- und Feuchtesollwerten, wird der Einsatz eines Leitsystems und Eingriffe des Menschen unter vorausschauenden Aspekten, mit der Berücksichtigung von unscharfen Prozessgrößen, vorgeschlagen. Durch den Einsatz von wissensbasierten Ansätzen oder experimentellen Modellen für Methoden der Diagnose, können beispielsweise Entscheidungshilfen zum manuellen Lüften gegeben, unerwünschte Klima- / Betriebszustände erkannt, verarbeitet und dem Menschen dargestellt, bzw. verfügbar gemacht werden. Das Klimamanagement (Datenerfassung, -haltung und -verarbeitung, sowie geeignete Ausgaben von Werten und Fehlern) ist in einem zentralen System zusammengefasst. Verteilte Applikationskomponenten sind über das Internet mit dem zentralen Server vernetzt und verschicken gesammelte Mess- und Prozessdaten an den Server und nutzen vom Server bereitgestellte Dienste wie Berechnungs- und Vorhersageergebnisse der zentral laufenden Algorithmen. Somit wird eine zentrale Datenhaltungsinstanz implementiert und weiter ausgebaut mit den Möglichkeiten verschiedener "Dienstangebote" wie beispielsweise Lüftungsempfehlungen. Ausblickend werden zusätzliche Webangebote implementiert, die über den Browser applikationsorientiert / -beschränkt abgerufen werden können. Dies soll den Einsatz lokal installierter, spezialisierter Software unter Aspekten wie Wartungsaufwand und Kosteneinsparung vermeiden und die Möglichkeit von der Erstellung weiterer Daten anbietender und die Erweiterung vorhandener Dienste unterstützen. Somit wurde ein System erstellt, das durch den modularen und gekapselten Aufbau erweiterbar und anpassbar ist, mit den Möglichkeiten die auch lokale Managementsysteme aufweisen können.

Literatur

[1]   Bollin, E.; Feldmann, T.: *Prädiktive Gebäudeautomation*; Frankfurt, Messekongress „Facility Management", 2010

[2]   Kacprzyk, J; Esogbue, A. O.: *Fuzzy Dynamic Programming: Basic Issues and Problem Class*; Studies in Fuzziness and soft computing, vol. 37, Springer, Heidelberg Germany, 2001

[3]   Kacprzyk, J: *Multistage fuzzy control*; John Wiley & Sons, Chichester, England, 1997

[4]   Isermann, R: *Modellbasierte Überwachung und Fehlerdiagnose von kontinuierlichen technischen Prozessen*; at – Automatisierungstechnik 58, Oldenbourg Wissenschaftsverlag, 2010

[5]   Dittmar, R; Pfeiffer, B.-M.: *Modellbasierte prädiktive Regelung*; Oldenbourg Wissenschaftsverlag, München / Wien, 2004

[6]   Sedlbauer, K.: *Hygrothermische Lüftungskonzepte*; FVEE Themen 2008

[7]   Krus, M.; Kilian, R.; Sedlbauer, K.: *Mould growth prediction by computational simulation on historic building*; Museum Microclimates. National Museum of Denmark, 2007

[8]   Sedlbauer, K.: *Vorhersage von Schimmelpilzbildung auf und in Bauteilen*; Dissertation, Universität Stuttgart, Fakultät Bauingenieur- und Vermessungswesen, 2001

[9]   Oswald, D.; Sedlbauer, K.; König, N.: *Analyse und Prognose der hygienischen Zustände und Wartungsnotwendigkeiten in Außenwänden mit offenen Luftkreisläufen bei hybriden Heizsystemen – Außenwände mit offenen Luftkreisläufen*;

IBP-Bericht GB 128/1995 des Fraunhofer-Instituts für Bauphysik, Stuttgart (1995)

[10] Arnold, C; Lambeck, S: *Improving Climate Conditions in Applications of Preventive Conservation using Advanced Control*; 2nd WTA-International Ph.D. Symposium, Brno Czech Republic, 2011

[11] Arnold, C.; Lambeck, S.; Gieler, R.: *Climate stabilizatiuon in the case of constrained manipulation options by making online recommendations*; WTA Publications, vol. 35, Fulda, Germany, 2001

[12] Arnold, C.; Lambeck, S.; Amet, C.: *A Fuzzy Concept for Climate Management in Preventive Conservation*; IEEE International Conference on Fuzzy Systems June, 2011; Taipei, Taiwan

[13] Garecht, H.: *Raumklimaoptimierung im Spannungsfeld von Denkmalpflege und Nutzung unter energetischen Aspekten, dargestellt an Praxisbeispielen*; 19. Hanseatische Sanierungstage Bauphysik und Bausanierung, Heringsdorf 2008

Analyse des Potentials von Multi-Agenten-Simulation und Zellulären Automaten zur Nachbildung der Anlagerungsprozesse von Isolationsmaterial an Rückhaltevorrichtungen

Stefan Kittan, Wolfgang Kästner

Hochschule Zittau/Görlitz
Institut für Prozeßtechnik, Prozeßautomatisierung und Meßtechnik (IPM)
D-02763 Zittau, Theodor-Körner-Allee 16
Tel.: 03583 612211
E-Mail: skittan@hs-zigr.de

1   Einleitung

Die Fest-Flüssig-Trennung auf Basis der Kuchenfiltration hat in vielfältigen technischen Anwendungen eine hohe Relevanz. So kommt dieses Verfahren zum Beispiel in der chemischen Industrie oder bei der Wasseraufbereitung zum Einsatz [1]. Weiterhin sind die Vorgänge der kuchenbildenden Filtration (Anlagerung eines Feststoffbettes) auch im Bereich der Reaktorsicherheitsforschung von Bedeutung. Hintergrund ist hierbei ein postulierter Kühlmittelverluststörfall in einem Kernkraftwerk. In diesem Szenario wird davon ausgegangen, dass durch einen Leckstrahl (Dampf, Wasser) Isolationsmaterial von Rohrleitungen bzw. anderen Anlagenkomponenten freigesetzt wird und in Folge dessen in dem für die Notkühlung vorgesehenen Kühlmittel in Suspension vorliegt (Barsebäck - Szenario [2]). Die in dem vorliegenden Beitrag vorgestellten Arbeiten beziehen sich auf dieses Beispiel der Reaktorsicherheitsforschung.

Bei einem Kühlmittelverluststörfall lagert sich die im Kühlmittel befindende Partikelphase unter anderem an den Rückhaltevorrichtungen (Siebgitter) des Notkühlsystems an. Dies kann sicherheitstechnisch relevante Auswirkungen, wie z.B. Kavitieren der Notkühlpumpen oder Zerstörung einer Rückhaltevorrichtung, haben. Dabei hat der Druckverlust über den Filterkuchen einen wesentlichen Einfluss. In bisherigen Arbeiten standen die statischen bzw. quasistationären Zusammenhänge zwischen Massenbelegung der Rückhaltevorrichtung mit Isolationsmaterial, Strömungsgeschwindigkeit des Fluids vor dem Sieb, Temperatur des Kühlmittels und dem sich ausbildenden Differenzdruck über der Rückhaltevorrichtung im Vordergrund.

Jedoch sind auch die dynamischen Zusammenhänge des Filterkuchenwachstums von Bedeutung. So lässt sich zum Beispiel anhand des Penetrationsvorganges an der Rückhaltevorrichtung die Menge an Isolationsmaterialpartikeln ableiten, welche in den Reaktorkern gelangen kann. Weiterhin ermöglicht ein dynamisches Anlagerungsmodell die Untersuchung der Effektivität verschiedener Siebgeometrien. Filterkuchen aus Mineralwollfasern sind durch eine hohe Porosität und Kompressibilität gekennzeichnet. Somit können steigende Druckverluste über dem Filterbett, zum Beispiel durch die Erhöhung des Volumenstroms, eine Verringerung der Porosität verursachen. Dies hat ein weiteres ansteigen des Differenzdrucks zur Folge. Dabei hat die Komprimierung des Filterbettes vielfältige Ursachen, wie die Umlagerung oder Deformation der Partikel [1]. Abbildung 1 veranschaulicht anhand experimenteller Daten die Erhöhung des Druckverlustes über einem

Filterkuchen nach einer sprungförmigen Volumenstromerhöhung. Hierbei ist in Bild a das Verhalten für niedrige Geschwindigkeiten und in Bild b für hohe Geschwindigkeiten zu sehen. Bei kleinen Strömungsgeschwindigkeiten folgt der Differenzdruck der Dynamik des Geschwindigkeitsverlaufs. Im Gegensatz dazu zeigt sich bei hohen Strömungsgeschwindigkeiten ein dynamischer Differenzdruckanstieg nach Abschluss der Geschwindigkeitsänderung. Ein solches Verhalten kann nur durch ein dynamisches Modell nachgebildet werden. Vor allem auf dem Gebiet der Verfahrenstechnik existieren dynamische Modellansätze [3, 4]. Diesen Modellen ist gemein, dass sie entweder mit analytischen Gleichungen kombiniert mit empirischen Parametern oder mit Hilfe gängiger, numerischer Verfahren umgesetzt sind. Im Beitrag werden Konzepte zur Abbildung des Anlagerungsvorganges und der Filterkuchendynamik auf Basis der Multi-Agenten-Simulation und der Zellulären Automaten am Beispiel des Kühlmittelverluststörfalls vorgestellt.

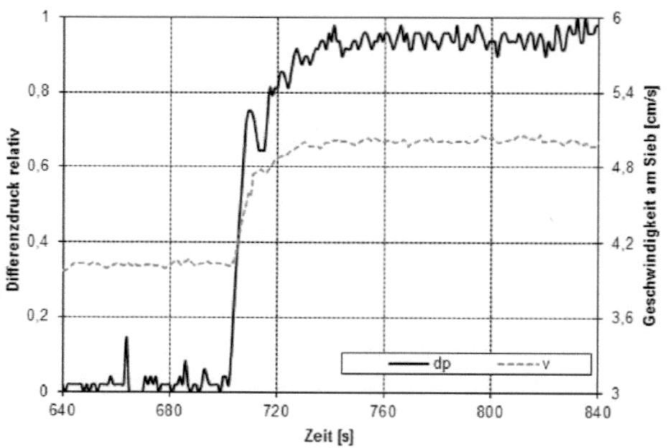

a Beispiel für niedrige Strömungsgeschwindigkeiten

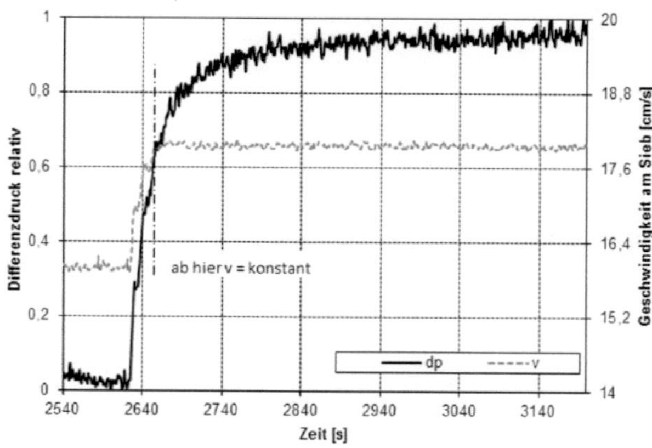

b Beispiel für hohe Strömungsgeschwindigkeiten

Bild 1: Differenzdruckverlauf über dem Filterbett und der Rückhaltevorrichtung, nach sprungförmiger Änderung der Strömungsgeschwindigkeit

2 Potential Zellulärer Automaten zur Simulation des Anlagerungsvorganges

2.1 Theorie der Zellulären Automaten

Zelluläre Automaten (ZA) sind zeit- und ortsdiskrete Systeme, welche die Möglichkeit bieten emergente Systeme bzw. Prozesse zu simulieren. Sie sind in der Regel ein- oder zweidimensional, wobei die Dimension des Zellularraums im allgemeinen nicht begrenzt ist. Der Zellularraum besteht aus endlich vielen, gleichförmigen Zellen. Für den zweidimensionalen Zellularraum ist das Quadrat die gängigste Zellform. Es gibt jedoch auch Modelle welche mit Hilfe anderer Zellformen umgesetzt worden sind. Als Beispiel sei hier das FHP-Modell zur Simulation von Gasen und Flüssigkeiten genannt, in welchem eine hexagonale Zellform verwendet wird [5]. Abbildung 2 zeigt verschiedene zweidimensionale Zellularräume mit einer unterschiedlichen Grundform der einzelnen Zellen.

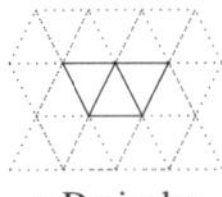
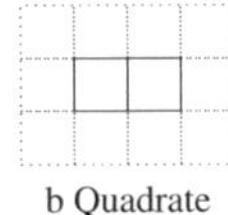

Bild 2: Mögliche Zellularräume auf Basis unterschiedlicher Grundformen der Zellen

Jede Zelle ist durch eine endlich große Anzahl an Zuständen gekennzeichnet. Zu jedem Zeitschritt werden für jede Zelle die Regeln (Zustandsübergangsfunktionen) des Zellulären Automaten überprüft. Anschließend erfolgt eine Anpassung des Zustands der entsprechenden Zelle. Die Regeln können sowohl deterministisch (z.B. basierend auf physikalischen Gesetzen) als auch stochastisch sein [6]. Weiterhin ist die Kombination von festen (determinierten) Gleichungen mit stochastischen Elementen möglich. Bei der Bestimmung des Zellzustands wird im allgemeinen nicht nur die jeweilige Zelle sondern auch die Nachbarschaft der Zelle mit einbezogen. Für einen zweidimensionalen Zellularraum mit quadratischen Zellen sind die gebräuchlichsten Nachbarschaften die Moore- und die Von-Neumann-Nachbarschaft. Bei der Von-Neumann-Nachbarschaft werden neben der Referenzzelle die vier Zellen an den Kanten der Referenzzelle mit einbezogen. Die Moore-Nachbarschaft erweitert die Von-Neumann-Nachbarschaft zusätzlich um die vier Zellen an den Eckpunkten der Referenzzelle. Zusätzlich ist es möglich, den Radius der Nachbarschaft frei zu wählen [6]. In Abbildung 3 sind die Nachbarschaften nach Moore und Von-Neumann für verschiedene Radien dargestellt.

Die Größe des Zellularraums ist in der Praxis durch die Rechenkapazität beschränkt. Daher ist es nötig, die Randbedingungen des Zellulären Automaten zu definieren. Dies bedeutet, dass die Nachbarschaft der Zellen am Rand des Zellularraums festgelegt werden muss. In [6] werden hierfür folgende Varianten vorgeschlagen (siehe auch Abbildung 4):

- offene Randbedingung

- periodische Randbedingung

- symmetrische Randbedingung

Prinzipiell sind dem Modellierer hierbei keine Grenzen gesetzt. So ist beispielsweise auch eine Umrandung des Zellularraums mit unveränderlichen Zellen mit einem definierten oder zufällig festgelegten Zustand denkbar.

Bild 3: Gängige Nachbarschaften in Zellulären Automaten mit quadratischen Zellen (grau - Radius = 1; schraffiert - Radius = 2)

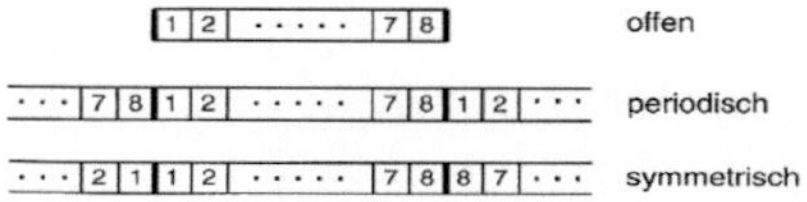

Bild 4: Mögliche Randbedingungen für einen eindimensionalen Zellularraum [6]

2.2 Einfacher Zellulärer Automat zur Simulation des Filterkuchenwachstums

Das Ziel des einfachen ZA ist, eine heuristische Simulation am Beispiel des Versuchsstandes „Ringleitung II" [7] zu erstellen. Diese gibt einen Einblick in das prinzipielle Wachstum eines Filterkuchens. Die Umsetzung erfolgt anhand verschiedener Wahrscheinlichkeitsparameter unter Einbeziehung des vorhandenen Prozesswissens bzw. -verständnisses. Anhand dieses einfachen heuristischen Modells soll das Potential der Methodik der ZA für die Modellierung und Simulation der Anlagerungsdynamik überprüft werden. Die Umsetzung des einfachen ZA erfolgte mit der Programmierumgebung NetLogo [8].

2.2.1 Beschreibung des Grundmodells

Das einfache Modell zur Simulation des Filterkuchenwachstums ist ein zweidimensionaler ZA mit einem quadratischen Zellularraum. Dieser bildet eine Rückhaltevorrichtung und deren Stützgitter in einem Strömungskanal nach. Das Stützgitter ist ein grob gerastertes, quadratisches Gitter, welches als Auflagefläche und somit zur Stabilisierung des Siebgitters fungiert. Eine Zelle des ZA hat die Abmaße $1mm \times 1mm$. Es wird ein Zellularraum bestehend aus (222×222) Zellen vorgegeben um neben dem Strömungsquerschnitt eine durchgängige Begrenzung darstellen zu können. Um die zugrundeliegende Symmetrie ausnutzen zu können, wurden die Koordinaten der Zellen so definiert, dass der Ursprung des zugehörigen Koordinatensystems im Mittelpunkt der Querschnittsfläche des Strömungskanals liegt (Abbildung 5).

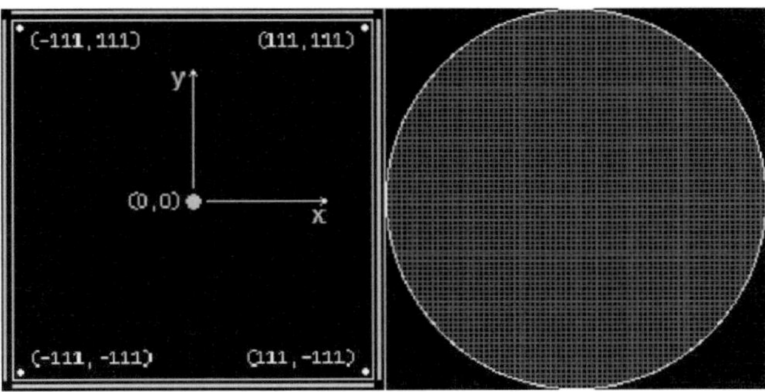

Bild 5: Lage des Koordinatensystems, der Zellkoordinaten sowie der Rückhaltevorrichtung im Zellularraum

Der Zustand einer Zelle im einfachen ZA zur Simulation des Filterkuchenwachstums ist grundlegend durch zwei Variablen gekennzeichnet. Dies ist zum einen die Anlagerungswahrscheinlichkeit und zum anderen die Menge des angelagerten Materials. Die Anlagerungswahrscheinlichkeit ergibt sich aus der Lage der jeweiligen Zelle. Es werden entsprechend bisheriger Erfahrungen folgende Orte verschiedener Anlagerungswahrscheinlichkeit unterschieden:

- Wand des Strömungskanals und Außenbereich

- Lücken in der Rückhaltevorrichtung

- Gitterstäbe der Rückhaltevorrichtung

- Stäbe des Stützgitters

- Nachbar einer Anlagerung

Zu Beginn jeder Simulation erfolgt eine Initialisierung. Diese teilt sich in zwei Phasen ein. Zunächst wird jeder Zelle anhand ihrer Koordinaten der Ort und somit die Funktion zugewiesen. Dabei werden die Zellen entsprechend der jeweiligen Funktion eingefärbt. Anschließend erfolgt das Festlegen der Anfangswerte für die Anlagerungswahrscheinlichkeit. Hierbei legt der Anwender die Anfangswahrscheinlichkeiten für die Zellen fest, welche einen Stab der Rückhaltevorrichtung oder des Stützgitters repräsentieren. Die Wahrscheinlichkeiten aller weiteren Zellen wird auf Null gesetzt. In Abbildung 5 ist der ZA nach der Initialisierung zu sehen.

Für die Zustandsentwicklung des einfachen ZA werden folgende Regeln angewendet:

- Es kommt zur Anlagerung, wenn eine Zufallszahl kleiner oder gleich der Anlagerungswahrscheinlichkeit der jeweiligen Zelle ist.

- Die Anlagerung auf einer Zelle führt sowohl zur Erhöhung der Anlagerungswahrscheinlichkeit dieser Zelle als auch zur Erhöhung der Anlagerungswahrscheinlichkeit der Nachbarzellen. Dabei beträgt der Wahrscheinlichkeitszuwachs in der Nachbarschaft $\frac{1}{8}$ der Wahrscheinlichkeitszunahme durch eine Anlagerung.

- Es wird eine maximale Anlagerungswahrscheinlichkeit festgelegt, welche für alle Zellen gleich ist. Dadurch wird erreicht, dass ab einer bestimmten Belegung der Einfluss von Rückhaltevorrichtung und Stützgitter nicht mehr wirksam ist und die Anlagerung weiterer Fasern lediglich durch die bereits bestehende Siebbelegung bestimmt wird. Die maximale Anlagerungswahrscheinlichkeit ist ebenfalls frei wählbar.

- Wird ein vom Anwender vorgegebener maximaler Unterschied der Anlagerungen benachbarter Zellen erreicht bzw. überschritten, erfolgt eine Anlagerung an der weniger belegten Zelle. Die Prüfung der Unterschiede erfolgt jeweils am Ende eines Simulationsschrittes. Dieser Ausgleich wird lediglich einmal pro Simulationsschritt durchgeführt, um eine zu starke Homogenisierung des Filterkuchens zu vermeiden.

Die Simulation wurde so realisiert, dass das Geschehen während des Simulationsverlaufes parallel abläuft. Das heißt, die Zustandsberechnung erfolgt in jedem Simulationsschritt für jede Zelle. Dabei werden Wahrscheinlichkeitserhöhungen durch neue Anlagerungen erst im jeweils folgenden Schritt beachtet. Dies bildet das Vorhandensein von vielen Isolationsmaterialpartikeln in einer Ebene nach. Werden die neuen Wahrscheinlichkeiten sofort beachtet, ist dies so zu interpretieren, dass die Partikel einzeln nacheinander auf die Rückhaltevorrichtung treffen. Bei der Betrachtung der Nachbarn in dem einfachen ZA zur Simulation des Filterkuchenwachstums wird die Moore-Nachbarschaft mit dem Radius eins angewendet. Weiterhin werden alle Zellen welche die Wand des Strömungskanals sowie die äußere Umgebung repräsentieren von der Zustandsberechnung ausgeschlossen.

2.2.2 Testsimulationen

Anhand einer Parameterstudie wurde das Verhalten des einfachen ZA zur Simulation des Filterkuchenwachstums untersucht. Es konnte festgestellt werden, dass sich ein plausibles Filterkuchenwachstum für geringe Anfangswahrscheinlichkeiten (bis ca. 5%) sowie für Zuwachsraten der Anlagerungswahrswcheinlichkeit kleiner $0,4\%$ zeigt. Anhand bisheriger Erfahrungen lässt sich das Filterkuchenwachstum in drei wesentliche Phasen einteilen:

1. Bilden von Anlagerungskeimen an den Stäben von Rückhaltevorrichtung und Stützgitter

2. Anlagerungen an den Lücken der Rückhaltevorrichtung werden durch Anlagerungskeime ermöglicht; Feststoffbrücken schließen offene Lücken in der Rückhaltevorrichtung bzw. im Filterkuchen

3. Zusammenwachsen lokaler Anlagerungen zu einem geschlossenen Filterkuchen

Charakteristisch für den Anlagerungsprozess ist, dass der zeitliche Verlauf trotz gleicher Mechanismen lokale Unterschiede aufweist. Dies wird im ZA durch die Verwendung von Zufallszahlen gut nachgebildet. Die lokalen Unterschiede sind beispielsweise durch eine inhomogene Faserverteilung oder durch Turbulenzmuster in der Strömung zu erklären.

In Abbildung 6 ist ein simulierter Anlagerungsprozess für den Zeitraum von $50s$ bis $300s$ dargestellt. Dabei beträgt die zeitliche Differenz zwischen den einzelnen Bildern jeweils

$50s$. Die Farbe einer Zelle ist ein Maß für die Menge ihrer Anlagerungen, wobei hellere Farben größere Anlagerungsmengen repräsentieren. Das im ersten Bild dominierende Grau kennzeichnet Zellen ohne Anlagerung. Für eine übersichtlichere Darstellung sind zusätzlich Bereiche mit mehr als 25 Anlagerungen durch helle Höhenlinien und Bereiche mit mehr als 50 bzw. 75 Anlagerungen durch dunklere Höhenlinien eingegrenzt. Die Modellparameter wurden für diese Simulation wie folgt gewählt:

- Anfangswahrscheinlichkeiten(Rückhaltevorrichtung und Stützgitter): 2%

- Wahrscheinlichkeitszuwachs durch Anlagerungen: $0,25\%$

- Maximale Anlagerungsdifferenz: 3

- Maximale Anlagerungswahrscheinlichkeit: 100%

- Maximal mögliche Anlagerungen an einer Zelle: 100

Während der Simulation sind im Zeitraum bis $100s$ die Phasen 1 und 2 aktiv. Bis zur Zeit von $150s$ geht der simulierte Anlagerungsprozess in Phase 3 über. Dies bekräftigt der Verlauf der minimalen Anlagerung aller Zellen. Aus diesem geht hervor, dass bis $150s$ jede Zelle mit mindestens einer Anlagerung behaftet ist. Somit hat sich bis zu dieser Zeit eine Belegung der Rückhaltevorrichtung ergeben, welche in der restlichen Simulationszeit im Betrag wächst.

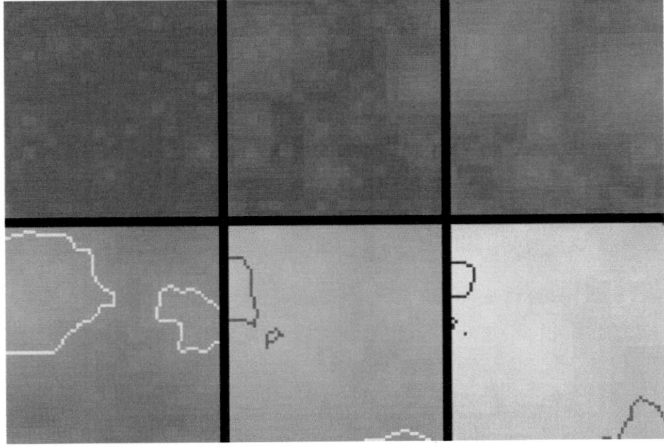

Bild 6: Mit dem ZA simulierter Anlagerungsprozess (Zeitraum: $50s - 300s$; $\Delta t = 50s$)

Zusammenfassend lässt sich festhalten, dass der in diesem Abschnitt vorgestellte ZA, trotz seiner simplen Regeln und ohne physikalische Parameter, in der Lage ist, den prinzipiellen Anlagerungsprozess nachzubilden. Daher ist davon auszugehen, dass die Methodik der ZA das Potential bietet, den physikalischen Prozess der Anlagerung von Isolationsmaterial an einer Rückhaltevorrichtung ausreichend genau zu modellieren. Hierzu sind die erforderlichen Arbeiten in zwei Teile zu gliedern. Zunächst ist der in diesem

Beitrag vorgestellte ZA zur Simulation des Filterkuchenwachstums um physikalische Parameter zu erweitern. Dies soll die Vergleichbarkeit von Simulationsergebnissen und Versuchsdaten ermöglichen. Im Rahmen einer Sensitivitätsanalyse sind das Modellverhalten zu untersuchen und die Erfordernisse für detailliertere ZA-Modelle abzuleiten. Weiterhin ist im zweiten Teil der erforderlichen Arbeiten ein dreidimensionaler ZA zu entwerfen. Dieser soll nicht nur den Anlagerungsprozess nachbilden, sondern auch die Faserbewegung im Fluid sowie die Dynamik des Filterkuchens. Hierbei sind die Erkenntnisse aus den zweidimensionalen ZA und aus speziell ausgelegten Experimenten mit zu verwerten. Weiterhin dienen die Versuchsdaten zur Validierung des Modells.

3 Multi-Agenten-Simulation zur Nachbildung des Anlagerungsprozesses und der Filterkuchendynamik

3.1 Potential der Multi-Agenten-Simulation

Die Multi-Agenten-Simulation (MAS) ist eine Form der Mikrosimulation. Das Verhalten des Gesamtsystems resultiert hierbei aus dem Verhalten und der Interaktion seiner Bestandteile. Somit bietet die agentenbasierte Simulation die Möglichkeiten zur Untersuchung der Zusammenhänge zwischen Mikro- und Makroebene [9]. Die einzelnen Bestandteile des zu untersuchenden Systems werden durch Agenten simuliert. In der Literatur existieren verschiedene Definitionen für den Agentenbegriff. Dabei variieren die Eigenschaften, welche den Agenten zugeschrieben werden, je nach Anwendungsgebiet [10]. Da die im vorliegenden Beitrag betrachteten Agenten zur Nachbildung physikalischer Prozesse verwendet werden, sind diese wie folgt charakterisiert:

- Ein Agent interagiert mit seiner Umgebung. Dabei beinhaltet die Umgebung sowohl statische Objekte als auch andere Agenten.

- Die Handlungen eines Agenten leiten sich aus physikalischen Gesetzmäßigkeiten ab. Demnach sind die Agenten nicht autonom, da ihr Verhalten durch die Physik bzw. einer Heuristik zugrunde liegenden Physik bestimmt wird.

- Es existiert keine Kommunikation zwischen den Agenten.

Die Modellierung des Anlagerungsprozesses sowie der Filterkuchendynamik auf der Mikroebene bedeutet, dass die einzelnen Isolationsmaterialfasern und die entsprechende Umgebung nachgebildet werden müssen. Daraus leitet sich die Hauptanforderung an eine MAS ab: Es müssen Simulationen mit vielen Tausend Agenten möglich sein. Daher wurde zunächst eine Literaturrecherche durchgeführt, mit dem Ziel erfolgreiche Beispiele für „massive" MAS zu finden. Als Ergebnis dieser Recherche sei hier zum einen die Java-Bibliothek MASON (**M**ulti-**A**gent **S**imulator **O**f **N**eighborhoods) genannt [11]. Diese ermöglicht Simulationen mit mehr als 10.000 Agenten [12] und liefert zusätzlich optionale Funktionen zur Visualisierung sowie eine Physik-Erweiterung. Eine weitere Möglichkeit, umfassende Simulationen mit enormen Agentenzahlen zu erstellen, bietet das Framework FLAME bzw. FLAME GPU. FLAME steht für **F**lexible **L**arge-scale **A**gent **M**odelling **E**nvironment und setzt Multi-Agenten-Modelle in parallelisierten Code um, so dass eine Ausführung auf Hochleistungsrechnern ermöglicht wird [13]. Äquivalent dazu erzeugt

FLAME GPU einen parallelisierten Code, welcher auf gängigen Grafikkarten ausführbar ist [14]. Verschiedene Anwendungsbeispiele, wie die Simulation von Keratinozyt auf zellulärer Ebene, untermauern das Leistungspotential des FLAME Frameworks.

Wird die Umwelt einer MAS durch ein diskretes Gitter repräsentiert, kann ein solches Simulationsmodell als Erweiterung eines ZA betrachtet werden. Denn der orts- und zeitdiskrete ZA wird durch ortskontinuierliche Komponenten (den Agenten) erweitert. Da in Unterunterabschnitt 2.2.2 das Potential der ZA zur Simulation des Anlagerungsvorgangs nachgewiesen wurde, ist davon auszugehen, dass eine ortskontinuierliche Erweiterung mindestens das gleiche Potential besitzt.

3.2 Konzept des Gesamtmodells

Abbildung 7 veranschaulicht das angedachte Vorgehen zur Erstellung des Gesamtmodells zur Nachbildung von Filterkuchenwachstum und -dynamik. Im Zentrum des Konzeptes steht die MAS. Anhand bestehender Erfahrungen sowie experimenteller Daten werden die Rahmenbedingungen für die MAS abgeleitet. Diese umfassen:

- Aufbau der simulierten Umgebung

- Notwendige Agenten

- Verhaltensregeln und Interaktion der Agenten

Die Verhaltensregeln für die einzelnen Agenten werden nach einem Buttom-Up-Verfahren bestimmt [9]. Das heißt das Regelwerk wird aus entsprechenden Grundlagenuntersuchungen und Erfahrungen abgeleitet und im Modell implementiert. Anschließend wird das globale Modellverhalten mit experimentellen Daten verglichen und beurteilt. Bei nicht akzeptablem Systemverhalten ist eine Überarbeitung bzw. Spezifizierung der Regeln erforderlich.

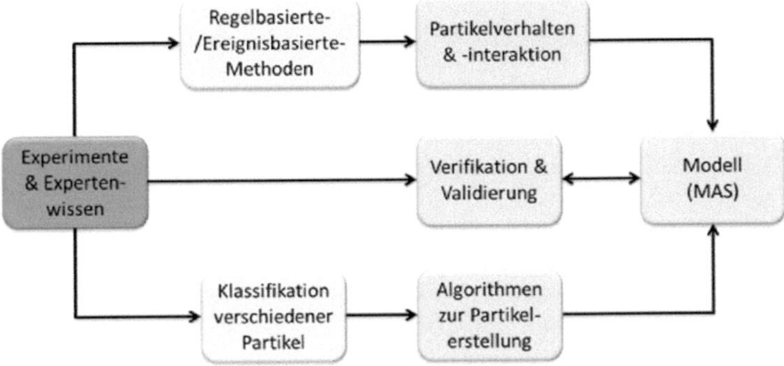

Bild 7: Konzept zur Umsetzung des Gesamtmodells auf Basis der MAS

Für die MAS ist zur Nachbildung der Isolationsmaterialfasern lediglich eine Hauptklasse von Agenten angedacht (Faseragenten). Diese bilden eine Faser mittels mehrerer Massepunkte ab. Das heißt, jede Faser wird in Abhängigkeit ihrer Größe und der nötigen Genauigkeit in einzelne mit einander gekoppelte Massepunkte eingeteilt. Die Agenten einer

Faser werden für eine bessere Übersicht zu einer Klasse zusammengefasst. Die einzelnen Klassen stehen wie folgt in Interaktion:

- Kollision

- Bilden und Auflösen von Agglomeraten

Das Agglomerieren ist so angedacht, dass bei Faserkontakt nicht nur die Kollisionsregeln ausgelöst werden, sondern auch die Überprüfung auf Agglomerieren (z.B. über Wahrscheinlichkeiten) erfolgt. Weiterhin soll auch bei der Fasergenerierung die Möglichkeit gegeben sein, dass Agglomerate direkt beim Startpunkt der Fasern entstehen können. Die Verbindung zweier Fasern erfolgt über einen gesonderten Agenten, das heißt bei der Agglomeration verschmelzen die betroffenen Agenten und werden zu einer neuen Art von Agenten (Kontaktagenten). Für die Kontaktagenten gelten zunächst die gleichen Regeln, wie für die Faseragenten. Jedoch werden zusätzlich zu jedem Simulationsschritt Regeln angewendet, um festzustellen, ob das Agglomerat aufgelöst wird.

Kommt es zur Anlagerung einer Faser an der Rückhaltevorrichtung oder an bereits bestehenden Anlagerungen, führt dies zur Änderung einer Variablen der betroffenen Agenten oder zur Änderung der Agentenklasse. Dies ermöglicht eine strikte Trennung zwischen Fasermaterial im Fluid und Filterkuchen, wodurch die Ermittlung interessanter Kenngrößen, wie zum Beispiel die Filterkuchenhöhe, wesentlich vereinfacht wird. Eine Änderung der Agentenklasse bietet den Vorteil, dass für die angelagerten Agenten ein gesondertes Verhalten umgesetzt werden kann. Somit können beispielsweise zusätzliche Verhaltensregeln zur Simulation der Filterkuchenkompressibilität oder der Tiefenfiltration implementiert werden.

Die simulierte Umgebung lässt sich in folgende Bereiche einteilen:

- Beginn des Strömungskanals (Fasereintritt bzw. -erstellung)

- Ende des Strömungskanals (Auflösen und Zählen der penetrierten Fasern)

- Strömungsfläche (Das Gebiet, in dem sich die Fasern bewegen)

- Rückhaltevorrichtung (Hindernisse für die Fasern, die Interaktion erfolgt bei Kontakt über wahrscheinlichkeitsbehaftete Ereignisse)

Die Umsetzung der Umgebung im Modell erfolgt diskret. Das heißt, es wird ähnlich wie bei den ZA ein Gitter verwendet, wobei jedem Gitterelement eine Funktion zugeordnet wird. Hierdurch kann beispielsweise jedem Gitterelement welches die Strömungsfläche repräsentiert eine strömungsbezogene Größe (z.B. Geschwindigkeit) zugeordnet werden. Diese kann als zusätzliche Eingangsgröße für die Bewegung der Faseragenten verwendet werden.

4 Ausblick

Im Fokus der weiteren Projektarbeit stehen folgende Punkte:

1. Durchführen von Anlagerungsexperimenten

2. Entwickeln und Implementieren der Modelle

   (a) Erweiterung des 2D-ZA um physikalische Parameter

   (b) Entwurf eines 3D-ZA auf Grundlage des erweiterten 2D-ZA

   (c) Lokal begrenztes Multi-Agenten-Modell

Dabei liegt die Priorität der nächsten Arbeiten auf den Experimenten. Ein wesentliches Merkmal der Versuche ist die Bestimmung der Faserkonzentration vor und hinter der Rückhaltevorrichtung. Somit soll die Generierung von Daten einer dynamischen Massenbelegung ermöglicht werden. Die Eingabe des Isolationsmaterials erfolgt portioniert, da die Dynamik des kompletten Anlagerungsvorganges nur mit enormen Aufwand erfassbar ist. Durch das Aufspalten des Gesamtprozesses wird die Ermittlung wesentlicher Informationen deutlich erleichtert. Dazu gehören beispielsweise der Zusammenhang zwischen der Masse des angelagerten Fasermaterials und der Filterkuchenhöhe oder der Einfluss des Filterkuchens auf das Strömungsprofil.

Parallel zu den experimentellen Arbeiten erfolgt die Entwicklung der Modelle. Dabei steht zunächst die Weiterentwicklung des ZA im Fokus. Im weiteren Verlauf der Projektarbeit wird ein Vergleich der verschiedenen Modelle angestrebt. Somit soll zum Beispiel die Frage geklärt werden, ob es möglich ist die Regeln des ZA anhand von Simulationsergebnissen der MAS zu präzisieren.

 Das Forschungsvorhaben wird mit Mitteln des Bundesministeriums für Wirtschaft und Technologie im Rahmen der Initiative "Kompetenzerhaltung in der Kerntechnik"gefördert.

Fördernummer 1501402

Literatur

[1] Alles, C. M.: *Prozeßstrategien für die Filtration mit kompressiblen Kuchen*. Dissertation, Universität Fridericiana Karlsruhe (TH). 2000.

[2] Maqua, M.: *Das Barsebäck-Ereignis: Ablauf, Bedeutung und Folgen*. KTG-Fachtagung, Rossendorf. 03.-04. April 2006.

[3] Theliander, H.; Fathi-Najafi, M.: *Simulation of the Build-up of a Filter Cake*. Filtech Europa 95 Conference, Karlsruhe. 11. Oktober 1995.

[4] Dong, K. J.; Yang, R. Y.; Zou, R. P.; Yu, A. B.; Roach, G.; Jamieson, E.: *Simulation of the cake formation and growth in sedimentation and filtration*. Third International Conference on CFD in the Minerals and Process Industries, Melbourne, Australia. 10.-12. Dezember 2003.

[5] Frisch, U.; Hasslacher, B.; Pomeau, Y.: *Lattice-Gas Automata for the Navier-Stokes Equation*. In: *Physical Review Letters Vol. 56(14)*, S. 1505–1508. American Physical Society. April 1986.

[6] Gerhardt, M.; Schuster, H.: *Das digitale Universum. Zelluläre Automaten als Modelle der Natur*. Vieweg Verlag, Braunschweig/Wiesbaden. 1995.

[7] Alt, S.; Förster, T.; Gocht, T.; Hampel, R.; Kästner, W.: *Untersuchung des Verhaltens von freigesetztem Isolationsmaterial in einer Kühlmittelströmung - Band 4*. IPM-610218-04, Hochschule Zittau/Görlitz (FH). Dezember 2007.

[8] Wilensky, U.: *NetLogo*. http://ccl.northwestern.edu/netlogo/. Center for Connected Learning and Computer-Based Modeling, Northwestern University. Evanston, IL. 1999.

[9] Klügl, F.: *Multiagentensimulation*. Informatik-Spektrum. Springer Verlag. Juni 2006.

[10] Klügl, F.: *Multiagentensimulation - Konzepte, Werkzeuge, Anwendung*. Addison-Wesley Verlag. München. 2001.

[11] Luke, S.; Cioffi-Revilla, C.; Liviu, P; Sullivan, K.; Balan, G.: *MASON: A Multiagent Simulation Environment*. In: *SIMULATION Vol. 81(7)*, S. 517–527. The Society for Modeling and Simulation International. Juli 2005.

[12] Laclavík, M.; Dlugolinský, S.; Seleng, M.; Kvassay, M.; Schneider, B.; Bracker, H.; Wrzeszcz, M.; Kitowski, J.; Hluchý, L.: *Agent-based Simulation Platform Evaluation in the Context of Human Behavior Modeling*. ITMAS Workshop at AAMAS. Taipei, Taiwan. 2011.

[13] Kiran, M.; Richmond, P.; Holcombe, M.; Chin, L. S. ; Worth, D.; Greenough, C.: *FLAME simulating Large Populations of Agents on Parallel Platforms*. Proc. of 9th Int. Conf. on Autonomous Agents and Multiagent Systems. Toronto, Canada. 10. – 14. Mai 2010.

[14] Richmond, P.; Walker, D.; Coakley, S.; Romano, D.: *High performance cellular level agent-based simulation with FLAME for the GPU*. Briefings in Bioinformatics. Februar 2010.

Konfliktreduzierende Informationsfusion zur Maschinendiagnose am Beispiel von Extrusionsanlagen

Karl Voth[1], Alexander Dicks[1], Miriam Sasse[2], Klaus Becker[3] und Volker Lohweg[1]

[1]inIT, Institut für industrielle Informationstechnik, Hochschule Ostwestfalen-Lippe, Liebigstr. 87, D-32657 Lemgo
[2]PMP, Institut für Polymere Materialien und Prozesse, Kunststofftechnik Paderborn, Universität Paderborn, Warburger Straße 100, D-33098 Paderborn
[3]battenfeld-cincinnati Germany GmbH, Königstraße 53, D-32547 Bad Oeynhausen

1 Einführung

Der internationale Maschinen- und Anlagenbau profitiert zunehmend von neuen Konzepten und Entwicklungen, welche stark von der Informatik, Informationstechnologien (IT) und der industriellen Automation getrieben werden. Der Forschungsbedarf in diesem Feld motiviert sich aus der Tatsache, dass die IuK-Technologien in den seltensten Fällen direkt in Industrieanwendungen eingesetzt werden können. Die allumfassende zuverlässige Vernetzung von Sensoren, Aktoren und massiv-softwaregestützten informationsverarbeitenden Systemen [1] wird den Maschinen- und Anlagenbau und angrenzende Branchen zukünftig stark dominieren. Weiterhin spielt die Modellierung und Diagnose von Maschinen und Anlagen eine bedeutende Rolle. Hinzu kommen beispielsweise die Fernwartung von Maschinen und die Sensor- und Informationsfusion für die zustandsorientierte und vorausschauende Maschinenwartung sowie Industrielle Bildverarbeitung und Mustererkennung als eine Schlüssel-Technologie für die Qualitätssicherung in produzierenden Unternehmen [2].

Die *Informationsfusion* bezeichnet nach [3] ein Bezugssystem, welches Werkzeuge für die Kombination von unterschiedlichen Quellen beinhaltet. Ziel sei die Generierung höherwertiger Informationsqualität, wobei die Definition einer „höheren Qualität" abhängig von der Anwendung sei. Die Fusion kann auf mehreren Abstraktionsebenen durchgeführt werden. Dazu gehört die *Signalebene*, die *Merkmalsebene* und *Symbolebene* [4]. Auf der Signalebene werden die Signale der Einzelsensoren direkt miteinander kombiniert, auf der Merkmalsebene werden Signaldeskriptoren miteinander fusioniert und auf der Symbolebene geht im Allgemeinen eine Klassifikation der eigentlichen Fusion voraus. Für die Überwachung einer gesamten Anlage ist eine Fusion auf der Merkmalsebene oder Symbolebene sinnvoll. Durch eine Wahl geeigneter Signaldeskriptoren können die Informationen gezielt verdichtet und heterogene Informationsquellen in Echtzeit kombiniert werden. Die Sensor- und Informationsfusion wird in vielen Gebieten eingesetzt. Dazu gehören die Robotik, Militärtechnik, Messtechnik und die Fertigungstechnik. Zu den eingesetzten Fusionsmethoden zählen z. B. die parametrischen Ansätze, bestehend aus merkmalsbasierten Ansätzen (gewichteter Mittelwert, Kalman-Filter), probalistischen Ansätzen, fuzzy-basierten Methoden und neuronalen Ansätzen. Die Dempster-Shafer-Theorie und deren Abwandlungen können als Generalisierung der Bayes'schen Statistik angesehen werden. Einige Fusionsmethoden und Anwendungen werden in [5] diskutiert.

Ziele der Informationsfusion sind unter anderem die Erkennung und Klassifikation von Objekten, die Erhöhung der Robustheit von Messwerten und eine Zustandsschätzung.

Laut der Technologie-Roadmap für die Messtechnik in der industriellen Produktion „Fertigungsmesstechnik 2020" der VDI/VDE-Gesellschaft Mess- und Automatisierungstechnik ist die Sensor- und Informationsfusion aufgrund ihrer Komplexität allerdings noch nicht im industrienahen Umfeld etabliert [6]. Aufgrund der Anforderung an Robustheit und Zuverlässigkeit der Anlagen konnte bisher noch kein generalisierter, leicht zu implementierender, wartungsfreier Fusionsansatz etabliert werden. Dabei eröffnen sich mit der Informationsfusion neue Möglichkeiten, die Produkt- und Prozessqualität stabil zu halten und robuste Entscheidungen über den Maschinenzustand und somit eine vorbeugende Wartung zu ermöglichen.

Dieser Aufsatz zeigt eine Möglichkeit zur Sensor- und Informationsfusion auf, welche die Fusion heterogener Informationsquellen ermöglicht. Angelehnt an das *Balanced Two-Layer Conflict Soving* (BalTLCS) [7, 8, 9] wird ein auf Fuzzy Sets basierender Fusionsansatz diskutiert, der paarweise Konflikte berücksichtigt und eine mehrstufige Kombination von Informationen, die auf einer typischen sozio-phsychologischen Entscheidungsfindung innerhalb von Sozial- oder Experten-Gruppen beruht, ermöglicht. Psychologisch erfolgt die Entscheidungsfindung grundsätzlich in drei Stufen: individuell, in einer Gruppe und organisatorisch [10, 11]. Auf diesen drei Ebenen sind Konflikte unausweichlich und müssen gelöst werden. Im Alltag existieren viele Möglichkeiten zur Konfliktreduzierung und Entscheidungsfindung. Zum einen kann eine demokratische Mehrheitsentscheidung getroffen werden. Hierbei wird über eine Sachlage abgestimmt und das Gesamtergebnis von der Mehrheit bestimmt. Die Gefahr dabei besteht allerdings darin, dass einzelne stark abweichende Meinungen nicht berücksichtigt werden, auch wenn deren Einwände durchaus wichtig für die Entscheidung sind. Zum anderen besteht die Möglichkeit darin, erste Konflikte in vorausgehenden Gesprächen zu lösen. Experten tauschen sich in kleinen Gruppen über eine Sachlage aus und suchen nach einem Konsens. Anschließend wird darüber in einer größeren Gruppe diskutiert und eine Entscheidung getroffen. Der zweite Ansatz soll in diesem Paper verfolgt werden.

Dieser Aufsatz gibt eine Einführung in die konfliktreduzierende Informationsfusion, basierend auf einem sozio-psychologischen Ansatz zur Konfliktreduktion sozialer Gruppen. Basierend auf dem BalTLCS wird die Informationsfusion am Beispiel einer Rohrextrusionsanlage gezeigt. Zu Beginn werden grundlegende, zum Verständnis des Papers erforderliche Zusammenhänge erläutert. Anschließend erfolgt die Beschreibung der Funktionsweise des Fusionsalgorithmus am Beispiel der Rohrextrusionsanlage. Abschließend wird der Aufsatz zusammengefasst und ein Ausblick auf weitere Arbeiten gegeben.

2 Rohrextrusionsanlage

In diesem Abschnitt wird die Funktionsweise des Untersuchungsobjektes „Rohrextrusionsanlage" erläutert und auf die genutzte Messtechnik eingegangen. Darüber hinaus werden die Anforderungen an eine Informationsfusion zur Diagnose der Anlage diskutiert.

2.1 Funktionsweise

Anhand des Bildes 1 kann der Prozess der Rohrextrusion veranschaulicht werden. Über einen Trichter wird der Extruder mit rieselfähigem oder pulverförmigem (Kunststoff-)Granulat versorgt. Im Zylinder des Extruders rotierten eine oder mehrere Schnecken.

Durch diese Bewegung wird Friktionswärme (Reibungswärme) erzeugt. Zusätzlich erwärmen Heizbänder den Zylinder. So wird das Material über die Länge des Extruders aufgeschmolzen, homogenisiert und zur Schneckenspitze transportiert. Die heiße Schmelze wird kontinuierlich durch ein Werkzeug in die gewünschter Form gepresst. In der Kalibriereinheit drückt das Vakuum die Schmelzefahne an die Kalibrierungsinnenfläche und die Wasserkühlung führt zur endgültigen Ausprägung der Form. Am Ende der Kühlstrecke ist das Rohr vollständig ausgehärtet. Eine Abzugseinrichtung sorgt für den Transport des Rohres. Die nachgeschaltete Ablängvorrichtung konfektioniert das Rohr auf die gewünschte Länge. Eine ausführlichere Beschreibung des Extrusionsprozesses ist in [12, 13] zu finden.

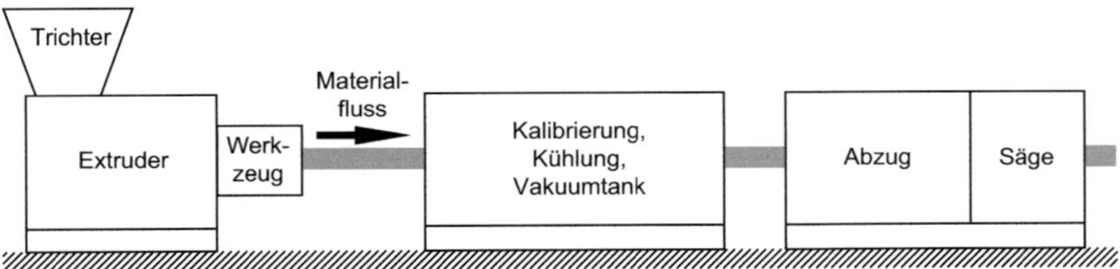

Bild 1: Komponenten einer Rohrextrusionsanlage nach [14].

Beim Erwerb der Anlage können die Anzahl der Heizzonen, die Geometrie der Schnecke und des Extruders, die Geometrie der Kalibrierung und andere Einzelheiten individuell verändert werden. Die für Versuche zur Verfügung stehende Anlage ermöglicht eine Produktgeschwindigkeit von bis zu $3.8 \frac{m}{min}$. Es werden Rohre mit einem Außendurchmesser von 50 mm produziert. Die Gesamtlänge der Anlage vom Materialeinlass bis zur Konfektionierung beträgt ca. 13 m.

2.2 Messtechnik

In einer Extrusionsanlage ist eine Vielzahl von Sensoren integriert. Neben Messdaten, die benutzt werden, sind auch Messgrößen vorhanden, die vom System nicht genutzt, sondern ausschließlich visualisiert und dem Maschinenbediener zur Interpretation zur Verfügung gestellt werden. Die untersuchte Extrusionsanlage weist die in Bild 2 aufgeführte Messtechnik auf. Im Trichter ist eine Waage integriert, welche die Masse des darin enthaltenen Materials bestimmt. Die Ableitung nach der Zeit gibt einen Wert für den Massedurchsatz an. Darüber hinaus enthält der Trichter auch einen Temperatursensor zur Messung der Materialtemperatur. Dieser Sensor ist allerdinges nicht immer mit Material bedeckt und misst, sobald das Rohmaterial einen gewissen Füllstand unterschritten hat, die Umgebungstemperatur.

Um das Extrudat zur Schmelze zu verarbeiten, enthält der Extruder vier Temperaturzonen, die auf unterschiedlichen Temperaturen geregelt betrieben werden können. Die einzustellenden Temperaturprofile hängen von den physikalischen und chemischen Eigenschaften des Materials ab. Die Schneckendrehzahl beeinflusst den Materialdurchsatz. Das Drehmoment des Antriebes resultiert aus der Trägheit der Schnecke, den Reibungen in den Lagern und des zu bewegenden Materials. Am Ausgang des Extruders ist ein Drucksensor angebracht. Dieser misst den Schmelzedruck, welcher wiederum von der Materialart,

Trichter: - Materialtemperatur - Massedurchsatz			
Extruder: - Temperatur (Ist, 4 Zonen) - Temperatur (Soll, 4 Zonen) - Heiz-, Kühlleistung (4 Zonen) - Schneckendrehzahl (Istwert) - Schneckendrehzahl (Sollwert) - Antrieb Drehmoment	**Werkzeug:** - Temperatur (Ist, 4 Zonen) - Temperatur (Soll, 4 Zonen) - Schmelzetemperatur - Schmelzedruck	**Vakuumtank:** - Luftdruck - Wassertemperatur (Eingang) - Wassertemperatur (Ausgang) - Wasserdurchfluss	**Abzug:** - Raupengeschwindigkeit - Produktgeschwindigkeit - Drehmoment (Raupenabzug)

Bild 2: Messtechnik in einer Extrusionsanlage. Dargestellt ist ein Teil der integrierten Sensorik.

Drehzahl, Drehmoment, etc. abhängt. Das Werkzeug ist für die Formung des Materials zuständig und enthält ebenfalls vier geregelte Temperaturzonen. Darüber hinaus ist ein Sensor zur Messung der Schmelzetemperatur integriert.

Die Kühlung und Stabilisierung der Form wird bei der betrachteten Anlage im Vakuumtank durchgeführt. Der Luftdruck gibt den Grad des Vakuums an und beeinflusst die Formstabilität. Die Wassertemperaturdifferenz im Vakuumtank ist zusammen mit dem Wasserdurchfluss ein Kennwert für die abgegebene Kühlleistung an das Kunststoffrohr. Am Ausgang des Vakuumtankes wird die Oberflächentemperatur des Produktes gemessen. Kann die Produktion stabil gehalten werden, bleibt die Oberflächentemperatur ebenfalls konstant. Sobald Wanddicken- und Geschwindigkeitsänderungen auftreten, sind bei der signifikante Änderungen in der Oberflächentemperatur wahrnehmbar. Einschränkend sein angemerkt, dass dieser Zusammenhang mit zunehmendem Durchsatz und bei höheren Wanddicken abnimmt.

Am Anfang der Abzugseinheit misst ein Laufrad die Produktgeschwindigkeit. Der Abzug stellt das Drehmoment und die Abzugsgeschwindigkeit zur Verfügung.

2.3 Anforderungen an die Sensor- und Informationsfusion

Eine Rohrextrusionsanlage besteht aus verteilten Einzelsystemen, deren gemeinsames Element das Materia bzw. Produkt ist. Es existieren spatio-temporale Zusammenhänge, die bei der Fusion zu berücksichtigen sind. Außerdem muss aufgrund der Modularität der zentralen Diagnose der Anlage eine dezentrale Inspektion der einzelnen Komponenten bzw. Attribute vorangehen. Kausal in einem hohen Maße zusammenhängende Sensorinformationen müssen zusammengefasst und die durch diese Sensorgruppen beobachteten Attribute bzw. Effekte definiert werden. Der Sensor für den Wasserdurchfluss im Vakuumtank hängt zum Beispiel nicht kausal mit den Temperaturen in den Heizzonen des Extruders zusammen. Daher ist eine gesonderte Betrachtung dieser Sensoren notwendig.

Im Investitionsgüterbereich passen die Hersteller ihre Anlagen den Kundenwünschen an. Auch bei den Rohrextrusionsanlagen ist eine Individualisierung, wie oben bereits erwähnt, möglich. Diese Tatsache erfordert eine Flexibilität beim Lernen und Adaptieren der Überwachungseinheiten. Ein einmaliges Lernen bspw. vor der Auslieferung der Anlage ist daher nicht möglich. In der Rohrextrusionsanlage soll ein automatisches Lernen während der Produktion anhand der akquirierten Daten möglich sein. Hierbei ist zwischen zwei Szenarien zu unterscheiden. Die Rohrextrusionsanlage erreicht nach Produktionsbeginn einen stabilen Arbeitsbereich. Sobald sich der Prozess nach dem Anfahren stabilisiert hat, d. h. alle überwachten Parameter wie Temperaturen und Drücke stabil sind, dienen diese stationären Werte als Lerndaten. Sobald Störgrößen in das System eingreifen, wird eine Abweichung vom gelernten Arbeitspunkt registriert und der Zustand sowohl der Attribute als auch der gesamten Anlage herabgestuft. Hierbei gilt es zu unterscheiden, ob die Störungen gewollt sind (Änderung der Sollgrößen, Wechsel des zu verarbeitenden Materials) oder andere Einflüsse den Prozess aus ihrem Arbeitspunkt bewegen. Wird die Anlage durch die manuelle Änderung von Parametern in einen neuen Arbeitspunkt geführt (Änderung von Temperaturprofilen, Produktionsgeschwindigkeit, Material, etc.), muss eine Adaption der Lerndaten erfolgen. Dies geschieht, sobald ein neuer, stabiler Arbeitsbereich erreicht ist.

Bedingung für ein automatisches Lernen und eine Selbstadaption ist allerdings, dass der Maschinenbediener die Anlage manuell in eine stabile „Gut"-Produktion führt. Verfügt eine Anlage über ein Inspektionssystem, das die Produktqualität überprüft, kann damit ebenfalls ein automatisches Lernen und eine Adaption angestoßen werden.

3 Fuzzy-basierte, konfliktreduzierende Informationsfusion

Angelehnt an das in [8] eingeführte BalTLCS-Konzept wird in diesem Abschnitt ein Fusionsalgorithmus vorgestellt, dessen Vorgehensweise im Bild 3 dargestellt ist.

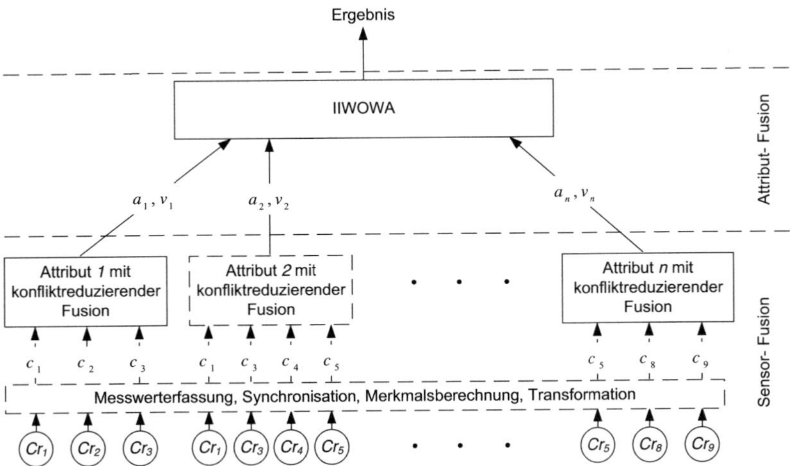

Bild 3: Sensorfusion unter Berücksichtigung der Wichtigkeit von Attributen. Zu Beginn der Fusion erfolgt eine Vorverarbeitung der Daten, die eine Synchronisation, Merkmalsberechnung und Transformation beinhaltet. Die aus den überwachten Kriterien Cr_i resultierenden Zugehörigkeitswerte c_i werden dem konfliktreduzierenden Fusionsansatz in den jeweiligen Attributen zugeführt. Anschließend werden die daraus resultierenden Ergebnisse a_i und die Wichtigkeit der Attribute v_i der abschließenden Aggregation mittels IIWOWA bereitgestellt.

Zu Beginn des Abschnittes wird der verfolgte Lernansatz vorgestellt. Anschließend erfolgt die Einführung in die konfliktreduzierende Informationsfusion von der individuellen Ebene über die Gruppenebene bis hin zur Gesamtebene.

3.1 Lernen und Selbstadaption

Der im Folgenden vorgestellte Ansatz erfüllt die Anforderungen aus Abschnitt 2.3 bezüglich eines schnellen Lernens und einer Selbstadaption während des Betriebs. Darüber hinaus ermöglicht er durch die Fuzzyfizierung der Merkmale eine Vergleichbarkeit der Kriterien. Informationen können somit unabhängig von ihrer physikalischen Größe miteinander kombiniert werden.

Das Lernen geschieht analog zum *Modified-Fuzzy-Pattern-Classifier* (MFPC), der eine hardware-optimierte Modifikation des *Fuzzy-Pattern-Classifiers* (FPC) nach Bocklisch [15] ist. Eine ausführliche Erklärung des MFPC ist in [17] zu finden. Die Struktur des MFPC ist im Vergleich zum FPC derart modifiziert, dass die Implementierung der Mustererkennung auf *Field Programmable Gate Arrays* (FPGA) zur echtzeitfähigen Diagnose möglich ist. Basierend auf Zugehörigkeitsfunktionen

$$\mu(x, \boldsymbol{p}) = 2^{-d(x,\boldsymbol{p})}, \text{ mit } d(x, \boldsymbol{p}) = \left(\frac{|x - S|}{C} \right)^{D}, \tag{1}$$

ist der MFPC ein nützlicher Ansatz zum Modellieren und Klassifizieren komplexer Systeme. Die Variable x bezeichnet den zum Kriterium Cr_i zugehörigen Signaldeskriptor. Der Vektor $\boldsymbol{p} = (S, C, D)$ definiert die Eigenschaften der Zugehörigkeitsfunktion. Namentlich sind es der Mittelwert

$$S = \frac{1}{N} \sum_{i=0}^{N-1} x_i, \tag{2}$$

die Breite

$$C = (\max(x_0...x_{N-1}) - \min(x_0...x_{N-1})) + C_E \tag{3}$$

und die Steilheit der Flanken D. Der Tuning-Parameter C_E und die Flankensteilheit D können sowohl vom Experten festgelegt als auch angelernt werden [16]. Die Breite und der Schwerpunkt der Zugehörigkeitsfunktion können automatisch während der Trainingsphase bestimmt werden [17]. Das Ergebnis ist eine unimodale, symmetrische Potentialfunktion, deren Schwerpunkt im Mittelwert S liegt.

Für die Applikation wird zu jedem Kriterium jeweils eine Zugehörigkeitsfunktion parametriert, welche den Zugehörigkeitsgrad des Kriteriums zum erlernten Arbeitspunkt angibt. Die Festlegung von D und C_E erfolgt zur Zeit noch empirisch. Sobald vom System ein Lernvorgang oder die Adaption an einen neuen Arbeitspunkt angestoßen worden ist, werden Schwerpunkt und Breite der Zugehörigkeitsfunktionen automatisch bestimmt.

3.2 Ermittlung paarweiser Konflikte

Ist der Lernvorgang (bzw. die Adaption) abgeschlossen und eine Transformation mit Hilfe von Potentialfunktionen durchgeführt, liegen zu jedem Merkmal Zugehörigkeitsgrade zum erlernten Arbeitspunkt vor. Jedes Attribut $A = \{Cr_1, Cr_2, ..., Cr_i, ..., Cr_n\}$ beinhaltet n Kriterien. Der Zugehörigkeitsgrad $c_i = \mu_{Cr_i}(x)$ eines Kriteriums Cr_i zum erlernten Arbeitspunkt wird durch eine Zugehörigkeitsfunktion $\mu_{C_i} : X \to [0,1]$ beschrieben. Das Komplement zum Zugehörigkeitsgrad wird mit $c_i^c = 1 - c_i$ bezeichnet. Es gibt an, zu welchem Grad das Kriterium dafür spricht, dass sich das Kriterium *nicht* im Arbeitspunkt befindet.

Da sich die Aussagen verschiedener Kriterien zur Zugehörigkeit nicht vollständig decken, entstehen Diskrepanzen, die zu lösen sind. Der in diesem Aufsatz vorgestellte Ansatz schlägt eine paarweise Konversation vor. Angelehnt an die Idee der Konfliktlösung in [8] wird ein Konfliktkoeffizient

$$k_\mu = \sum_{i=1}^{n} \sum_{k=1, k \neq i}^{n} c_i \cdot c_k^c \tag{4}$$

berechnet. Das Produkt aus zwei Zugehörigkeitsgraden ist eine Aggregation mittels eines Fuzzy-t-norm-Operators und entspricht nach [18] einer „starken" Konjunktion. Zur Ermittlung eines paarweisen Konfliktes wird die Konjunktion eines Zugehörigkeitsgrades mit dem Komplement eines zweiten Zugehörigkeitsgrades gebildet. Die individuell zwischen den einzelnen Sensoren vorliegenden Konflikte werden anschließend mittels Addition zu einem globalen Konfliktmaß zusammengefasst.

Da das globale Konfliktmaß von der Anzahl der Kombinationsmöglichkeiten abhängt und in diesem Fall von einem paarweisen Konflikt ausgegangen werden soll, muss das Maß normiert werden:

$$^N k_\mu = \frac{k_\mu}{B_c(n)}, \tag{5}$$

mit $B_c(n) = \binom{n}{2}$ (n ist die Anzahl der Kriterien). Der normierte Konfliktkoeffizient bewegt sich somit im Intervall $0 \leq\ ^N k_\mu \leq 1$ [8], wobei $^N k_\mu = 0$ einen konfliktfreien Fall darstellt.

3.3 Konfliktreduzierende Informationsfusion

Die konfliktreduzierende Informationsfusion auf der Gruppenebene enthält zwei Bestandteile. Der erste Teil besteht aus einer paarweisen Konjunktion der Zugehörigkeitsgrade und wird als konfliktfreier Teil bezeichnet:

$$\mu_{nc} = \frac{1}{B_c(n)} \sum_{i=1}^{n-1} \sum_{k=i+1}^{n} c_i \cdot c_k. \tag{6}$$

Er beinhaltet die Addition von paarweisen Konjunktionen der Zugehörigkeitsgrade zum Arbeitspunkt.

Der konfliktbehaftete Anteil wird, angelehnt an [8], durch den normierten Konfliktkoeffizienten $^N k_\mu$ gesteuert und ergibt sich zu

$$\mu_c = \frac{k_\mu}{B_c(n)} \cdot \frac{1}{n} \sum_{i=1}^{n} c_i. \tag{7}$$

Er beinhaltet den arithmetischen Mittelwert aller Zugehörigkeitsgrade und soll im Falle eines hohen Konfliktes sicherstellen, dass auch einzelne, stark abweichende Aussagen berücksichtigt werden.

Beide Teile (Gleichungen (6) und (7)) werden additiv miteinander verknüpft und ergeben den Zugehörigkeitsgrad a eines Attributes zum erlernten Arbeitspunkt :

$$a = \mu_c + \mu_{nc} = \frac{1}{B_c(n)} \left(\frac{k_\mu}{n} \sum_{i=1}^{n} c_i + \sum_{i=1}^{n-1} \sum_{k=i+1}^{n} c_i \cdot c_k \right). \tag{8}$$

Die Gleichung (8) ermöglicht somit eine Balance zwischen konfliktbehaftetem und konfliktfreiem Anteil.

3.4 Konfliktabhängige Fusion auf der Gesamtebene

Nachdem die Informationen auf der individuellen Ebene und Gruppenebene kombiniert worden sind, steht die Fusion auf der organisatorischen Ebene an. Das Ergebnis dieser Fusion gibt den Gesamtzustand der Anlage wieder. Es ist zu klären, ob die Maschine gemäß der Lerndaten arbeitet, oder ob Abweichungen einzelner Attribute vom Arbeitspunkt festzustellen sind. Auf der organisatorischen Ebene geht es um die Frage, wann ein Eingriff seitens des Maschinenbedieners erforderlich ist. Bei der Aggregation ist zum einen darauf zu achten, dass sämtliche Attribute einbezogen werden. Zum anderen soll sich das Ergebnis dieser Aggregation am Attribut, das am schlechtesten bewertet wird, orientieren, da bereits der Defekt einzelner Attribute zum Ausfall der Produktion führen kann.

Der *Ordered Weighted Averaging* (OWA) -Operator [19, 20] führt eine derartige Verknüpfung durch. Er ermöglicht eine „Und"-ähnliche oder auch eine „Oder"-ähnliche Aggregation. Die *Orness* gibt an, wie optimistisch eine Aggregation ist: je niedriger die Orness einer Aggregation, desto pessimistischer ist das Ergebnis (es tendiert gegen das Minimum). Der OWA-Operator berechnet eine gewichtete Summe der Zugehörigkeitsgrade der Attribute $a = (a_1, a_2, ..., a_i, ..., a_n)$ zum erlernten Arbeitspunkt. Der zentrale Punkt ist die Sortierung der Argumente $a_i \in [0, 1]$ vor deren Aggregation. Anschließend wird jedes Argument mit einem Gewicht an einer spezifischen Stelle assoziiert. Ein OWA-Operator ist ein Mapping $\lambda_{\mathrm{OWA}} \colon [0, 1]^n \to [0, 1]$ mit einem assoziierten Gewichtsvektor [20]

$$\boldsymbol{w} = (w_1, w_2, ..., w_i, ..., w_n). \tag{9}$$

Die Aggregation der Argumente erfolgt mittels

$$\lambda_{\mathrm{OWA}}(\boldsymbol{w}, \boldsymbol{a}) = \sum_{i=1}^{n} w_i a_{(i)}, \tag{10}$$

mit $a_{(1)} \geq a_{(2)} \geq ... \geq a_{(i)} \geq ... \geq a_{(n)}$. Die Klammern um die Indizes kennzeichnen eine vorangegangene Sortierung der Argumente. Die Charakteristik eines OWA-Operators kann anhand seiner Oder-Ähnlichkeit (*Orness*)

$$Orness(\boldsymbol{w}) = \frac{1}{n-1} \cdot \sum_{i=1}^{n} (n - i) \cdot w_i \tag{11}$$

beschrieben werden. Die *Andness* α ist das Komplement zur *Orness*. Zur Bestimmung der OWA-Gewichte sei auf [21] verwiesen.

In einer Informationsfusion kann sich die Wichtigkeit einzelner Quellen unterscheiden. Bestimmte Quellen können aufgrund ihrer hohen Aussagekraft höher gewichtet werden als der Rest. Daher bietet sich eine Erweiterung des OWA-Operators um einen Wichtigkeitsvektor

$$v = (v_1, v_2, ..., v_i, ..., v_n), \tag{12}$$

mit $v_i \in [0, 1]$, $\forall\, i$, und $\max_i (v_i) = 1$ an. Der *Importance Weighted OWA* (IWOWA) - Operator ist nach [22] wie folgt definiert:

$$\lambda_{\text{IWOWA}}(\boldsymbol{v}, \boldsymbol{w}, \boldsymbol{a}) = \sum_{i=1}^{n} w_i b_{(i)}, \tag{13}$$

mit $b_{(1)} \geq b_{(2)} \geq ... \geq b_{(i)} \geq ... \geq b_{(n)}$ und $b_i = h_{\text{OWA}}^{\alpha}(v_i, a_i) = \alpha + v(a - \alpha)$ [22]. Unter der Annahme, dass die Glaubwürdigkeit des Gesundheitszustandes eines Attributes (und somit auch seine Wichtigkeit im Fusionsprozess) mit zunehmendem Konflikt sinkt, soll für die Ermittlung der Wichtigkeit v_i eines Attributes der normierte Konfliktfaktor $^N k_\mu$ verwendet werden:

$$v_i = 1 - {}^N k_{\mu_i}. \tag{14}$$

Um eine Äquivalenz zum gewichteten arithmetischen Mittelwert zu erreichen, muss der IWOWA-Operator zwischen $\lambda_{\text{IWOWA}}(\boldsymbol{v}, \boldsymbol{w}, 0)$ und $\lambda_{\text{IWOWA}}(\boldsymbol{v}, \boldsymbol{w}, 1)$ normiert werden und resultiert somit im *Implicative IWOWA* (IIWOWA)-Operator [23]:

$$\lambda_{\text{IIWOWA}}(\boldsymbol{v}, \boldsymbol{w}, \boldsymbol{a}) = \frac{\lambda_{\text{IWOWA}}(\boldsymbol{v}, \boldsymbol{w}, \boldsymbol{a}) - \lambda_{\text{IWOWA}}(\boldsymbol{v}, \boldsymbol{w}, 0)}{\lambda_{\text{IWOWA}}(\boldsymbol{v}, \boldsymbol{w}, 1) - \lambda_{\text{IWOWA}}(\boldsymbol{v}, \boldsymbol{w}, 0)}. \tag{15}$$

Der Fusionsansatz enthält somit folgende Schritte: Die Zugehörigkeit der einzelnen Attribute zum erlernten Arbeitspunkt wird mittels konfliktreduzierender Informationsfusion nach Gleichung (8) bestimmt. Anschließend erfolgt eine „Und"-ähnliche Aggregation der Zugehörigkeitsgrade aller Attribute zum erlernten Arbeitspunkt mithilfe der Gleichungen (13) bis (15).

4 Evaluation der konfliktreduzierenden Informationsfusion an einer Rohrextrusionsanlage

In diesem Abschnitt wird auf die Evaluation des im Abschnitt 3 eingeführten Fusionskonzeptes eingegangen. Zu Beginn wird die Vorgehensweise zur Informationsfusion an der Anlage erläutert. Anschließend wird der Ansatz anhand eines Versuches diskutiert.

4.1 Vorgehensweise zur Informationsfusion an einer Rohrextrusionsanlage

Die Informationsfusion und Diagnose wird online während der Produktion durchgeführt. Ist der Lernvorgang abgeschlossen, besteht die Informationsfusion an der Rohrextrusionsanlage aus folgenden Schritten:

- **Erfassung der Sensordaten:** An der Pilotanlage gibt eine modifizierte Steuerung die Messdaten aller Sensoren über ein proprietäres Ethernet-Protokoll aus. Mit einer Abtastfrequenz von 2 Hz können Daten der Informationsfusion zugeführt und verarbeitet werden. Zusätzlich zu den kontinuierlichen Istwerten wie Temperaturen, Drücke und Drehmomente stehen dem System noch Sollwerte der geregelten

Größen zur Verfügung. Außerdem werden auch logische Werte (Anlage aktiv, Vorschub aktiv, Abzug aktiv, etc.) übergeben und können von dem Fusionsalgorithmus genutzt werden.

- **Synchronisierung:** Da die Sensoren einen zeitlichen und räumlichen Versatz aufweisen, ist eine von der Produktgeschwindigkeit abhängige Synchronisierung durchzuführen.

- **Berechnung von Signaldeskriptoren (Merkmalen):** In diesem Schritt werden Merkmale der Signale gebildet. Dazu gehören unter anderem der Mittelwert, die Standardabweichung und die Amplitude.

- **Transformation:** Da unterschiedliche physikalische Größen miteinander kombiniert werden, muss vor der Fusion die Transformation in einen einheitlichen Raum erfolgen. Dies geschieht mit Hilfe von Potentialfunktionen, die im Lernvorgang nach Abschnitt 3.1 gebildet werden. Die transformierten Werte beschreiben die Zugehörigkeit der Größen zu dem gelernten Arbeitspunkt. Verlässt eine überwachte Größe den Arbeitspunkt, sinkt deren Zugehörigkeitswert.

- **Konfliktreduzierende Informationsfusion:** Nach der Bestimmung der Zugehörigkeitswerte werden diese innerhalb ihrer Attribute kombiniert. Als Ergebnis erhält man zwei Vektoren mit den Aussagen, ob sich die einzelnen Attribute jeweils im Arbeitspunkt befinden und welcher Konflikt bei der Kombination der Einzelsensoren entstanden ist.

- **Bestimmung des Gesamtzustandes:** Die Konflikt- und Ergebnisvektoren werden nun mit Hilfe einer pessimistischen Aggregation (hohe *Andness*) zu einem Gesamtergebnis zusammengefügt. Die in den Attributen entstandenen Konflikte dienen hierbei als Steuerparameter für die Wichtigkeit (Glaubwürdigkeit) der fusionierten Ergebnisse.

4.2 Evaluation

Der Übersichtlichkeit halber liegt den hier vorgestellten Ergebnissen die Fusion dreier Attribute zugrunde, welche die in dem Versuch durchgeführten Manipulationen registrieren können:

- Das erste Attribut beschreibt die Materialbeförderung (Extrudat und Schmelze) durch den Extruder. Kriterien sind die Leistung, das Drehmoment des antreibenden Motors und der Schmelzedruck.

- Das zweite Attribut beschreibt die Energiezufuhr zum Extruder. Kriterien sind die Temperatur-Regelfehler der vier Temperaturzonen.

- Das dritte Attribut beschreibt das Vakuum im Vakuumtank. Kriterium ist der Luftdruck im Vakuumtank.

Die Grundlage für die Evaluation der Fusionsansätze bildet ein Versuch, in dem die Änderung der Produktionsgeschwindigkeit zu einer Verschiebung des Arbeitspunktes führte.

Die Erhöhung der Produktionsgeschwindigkeit destabilisierte darüber hinaus die Extrusionsanlage, da der Schmelzedurchsatz in dem Versuch nicht stabilisiert werden konnte. Dies führte zu einer instabilen Schmelzefahne am Werkzeugausgang und somit zu signifikanten Durchmesserschwankungen beim Produkt. Die Instabilität musste im Laufe des Versuches mehrmals manuell korrigiert werden, um einen Materialstau zwischen Werkzeug und Kalibriereinheit und somit auch einen Produktionsstillstand zu verhindern. Das Zurücksetzen der Produktgeschwindigkeit auf den Ursprungswert führte anschließend zu einer Stabilisierung des Prozesses.

Das Fusionsergebnis des Versuches ist im Bild 4 dargestellt. Auf der Abszisse ist die Uhrzeit aufgetragen, die Ordinate beinhaltet den *Gesundheitszustand* der Anlage als graduellen Zugehörigkeitswert zum erlernten Arbeitspunkt.

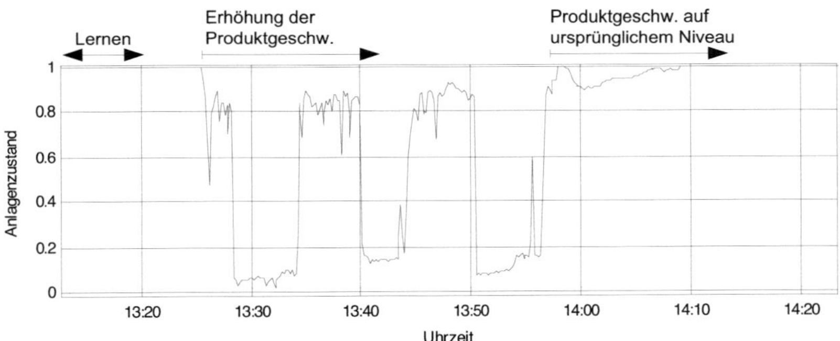

Bild 4: Maschinenzustand, ermittelt durch die Fusion auf individueller, Gruppen- und organisatorischen Ebene.

Nach anfänglicher „Gut" -Produktion wird um ca. 13:25 Uhr die Produktionsgeschwindigkeit der Anlage erhöht. Das führt zu einer Herabstufung der Maschinengesundheit, da einzelne überwachte Größen ihren Arbeitspunkt verlassen. Verläuft die Anpassung der Produktionsgeschwindigkeit problemlos, ist eine Stabilisierung der Maschinenzustandes zu erwarten. In dem durchgeführten Versuch tritt dies auch zunächst auf. Um 13:28 Uhr verschlechtert sich der Maschinenzustand allerdings besonders stark. Der Vakuumeinbruch wird durch eine instabile Schmelzefahne vor dem Kalibrator hervorgerufen. Durch manuelle Eingriffe zwischen Werkzeug und der Kalibriereinheit wird das Vakuum um ca. 13:35 Uhr wieder hergestellt. Dieser Fehler tritt zwei weitere Male um 13:42 Uhr und 13:50 Uhr auf. Ab ca. 13:55 Uhr wird die Produktgeschwindigkeit wieder auf ihren ursprünglichen Wert gesetzt. Dies führt zur Stabilisierung des Prozesses, was sich auch im Anlagenzustand niederschlägt.

Bild 5 zeigt den jeweiligen Zugehörigkeitsgrad zum erlernten Arbeitspunkt und die Wichtigkeit der drei oben definierten Attribute. Sobald die Produktgeschwindigkeit erhöht wird, weist das Attribut für die Materialbeförderung eine Abweichung vom angelernten Arbeitspunkt auf. Zugleich sinkt auch dessen Glaubwürdigkeit, weil die Kriterien nicht gleichermaßen auf diesen speziellen Eingriff reagieren. Darüber hinaus ist die Herabstufung der Glaubwürdigkeit darauf zurückzuführen, dass die Aggregation der Zugehörigkeitsgrade zur Ermittlung des Konfliktes durch den t-norm Operator stark konjunktiv ist.

D. h. auch wenn zwei Kriterien denselben Zugehörigkeitswert $0 < c_i < 1$ angeben, besteht dennoch laut Gleichung (4) ein Konflikt zwischen ihnen.

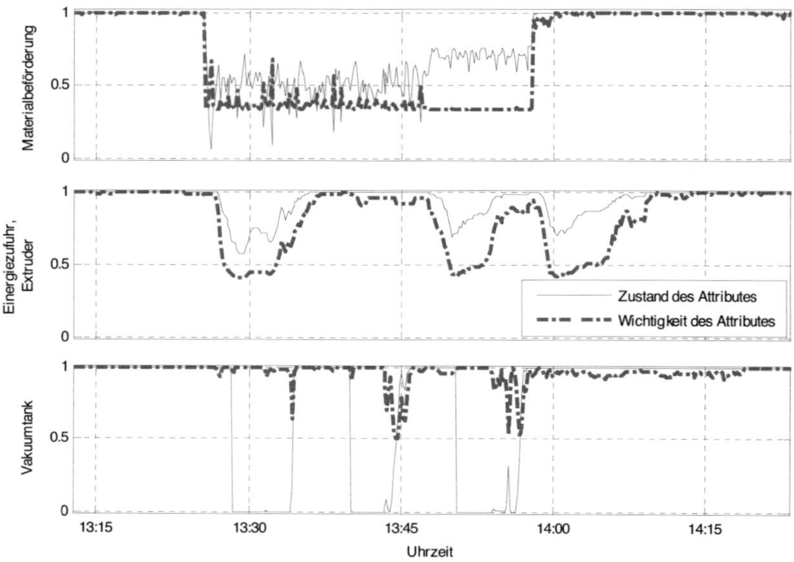

Bild 5: Zustand und Wichtigkeit der Attribute.

Wird eine pessimistische, mittelnde Aggregation der Attributszustände durchgeführt, d. h. das Gesamtergebnis tendiert zum Minimum, kann eine hohe Sensibilität erreicht werden. Sobald ein Attribut eine Verschlechterung seines Zustandes signalisiert, folgt das Gesamtergebnis dieser Aussage. Wird eine Aggregation der Attributzugehörigkeiten zum Arbeitspunkt mit dem IIWOWA-Operator durchgeführt, wird bei der abschließenden Kombination aller Attribute auch deren intern entstandener Konflikt berücksichtigt. Unter der Prämisse, dass die Glaubwürdigkeit eines Attributes mit zunehmendem Konflikt sinkt, sinkt auch dessen Einfluss auf das Gesamtergebnis.

5 Zusammenfassung und Ausblick

Die vorliegende Arbeit befasst sich mit der konfliktlösenden Informationsfusion im industriellen Umfeld. Es wird ein Ansatz vorgestellt, der eine Kombination von Sensordaten ermöglicht und bei der abschließenden Kombination der Attributszustände den Konflikt berücksichtigt. Dieser Algorithmus wird anschließend unter praxisnahen Bedingungen an einer Rohrextrusionsanlage getestet.

In nachfolgenden Arbeiten ist die Detektion des Maschinendefektes bzw. eines defekten Sensors vorgesehen. Dies soll eine zielgerichtete Diagnose und vorausschauende Wartung von komplexen Anlagen ermöglichen.

Literatur

[1] Holtmannspötter, D. et al.: *VDE Technologieprognosen - Internationaler Vergleich 2010, Zukünftige Technologien Consulting der VDI Technologiezentrum GmbH*. Nr. 88, Düsseldorf, 2010.

[2] Broy, M. (Hrsg.): *CYBER PHYSICAL SYSTEMS - Innovation durch softwareintensive eingebettete Systeme*. Acatech DISKUTIERT, Springer. 2010.

[3] Wald, L.: *Some terms of reference in data fusion.*. In: *IEEE Transactions on Geoscienceand Remote Sensing*, 37(3), S. 1190 – 1193. 1999.

[4] Ruser, H.; Puente León, F.: *Methoden der Informationsfusion – Überblick und Taxonomie*. In: *Informationsfusion in der Mess- und Sensortechnik*, Universitätsverlag Karlsruhe, Karlsruhe. 2006.

[5] Beyerer, J.; Puente León, F., Sommer, K.-D. (Hrsg.): *Informationsfusion in der Mess- und Sensortechnik*. Universitätsverlag Karlsruhe, Karlsruhe. 2006.

[6] VDI/VDE-Gesellschaft Mess- und Automatisierungstechnik: *GMA-Roadmap Fertigungsmesstechnik 2020*. VDI Verein Deutscher Ingenieure e.V., Düsseldorf. 2011.

[7] Li, R.; Lohweg, V.: *A Novel Data Fusion Approach using Two-Layer Conflict Solving*. IAPR Workshop on Cognitive Information Processing, Santorini, Greece. 2008.

[8] Lohweg, V.; Mönks, U.: *Sensor fusion by two-layer conflict solving*. In: *2nd International Workshop on Cognitive Information Processing (CIP)* , S. 370–375. 2010.

[9] Voth, K.; Glock, S.; Mönks, U.; Türke, T.; Lohweg, V.: *Multi-sensory Machine Diagnosis on Security Printing Machines with Two Layer Conflict Solving*. SENSOR+TEST 2011. 2011.

[10] Lipshitz, R.; Klein, G.; Orasanu, J. et al.: *Taking Stock of Naturalistic Decision Making*. In: *Journal of Behavioral Decision Making* 14, S. 331–352. 2001.

[11] Sunita, S. A.: *Order effects and memory for evidence in individual versus group decision making in auditing.*. In: *Journal of Behavioral Decision Making*, Nr. 12, Issue 1, S. 71–88. 1999.

[12] Greif, H.; Limper, A.; Fattmann, G.; Seibel, S.: *Technologie der Extrusion*. Carl Hanser Verlag , München. 2004.

[13] Schöppner, V.: *Verfahrenstechnische Auslegung von Extrusionsanlagen*. In: *Fortschritt-Berichte VDI*, Reihe 3 Verfahrenstechnik Nr. 715. 2001.

[14] Adam, W.; Busch, M.; Nickolay, B.: *Sensoren für die Produktionstechnik*. Springer Verlag, Berlin Heidelberg. 1997.

[15] Bocklisch, S. F.; Priber, U.: *A parametric fuzzy classification concept*. In: *Proc. International Workshop on Fuzzy Sets Applications*, Akademie-Verlag, S. 147–156, Eisenach. 1986.

[16] Mönks, U.; Lohweg, V.; Petker, D.: *Fuzzy-Pattern-Classifier Training with Small Data Sets*. In: *International Conference on Information Processing and Management of Uncertainty in Knowledge Based Systems*, 28, Dortmund. 2010.

[17] Lohweg, V.; Diederichs, C.; Müller, D.: *Algorithms for Hardware-Based Pattern Recognition*. In: *EURASIP Journal on Applied Signal Processing*, Vol. 12, Nr. 1, S. 1912–1920. 2004.

[18] Klir, G. J.; Yuan, B.: *Fuzzy sets and Fuzzy logic - Theory and Applications*. Prentice Hall, New Jersey. 1995.

[19] Dujmović, J. J.: *Weighted Conjunctive and Disjunctive Means and their Application in Systems Evaluation*. In: *Journal of the University of Belgrade, EE Dept., Series Mathematics and Physics*, Nr. 483, S. 147–158. 1974.

[20] Yager, R. R.: *On Ordered Weighted Averaging Aggregation Operators in Multi-criteria Decision Making*. In: *IEEE Transactions on Systems, Man and Cybernetics*, Nr. 18, S. 183–190. 1988.

[21] Zeshui, X.: *An Overview of Methods for Determining OWA Weights*. In: *International Journal of Intelligent Systems*, Nr. 20, S. 843–865. 1988.

[22] Larsen, H. L.: *Importance Weighted OWA Aggregation of Multicriteria Queries*. In: *18th International Conference of the North American Fuzzy Information Processing Society*, S. 740–744, New York. 1999.

[23] Larsen, H. L.: *Efficient Importance Weighted Aggregation Between Min and Max*. In: *9th Conference on Information Processing an Management of Un- certainty in Knowledgebased Systems*, Nr. 1, S. 1203–1208. 2002.

Learning Takagi Sugeno Fuzzy Systems
Using Robust Statistics

Thomas A. Runkler

Siemens AG Corporate Technology

80200 München

Tel. 089/636-40010

E–Mail Thomas.Runkler@siemens.com

Abstract

Takagi–Sugeno (TS) fuzzy systems are nonlinear system models built from a set of local (typically linear) models defined on fuzzy subsets of the input space. In nonlinear system identification, TS systems can be built from observed input output data pairs. In many applications, TS models have proven as a good compromise between model accuracy and interpretability. A drawback in TS system identification, however, is the high sensitivity to outliers. In this article, we show how robust statistics can be employed in the identification of TS systems. We perform extensive experiments with the complete NIST StRD nonlinear least squares regression benchmark data sets. In most cases, the models obtained with robust statistics are significantly more accurate and less sensitive to data distortions than models obtained with conventional square error minimization.

1 Introduction

Optimal control of technical systems usually requires system models. Such models may be analytically constructed using first principles or may be estimated from observed input and output data. The identification of a system model from input output data vector pairs

$$X \times Y = \{(x_1, y_1), \ldots, (x_n, y_n)\} \subset \mathbb{R}^{p+q} \tag{1}$$

can be mathematically viewed as a regression task. The regression function f maps system input vectors to output vectors that should resemble the actual system output vectors.

$$y_k \approx f(x_k), \quad k = 1, \ldots, n \tag{2}$$

This approach is intrinsically static, but also dynamic systems can be identified using this approach when derivatives are added as additional input or output variables.

We distinguish global and local regression. Global regression defines a function prototype f_α, for example a linear, quadratic or polynomial function with a real valued parameter vector α, and estimates α by minimizing an appropriate error function

$$E = \frac{1}{n} \sum_{k=1}^{n} e\big(\|y_k - f_\alpha(x_k)\|\big) \tag{3}$$

Often e is chosen to be a square error function because this often yields closed form solutions and allows for fast optimization. A drawback of square error regression, however, is its high sensitivity to outliers. This outlier sensitivity can be overcome by robust functions such as the Huber function [1].

A crucial choice in global regression is the number of free parameters. If there are too few free parameters, then the model accuracy becomes very weak. If the number of free parameters is increased to improve the model accuracy, artefacts such as overshoots are likely, as for example with higher order polynomial regression. This problem can be overcome with local regression, where individual models are used for different subsets of the input space. A popular approach for local regression uses Takagi–Sugeno (TS) fuzzy models, which comprise of local (typically linear) models defined on fuzzy subsets of the input space [6]. Such TS models have proven as a good compromise between model accuracy and interpretability [3]. Just as global regression models, also TS models can be identified from data using square error minimization [4], but also these models are very sensitive to outliers.

In this paper, we show how to overcome this outlier sensitivity and identify TS models from data with robust statistics, more specifically using the Huber function. This paper is structured as follows: Section 2 briefly reviews square error and robust statistics. Section 3 shows how square error and robust statistics can be used to identify global regression models. Section 4 shows how square error and robust statistics can be used to identify TS models. Section 5 presents extensive experiments with the complete NIST StRD nonlinear least squares regression benchmark data sets, comparing conventional and robust TS identification. The conclusions are given in Section 6.

2 Robust Statistics

For global regression as in (3), a frequently used error function is the quadratic error.

$$e_2\big(\|y - f(x)\|\big) = \big(\|y - f(x)\|\big)^2 \tag{4}$$

For the whole data set, the overall approximation error becomes

$$E_2 = \frac{1}{n} \sum_{k=1}^{n} e_2\big(\|y_k - f_\alpha(x_k)\|\big) = \frac{1}{n} \sum_{k=1}^{n} \big(\|y_k - f_\alpha(x_k)\|\big)^2 \tag{5}$$

A big advantage of the quadratic error function is that it often yields closed form solutions that allow for fast optimization. For example, for linear models, the optimal parameter vectors α can be immediately computed from the covariance matrix of the data, as we will see in the following section. The drawback of the quadratic error function is its sensitivity to outliers. An outlier is a usually erroneous data point that deviates much from the other data. The quadratic error function amplifies the large deviation at the outlier, so that the outlier has a much higher effect on the regression model that the correct data. Using this mechanism outliers may cause severe artefacts in regression models when quadratic error functions are used. We will show many of such artefacts in the following sections. A way to overcome this drawback is *robust statistics* [1]. In robust statistics, the influence of outliers can be reduced by using the Huber function

$$e_H\big(\|y - f(x)\|\big) = \begin{cases} \big(\|y - f(x)\|\big)^2 & \text{if } \|y - f(x)\| < r \\ 2r \cdot \|y - f(x)\| - r^2 & \text{otherwise} \end{cases} \tag{6}$$

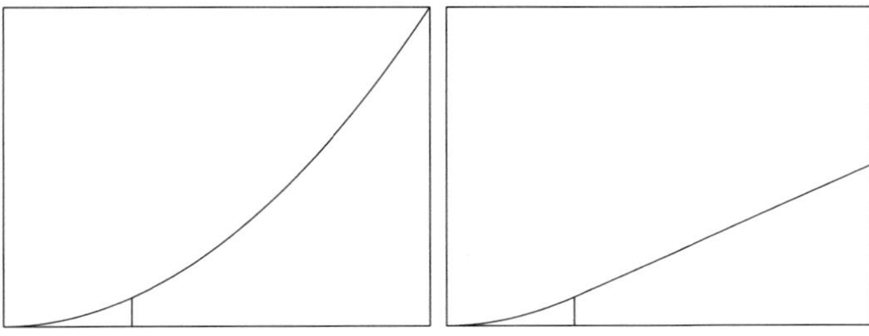

Figure 1: Quadratic (left) and Huber (right) error functions, vertical lines at threshold r.

with a numerical parameter $r > 0$ instead of the quadratic error function. Fig. 1 shows the quadratic error function (left) and the Huber function (right). For deviations less or equal to r (left of the vertical lines), the quadratic and the Huber function are equal. However, for deviations larger than r (right of the vertical lines), the Huber function continues as a linear function. Therefore, the effect of large deviations at outliers is reduced.

3 Robust Regression

One of the simplest and most frequently used global regression approaches is (square–error) linear regression. For simplicity consider the case of one input and one output ($p = q = 1$), i.e. we want to determine the linear dependency between the scalar variables x and y using a linear function

$$y \approx f_\alpha(x) = f_{a,b}(x) = a \cdot x + b \tag{7}$$

by minimizing

$$E_2 = \frac{1}{n} \sum_{k=1}^{n} (y_k - a \cdot x_k - b)^2 \tag{8}$$

so we obtain the function parameters a and b by setting the corresponding derivatives of E_2 to zero

$$\frac{\partial E_2}{\partial a} = -\frac{2}{n} \sum_{k=1}^{n} x_k (y_k - a \cdot x_k - b) = 0 \tag{9}$$

$$\Rightarrow a = \frac{\sum_{k=1}^{n} (x_k - \bar{x})(y_k - \bar{y})}{\sum_{k=1}^{n} (y_k - \bar{y})^2} \tag{10}$$

which is the covariance between x and y divided by the variance of y, and

$$\frac{\partial E_2}{\partial b} = -\frac{2}{n} \sum_{k=1}^{n} (y_k - a \cdot x_k - b) = 0 \tag{11}$$

$$\Rightarrow b = \bar{y} - a\bar{x} \tag{12}$$

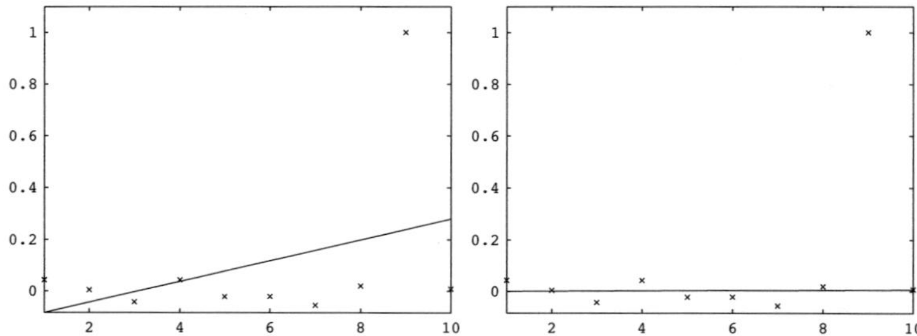

Figure 2: Linear regression with outlier (left: quadratic function, right: Huber function).

$$\Rightarrow y_k - \bar{y} = a \cdot (x_k - \bar{x}) \tag{13}$$

This (square–error) linear regression efficiently finds good regression models if the data exhibit approximately linear dependencies and do not contain outliers. Consider however the data set shown as ticks in both (left and right) views of Fig. 2 which consists of 10 data points at $x = 1, \ldots, 10$ where y is generated randomly using a Gaussian distribution with mean zero and standard deviation 0.05, except y_9 is arbitrarily set to one, representing an outlier. The model found by (square–error) linear regression is shown in the left view as a solid line. Obviously, the model is strongly distorted by the single outlier at $(9, 1)$, and for all points with $x > 5$ the model error is very high.

A robust alternative to square–error regression is robust regression using the Huber function (6). For robust linear regression we insert the linear equation (7) into (6) and obtain the overall regression error

$$E_H = \frac{1}{n} \sum_{|y_k - a \cdot x_k - b| < r} (y_k - a \cdot x_k - b)^2$$

$$+ \frac{1}{n} \sum_{|y_k - a \cdot x_k - b| \geq r} \left(2r \cdot |y_k - a \cdot x_k - b| - r^2\right) \tag{14}$$

For simplicity, we set the numerical parameter $r = 1$ throughout this complete paper. Deriving closed form solutions for $\frac{\partial E_H}{\partial a} = 0$ and $\frac{\partial E_H}{\partial b} = 0$ is not trivial, therefore we use numerical optimization to determine the optimal parameters a and b here, more specifically we use iteratively reweighted least squares optimization. The right view of Fig. 2 shows the result of this robust regression approach. The robust model (solid line) almost completely ignores the outlier and very accurately approximates the undistorted data around $y = 0$. So, obviously, robust regression is very insensitive to outliers.

In the following section we will examine if this property also holds for local regression such as Takagi–Sugeno fuzzy systems.

4 Robust Takagi–Sugeno Identification

A Takagi–Sugeno (TS) fuzzy system [6] is described by a set of c rules of the form

$$R_i : \text{ If } \mu_i(x) \text{ then } y = f_i(x) \tag{15}$$

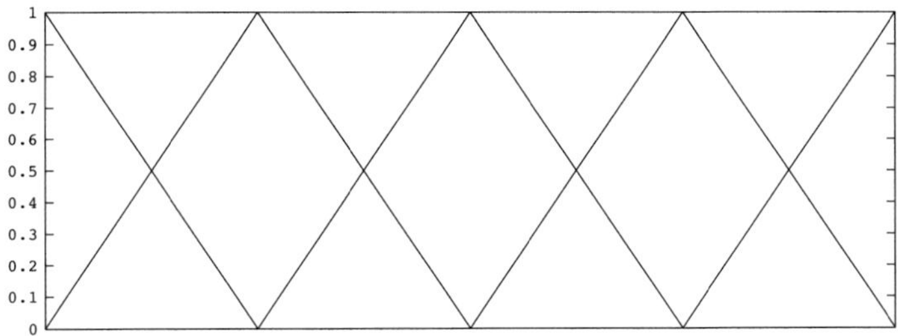

Figure 3: One–dimensional equidistant triangular membership functions.

where $i = 1, \ldots, c$, $\mu_i : \mathbb{R}^p \to [0, 1]$ are membership functions that specify the relevance region of each rule, and $f_i : \mathbb{R}^p \to \mathbb{R}^q$ are local regression functions, so for a given input $x \in \mathbb{R}^p$ the output $y \in \mathbb{R}^q$ of a TS system is computed by weighted averaging as

$$y = \frac{\sum\limits_{i=1}^{c} \mu_i(x) \cdot f_i(x)}{\sum\limits_{i=1}^{c} \mu_i(x)} \tag{16}$$

For double constrained one–dimensional inputs x ($p = 1$) we denote the minimum $x_{\min}$ and $x_{\max}$, so for all x we have $x_{\min} \leq x \leq x_{\max}$. For such inputs the membership functions $\mu_1(x), \ldots, \mu_c(x)$ are often defined using equidistant triangular membership functions as shown in Fig. 3 for $c = 5$. At the left edge, we have $x = x_{\min}$, $\mu_1(x_{\min}) = 1$, and all other $\mu_i(x_{\min}) = 0$, $i = 2, \ldots, c$. At the right edge, we have $x = x_{\max}$, $\mu_c(x_{\max}) = 1$, and all other $\mu_i(x_{\max}) = 0$, $i = 1, \ldots, c - 1$. The center of the ith triangle is at

$$v_i = x_{\min} + \frac{i - 1}{c - 1} \cdot (x_{\max} - x_{\min}) \tag{17}$$

For all $x \in [x_{\min}, x_{\max}]$ the membership values sum up to one

$$\sum_{i=1}^{c} \mu_i(x) = 1 \tag{18}$$

so the denominator in (16) can be omitted.

$$y = \sum_{i=1}^{c} \mu_i(x) \cdot f_i(x) \tag{19}$$

For multi–dimensional inputs ($p > 1$) we use the one–dimensional scheme for each input coordinate and compute the $c_1 \cdot c_2 \cdots c_p$ membership functions as

$$\mu_{i_1, i_2, \ldots, i_p} \left(\begin{pmatrix} x_1 \\ \vdots \\ x_p \end{pmatrix} \right) = \prod_{j=1}^{c} \mu_{i_j}(x_j) \tag{20}$$

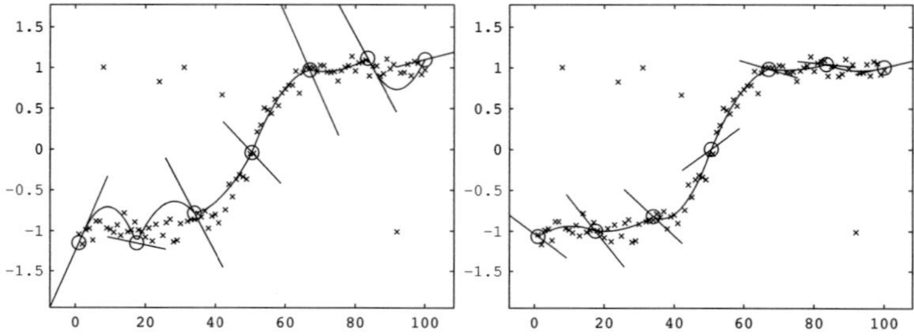

Figure 4: Takagi Sugeno model for the 2D sigmoid function (left: quadratic function, right: Huber function).

Notice that also in the high–dimensional case, all memberships sum up to one.

In this paper we restrict to linear or first–order TS systems, where the regression functions are linear. For simplicity consider the one–dimensional case again, $p = q = 1$. So, the regression functions are

$$f_i(x) = a_i \cdot x + b_i \tag{21}$$

and with (19) the TS system output becomes

$$y = \sum_{i=1}^{c} \mu_i(x) \cdot (a_i \cdot x + b_i) = \sum_{i=1}^{c} (\mu_i(x) \cdot x \cdot a_i + \mu_i(x) \cdot b_i) \tag{22}$$

so we want to fit

$$y_k \approx \sum_{i=1}^{c} (\mu_i(x_k) \cdot x_k \cdot a_i + \mu_i(x_k) \cdot b_i) \tag{23}$$

Since x_k and $\mu_i(x_k)$ are given, $i = 1, \ldots, c$, $k = 1, \ldots, n$, equation (23) is a linear regression problem. So, local linear regression can be solved with the same approaches as global linear regression, for example quadratic regression or robust regression using the Huber function, only the number of variables is higher in local regression (by a factor c^p).

For an experiment with square error and robust TS identification we consider the sigmoid function

$$y = \tanh(0.1 \cdot x - 5.05) \tag{24}$$

and produce a data set for $X = \{1, \ldots, 100\}$ where Gaussian noise with mean zero and variance $\sigma = 0.05$ is added to Y. We randomly select 5% of the data points and mark them as outliers by changing their sign from plus to minus or vice versa. The ticks in (the left and right view of) Fig. 4 show the resulting data set. We approximate this data set representing a nonlinear function by a TS system with $c = 7$ locally linear functions, just as described above. Just as in the previous sections we define the approximation error using the square error function (4) or the Huber function (6), write the TS optimization as a linear regression problem as shown above, and finally solve the regression problem numerically as described in Section 3. The left view in Fig. 4 shows the results of the square error approach. The circles represent the centers of the local models, the lines through the segments represent the local linear models, and the curve represents the resulting overall

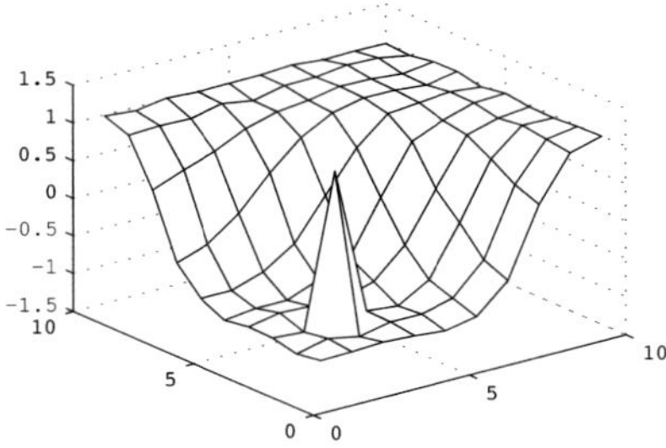

Figure 5: 3D sigmoid function.

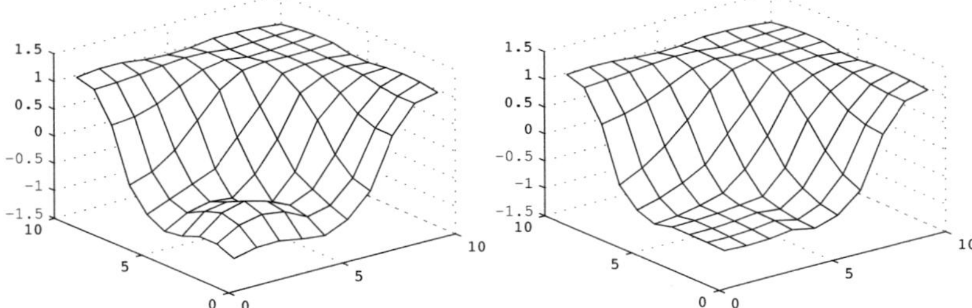

Figure 6: Takagi Sugeno model for the 3D sigmoid function (left: quadratic function, right: Huber function).

model. Obviously, the strong outliers significantly influence the model. Even though each curve segment between adjacent model centers is fitted to more than ten points, the individual outliers bend and attract each local model a lot. The right view in Fig. 4 shows the results of the robust approach. Here, the outliers have almost no effect and the resulting model curve nicely approximates the original sigmoid function.

In order to illustrate how this approach works for higher dimensional functions and data sets we consider the three–dimensional sigmoid function

$$z = \tanh\left(\sqrt{x^2 + y^2} - 5.5 \cdot \sqrt{2}\right) \tag{25}$$

defined over the input data $X = Y = \{1, \ldots, 10\}$, with additive Gaussian noise with mean zero and variance $\sigma = 0.02$ on Z, and one individual outlier at $z(3,3) = 1$, as shown in Fig. 5. For this data set we determine two TS models with 4×4 local linear models, one with the square error function, and one with the Huber function. Fig. 6 shows the two resulting models. Obviously, the outlier has a strong effect in the standard square error approach (left), and almost no effect in the robust approach (right).

5 Experiments

In this section we extend the experiments with artificial data sets from the previous section to a class of widely used benchmark data sets, the NIST StRD nonlinear least squares regression benchmark data sets which are publicly available at

$$\mathtt{http://www.itl.nist.gov/div898/strd/}$$

This benchmark has been used for many purposes including the comparison of different least squares algorithms [5] and the assessment of the reliability of statistical software products [2]. It contains both artifical and real–world data sets for testing robustness and reliability of nonlinear least squares regression problems. The data sets are classified by difficulty: 8 lower, 11 average, and 8 higher difficulty. The data sets cover a range of 2 to 9 parameters and a range of 6 to 250 observations. For our experiments we consider all data sets from this benchmark except the "Nelson" data set (average difficulty) which was omitted because it is three–dimensional and hence cannot be plotted in the same manner as the other data sets. So, we consider a total of $8 + 10 + 8 = 26$ data sets.

To find a reasonable number of local models for each data set, we build TS models with $2, \ldots, 7$ local models, but not more than a third of the number of observations in order to prevent overfitting, and take the number of local models that yields the minimum square (not Huber) approximation error.

Then, for each data set, we modify one data point to become an outlier using the following algorithm: We pick the data point whose x value is closest to the center of the interval covered by the data. If this point is closer to the minimum y then this outlier is set to the maximum y, and if it is closer to the maximum y then it is set to the minimum y.

For the resulting data sets with outliers we generate TS models with local linear models using square error and Huber functions. The resulting models for the lower, average, and higher difficulty data sets are shown in Figs. 7, 8, and 9, respectively.

From these figures it can be clearly seen that in most cases the square error approach is strongly distorted by the outlier, but the robust approach is quite insensitive to the outlier. The bar plot in Fig. 10 summarizes all these experiments. Each of these bars represents the root mean square error of a TS model for one normalized data set, fitted with the quadratic (white) or Huber (black) function, trained with outlier but validated without outlier. Obviously, in most cases the errors for the Huber function (black bars) are significantly lower than the errors for the quadratic functions (white bars). Only for the average and higher difficulty data sets on the right some data sets show similar error levels for the quadratic and the Huber functions (larger black bars). A closer examination reveals that these particularly refer to the data sets Roszman1, ENSO, MGH09 and Rat42 If we reconsider these data sets in Figs. 8 and 9, then we can see that in all of these data sets our outlier is hardly visible, either because of the low number of points or because of the high noise level contained in the data. Hence, we can consider these data sets essentially free of additional outliers, and so the Huber statistics clearly cannot make a difference and hence yields the same approximation error. However, for all the other data sets, the robust approach leads to much more accurate models, since the outliers have a much weaker effect.

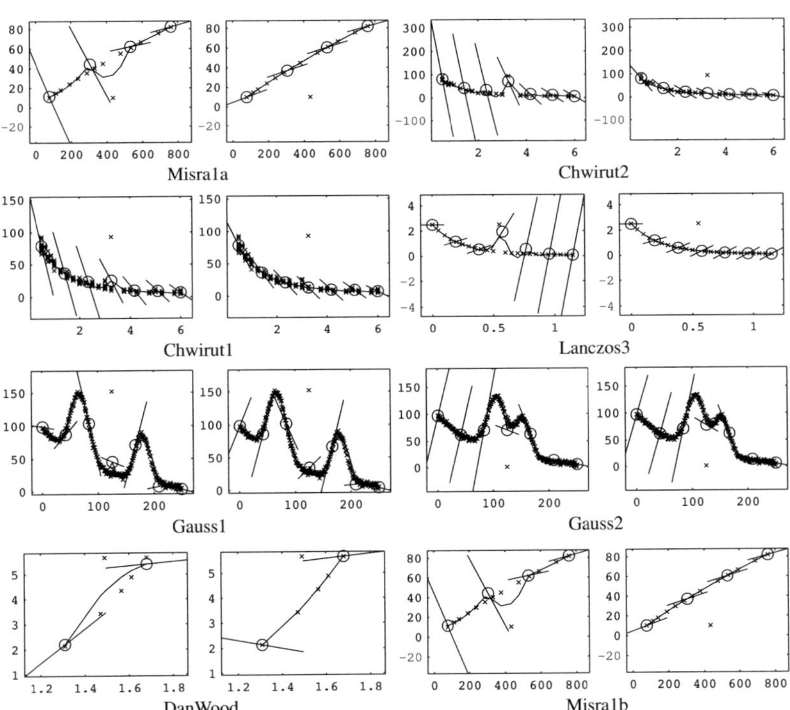

Figure 7: Takagi Sugeno models for the lower difficulty NIST StRD nonlinear least squares regression data sets with outlier (left: quadratic function, right: Huber function).

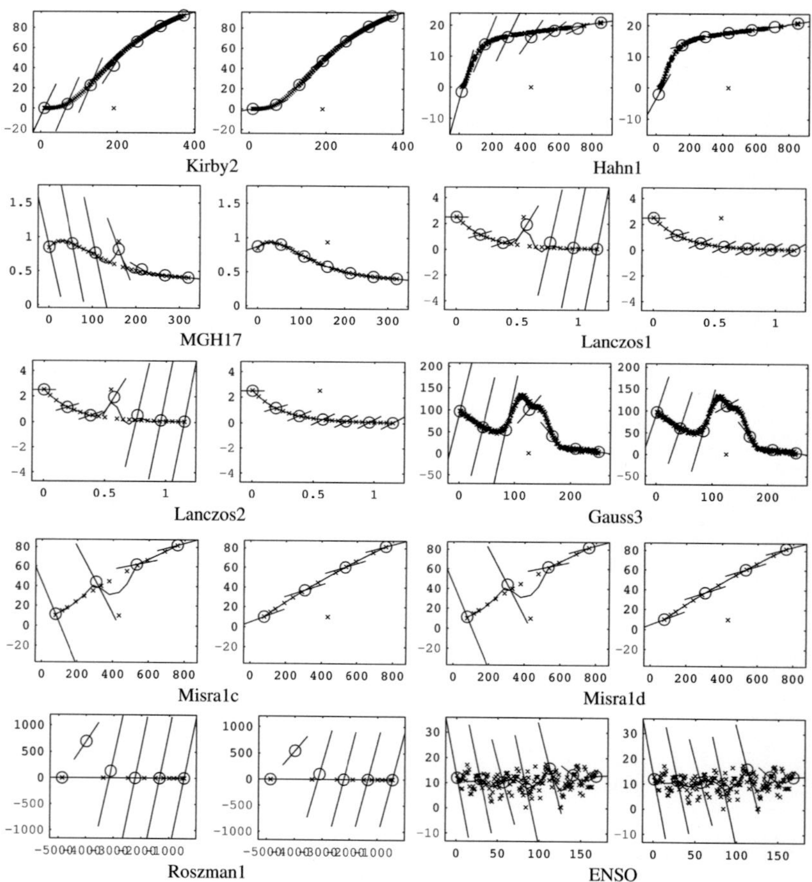

Figure 8: Takagi Sugeno models for the 2D average difficulty NIST StRD nonlinear least squares regression data sets with outlier (left: quadratic function, right: Huber function).

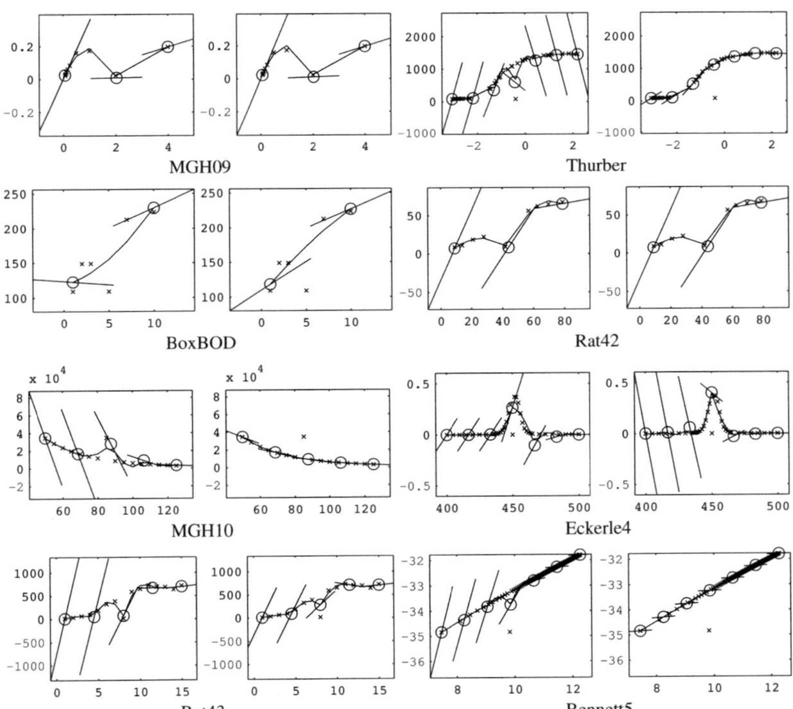

Figure 9: Takagi Sugeno models for the higher difficulty NIST StRD nonlinear least squares regression data sets with outlier (left: quadratic function, right: Huber function).

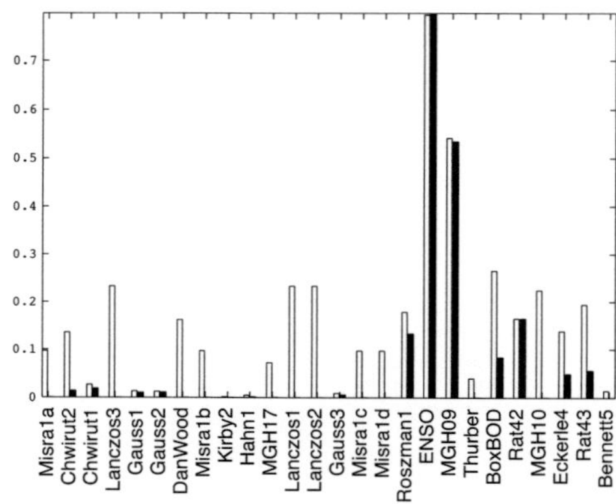

Figure 10: Root mean square errors on the normalized original data for the Takagi Sugeno models for the NIST StRD nonlinear least squares regression data sets, trained with outlier (white: quadratic function, black: Huber function).

6 Conclusions

We have shown how linear or first order Takagi–Sugeno (TS) fuzzy systems can be identified from observed input output data using robust statistics. The complexity of TS regression is comparable with the complexity of global linear regression, because TS regression can also be written as a linear regression problem. Extensive experiments have shown that TS regression with robust statistics is much less sensitive to outliers than TS regression with conventional square error minimization.

References

[1] P. J. Huber. *Robust Statistics*. Wiley, New York, 2nd edition, 2009.

[2] B. D. McCullough. Assessing the reliability of statistical software. *The Americal Statistician*, 52(4):358–366, 1998.

[3] R. Mikut, J. Jäkel, and L. Gröll. Interpretability issues in data-based learning of fuzzy systems. *Fuzzy Sets and Systems*, 150(2):179–197, 2005.

[4] T. A. Runkler. Nonlinear system identification with global and local soft computing methods. In *GMA-Workshop Fuzzy Control*, pages 163–176, Dortmund, October 2000.

[5] C. M. Shakarji. Least-squares fitting algorithms of the NIST algorithm testing system. *Journal of Research of the National Institute of Standards and Technology*, 103(6):633–641, 1998.

[6] T. Takagi and M. Sugeno. Fuzzy identification of systems and its application to modeling and control. *IEEE Transactions on Systems, Man, and Cybernetics*, 15(1):116–132, 1985.

Nichtlineare Folgeregelung eines pneumatischen Schwingungsprüfstands mit Takagi-Sugeno Fuzzy Systemen

Horst Schulte, Peter Schubert

Hochschule für Technik und Wirtschaft Berlin, FB Ingenieurwissenschaften I,
Fachgebiet Regelungstechnik und Systemdynamik
E-Mail: schulte@htw-berlin.de

Zum Nachbilden von Transportbelastungen von Bauteilen und Produkten werden häufig automatisierte Prüfstände eingesetzt. Hierbei gilt es die extremen Bedingungen z.B. eines Seetransports oder den Start eines Flugzeuges zu simulieren. Aufgrund der sehr guten Überlastfähigkeit werden häufig pneumatische Servoantriebe eingesetzt. In der industriellen Praxis werden diese um feste Arbeitspunkte mit einschleifigen Regelkreisen betrieben. Bei schnellen Sollwertänderungen und bei großen Bewegungen stoßen diese Ansätze aufgrund des stark nichtlinearen Verhaltens pneumatischer Antriebssysteme an ihre Grenzen.

In diesem Beitrag wird zur Lösung dieser Problemstellung ein neues modellgestütztes Reglerentwurfsverfahren zur Folgeregelung basierend auf der Klasse der Takagi-Sugeno Fuzzy Systeme vorgestellt. Es besteht aus einer dynamischen Vorsteuerung und einer beobachterbasierten Zustandsstabilisierung des Trajektorienfehlersystems. Mit dieser Zwei-Freiheitsgrad-Regelkreisstruktur wird das Stör- und Führungsverhalten unabhängig voneinander ausgelegt. Der Vorteil des Takagi-Sugeno Fuzzy Ansatzes besteht in der direkten Übertragung von Regleranforderungen in den Entwurfsprozess.

1 Einführung

Die in dieser Arbeit untersuchte Reglerstruktur für die Klasse der Takagi-Sugeno (T-S) Fuzzy Systeme folgt aus der Erweiterung eines linearen Entwurfsverfahrens mit dynamischer Vorsteuerung und beobachterbasiertem PI-Zustandsregler [1]. Anstatt nur ein lineares Modell zur Beschreibung der Strecke um einen stationären Arbeitspunkt dem Entwurf zugrunde zu legen, wird bei dem hier verfolgten Weg ein Streckenmodell in Form eines Takagi-Sugeno Fuzzy Systems [5] angesetzt, dass die Dynamik im gesamten Arbeitsraum beschreibt. Im Einzelnen ist die Reglerstruktur charakterisiert durch die folgenden Eigenschaften:

- Der Regelkreis enthält zwei Freiheitsgrade, d.h. das Stör- und das Führungsverhalten können unabhängig voneinander ausgelegt werden.

- Das Führungsverhalten wird durch die dynamische Vorsteuerung eingestellt.

- Die dynamische Vorsteuerung enthält das T-S Fuzzy Modell der Regelstrecke.

- Das Störverhalten wird durch die Wahl der gewichteten Kombinationen der Rückführungsmatrizen (PDC Struktur [6]) eingestellt.

- Der I-Anteil der PI-Struktur regelt wie im linearen Fall Abweichungen aufgrund von konstanten Störungen und Modellungenauigkeiten stationär genau aus.

- Die Berechnung der Rückführungsmatrizen sowohl in der Vorsteuerung als auch im PI-Zustandsregler basiert auf einem Entwurf mittels bekannter LMI Formulierungen für T-S Fuzzy Systeme.

2 Reglerstruktur und Entwurfsverfahren

2.1 Reglerstruktur

Die gesamte Reglerstruktur ist in Bild 1 dargestellt. Hierbei liefert die dynamische Vorsteuerung das Stellsignal $\tilde{u}$, dass im störungsfreien Fall und mit der Annahme der exakten Übereinstimmung zwischen dem Modell und der realen Strecke ein nahezu ideales Trackingverhalten ermöglicht. Das Bild 2 zeigt im Detail die innere Struktur der dynamischen Vorsteuerung. Der PI-Zustandsregler bewirkt bei vorhandenen Störungen und unvermeidbaren Modellungenauigkeiten ein stationäres Störverhalten. Die Dynamik des Führungsverhaltens wird durch die Wahl der Matrix $K_v(\alpha)$ eingestellt. Zur stationären Entkopplung werden zusätzlich die Transformationen $M_x(\alpha)$ und $M_u(\alpha)$ in die Struktur integriert.

Alle Matrizen der Reglerstruktur sind nicht konstant, sondern von den Prämissenvariablen in α abhängig. Der Vektor α kann sowohl messbare Zustände, Systemeingänge und äußere Größen wie z.B. variable Systemparameter, vgl. [3], enthalten. Damit ist die Struktur sehr flexibel und ermöglicht nicht nur einen Entwurf für nichtlineare Strecken in einem großen Arbeitsbereich, sondern ebenfalls eine Reglerrekonfiguration im Fehlerfall. Im einzelnen ergeben sich die Matrizen zu

$$M_u(\alpha) = \sum_{i=1}^{N_r} h_i(\alpha)\, M_{i_u}\,, \qquad M_x(\alpha) = \sum_{i=1}^{N_r} h_i(\alpha)\, M_{i_x}\,,$$

$$K_v(\alpha) = \sum_{i=1}^{N_r} h_i(\alpha)\, K_{i_v}\,, \qquad K_I(\alpha) = \sum_{i=1}^{N_r} h_i(\alpha)\, K_{i_I}\,, \tag{1}$$

$$K_x(\alpha) = \sum_{i=1}^{N_r} h_i(\alpha)\, K_{i_x}\quad.$$

Die Funktionen $h_i(\alpha)$ in (1) entsprechen den Funktionen im Streckenmodell

$$\dot{x} = \sum_{i=1}^{N_r} h_i(\alpha)\,[\,A_i\,x + B_i\,u\,]$$

$$y = \sum_{i=1}^{N_r} h_i(\alpha)\,C_i\,x\quad. \tag{2}$$

Der T-S Beobachter in Bild (1) ergibt sich aus der PDC-Strukturerweiterung des Luenbergbeobachters für T-S Fuzzy Systeme. Die dynamische Vorsteuerung

$$\dot{\tilde{x}} = \sum_{i=1}^{N_r} h_i(\alpha)\,[\,A_i\,\tilde{x} + B_i\,\tilde{u}\,]$$

$$\tilde{y} = \sum_{i=1}^{N_r} h_i(\alpha)\,C_i\,\tilde{x} \tag{3}$$

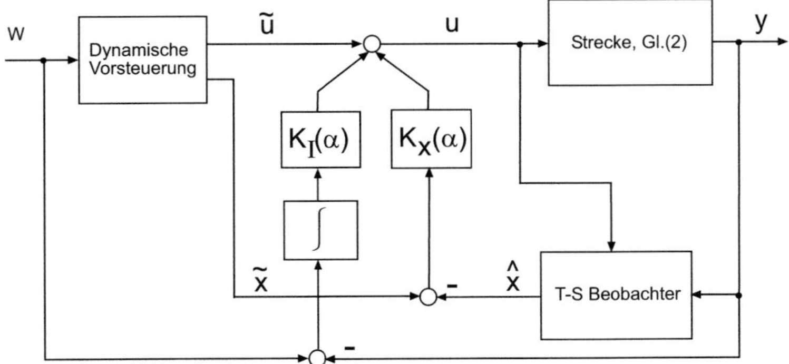

Bild 1: T-S Fuzzy Trackingregler mit dynamischer Vorsteuerung

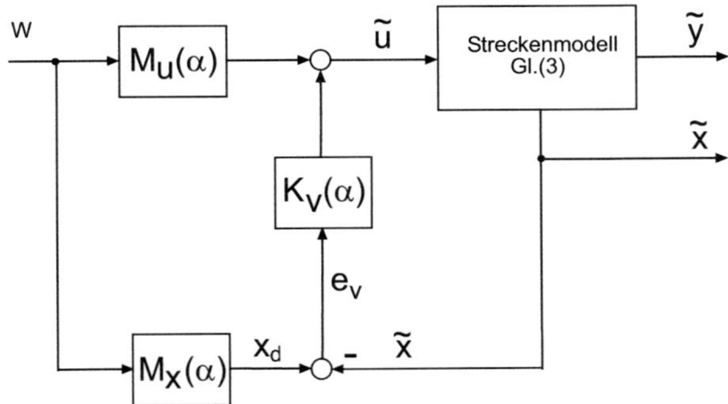

Bild 2: Innere modellstützte Struktur der dynamischen Vorsteuerung

enthält ebenfalls das Streckenmodell. Aufgrund von Modellunsicherheiten, Störungen und unterschiedlichen Anfangszuständen sind die Zustände der Vorsteuerung $\tilde{x}$, des Beobachters $\hat{x}$ und der Strecke x voneinander zu unterscheiden.

2.2 Grundlegende Entwurfsschritte

Im *ersten Schritt* werden die Rückführungsmatrizen K_{i_v} des Vorfilters aus (1) direkt mit Hilfe einer LMI Formulierung bestimmt, oder, nachdem für alle linearen Modelle eine stabile lineare Rückführung berechnet worden ist, wird die Stabilität im gesamten Arbeitsbereich mittels einer vereinfachten LMI Formulierung nachgewiesen. Der zweite Ansatzes bietet aus Anwendersicht die Möglichkeit die Konservativität der LMI Synthese durch die gezielte Wahl der Pole der dynamischen Vorsteuerung zu reduzieren. Im einzelnen muss hierzu der folgende Weg beschritten werden: Zunächst werden die Vorfilter für ein

$M_{i_x} = I$ sowie $M_{i_u} = I$ berechnet und geprüft ob die Fehlerdynamik

$$\dot{e}_v = \sum_{i=1}^{N_r} h_i(\alpha)\left[A_i - B_i R_{v_i}\right] e_v \tag{4}$$

global asymptotisch stabil für alle $i, j = 1, ..., N_r$ Kombinationen ist. Im *zweiten Schritt* werden die Matrizen M_{i_x} und M_{i_u} zum Erreichen eines stationär genauen Führungsverhaltens ausgelegt. Diese werden analog zum linearen Fall zunächst für jedes Teilmodell berechnet. Zum Schluss muss geprüft werden, ob der dynamische Vorfilter global asymptotisch stabil ist. Im *dritten Schritt* wird analog zum Vorgehen in [3] ein PI-Zustandsregler für T-S Fuzzy Systeme entworfen.

3 Anwendungsbeispiel

Zum Nachbilden von Transportbelastungen von Bauteilen und Produkten werden häufig automatisierte Prüfstände eingesetzt. Im Rahmen einer Bachelorarbeit [2] wurde für die AUCOTEAM GmbH, Berlin ein Verpackungs- und Transportsimulationsprüfsystem entwickelt. Es besteht aus einer beweglichen Plattform, die über einen Zweifalten-Balgzylinder angetrieben wird. Die Plattform wird durch das Belüften des Balgzylinders angehoben und bei der Entlüftung durch die Spannkraft von vier Zugfedern und der Gewichtskraft der Prüflast abgesenkt, vgl. Bild 3.

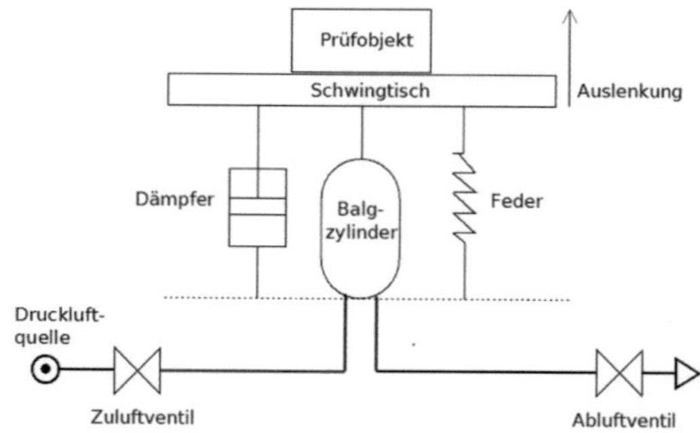

Bild 3: Grundaufbau des pneumatischen Schwingungsprüfstands

4 Ausblick

Bisher konnte für das vorgestellte Anwendungsbeispiel ein T-S Fuzzy Modell abgleitet und validiert werden. Die nächsten Schritte folgen der in Abschnitt 2.2 beschriebenen Vorgehensweise. Ziel ist es ein alternatives Verfahren zur flachheitsbasierten Methode zu entwickeln, um mit zusätzlichen Freiheitsgraden, die in den T-S Fuzzy Systemen strukturell gegeben sind, den Reglerentwurf aus Anwendersicht zu vereinfachen.

Literatur

[1] Roppenecker, G.: *Zeitbereichsentwurf linearer Regelungen*, R. Oldenbourg Verlag, München, Wien, 1990.

[2] Schubert, P.: *Modellbasierte Regelung von Schwingmodulen mit pneumatischen Antrieben*, Bachelorarbeit, Fachgebiet Regelungstechnik und Systemdynamik, HTW-Berlin, 2011.

[3] Schulte, H., Hahn H.: Fuzzy state feedback gain scheduling control of servo-pneumatic actuators, *Control Engineering Practice*, vol. 12, no. 5, pp. 639–650, 2004.

[4] Schulte, H., Guelton, K.: Descriptor modelling toward control of two links pneumatic robot manipulator: a T-S multimodel approach, *Nonlinear Analysis: Hybrid Systems*, Elsevier, vol. 12, no. 2, pp. 124-132, Mai 2009.

[5] Takagi, T., Sugeno, M.: Fuzzy identification of systems and its application to modelling in control, *IEEE Transactions on System, Man and Cybernetics*, vol. 15, no. 1, pp. 116–132, 1985.

[6] Tanaka, K., Wang, H. O.: *Fuzzy Control Systems Design and Analysis: A linear matrix inequality approach*, John Wiley & Sons, New York, Chichester, 2001.

Vergleich Memetischer Algorithmen für das schnelle Rescheduling von Gridjobs

Wilfried Jakob[1], Sylvia Strack[2], Günther Bengel[2], Alexander Quinte[1], Karl-Uwe Stucky[1], Wolfgang Süß[1]

[1] Karlsruher Institut für Technologie (KIT)
Institut für Angewandt Informatik (IAI)
Postfach 3640, 76021 Karlsruhe
{wilfried.jakob, alexander.quinte, uwe.stucky, wolfgang.suess}@kit.edu
[2] Hochschule Mannheim, Fakultät für Informatik
Paul-Wittsack-Str. 10, 68163 Mannheim, Germany
{s.strack, g.bengel}@hs-mannheim.de

Zusammenfassung

Die Dynamik des Gridcomputing erfordert auf Grund von z.B. neuen Aufträgen, Ressourcenausfall oder neu hinzukommenden Ressourcen eine permanente Umplanung innerhalb weniger Minuten. Auf dem 19. Workshop wurde dazu eine Lösung für das schnelle Rescheduling von Gridjobs mit Hilfe des Evolutionären Algorithmus (EA) GLEAM bei multikriterieller Bewertung vorgestellt, die auf einigen Heuristiken unter anderem zur Initialisierung der Startpopulation beruht. Das vorliegende Paper löst die seinerzeitige Ankündigung der Entwicklung und Untersuchung von lokalen Suchverfahren, die als Mem dienen können und damit den EA zum Memetischen Algorithmus erweitern, ein. Außerdem wurden die damals verwendeten Benchmarks an Hand neuer Kennzahlen neu erzeugt, um eine bessere Homogenität bei der Skalierung der Benchmarks hinsichtlich der Zeit- und Kostenbudgets zu erreichen. Die Untersuchungen basieren jetzt auf je 23 Benchmarkgrößen mit bis zu 7000 Gridjobs bei 700 Ressourcen für alle vier Benchmarkklassen. Damit konnte untersucht werden, welches Mem bei welcher Benchmarkklasse und damit Lastszenario die beste Lösung liefert. Die Arbeiten sollen als Grundlage für die Entwicklung eines Metaoptimierers dienen, der je nach Gridzustand und Schedulinglast die am besten geeigneten Verfahren auswählt.

1   Einleitung

Der Artikel führt zwei in der Vergangenheit im Rahmen dieser Konferenzserie behandelte Themen zusammen, nämlich die Arbeiten zu adaptiven Memetischen Algorithmen, darunter insbesondere deren multi-memetische Ausprägung [1], und die Arbeiten zu unserem Global Optimising Resource Broker and Allocator GORBA [2, 3]. Die Aufgabenstellung von GORBA besteht darin, elementaren *Gridjobs*, die einen oder mehrere zusammengehörige *Workflows* oder *Anwendungsjobs* bilden, geeignete Ressourcen zuzuordnen und dabei einen Schedule zu erstellen. Die Workflows haben dabei die Form von azyklischen gerichteten Graphen. Da eine Ressource weitere benötigen kann, wie z.B. eine freie SW-Lizenz, ein geeignetes Betriebssystem und eine Hardware mit bestimmten Eigenschaften, erfolgt meist ein Coscheduling mehrerer Ressourcen. Ressourcen einer Klasse wie Hard- oder Software, Kommunikationslinks oder Speicher sind in zweifacher Hinsicht heterogen: Erstens haben sie bestimmte Eigenschaften, die ihre Verwendbarkeit entweder gestatten oder nicht (harte Auswahlkriterien) und zweitens Eigenschaften wie Kosten, Leistungsparameter oder aktuelle Verfügbarkeit, die ihre Nutzung zwar erlauben, aber sie mehr oder weniger interessant im Kontext von Bewertungskriterien und der aktuellen Planungssituation machen (weiche Kriterien). Weitere Details der Scheduling-Aufgabe im Grid-Computing können in [2] gefunden werden, während [3, 7] eine formale Definition des Problems, einen Vergleich mit dem klassischen Job-Shop-Scheduling-Problem und den Nachweis der NP-Vollständigkeit enthält.

In [2] wurde das GORBA-Konzept mit seiner zweistufigen Planung bestehend aus Heuristiken und dem Evolutionären Algorithmus (EA) GLEAM (**G**eneral **L**earning **E**volutionary **A**lgorithm and **M**ethod) [4, 5] vorgestellt und über erste Experimente zur Neuplanung berichtet. In [3] wurden neue Heuristiken zur im nächsten Abschnitt näher beschriebenen Umplanung eingeführt und ihre Wirkung experimentell erprobt. Dabei wurden auch erste Untersuchungen zum Umfang der in der verfügbaren Planungszeit noch sinnvoll bearbeitbaren Menge an Gridjobs und Ressourcen durchgeführt. Wichtigster Gegenstand dieses Aufsatzes ist die in [3] angekündigte Erweiterung des EAs durch neue lokale Suchverfahren zu einem Memetischen Algorithmus (MA), auf den dann die in [1] entwickelten und in [6] weiter geführten Techniken der Adaption und der Erweiterung zum Multi-memetischen Algorithmus angewandt werden.

In Abschnitt 2 wird die Umplanungsaufgabe näher beschrieben und auf vergleichbare Ansätze eingegangen. Die bisher verwendeten Verfahren werden im ersten Teil von Abschnitt 3 (3.1 und 3.2) kurz erläutert, während in den nachfolgenden Unterabschnitten die neuen lokalen Verfahren und untersuchten MA-Varianten vorgestellt werden. Abschnitt 4 ist den neuen Benchmarks gewidmet und im nachfolgenden Abschnitt 5 werden die experimentellen Resultate vorgestellt. Der Beitrag schließt in Abschnitt 6 mit einer Zusammenfassung und gibt einen Ausblick auf weitere Arbeiten.

2   Aufgabenstellung und vergleichbare Ansätze

Die in [2] durchgeführten Untersuchungen sollten die Frage klären, ob die verwendeten Verfahren die Aufgabenstellung grundsätzlich lösen können. Daher wurde zunächst idealisierend von einem leeren Grid bestehend aus 10 oder 20 Ressourcen ausgegangen, das zur Planung von 50, 100 oder 200 Gridjobs zur Verfügung steht. Diese Neuplanungssituation ist insofern unrealistisch, da sowohl das Grid als auch die zu bearbeitende Last in hohem Maße dynamisch sind und daher eine permanente Umplanung erforderlich ist. Wichtige Umplanungsanlässe sind:

- Ankunft neuer Anwendungsjobs

- Stornierung bereits begonnener oder wartender Anwendungsjobs

- Abbruch von Gridjobs mit nachfolgender Terminierung des zugehörigen Anwendungsjobs

- Erweiterung des Grids um neue Ressourcen

- Abschaltung von Ressourcen

- Änderung der zeitlichen Verfügbarkeit oder des Kostenmodells von Ressourcen

Da ein Umplanungsereignis in der Regel (lange) vor Abarbeitung des aktuellen Schedules eintritt, ist davon auszugehen, dass Pläne nur zu einem kleinen Teil abgearbeitet werden. Damit ergibt sich die Möglichkeit, auf dem alten Plan aufzubauen und ihn in die neue Planung einfließen zu lassen, wodurch die Möglichkeit zur permanenten Verbesserung und Erweiterung der Planung entsteht. Da Gridjobs eher Bearbeitungszeiten im Stunden- als im Minutenbereich benötigen, stehen immerhin einige wenige Minuten für die Planerstellung zur Verfügung. Daher begrenzen wir hier die Planungszeit auf drei Minuten. Von einer Umplanung sind nur diejenigen „alten" Gridjobs betroffen, die noch nicht begonnen wurden und auch innerhalb der drei Minuten nicht starten werden, sowie alle Gridjobs, die wegen Ressourcenausfalls neu gestartet werden müssen. Alle anderen noch nicht abgearbeiteten Gridjobs gelten als „fixiert" im Sinne der Umplanung. Die Umplanungsanlässe können natürlich auch kombiniert auftreten, so dass es drei grundsätzliche Szenarien gibt: Umplanung basierend auf den alten nicht fixierten Gridjobs bei geändertem Ressourcenpool, Umplanung basierend auf den alten nicht fixierten und neuen Gridjobs bei unverändertem Ressourcenpool und eine Mischung aus beidem. Die Experimente basieren auf dem zweiten Szenario, da es das häufigere sein dürfte.

Um den unterschiedlichen Interessen von Ressourcennutzern und –anbietern gerecht werden zu können, erfolgt eine multikriterielle Bewertung basierend auf den Kriterien *Auslastung* und *Gesamtbearbeitungszeit* (Anbieter) und *Kosten* sowie *Bearbeitungszeit* der einzelnen Anwendungsjobs gemessen an einem von den Anwendern vorgegebenen Zeit- und Kostenrahmen (Nutzer). Dazu kommt ein in [3] und [7] detailliert vorgestelltes Hilfskriterium, das die Verkürzung der Bearbeitung einzelner Anwendungsjobs unterstützt. Die Kriterien werden soweit erforderlich als Erfüllungsgrad eines vorgegebenen Rahmens ausgedrückt, so dass daraus eine gewichtete Summe gebildet werden kann. Hinsichtlich weiterer Details und der Gewichtung wird auf [3, 7] verwiesen. Ein Teil dieser Kriterien steht offensichtlich miteinander in Konflikt, wie z.B. der Wunsch nach schneller *und* billiger Ausführung, so dass es sich um eine echte multikriterielle Bewertung handelt. Verletzungen des Kosten- oder Zeitrahmens von Anwendungsjobs werden durch Straffunktionen behandelt, die jeweils die Anzahl betroffener Anwendungsjobs und den Umfang der Verletzung bewerten und jeweils einen Faktor zwischen Null und Eins liefern. Je nach Verletzung kann es also bis zu vier Strafffaktoren geben, mit denen die gewichtete Summe (*Rohfitness*) multipliziert wird, um schließlich die *Endfitness* zu erhalten. Schedules, die den Kosten- und Zeitrahmen einhalten, zeichnen sich damit durch identische Roh- und Endfitnesswerte aus.

Die Aufgabenstellung und das erste Konzept von GORBA wurden im Jahre 2005 formuliert [8] und seinerzeit konnte kein vergleichbares Problem in der Literatur gefunden werden, siehe auch [9, 10]. In [11] wird z.B. festgestellt, dass es nur wenige Arbeiten zu multikriteriellem Scheduling gibt, die sich meistens auch nur mit Ein-Maschinen-Problemen befassen. Im Grid-Kontext sind in jüngster Zeit weitere Arbeiten zu multikriterieller Bewertung erschienen. In [12] wird berichtet, dass sich die meisten mit nur zwei Kriterien beschäftigen, wovon das eine optimiert wird und das andere lediglich als Beschränkung dient, siehe z.B. [13, 14]. Der in [14] gewählte Ansatz matrix-förmiger Chromosomen dürfte mit dafür verantwortlich sein, dass nur eine geringe Anzahl von Gridjobs (ca. 30) innerhalb einer Stunde geplant werden konnte. Kurowski et al. [15] verwenden eine modifizierte Form der gewichteten Summe zur multikriteriellen Bewertung gegenläufiger Kriterien wie Kosten und Zeiten, planen aber keine Workflows. Später erweitern sie ihren Ansatz auf einen hierarchischen Scheduler mit zwei Ebenen und bearbeiten damit bis zu 500 voneinander unabhängige Jobs, die mit kurzem Zeithorizont quasi online geplant werden [16]. In 2010 kommt eine echte Planungskomponente mit Vorausreservierung hinzu, wofür als Standardverfahren der NSGA II eingesetzt wird [17]. Sie verarbeiten nun in ihren Experimenten bis zu 1500 unabhängige Jobs, die in bis zu 60 Gruppen mit gemeinsamen Optimierungspräferenzen eingeteilt werden.

Der Ansatz von Xhafa, Alba, Dorronsoro, Duran, and Abraham [18] kommt dem unseren am nächsten, da folgende Punkte gemeinsam sind: die Verwendung eines MAs und einer strukturierten Population, das Konzept permanenter und schneller Umplanung, mehrkriterielle Optimierung und ein Planungsumfang, der etwa die Hälfte des unseren umfasst. Die Hauptunterschiede betreffen den Gegenstand der Planung, den Umfang des Einsatzes von Heuristiken, Anzahl und Gegensätzlichkeit der Bewertungskriterien und das MA-Konzept samt dem zu Grunde liegenden Populationsmodell. Während wir mehrere Workflows bestehend aus Gridjobs planen, betrachten Xhafa et al. nur unabhängige einzelne Jobs. Wir verwenden in weitaus größerem Umfang Heuristiken zur Bildung der Startpopulation und zur Ressourcenzuordnung, da sich dies bei begrenzter Planungszeit als vorteilhaft erwiesen hat [19, 3]. Xhafa et al. verwenden lediglich die beiden Kriterien *makespan* und *average flow time*, die beide in der Regel in geringerem Widerspruch zueinander stehen dürften als Zeiten und Kosten. Wir verwenden die in Abschnitt 3.4. erläuterten adaptiven MAs, um die Festlegung der Strategieparameter eines MA und gegebenenfalls die Memauswahl der Adaption zu überlassen anstatt sie manuell und aufwändig einzustellen, wie dies bei Xhafa et al. der Fall ist. Außerdem benutzen wir neben einfachen auch einen Multi-memetischen Algorithmus, bei dem alle eingebundenen lokalen Verfahren zusammen arbeiten und um die Anwendungshäufigkeit konkurrieren.

Hinsichtlich des verwendeten Populationsmodells benutzen Xhafa, Alba, Dorronsoro, Duran und Abraham einen zellulären Memetischen Algorithmus [18], den Alba, Dorronsoro und Alfonso in 2005 einführen und von dem sie behaupten, dass es sich um eine neue Verfahrensklasse („new class of algorithms") handele [20]. Zelluläre EAs verwenden anstelle des üblichen panmiktischen Populationsmodells ein Nachbarschaftsmodell, das jedes Individuum bei der Partnerwahl auf seine Nachbarschaft anstatt der gesamten Population einschränkt. Eine Nachbarschaft ist dabei rein geographisch und nicht etwa als eine Ähnlichkeit zwischen den Individuen zu verstehen. Da sich die Nachbarschaften benachbarter Individuen überlappen, kann sich die genetische Information langsam über die eigene Nachbarschaft hinaus ausbreiten (Diffusionsmodell). Daraus ergeben sich wünschenswerte Eigenschaften wie verbesserte Nischenbildung und längere Bewahrung der genotypischen Diversität bei einer adaptiven Balance zwischen Breiten- und Tiefensuche und nicht zuletzt ein schnelleres Auffinden guter Lösungen [21, 22, 23]. Außerdem bietet sich die Populationsstruktur für eine effiziente Parallelisierung mit linearem Speed-up an, wie bereits Anfang der 90-iger Jahre mit Hilfe von Transputerclustern untersucht wurde [21, 22]. Die Nachbarschaften können auf einem Ring oder einem Torus angeordnet sein. Da bei letzterem die Individuen wie auf einem Netz angeordnet sind und Ähnlichkeiten mit zellulären Automaten bestehen, schlug Whitley bereits 1993 für entsprechend aufgebaute Genetische Algorithmen den Namen *Cellular Genetic Algorithms* vor [24]. Obwohl die Mechanismen der Nachkommenserzeugung und der Evolution bei Ring und Torus die gleichen sind, ergeben sich Unterschiede hinsichtlich der Parametrierung und der Ausbreitungsgeschwindigkeit der genetischen Information. Bei Ringstrukturen mit der üblichen symmetrischen Nachbarschaft gibt es nur einen Parameter, die Nachbarschaftsgröße, während der Torus zusätzlich eine Vielzahl von Geometrien erlaubt, was schwieriger einzustellen ist [25]. Der Ring gestattet die Ausbreitung der genetischen Information in einer Dimension, der Torus hingegen in zwei, was zu einer schnelleren Diffusion führt und damit dem Gedanken der längeren Bewahrung genotypischer Diversität entgegensteht. Zusammengefasst sind torusbasierte Populationen in dieser Hinsicht einer panmiktischen Population ähnlicher als Ringstrukturen [22, 26]. GLEAM nutzt das ringbasierte Nachbarschaftsmodell seit den frühen 90-iger Jahren [23] und das gilt auch für die memetischen Erweiterungen von GLEAM seit den Anfängen in 2001 [27, 28]. Die Vorteile eines Nachbarschaftsmodells sind für alle EAs und Topologien erst einmal vergleichbar, wobei bei den MAs eine Besonderheit hinzukommt: Bei MAs besteht die Möglichkeit, das Chromosom des Individuums an das Ergebnis der lokalen Verbesserung anzupassen oder es unverändert zu lassen und nur die verbesserte Fitness zu verwenden. Während für panmiktische MAs hierzu kontroverse Meinungen in der Literatur vertreten werden, konnten für ringbasierte MAs deutlich bessere Ergebnisse bei Chromosomanpassung festgestellt werden (siehe frühe Ergebnisse aus dem Jahr 2002 in [28] und eine ausführliche Diskussion in [6]). Leider findet man zu diesem Thema nichts bei Alba et al. [20].

Die Ergebnisse von Xhafa et al. zum Rescheduling von Gridjobs [18] können mit den unseren nur grob verglichen werden, da die verwendeten Benchmarks nicht nur hinsichtlich der Planung vieler Workflows oder einzelner Gridjobs sondern auch in der Umplanungshäufigkeit differieren. Wir untersuchen eine Rescheduling-Situation während die Arbeit von Xhafa et al. auf vielen hintereinander erfolgenden Umplanungen basiert. Alles in allem können beide Ansätze als erfolgreiche Lösungen des Problems schneller Umplanung angesehen werden.

3 Global Optimising Resource Broker and Allocator GORBA

Wie bereits in [2, 3, 7] ausgeführt, plant GORBA in zwei Schritten. Im ersten werden die Planungsdaten einer statischen Analyse, u.a. basierend auf dem kritischen Pfad, unterzogen, die erste Ergebnisse für die Unter- und Obergrenzen der einzelnen Kriterien liefert. Der erste Schritt wird mit der heuristischen Erzeugung einiger Schedules abgeschlossen, die zur Bildung der Startpopulation der nachfolgenden evolutionären Optimierung des zweiten Schrittes dienen.

Aus Gründen der besseren Lesbarkeit werden die bisher verwendeten Algorithmen in den nächsten beiden Unterabschnitten kurz beschrieben. Details siehe [2, 3, 7, 29].

3.1 Heuristische Planungsphase

Die nach wie vor benutzten Heuristiken zur Neuplanung erzeugen jeweils eine Gridjobsequenz durch Anwendung folgender Regeln unter Beachtung der Vorgängerbeziehungen:

1. Gridjobs des Anwendungsjobs mit dem frühesten Fertigstellungstermin zuerst
2. Gridjobs des Anwendungsjobs mit der kürzesten Bearbeitungszeit zuerst
3. Gridjobs mit der kürzesten Bearbeitungszeit zuerst.

Danach werden die drei folgenden Ressourcenallokationsstrategien (RAS) angewandt, so dass insgesamt neun Schedules entstehen:

RAS-1: billigste Ressource, die zum frühest möglichen Zeitpunkt frei ist, wählen

RAS-2: schnellste Ressource, die zum frühest möglichen Zeitpunkt frei ist, wählen

RAS-3: Verwendung von RAS-1 oder RAS-2 für alle Gridjobs eines Anwendungsjobs gemäß seiner Präferenz für kostengünstige oder schnelle Ausführung

Aus dem alten Plan wird eine Gridjobsequenz für alle unfixierten und damit umzuplanenden Jobs erzeugt. Wenn der Umplanungsanlass neu hinzugekommene Gridjobs bedeutet, werden aus den neuen Jobs entsprechend den obigen Regeln drei Gridjobsequenzen erzeugt, die jeweils an die Sequenz des alten Plans angehängt werden, sodass drei neue Sequenzen mit alten und neuen Gridjobs entstehen. Andernfalls bleibt es bei einer Gridjobsequenz, die den alten Plan repräsentiert. Der oder den Gridjobsequenzen werden nun entsprechend den drei RAS Ressourcen zugeordnet, sodass je nach Umplanungsereignis entweder drei oder neun Schedules entstehen, die auf dem alten Plan beruhen.

3.2   Evolutionäre Optimierung mit GLEAM

Aus Platzgründen soll hier nur kurz auf diejenigen Aspekte des EA GLEAM [4, 5] eingegangen werden, die für die vorliegende Aufgabenstellung relevant sind, siehe auch [2, 7]. Eine Besonderheit von GLEAM betrifft die Codierung, die in einem so genannten Genmodell festgelegt ist. Ein Gen kann dabei parameterlos sein oder ein oder mehrere ganzzahlige oder reellwertige Parameter samt Wertebereichsgrenzen haben. In der Standardversion von GLEAM [5] ist bereits eine Reihe von genetischen Operatoren für kombinatorische Probleme enthalten. Dazu gehören neben den üblichen Operatoren zur Veränderung der Genreihenfolge Mutationen, die ganze Gensequenzen (so genannte Segmente) verschieben oder ihre interne Reihenfolge umkehren. Die Segmente stellen eine der evolutionären Veränderung unterworfene Metastruktur der Chromosomen dar, siehe auch [5]. 1- und n-Punkt Crossover setzen an den Segmentgrenzen an. Beiden Operatoren ist eine genotypische Reparatur nachgeschaltet, die dafür sorgt, dass bei den resultierenden Nachkommen keine Gene fehlen. Dazu kommt das *order-based crossover* [30], das die relative Genreihenfolge der Eltern bewahrt und an die Segmentierung angepasst wurde [7,19].

In [2, 7, 19] werden zwei Genmodelle und zwei Reparaturarten vorgestellt und verglichen. Bei beiden Genmodellen entspricht jedes Gen einem Gridjob und die Gensequenz bestimmt die Schedulingreihenfolge. Beim ersten Genmodell erfolgt die Ressourcenauswahl durch zusätzliche Genparameter, wodurch alle denkbaren Zuordnungen der Gridjobs zu Ressourcen und alle Belegungsreihenfolgen durch ein Chromosom dargestellt werden können. Das Genmodell deckt damit den gesamten Suchraum ab. Es hat sich aber gezeigt, dass es ab einem Planungsumfang von etwa 100 Gridjobs und 10 Ressourcen innerhalb der dreiminütigen Planungszeit dem zweiten eingeschränkten Genmodell unterlegen ist. Die Einschränkung besteht darin, die Ressourcen gemäß einer der drei RAS auszuwählen und nur noch die Auswahl der RAS selbst durch ein spezielles Gen der Evolution zu überlassen. Damit ist ein Teil des Suchraums nicht mehr erreichbar; es werden aber kurzfristig meist bessere Lösungen gefunden, siehe Bild 1.

Durch die genetischen Operatoren können Gensequenzen entstehen, bei denen ein Gridjob vor seinem Vorgänger geplant werden soll, was in der Regel zu einer Reihenfolgeverletzung führt. Wir begegnen dem durch phänotypische Reparatur, bei der die Bearbeitung eines Gens nötigenfalls so lange zurückgestellt wird, bis alle Vorgängerjobs des zum Gen gehörigen Gridjobs verplant sind. Dies hat sich bei den Experimenten zur Neuplanung als vorteilhaft erwiesen [2, 7, 19], genauso wie die Anwendung des *order-based crossover* ergänzend zu den Standard-Crossover-Operatoren [7, 19] und die Initialisierung der Startpopulation mit den Ergebnissen der heuristischen Planung [19].

Bei der Umplanung wird der alte Plan wie beschrieben durch die neuen Umplanungsheuristiken genutzt. Da die so entstandenen Schedules Teil der Startpopulation werden, beeinflussen sie auch den nachfolgenden GLEAM-Lauf. Dabei hat es sich gezeigt, dass sich die Heuristiken untereinander und auch mit

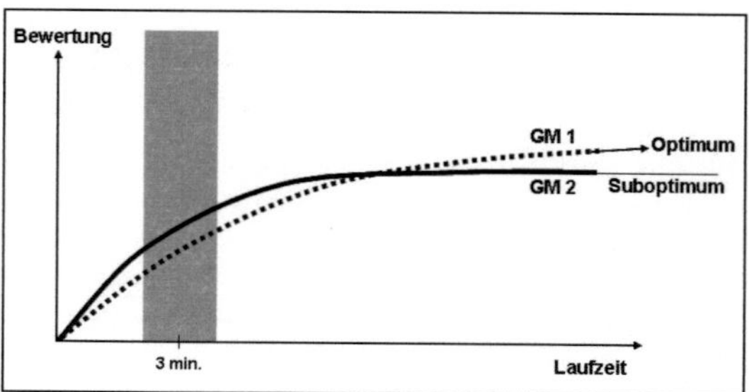

Bild 1: Prinzipieller Verlauf einer Optimierung mit beiden Genmodellen ab einem gewissen Planungsumfang

GLEAM je nach Umplanungsszenario unterschiedlich ergänzen: Je größer der Anteil abgearbeiteter und neuer Gridjobs ist und je schlechter die heuristischen Lösungen sind, desto größer ist in der Regel der Beitrag des GLEAM-Laufs [3, 29].

3.3 Neue lokale Suchverfahren

Es werden vier lokale Suchverfahren (LSV) untersucht, von denen drei auf eine Verbesserung der Schedulingreihenfolge und damit auf kürzere Bearbeitungszeiten abzielen und eines sowohl Kosten als auch Zeiten verbessern soll. Generell gilt, dass das Chromosom beim Ausbleiben einer Verbesserung unverändert bleibt. Auf die Einstellung der nachfolgenden Strategieparameter α_1, α_2 und β wird in Abschnitt 3.4 eingegangen.

3.3.1 LSV-LVgV

Die ersten beiden LSVs führen eine Linksverschiebung (LV) der Gridjobs verspäteter Anwendungsjobs durch. Dabei kann man entweder zuerst die größten Verspätungen behandeln und damit vornehmlich den zeitlichen Umfang der Verspätungen verkleinern oder die kleinsten Verspätungen zuerst, um die Anzahl verspäteter Anwendungsjobs zu reduzieren. Das LSV-LVgV setzt den ersten Gedanken um. Dazu werden alle N Anwendungsjobs entsprechend ihrer Verspätung bzw. ihrer Zeitreserve sortiert und davon die $|\alpha_1 \cdot N|$ Jobs mit der größten Verspätung (gV) ausgewählt $(0.02 \leq \alpha_1 \leq 1.0)$. Deren Gridjobs werden nun nach links verschoben, also zeitlich früher eingeordnet. Dabei wird ausgehend vom aktuellen Schedule eine Sollzeit berechnet, die mit einem Faktor α_2 multipliziert wird. Der zu verschiebende Gridjob wird entsprechend der Sollzeit und der Randbedingung der Reihenfolgebeziehungen verschoben. Da der zuerst berechnete Faktor nur den aktuellen Anwendungsjob berücksichtigt und nicht die anderen, mit denen er um die Ressourcenbelegung konkurriert, erfolgt die Variation mit α_2. Falls es keine verspäteten Jobs gibt, arbeitet das LSV mit den Anwendungsjobs mit der geringsten Zeitreserve entsprechend.

3.3.2 LSV-LVkV

Dieses LSV zielt auf die Verringerung der Anzahl verspäteter Anwendungsjobs ab, indem es die Gridjobs von Anwendungsjobs mit kleinem Verzug (kV) zuerst verschiebt. Das LSV-LVkV arbeitet also bis auf die umgekehrt sortierte Liste der Anwendungsjobs genauso wie die zuvor behandelte Variante der Linksverschiebung.

3.3.3 LSV-RV

Die Rechtsverschiebung (RV) versucht den Schedule dadurch zu verbessern, dass Anwendungsjobs mit großer Zeitreserve später gestartet werden, um so Platz für einen früheren Start verspäteter Jobs zu schaffen. Dazu wird der Anwendungsjob mit der größten Zeitreserve bestimmt und davon ein Anteil β $(0.5 \leq \beta \leq 1.0)$ als Grenzwert genommen. Alle Anwendungsjobs, die diesen Grenzwert mindestens erreichen, werden mit dem LSV behandelt. Dabei wird darauf geachtet, dass die Verschiebung nur soweit erfolgt, dass die Anwendungsjobs ihre späteste Fertigstellungszeit einhalten können.

3.3.4 LSV-RAS

Das RAS-LSV versucht, ausgehend vom aktuellen Schedule und der verwendeten RAS eine bessere zu finden. Tabelle 1 gibt an, welche RAS in welcher Situation angewandt wird, wobei bei beiden Überschreitungen die Vereinigungsmenge beider Regeln gilt. Falls keine Überschreitung vorliegt, werden die jeweils beiden anderen RAS versucht.

Tabelle 1: Zu testende RAS-Alternativen je nach Überschreitungssituation und aktuelle RAS

Überschreitungs-situation	aktuelle RAS		
	RAS-1 (billigste)	RAS-2 (schnellste)	RAS-3 (Präferenz)
Budgetüberschreitung	RAS-3	RAS-1, RAS-3	RAS-1
Verzug	RAS-2, RAS-3	RAS-3	RAS-2

3.4 Adaptive memetische Optimierung

Das in [1, 5, 6] beschriebene Schema zur kosten-nutzen-basierten Adaption erfasst die Kosten einer LSV-Anwendung in Form der benötigten Evaluationen und den Nutzen in Form des relativen Fitnessgewinns. Relativ deswegen, da es am Anfang der Optimierung leichter ist, die Fitness um einen bestimmten festen Betrag zu steigern als gegen Ende. Im Falle der Memauswahl erhält jedes Mem eine Selektionswahrscheinlichkeit, die von Zeit zu Zeit nach folgender Formel angepasst wird:

$$\frac{\sum rfg_{LSV_1,i}}{\sum eval_{LSV_1,i}} : \frac{\sum rfg_{LSV_2,j}}{\sum eval_{LSV_2,j}} : \ldots : \frac{\sum rfg_{LSV_n,k}}{\sum eval_{LSV_n,k}} \qquad rfg = \begin{cases} \dfrac{f_{LSV} - f_{evo}}{f_{max} - f_{evo}} & \text{if } f_{LSV} > f_{evo} \\ 0 & \text{else} \end{cases}$$

Dabei steht n für die Anzahl der beteiligten LSVs, $rfg_{LSV,i}$ sind die relativen Fitnessgewinne eines konkreten LSVs, die seit der letzten Anpassung aufgezeichnet wurden und f_{LSV} ist die vom LSV verbesserte Fitness, wobei das LSV auf den Nachkommen mit der Fitness f_{evo} angewandt wurde. Die Fitnesswerte sind im Bereich 0 bis f_{max} normalisiert, wodurch jede Optimierung als Maximierungsaufgabe dargestellt wird. Die Anpassung von Strategieparametern erfolgt durch eine ähnliche Auswahl aus einem Satz vorgegebener Werte. Details der Adaption können in [1, 5, 6] gefunden werden.

Die adaptive Memauswahl und Einstellung der LSV-Parameter dient zwei Zielen: Neben einer Vereinfachung der Anwendung des MAs durch eine Reduktion der einzustellenden Strategieparameter soll auch der Aufwand zur Lösung eines Problems durch eine Verringerung der Läufe reduziert werden. Im vorliegenden Fall werden die im vorigen Abschnitt beschriebenen Strategieparameter der Verschiebungs-LSVs adaptiv angepasst. Hinzu kommt ein Strategieparameter des MAs, der den Umfang der zu verbessernden Nachkommen steuert. In [6] wurde gezeigt, dass es anwendungsabhängig ist, ob der Verbesserung nur des besten Nachkommen einer Paarung der Vorzug zu geben ist oder ein adaptiv zu bestimmender Anteil seiner Geschwister hinzugezogen werden soll. Ersteres wird *best-Verbesserung* und letzteres *all-Verbesserung* genannt.

Mit Hilfe der vier LSVs können vier einfache adaptive MAs gebildet werden (ASMA, Adaptive Single Memetic Algorithm), die die Strategieparameter der LSVs und im Falle der all-Verbesserung deren Umfang adaptiv einstellen. Die Anwendung des adaptiven Verfahrens zur LSV-Auswahl führt zum Adaptiven Multi-memetischen Algorithmus (AMmA), bei dem die Auswahlwahrscheinlichkeiten der LSVs wie zuvor beschrieben angepasst werden. Dabei gibt es insofern einen Unterschied zu den in [1, 5, 6] verwendeten LSVs, als die Anwendung im vorliegenden Fall bei den Verschiebungs-LSVs immer die gleichen Kosten, nämlich eine Evaluation hervorruft. Lediglich beim LSV-RAS kann es auch zu zwei Evaluationen kommen. Somit muss dieses LSV häufig mindestens die doppelte Verbesserung erbringen, um sich gegen die Verschiebungs-LSVs durchsetzen zu können. Es muss sich in den Experimenten zeigen, ob der durch die zusätzlichen Bewertungen der LSVs verursachte Mehraufwand gerechtfertigt ist.

4 Benchmarks

Wir verwenden synthetische Benchmarks und steuern deren Komplexität durch die Parameter Gridjob- und Ressourcenanzahl, den Grad der Gridjobabhängigkeit A und den Freiheitsgrad bei der Ressourcenauswahl R. Je weniger Vorgängerbeziehungen die Gridjobs aufweisen, desto geringer ist A und desto mehr Permutationen gibt es. R ist umso größer, je mehr alternative Ressourcen es für die Gridjobbearbeitung gibt. Somit bedeutet ein großes R und ein kleines A ein hohes Maß an Planungsalternativen. Eine ausführliche Beschreibung und Begründung der Benchmarks und der Kennziffern kann in [31, 2, 7] gefunden werden. Die vier Kombinationen jeweils kleiner und großer Werte von R und A ergeben vier *Benchmarkklassen*, die mit *kRkA* für kleines R und A bis *gRgA* für großes R und A abgekürzt werden. Für die hier vorgestellten Experimente wurde pro Klasse ein Benchmark bestehend aus 200 Gridjobs und 20 Ressourcen konstruiert, der dann durch eine proportionale Steigerung auf 7000 Gridjobs bei 700 Ressourcen hoch skaliert wurde, so dass insgesamt 23 Benchmarks pro Klasse entstehen, siehe auch Bild 2. Das Umplanungsszenario besteht dabei für alle Benchmarks darin, dass nach Abarbeitung von 10% der Gridjobs Anwendungsjobs mit der gleichen Menge an Gridjobs hinzukommen.

Erste Ergebnisse dazu wurden für die Benchmarkklassen *kRgA* und *gRgA* in [3, 29] publiziert. Für die Ausweitung der Experimente auf die anderen Klassen mussten neue Benchmarks erzeugt werden, wobei bedauerlicherweise ein Fehler auftrat, sodass die in [32] veröffentlichten Ergebnisse für die darauf beruhenden neuen Läufe falsch sind. Aus diesem und einem weiteren nachfolgend dargestellten Grund wurden neue Benchmarks für alle Klassen erzeugt, die sich im Detail auf Grund einiger stochastischer Elemente bei der Erzeugung von den alten unterscheiden.

Die Komplexität eines Benchmarks hängt neben den durch die genannten Kennziffern beschriebenen Eigenschaften auch noch von weiteren ab, insbesondere von den durch die Benutzer vorgegebenen Zeit- und Kostenrahmen der Anwendungsjobs. Bei den frühen Experimenten [2, 3, 7, 19, 29] wurden diese Grenzen bewusst so eingestellt, dass die Heuristiken gerade nicht mehr in der Lage waren, Schedules zu erzeugen, die die Grenzen einhielten. Damit konnte der nachfolgende GLEAM-Lauf nicht nur nach der Fitnessverbesserung sondern auch nach dem Anteil grenzverletzungsfreier Schedules (*Erfolgsrate*) bewertet werden. Die nachfolgend beschriebenen zwei Kennziffern versuchen nun, die Reserve von Zeiten und Kosten zu erfassen und vergleichbar zu machen. Das Ziel der neuen Benchmarks besteht auch darin, innerhalb einer Benchmarkklasse eine homogene, durch die Skalierung möglichst unbeeinflusste „Enge des Zeit- und Kostenrahmens" zu erreichen.

Die Berechnung der *Zeit-* und *Kostenreserve* t_{res} und c_{res} eines Anwendungsjobs beruht auf der Verwendung durchschnittlich schneller und teurer Ressourcen, dem kritischen Pfad des Workflows und der durchschnittlichen Sperrzeit der Ressourcen. Beide werden als Prozentwert des verfügbaren Budgets und Zeitrahmens ausgedrückt. Dabei wird natürlich von einem „leeren Grid" ausgegangen, d.h. es gibt keine Wechselwirkungen mit anderen Anwendungsjobs. Die benchmarkbezogene Zeit- und Kostenreserve ist dann der jeweilige Durchschnitt $\overline{t_{res,bm}}$ und $\overline{c_{res,bm}}$. Die in Tabelle 2 dargestellten Durchschnittswerte $\overline{t_{res}}$ und $\overline{c_{res}}$ der jeweils 23 Benchmarks pro Benchmarkklasse und ihre Minima und Maxima zeigen, dass die der teilweise stochastischen Erzeugung der Benchmarks geschuldeten Abweichungen pro Klasse wie gewünscht sehr niedrig sind. Daher können wir eine gute Homogenität der Zeit- und Kostenreserven innerhalb der

Benchmarks einer Klasse annehmen. Die Unterschiede zwischen den Klassen beruhen auf den unterschiedlichen Werten für R und A und dem Wunsch nach Benchmarks mit engem Zeit- und Kostenrahmen.

Tabelle 2: Durchschnittswerte der Zeit- und Kostenreserven pro Benchmarkklasse zusammen mit ihren Minima und Maxima.

Benchmark-klasse	benchmarkbezogene Zeitreserve [%]			benchmarkbezogene Kostenreserve [%]		
	$\min(t_{res,bm})$	$\overline{t_{res}}$	$\max(t_{res,bm})$	$\min(c_{res,bm})$	$\overline{c_{res}}$	$\max(c_{res,bm})$
gRgA	47.2	48.9	50.1	27.3	27.7	28.1
kRgA	53.7	55.9	58.3	25.2	25.9	26.7
gRkA	57.2	59.2	62.1	22.3	23.3	24.1
kRkA	63.4	64.4	65.5	20.8	21.5	22.0

5 Experimentelle Ergebnisse

Auf Grund der stochastischen Natur von EAs wurden pro Benchmark und Parametrierung 50 Läufe durchgeführt und die erreichten Fitnesswerte gemittelt. Zur Absicherung der statistischen Relevanz unterschiedlicher Mittelwerte wurden Konfidenzintervalle und t-Tests mit 95% Sicherheit oder mehr verwendet. Die Vergleiche basieren auf der *Fitness* und der im vorigen Abschnitt eingeführten *Erfolgsrate*, die den Anteil der Schedules (Läufe) an allen 50 Läufen wiedergibt, die die vorgegebenen Budgets und Fertigstellungszeiten der Anwendungsjobs einhalten konnten (*vorgabenkonforme Schedules*). Pro Benchmark wurde bei allen EAs und MAs die Populationsgröße variiert und die beste genommen. Die innerhalb der drei Minuten sinnvollen Größen beginnen bei Werten zwischen 150 und 600 und enden bei Werten zwischen 10 und 30 bei großer Last. MAs brauchen in der Regel etwas weniger als der EA bei gleichen Bedingungen. Bei den adaptiven MAs kommt noch als weiterer Strategieparameter die Wahl zwischen best-Verbesserung und adaptiver all-Verbesserung (siehe Abschnitt 3.4) hinzu, die aber im Unterschied zur Populationsgröße in den Auswertungen dargestellt wird. Die Experimente sollen folgende Fragen klären:

1. Bis zu welcher Last (Gridjob- und Ressourcenanzahl) erreicht GLEAM bei welcher Benchmarkklasse vorgabenkonforme Schedules oder wenigstens eine signifikante Fitnessverbesserung gegenüber dem besten heuristischen Resultat?

2. Kann eine memetische Optimierung die GLEAM-Ergebnisse verbessern? Wenn ja, welcher MA bei welcher Benchmarkklasse?

3. Gibt es einen Algorithmus, der für alle Benchmarkklassen und Lastgrößen am besten geeignet ist?

5.1 Ergebnisse des Basis-EAs GLEAM

Bild 2 zeigt die Erfolgsrate und die Verbesserungsrate der Fitness für alle 92 Benchmarks. Erwartungsgemäß sinkt die Erfolgsrate mit steigender Last. Aber sie sinkt nicht so kontinuierlich innerhalb einer Benchmarkklasse, wie man es auf Grund der homogenen Werte der durchschnittlichen Zeit- und Kostenreserven von Tabelle 2 hätte erwarten können. Offenbar sind die beiden Kennziffern wegen der idealisierten Annahme eines leeren Grids bei ihrer Berechnung doch nicht so aussagekräftig wie erhofft.

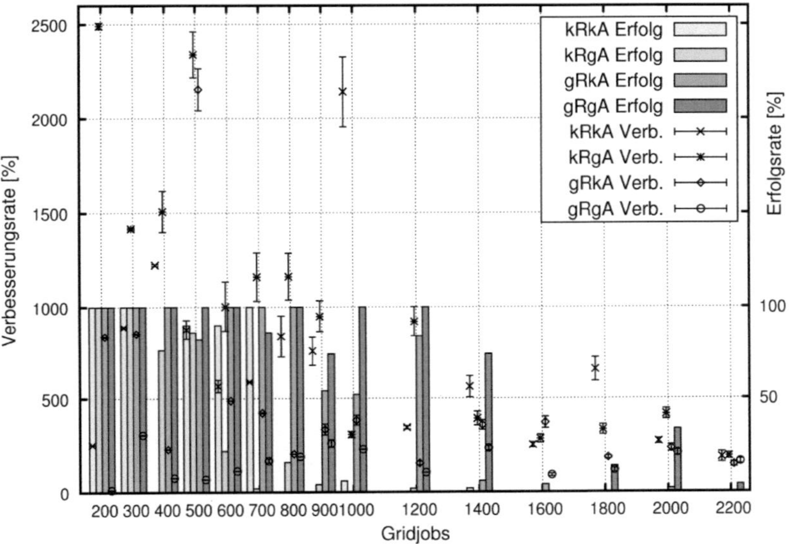

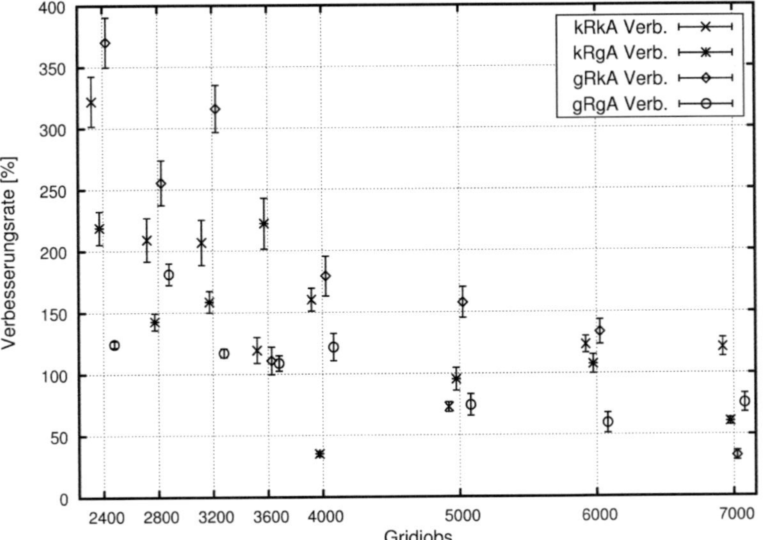

Bild 2: Entwicklung der Erfolgs- und der Verbesserungsrate bezogen auf das beste heuristische Ergebnis je Benchmarkklasse bei steigender Last. Die Skala der Verbesserungsrate wurde im unteren Teildiagramm an die geringeren Werte angepasst.

Auffällig sind die großen Schwankungen der Verbesserungsrate, die sich mit schwachen und guten Ergebnissen der Heuristiken erklären lassen. Im Grund finden die in [3] festgestellten wechselseitigen Ergänzungen zwischen den beiden Heuristikgruppen und GLEAM hier ihre Fortsetzung: Gute heuristische Ergebnisse lassen wenig Raum für evolutionäre Verbesserungen und umgekehrt. Da Verletzungen der Zeit- und Kostenvorgaben schnell zu erheblichen Abstrafungen und damit geringen Endfitnesswerten führen können, kann es dabei zu erheblichen Fitnesssteigerungen kommen, wenn GLEAM diese Verletzungen beseitigen kann. Ein besonderer Fall ist der Benchmark gRgA-200, bei dem die Umplanungsaufgabe bereits von einer Heuristik vorgabenkonform gelöst werden konnte, obwohl dies bei der zugehörigen Neuplanung nicht der Fall war. Daraus erklärt sich der vergleichsweise extrem niedrige Verbesserungsfaktor.

Als wesentliches Ergebnis kann festgehalten werden, dass die Erfolgsrate je nach Benchmarkklasse ab einer Last von 400 bis 700 Gridjobs abzusinken beginnt und ab einer Last von 2400 Gridjobs gänzlich ausbleibt. Signifikante Fitnessverbesserungen von über 33% sind selbst bei 7000 Gridjobs noch erreichbar.

5.2   Ergebnisse der Memetischen Algorithmen

Zur Beantwortung der zweiten Fragestellung wurden zunächst AMmA-Läufe durchgeführt und die am Ende des Laufes erreichte Verteilung zwischen den LSVs ausgewertet, wobei es auch häufiger vorkam, dass am Ende nur ein LSV übrig blieb. Bild 3 zeigt die gemittelten Endwahrscheinlichkeiten der LSVs. Die Dominanz des LS-RS vor allem bei best-Verbesserung ist unübersehbar. Lediglich das LS-RAS weist noch relevante Anteile auf, während die beiden Linksverschiebungs-LSVs weit abgeschlagen sind. Der

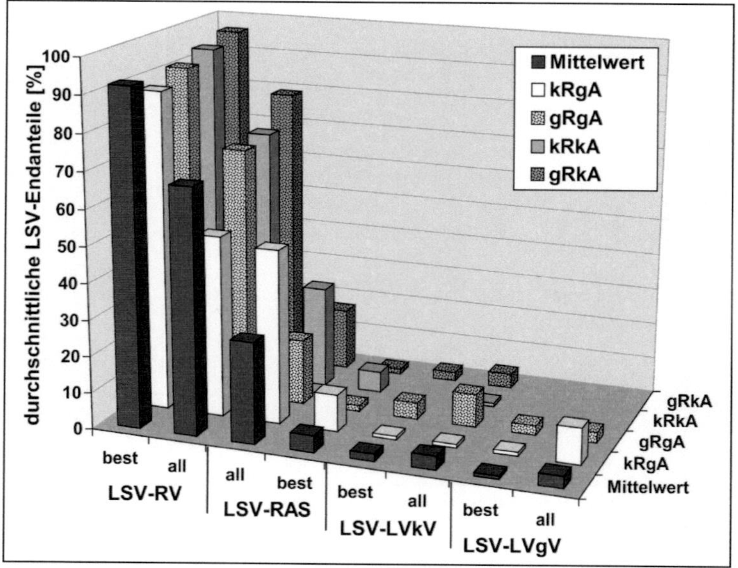

Bild 3: Durchschnittliche LSV-Endanteile des AMmA je all/best-Parameter und Benchmarkklasse. Aus Gründen einer besseren Sichtbarkeit wurde beim LSV-RAS die Reihenfolge von best- und all-Verbesserung getauscht. Die Frontreihe zeigt die Mittelwerte aller vier Klassen. Die Anteile jeder Reihe ergeben pro Verbesserungsart und Benchmarkklasse jeweils 100%.

Grund wird darin vermutet, dass bei einer Rechtsverschiebung ein geringerer Anteil des Schedules direkt oder in Folge verändert wird als bei einer Linksverschiebung. Die Linksverschiebung hat damit eine größere Chance, durch Seiteneffekte eher mehr Schaden anzurichten als Nutzen. Als Konsequenz dieses Ergebnisses werden nur noch die beiden auf dem LSV-RV und dem LSV-RAS beruhenden ASMAs untersucht.

Alle drei MA-Varianten ergeben hinsichtlich der Fitnesswerte und der Erfolgsraten so geringe Unterschiede zu GLEAM, dass auf Grund des begrenzten Platzes auf eine detaillierte Darstellung verzichtet wird. Die Auswertung zeigt weiterhin, dass die besten Ergebnisse der 92 Benchmarks in 87 Fällen mit best-Verbesserung erreicht wurden und dass es nur einen Fall gibt, bei dem die all-Verbesserung signifikant bessere Ergebnisse liefert. Daher zeigt Bild 4 links die auf best-Verbesserung beruhenden besten und rechts davon die signifikant besten Ergebnisse jeweils bezogen auf GLEAM. Wie man sieht, ergibt sich lediglich in etwa einem Drittel der untersuchten Fälle ein signifikanter Unterschied, wenn man den EA, den AMmA oder den ASM-RV verwendet und dies ist auch noch benchmarkabhängig. Also gibt es für die vorliegende Aufgabenstellung keinen „Universalalgorithmus" (Frage 3). Zur zweiten Frage nach einer besseren MA-Performance kann festgestellt werden, dass in nur 15 von 92 Fällen eine der MA-Varianten besser als GLEAM abgeschnitten hat und zwar 14-mal mit best-Verbesserung und einmal mit all-Verbesserung. An dieser Stelle sei allerdings betont, dass diese Aussage sich auf Läufe bezieht, die zum Teil lange vor Konvergenz abgebrochen wurden. Wenn mehr Planungszeit zur Verfügung steht, kann sich ein ganz anderes Bild ergeben.

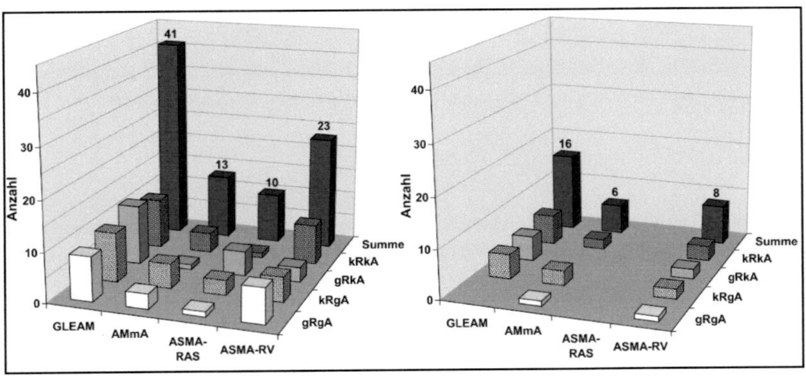

Bild 4: Anzahl bester Läufe für GLEAM und die MA-Varianten bei best-Verbesserung (links). Davon die signifikant besten Läufe links (95% oder mehr Sicherheit)

Die Anzahl der Evaluationen, die innerhalb der drei Minuten berechnet werden können, zeigt Bild 5 getrennt nach Benchmarkklassen. Der deutliche Unterschied zwischen den Benchmarks mit kleiner oder großer Ressourcenauswahl erklärt sich damit, dass bei geringem Freiheitsgrad weniger Ressourcen auf Verfügbarkeit geprüft werden müssen als bei vielen Alternativen. Daher sind dann auch mehr Evaluationen möglich. Wie erwartet fallen die Werte kontinuierlich ab und enden bei mehr als 5000 Gridjobs und 500 Ressourcen unter dem Wert von 5000 Evaluationen, was für einen EA eher wenig ist. Daher kann davon ausgegangen werden, dass mit der derzeit gegebenen Hardware und Bewertungssoftware, wobei letztere sicher verbesserungsfähig ist, keine größeren Schedulinglasten mehr sinnvoll bearbeitet werden können. Allerdings haben EAs gegenüber

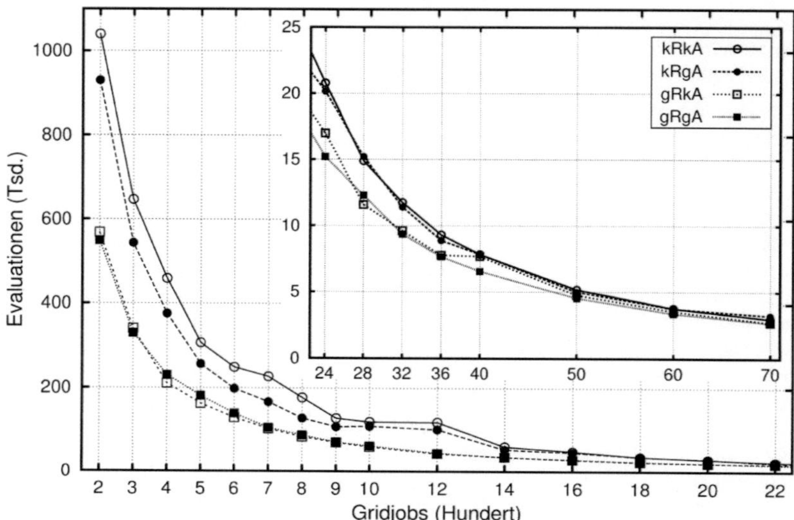

Bild 5: Evaluationen des besten GLEAM-Laufs per Benchmarkklasse und Schedulinglast

vielen anderen deterministischen Verfahren den Vorteil, dass sie bei leistungsfähigerer Hard- oder Software in der gleichen Zeit bessere Ergebnisse erzielen können.

6 Zusammenfassung und Ausblick

Dieser Beitrag setzt die in [2] und [3] begonnenen Berichte über die Entwicklung unseres Schedulingsystems GORBA mit der Untersuchung von vier adaptiven Memetischen Algorithmen als Lösungsalternative zum bisher verwendeten EA GLEAM fort. Unter der Randbedingung der kurzen dreiminütigen Planungszeit konnten nur der Adaptive Multi-memetische Algorithmus (AMmA) und der einfachere adaptive MA mit dem Rechtsverschiebungs-LSV (ASMA-RV) nennenswerte signifikante Verbesserungen gegenüber GLEAM erzielen. Es erwies sich als benchmarkabhängig, wann welches Verfahren die besten Schedules erzeugt. Daher schlagen wir einen Metaoptimierer vor, der ausgehend von den bisherigen und weiteren noch festzulegenden Kennziffern lernt, in welcher Grid- und Lastsituation welches Verfahren einzusetzen ist.

7 Literatur

[1] Jakob, W.: *Auf dem Weg zum industrietauglichen Evolutionären Algorithmus.* In: Mikut, R., Reischl, M. (Hrsg.): Conf. Proc. 15. Workshop Computational Intelligence, Universitätsverlag Karlsruhe, S.212-227, 2005.

[2] Jakob, W., Quinte, A., Stucky, K.-U., Süß, W., Blume, C.: *Schnelles Resource Constrained Project Scheduling mit dem Evolutionären Algorithmus GLEAM.* In: Mikut, R., Reischl, M. (Hrsg.): Conf. Proc. 17. Workshop Computational Intelligence, Universitätsverlag Karlsruhe, S.152-164, 2007.

[3]   Jakob, W., Quinte, A., Stucky, K.-U., Süß, W.: *Schnelles Rescheduling von Gridjobs mit Heuristiken und dem Evolutionären Algorithmus GLEAM*. In: Hoffmann, F., Hüllermeier, E. (Hrsg.): Conf. Proc. 19. Workshop Computational Intelligence, KIT Scientific Publishing, Karlsruhe, S.75-86, 2009.

[4]   Blume, C.: *GLEAM - A System for Intuitive Learning*. In: Schwefel, H.P., Männer, R. (eds): Conf. Proc. PPSN I, LNCS 496, Springer, Berlin, S.48-54, 1991.

[5]   Blume, C., Jakob, W.: *GLEAM – General Learning Evolutionary Algorithm and Method: ein Evolutionärer Algorithmus und seine Anwendungen*. KIT Scientific Publishing, Karlsruhe, 2009.

[6]   Jakob, W.: *A general cost-benefit-based adaptation framework for multimeme algorithms*. Memetic Computing, (2)3, S.201-218, 2010.

[7]   Jakob, W., Hahnenkamp, B., Quinte, A., Stucky, K.-U., Süß, W.: *Schnelles Scheduling mit Hilfe eines hybriden Evolutionären Algorithmus*. Automatisierungstechnik (57)3, S.106-114, 2009.

[8]   Jakob, W., Quinte, A., Stucky, K.-U. & Süß, W.: *Optimised Scheduling of Grid Resources Using Hybrid Evolutionary Algorithms*. In: Wyrzykowski, R. et al. (Eds.): Conf. Proc. of Parallel Processing and Applied Mathematics (PPAM 2005), LNCS 3911, S.406-413, Springer, Berlin, 2006.

[9]   Brucker, P.: *Scheduling Algorithms*. Springer, Berlin Heidelberg, 2004.

[10] Brucker, P., Knust, S.: *Complex Scheduling*. Springer, Berlin Heidelberg, 2006.

[11] Setamaa-Karkkainen, A., Miettinen, K., Vuori, J.: *Best Compromise Solution for a New Multiobjective Scheduling Problem*. Computers & Operations Research, 33(8), S.2353-2368, 2006.

[12] Wieczorek, M., Hoheisel, A., Prodan, R.: *Taxonomy of the Multi-criteria Grid Workflow Scheduling Problem*. In: Talia, D., Yahyapour, R., Ziegler, W. (eds.): Grid Middleware and Services - Challenges and Solutions, S.237-264, Springer, New York, 2008.

[13] Tsiakkouri, E., Sakellariou, S., Dikaiakos, M.D.: *Scheduling Workflows with Budget Constraints*. In: Gorlatch, S., Danelutto, M. (eds.): Conf. Proc. CoreGRID Workshop "Integrated Research in Grid Computing", S.347-357, 2005.

[14] Yu, J., Buyya, R.: *A Budget Constrained Scheduling of Workflow Applications on Utility Grids using Genetic Algorithms*. In: Conf. Proc. 15th IEEE Int. Symp. on High Performance Distributed Computing (HPDC 2006), IEEE CS Press, Los Alamitos, 2006.

[15] Kurowski, K., Nabrzyski, J., Oleksiak, A., Weglarz, J.: *Scheduling Jobs on the Grid - Multicriteria Approach*. Computational Methods in Science and Technology 12(2), Scientific Publishers OWN, Polen, S.123-138, 2006.

[16] Kurowski, K., Nabrzyski, J., Oleksiak, A., Węglarz, J.: *A multicriteria approach to tow-level hierarchy scheduling in grids*. Journal of Scheduling, 11(5), S.371-379, 2008.

[17] Kurowski, K., Oleksiak, A. & Węglarz, J.: *Multicriteria, multi-user scheduling in grids with advanced reservation*. Journal of Scheduling, 13(5), S.493-508, 2010.

[18] Xhafa, F., Alba, E., Dorronsoro, B., Duran, B., Abraham, A.: *Efficient Batch Job Scheduling in Grids Using Cellular Memetic Algorithms*. In: Xhafa, F., Abraham, A. (eds.): Metaheuristics for Scheduling in Distributed Computing Environments, S.273-299, Springer, Berlin, 2008.

[19] Jakob, W., Quinte, A., Stucky, K.-U., Süß, W.: *Fast Multi-objective Scheduling of Jobs to Constrained Resources Using a Hybrid Evolutionary Algorithm*. In: Rudolph, G. et al. (eds.): Conf. Proc. PPSN X, LNCS 5199, Springer, Berlin, S.1031-1040, 2008.

[20] Alba, E., Dorronsoro, B., Alfonso, H.: *Cellular Memetic Algorithms*. Journal of Computer Science and Technology, 5(4), S.257-263, 2005.

[21] Gorges-Schleuter, M.: *Genetic Algorithms and Population Structures - A Massively Parallel Algorithm*. Dissertation, Fak. f. Informatik, Universität Dortmund, 1990.

[22] Gorges-Schleuter, M.: *Explicit Parallelism of GAs through Population Structures*. In: Schwefel, H.P., Männer, R. (eds): Conf. Proc. PPSN I, LNCS 496, Springer, Berlin, S.150-159, 1991.

[23] Jakob, W., Gorges-Schleuter, M., Blume, C.: *Application of Genetic Algorithms to Task Planning and Learning*. In: Männer, R., Manderick, B. (eds.), Conf. Proc. PPSN II, North-Holland, Amsterdam, S.291-300, 1992.

[24] Whitley, D.: *Cellular Genetic Algorithms*. In: Forrest, S. (ed.): Proc. of 5th Int. Conf. on Genetic Algorithms (ICGA), Morgan Kaufmann, San Mateo, S.658, 1993.

[25] Sarma, K., De Jong, K.: *An Analysis of the Effects of Neighborhood Size and Shape on Local Selection Algorithms*. In: Voigt, H.-M. et al. (eds.): Conf. Proc. PPSN IV, LNCS 1141, Springer, Berlin, S.236-244, 1996.

[26] Gorges-Schleuter, M.: *A Comparative Study of Global and Local Selection in Evolution Strategies*. In Eiben, A.E. et al. (eds.): Conf. Proc. PPSN V, LNCS 1498, Springer, Berlin, S. 367-377, 1998.

[27] Jakob, W.: *HyGLEAM: Hybrid GeneraL-purpose Evolutionary Algorithm and Method*. In: Callaos, N. et al. (eds.): Conf. Proc. SCI'2001, Vol. III, Int. Inst. for Informatics and Systemics (IIIS), Orlando, S.187-192, 2001.

[28] Jakob, W.: *HyGLEAM – An Approach to Generally Applicable Hybridization of Evolutionary Algorithms*. In Merelo, J. J., et al. (eds.): Conf. Proc. PPSN VII, LNCS 2439, Springer, Berlin, S.527–536, 2002.

[29] Jakob, W., Quinte, A., Stucky, K.-U., Süß, W.: *Fast Multi-objective Rescheduling of Grid Jobs by Heuristics and Evolution*. In: Wyrzykowski, R. et al. (ed.): Conf. Proc. PPAM 2009, LNCS 6068, Springer, Berlin, S.21-30, 2010.

[30] Davis, L. (ed.): *Handbook of Genetic Algorithms*. V. Nostrand Reinhold, New York, 1991.

[31] Süß, W., Quinte, A., Jakob, W., Stucky, K.-U.: *Construction of Benchmarks for Comparison of Grid Resource Planning Algorithms*. In: Filipe, J. et al. (eds.): Conf. Proc. ICSOFT 2007, vol. PL, Inst.f. Systems a. Techn. of Information, Control and Com., S. 80-87 2007.

[32] Jakob, W., Möser, F., Quinte, A., Stucky, K.-U., Süß, W.: *Fast Multi-objective Rescheduling of Workflows Using Heuristics and Memetic Evolution*. Scalable Computing: Practice and Experience, (11)2, S.173-188, 2010.